徐万海
周丽丹　编著

结构动力学
及其在海洋工程中应用

STRUCTURAL DYNAMICS
AND ITS APPLICATION
IN OCEAN ENGINEERING

天津大学出版社
TIANJIN UNIVERSITY PRESS

图书在版编目（CIP）数据

结构动力学及其在海洋工程中应用 / 徐万海，周丽丹编著. -- 天津 ： 天津大学出版社，2024. 8. -- ISBN 978-7-5618-7797-5

Ⅰ. P75

中国国家版本馆CIP数据核字第2024H6U265号

JIEGOU DONGLIXUE JIQI ZAI HAIYANG GONGCHENG ZHONG YINGYONG

出版发行 天津大学出版社
地　　址 天津市卫津路92号天津大学内（邮编：300072）
电　　话 发行部：022-27403647
网　　址 www.tjupress.com.cn
印　　刷 北京盛通印刷股份有限公司
经　　销 全国各地新华书店
开　　本 787mm×1092mm　1/16
印　　张 22
字　　数 465千
版　　次 2024年8月第1版
印　　次 2024年8月第1次
定　　价 58.00元

前　言

随着海洋资源开发与空间利用的日益活跃,海洋工程新技术、新结构日新月异,结构动力学在海洋工程中的应用面临诸多挑战。目前,海洋工程结构主要包括:固定平台、浮式平台、系泊系统、海洋管道、波浪能俘获装置、海洋风能装置、深海采矿系统及新型跨海交通构筑物等。这些海洋结构物长期暴露在复杂的海洋环境中,受到来自波浪、海流、地震等的多种动态载荷的作用,其动力学特性千差万别、错综复杂。本书涵盖结构动力学的经典基础理论,关注海洋工程领域最新进展与需求,力戒冗繁,循序渐进,注重结构动力学理论与海洋工程案例相结合,力求阐述清晰、体系完整。

作者在多年从事教学和科研过程中进行了大量的研究,同时参考了国内外相关的教科书与研究成果,不断总结、改进和完善,最终形成了本书。

全书整体分上下两个部分,第一部分为基础篇,第二部分为应用篇,共有 15 章。

基础篇包含第一章至第六章,为结构动力学经典理论知识,包含绪论、海洋环境载荷、线性振动与非线性振动基础理论等内容。海洋环境载荷讨论海洋工程环境,重点讨论波浪载荷计算方法;线性振动讨论单自由度、多自由度、连续系统的振动响应分析过程,介绍多自由度系统线性数值求解方法与连续系统的离散化方法;非线性振动讨论非线性振动响应分析过程与定量分析方法。

应用篇包含第七章至第十五章,为结构动力学在海洋工程中的应用,包含典型的海洋工程结构动力响应分析与典型的海洋工程领域非线性振动分析。典型的海洋工程结构动力响应分析包含固定平台、浮式平台、系泊系统、海洋管道、波浪能俘获装置、海洋风能装置、深海采矿系统及新型跨海交通构筑物的结构与受力特征,振动方程的建立及应用实际工程案例介绍动力响应分析过程;典型的海洋工程领域非线性振动分析包含结构非线性振动问题与环境非线性振动问题,重点讨论系泊系统、张力腿平台、海洋立管的非线性振动问题。

本书由徐万海负责整体框架的制定。具体的分工如下:徐万海编写前言，负责第一部分中的第三章至第六章、第二部分中的第九章至第十四章；周丽丹负责第一部分中的第一章、第二章与第二部分中的第七章、第八章。研究生柳光军、贺子琪、孙瑜萌、易辉祥在书稿校对、插图绘制等方面做了大量工作。

作者在本书的撰写过程中，参考了大量文献资料、同类教材，在此一并对相关文献、教材的作者表达真挚谢意。同时，感谢天津大学出版社给予的大力支持与帮助。

因时间与水平有限，书中若存在错误与疏漏之处，恳请读者批评指正。

编者

2024年9月

目录 CONTENTS

第一部分 基础篇

结构动力学

第一部分 基础篇

Chapter 1

第一章 绪论

1.1 海洋工程定义与范畴

1.2 海洋工程结构分类及典型问题

1.3 结构动力学研究内容和特点

1.1 海洋工程定义与范畴

海洋面积大约占地球表面积的70%,水量约占地球总水量的97%,海洋蕴藏着丰富的资源,具有重要的战略价值。21世纪是海洋资源开发的新世纪,开发海洋资源、发展海洋经济和海洋产业已经成为世界各国的重要战略举措。随着海洋开发与海洋空间利用工程的发展,各种各样的海洋结构物随之出现。这些海洋结构物的环境载荷、动力响应特性及其在动力载荷作用下的动力响应分析理论,形成了一门崭新的学科,即海洋工程结构动力学。

海洋工程是以开发、利用、保护、恢复海洋资源为目的,并且工程主体位于海岸线向海一侧的新建、改建、扩建工程。海洋工程结构动力学学科的核心任务是针对海洋资源开发、利用、保护中的重大工程技术开展研究,解决关键科学问题,并从应用中发现规律,更深层次地揭示海洋工程中的客观现象和规律,促进海洋工程与相关学科的发展,使海洋工程的基础理论与关键技术在国家海洋开发的重大工程建设中发挥重要作用,并支撑海洋开发装备的研制、开发及技术的持续进步。

海洋工程可分为海岸工程、近海工程和深海工程等三类。

(1)海岸工程主要包括海岸防护工程(coastal engineering)、围海工程、海港工程、河口治理工程、海上疏浚工程、沿海渔业设施工程、环境保护设施工程等,自古以来就很受重视。

(2)近海工程又称离岸工程(offshore engineering),20世纪中叶以来发展很快,主要指在大陆架较浅水域的海上平台、人工岛等的建设工程和在大陆架较深水域的建设工程,如浮船式平台、移动半潜平台(mobile semi-submersible unit)、自升式平台(self-elevating unit)、石油和天然气勘探开采平台、浮式储油库、浮式炼油厂、浮式飞机场等建设工程。

(3)深海工程(deep-water engineering)包括无人深潜的潜水器和遥控的海底采矿设施等建设工程。

1.2 海洋工程结构分类及典型问题

海洋工程结构主要指海洋石油天然气勘探开发储运或海洋能利用过程中的各类固定式、漂浮式的海洋结构或设施,如图1-1所示。海洋工程结构主要包括:固定式平台和活动式平台、顺应式平台、浮式平台、浮式生产储卸平台、各类海洋工程船舶与装备,以及海上风能、海流能和波浪能开发利用装置。

图 1-1 海洋工程结构的主要形式

图片来源：https://zhuanlan.zhihu.com/p/20400688? columnslug=oilmooc

海洋工程结构在各类环境载荷作用下会呈现出十分复杂多变的静力和动力特征，如何保证结构的安全可靠并实现其功能是十分重要的技术问题，需要开展如下分析。

（1）海洋环境因素分析，主要包括海洋土地基、风、浪、流、冰、地震、腐蚀、海生物影响等。

（2）水动力性能分析，主要包括浮体的重量与重心、稳性、抗沉性、快速性、耐波性、浮体运动响应、阻力及系泊等。

（3）结构安全分析，主要包括材料的性能，结构的强度、刚度、屈曲、疲劳，结构的极限状态分析（材料弹塑性分析、结构冗余分析、后屈曲分析）及安全可靠度分析等。

对海洋工程结构的分析可按以下方式分类。

（1）按载荷形式，分为静态分析和动力分析。

（2）按载荷与响应的关系，分为线性分析和非线性分析。

（3）按本构关系或流变关系，分为结构分析、流体分析和耦合分析。

1.3 结构动力学研究内容和特点

1.3.1 结构动力分析的目的

自然界中存在大量的动力问题。例如，海洋平台在波浪载荷下的动力响应、管道在波浪作用下发生的涡激振动等。一般情况下，对结构设计和分析而言，静力问题是首先要考虑的，而且是结构设计和分析考虑的主要方面。但在实际工程中，动力载荷引起的破坏却是致命的。因此,在工程结构的研究、设计和安全性评价时,进行结构的动力分析十分重要。

结构动力分析的目的是确定动力载荷作用下结构的内力和变形,并确定结构的动力特性。结构动力学是研究结构体系的动力特性及其在动力载荷作用下的动力反应分析原理和方法的一门理论和技术学科,该学科的目的在于为改善工程结构体系在动力环境中的安全性和可靠性提供坚实的理论基础。

1.3.2 结构动力计算的特点

与求解静力问题相比,结构动力计算的特点反映在以下两个方面。

(1)求解动力反应时,要计算全部时间点上的一系列的解,比静力问题复杂,且要消耗更多的计算时间。

(2)与静力问题相比,动力反应中结构的位置随时间迅速变化,会产生惯性力,惯性力对结构的反应又产生重要影响,使结构的反应分析变得更加复杂。

Chapter 2

第二章

海洋环境载荷

海洋工程结构的环境载荷源自风、浪、流、冰、地震、海床等多重因素的作用，其种类包括风载荷、波浪载荷、海流载荷、冰载荷、地震载荷、土体载荷等。环境载荷是船舶与海洋结构物设计的控制载荷，由于受到环境条件等因素的影响，其计算比较复杂，本章主要介绍海洋环境载荷的计算。

2.1 风载荷

2.1.1 风载荷的形成与特征

风是大气中空气由气压高处流向气压低处，即在气压梯度力的作用下，产生的运动。地球表面存在温度差异，气压差使气流发生流动而形成风，加上地球的自转运动而形成风带。风与地表接触后，受到地形和地表粗糙度的影响，引起气流发生层流和湍流运动。这些气流在与建筑物、结构或设施等物体相互作用时，产生分布不均匀的压力，形成正压和负压区域。正压区域通常在物体的向风侧，而负压区域则在背风面，导致物体受到前后方向的压力差，进而形成风载荷。

风载荷是海洋工程结构设计的重要控制载荷，对于典型固定式平台，其水上结构承受的风载荷可达平台所受总载荷的 15%，抗风设计是海洋工程结构安全的重要保证。风载荷具有随机性，通常用风速谱描述。风一般由长周期和短周期脉动风组成，因此分析海洋工程的静力作用通常采用平均风速，分析动力作用则考虑脉动风的影响。

风载荷是矢量作用力，包括风速和风向两方面。风速指气流前进的速度，受到气压梯度力、地转偏向力、离心力和摩擦力的综合作用。风向指风的来向，由 16 个方位表示。风的作用强度用风级表示，按 10 m 高处的风速大小进行分级，从无风到超强台风，共 18 级。

2.1.2 基本风压

海洋结构上的风载荷可根据风压与投影面积进行计算：

$$F = pA \tag{2-1}$$

式中：p 为受风构件表面上的风压（N/m^2）；A 为构件垂直于风向的轮廓投影面积（m^2）；F 为作用在结构上的风载荷（N）。

计算风压 p 时，通常以一定的标准高度和形状选定的基本风压值 p_0 为基础，对风压沿高度的变化和受风构件形状进行修正。《海上固定平台入级与建造规范 1992》规定，有关风的所有数据都应以海面以上 10 m 处的风速作为标准进行换算。基本风压值 p_0 可由下式确定：

$$p_0 = \frac{1}{2g}\gamma v_0^2 \tag{2-2}$$

式中：g 为重力加速度，取 $g = 9.8\ \mathrm{m/s^2}$；γ 为空气重度，取 $\gamma=12.01\ \mathrm{N/m^3}$；$v_0$ 为设计风速，即海平面以上 10 m 处的平均风速（m/s）。

将 g 和 γ 的取值代入式（2-2），可得

$$p_0 = 0.613 v_0^2 \tag{2-3}$$

2.1.3 风压换算

基本风压是在标准状况下求解得到的，实际工程中的风速和风压通常处于非标准状况，因此需要换算得到。

1. 观测高度的换算

平均风速沿着高度的变化规律常被称为平均风速梯度或风剖面，它是风的重要特征。由于地表与风气流的摩擦，使接近地表的风速随高度的递减而减小。只有离地面 500 m 以上的地方，风才不受地表的影响，在气压梯度的作用下自然流动，从而达到所谓的梯度速度，其高度称为梯度风高度。梯度风高度以下的近地面层称为摩擦层。

大量实测研究认为，风速或风压沿着高度的变化大体上符合指数规律。尽管在近地面 100 m 以下的区域，实测数据与对数规律更加吻合，但由于对数规律与指数规律计算结果相差不大，且指数规律更便于计算，因此实际工程更倾向于用指数变化规律来描述全部近地风的变化规律。其关系式为

$$\frac{v}{v_0} = \left(\frac{z}{z_0}\right)^{\alpha} \tag{2-4}$$

式中：z 和 v 分别为任意观测高度和该处的平均风速；z_0 和 v_0 分别为标准高度（10 m）和该处的平均风速；α 为地面粗糙度系数，地面越粗糙，该值越大。

按照粗糙度可将地貌分为 4 类，各类地貌的地面粗糙度系数 α 见表 2-1。

表 2-1 各类地貌的地面粗糙度系数 α

分类	地貌特征	地面粗糙度系数 α	梯度风高度（m）
A	海面、海岛、海岸、湖岸及沙漠地区	0.12	300
B	田野、乡村、丛林、市郊	0.16	350
C	中小城市	0.22	400
D	大城市中心	0.30	450

设 10 m 高度处的基本风压为 p_0，则高度 z 处的风压为

$$p_z = p_0 \left(\frac{z}{10}\right)^{2\alpha} \tag{2-5}$$

2. 地貌的换算

《建筑结构荷载规范》(GB 50009—2012)中的基本风压是按照空旷平坦地面所观测的数据计算出来的,若地貌不同,则在标准高度(10 m)处的风速和风压也不相同,非标准地貌的基本风压可通过标准地貌(B 类地貌)的基本风压换算得到。下面以 A 类、B 类地貌为例进行换算。

各类地貌的梯度风高度见表 2-1。在同一大气环境下,设 A 类、B 类地貌条件下的梯度风速分别为 v_{A300} 和 v_{B350},由于两者相等,可得

$$v_{A10}=v_{B10}\left(\frac{350}{10}\right)^{0.16}\left(\frac{10}{300}\right)^{0.12}=1.174v_{B10} \tag{2-6}$$

式中:v_{A10} 和 v_{B10} 分别为 A 类和 B 类地貌 10 m 高度处的风速。

若已知 B 类地貌基本风压,可得 A 类地貌风压沿高度的变化系数,其计算公式为

$$k=1.379\left(\frac{z}{10}\right)^{0.24} \tag{2-7}$$

同理可得各类地貌基本风压与标准地貌基本风压之间的换算关系,见表 2-2。

表 2-2 各类地貌基本风压与标准地貌基本风压之间的换算关系

地貌类型	A	B	C	D
基本风压	$1.379p_0$	p_0	$0.616p_0$	$0.318p_0$

对于海面和海岛的基本风压,在表 2-2 的基础上做进一步的调整,见表 2-3。

表 2-3 海面和海岛的基本风压

距海岸的距离	<40 km	40~60 km	60~120 km
基本风压	$1.38p_0$	$(1.38\sim1.52)p_0$	$(1.52\sim1.66)p_0$

3. 时距的换算

时距不同,测得的风速平均值亦不相同。表 2-4 给出了由实测资料统计得到的不同时距平均风速与 10 min 时距平均风速的比值。

表 2-4 不同时距平均风速与 10 min 时距平均风速的比值

时距	1 h	10 min	5 min	2 min	1 min	30 s	10 s	5 s
比值	0.94	1	1.07	1.16	1.20	1.26	1.35	1.39

2.1.4　风载荷计算

作用在结构上的风压 p 可按下式计算：

$$p = kk_z\beta p_0 \tag{2-8}$$

式中：p_0 为基本风压；k 为风载荷形状系数，即风吹到结构物表面所引起的风压与按原始风速算得的理论风压的比值，其大小与结构物的体型、尺度等有关，由表 2-5 查得；k_z 为海上风压高度变化系数，其值见表 2-6；β 为风振系数，其值见表 2-7。

表 2-5　风载荷形状系数 k 取值

海洋工程结构形状	k
圆柱形	0.5
船身（水面式）	1.0
甲板室	1.0
孤立的结构形状（起重机、角钢、槽钢、梁）	1.5
甲板下面积（平滑表面）	1.0
甲板下面积（暴露的梁及桁架）	1.3
钻机的井架（每一面）	1.25

表 2-6　海上风压高度变化系数 k_z 取值

z（m）	≤2	5	10	15	20	30	40	50	60	70	80	90	100	150
k_z	0.64	0.84	1.00	1.10	1.18	1.29	1.37	1.43	1.49	1.54	1.58	1.62	1.64	1.79

注：z 为海平面以上高度。

表 2-7　风振系数 β 取值

T（s）	0.25	0.25~0.5	0.5	1.0	1.5	2.0	3.5	5.0
β	1.25	内插法	1.45	1.55	1.62	1.65	1.70	1.75

注：T 为平台的基本自振周期。

在计算风载荷时，受风投影面积 A 是按照结构的轮廓投影面积计算的。遇到桁架结构，可以先计算作用在组成桁架的各构件上的风载荷，再将它们叠加起来就成为桁架的总风载荷。但这样计算相当烦琐，一般可简化计算，即采用桁架的形状系数来代替单根构件的形状系数，而受风投影面积用桁架迎风的前后两个轮廓面积的 30%或一个轮廓面积的 60%计算。

对于平台上的高耸结构，因其刚度较低、自振周期较长，在不稳定的脉动风作用下，结构将出现一定的动力响应，特别是在风速较大时，动力响应更为显著。因此，设计高耸建筑物时，除要考虑因平均风速产生的稳定风压外，还必须考虑因脉动风速产生的脉动风压。在工程设计中，常采用动力放大系数来对基本风压进行修正。我国相关固定平台规范规定，当平台基本自振周期 $T \geqslant 0.5$ s 时，作用风压应为基本风压 p_0 的 β 倍。对于少数重要的塔形结构，当 T=0.25 s 时，可取 β=1.25；当 0.25 s<T<0.5 s 时，β 值可以根据表 2-7 进行内插。

2.2 波浪载荷

2.2.1 波浪基本方程及边界条件

波浪载荷是海洋结构物承受的主要载荷之一。波浪力随着波高的增加而增加，当波浪力的频率与结构自振周期接近时，容易诱发结构产生共振，导致结构发生破坏。对于一般的海洋工程问题，黏性、表面张力和科氏力的影响很小，可以忽略。在理想流体假设下，可以用势流理论描述水波问题。

假设海底平坦光滑，静水深为 d，取右手坐标系，xOy 为静水平面，z 轴朝上为正，如图 2-1 所示。其中，λ 为波长，H 为波高，η 为波面相对于海平面的高度。

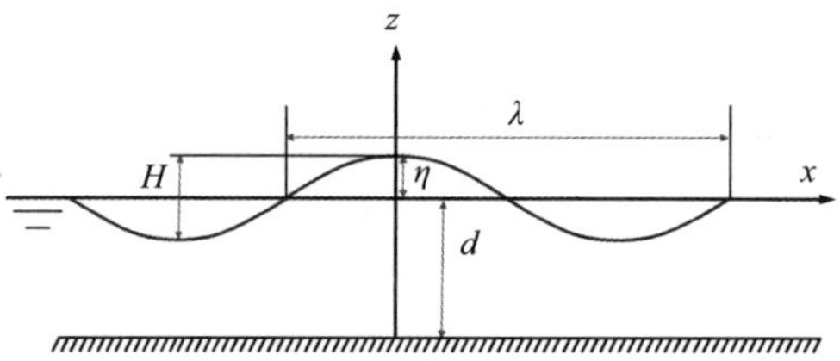

图 2-1　波浪示意图

速度势 $\varphi(x,y,z;t)$ 是空间点和时间的函数，其与速度的关系为 $u_x=\dfrac{\partial\varphi}{\partial x}$，$u_y=\dfrac{\partial\varphi}{\partial y}$，$u_z=\dfrac{\partial\varphi}{\partial z}$，其中 u_x，u_y，u_z 分别为 x，y，z 方向的速度，满足拉普拉斯（Laplace）方程 $\nabla^2\varphi(x,y,z;t)=0$。假定该波浪场与坐标 y 无关，为仅沿 x 方向传播的平面波。如果波向与 x 轴夹角为 θ，则可定义波数矢量 k，其分量的形式为 $(k_x,k_y)=k(\cos\theta,\sin\theta)$，$k=\dfrac{2\pi}{\lambda}$，相位为 $kx-\omega t=k_x x\cos\theta+k_y y\sin\theta-\omega t$。该波浪应满足以下边界条件。

1. 波浪表面

波浪表面方程为 $z=\eta(x,t)$，波浪表面压强为常数：

$$\begin{cases}\dfrac{\partial\varphi}{\partial t}+\dfrac{1}{2}\left[\left(\dfrac{\partial\varphi}{\partial x}\right)^2+\left(\dfrac{\partial\varphi}{\partial z}\right)^2\right]+g\eta=f(t)\\ z=\eta\end{cases}\tag{2-9}$$

2. 波浪表面运动学条件

处于自由表面上的水质点垂直于该表面的速度等于表面在该方向的运动速度：

$$\begin{cases}\dfrac{\partial\eta}{\partial t}+\dfrac{\partial\varphi}{\partial x}\cdot\dfrac{\partial\eta}{\partial x}-\dfrac{\partial\varphi}{\partial z}=0\\ z=\eta\end{cases}\tag{2-10}$$

3. 海底垂直流速

$$\left.\frac{\partial\varphi}{\partial z}\right|_{z=-d}=0\tag{2-11}$$

4. 辐射条件

$$\varphi\Big|_{\sqrt{x^2+y^2}\to\infty}=0\tag{2-12}$$

5. 波浪周期性条件

$$\varphi(x,z,t)=\varphi(x-ct,z)\tag{2-13}$$

由上述方程可以看出，波浪速度势满足的边界条件是非线性的，对速度势的求解相当困难，对于这一非线性问题通常采用摄动法求其不同阶的近似解。海洋工程中常用的波浪理论见表 2-8。

表 2-8　海洋工程中常用的波浪理论

波浪理论	艾里（Airy）波	斯托克斯（Stokes）高阶波	椭圆余弦波	孤立波
特点	深水和浅水中的微幅波	深水中的有限幅波	浅水中的有限幅波	极浅水中的有限幅波
线性/非线性	线性	非线性	非线性	非线性

2.2.2　波浪理论及适用范围

1. Airy 波理论

Airy 波又称线性波，其假定波浪运动时对结构自由表面的非线性影响可以忽略不计，仅考虑波浪的线性边界条件。当水深较小或者波高较小时，可以用线性波理论分析波浪运动。Airy 波理论对波浪运动进行简化，假定波浪沿平面的传播是线性

的、高斯的、稳态的,水质点的运动轨迹是一个封闭圆,采用正弦或余弦函数描述波浪的运动,其波面方程为

$$\eta(x,t)=\frac{H}{2}\cos(kx-\omega t) \tag{2-14}$$

式中:η 为波面相对于海平面的高度;H 为波高;k 为波数;ω 为圆频率;x 为波浪的坐标;波浪的传播方向由 ωt 前面的正负号决定。

波浪速度势的表达式为

$$\varphi(x,t)=\frac{gH}{2\omega}\frac{\cosh k(z+d)}{\cosh kd}\sin(kx-\omega t) \tag{2-15}$$

式中:φ 为速度势;d 为水深;z 为水深方向的坐标,原点在静止的海平面上。

式(2-15)对 x 求导,得到水质点水平方向的速度为

$$u_x=\frac{gkH}{2\omega}\frac{\cosh k(z+d)}{\cosh kd}\cos(kx-\omega t) \tag{2-16}$$

式(2-16)对时间 t 求导,得到水质点水平方向的加速度为

$$a_x=\frac{gkH}{2}\frac{\cosh k(z+d)}{\cosh kd}\sin(kx-\omega t) \tag{2-17}$$

2. Stokes 波理论

Airy 波理论推导简单,是其他波浪理论的研究基础。但是, Airy 波理论忽略了自由表面波动引起的非线性影响,导致波峰处水质点的速度和加速度计算结果偏高,因此 Airy 波理论只适用于波高较小的波浪运动。在实际工程中,波浪的波高 H 与波长 λ 的比值 H/λ(即波陡)往往是一个较大的数值,波浪的非线性影响不能忽略。

Stokes 波理论由英国学者斯托克斯在 1847 年提出,其考虑了波陡 H/λ 的影响,认为波陡 H/λ 是产生波动的主要因素。相较 Airy 波理论, Stokes 波理论能更准确地描述实际波浪的运动,其中 Stokes 五阶波在海洋工程中的应用非常广泛。

1)Stokes 二阶波

速度势函数:

$$\varphi=\frac{\pi H}{kT}\cdot\frac{\cosh ks}{\sinh kd}\sin\theta+\frac{3\pi H}{8kT}\cdot\frac{\pi H}{\lambda}\cdot\frac{\cosh 2ks}{\sinh^4 kd}\sin 2\theta \tag{2-18}$$

式中:$\theta=kx-\omega t; s=z+d$。

波面形状:

$$\eta=\frac{H}{2}\cos\theta+\frac{\pi H^2}{8\lambda}\frac{\cosh kd}{\sinh^3 kd}\cdot(2+\cosh 2kd)\cos 2\theta \tag{2-19}$$

水质点的水平速度:

$$u_x=\frac{\pi H}{T}\cdot\frac{\cosh ks}{\sinh kd}\cos\theta+\frac{3\pi H}{4T}\cdot\frac{\pi H}{\lambda}\cdot\frac{\cosh 2ks}{\sinh^4 kd}\cos 2\theta \tag{2-20}$$

水质点的垂向速度:

$$u_z=\frac{\pi H}{T}\cdot\frac{\sinh ks}{\sinh kd}\sin\theta+\frac{3\pi H}{4T}\cdot\frac{\pi H}{\lambda}\cdot\frac{\sinh 2ks}{\sinh^4 kd}\sin 2\theta \tag{2-21}$$

水质点的水平加速度：

$$\dot{u}_x=\frac{2\pi^2 H}{T^2}\cdot\frac{\cosh ks}{\sinh kd}\sin\theta+\frac{3\pi^2 H}{T^2}\cdot\frac{\pi H}{\lambda}\cdot\frac{\cosh 2ks}{\sinh^4 kd}\sin 2\theta \tag{2-22}$$

水质点的垂向加速度：

$$\dot{u}_z=-\frac{2\pi^2 H}{T^2}\cdot\frac{\sinh ks}{\sinh kd}\cos\theta-\frac{3\pi^2 H}{T^2}\cdot\frac{\pi H}{\lambda}\cdot\frac{\sinh 2ks}{\sinh^4 kd}\cos 2\theta \tag{2-23}$$

2)Stokes 三阶波

速度势函数：

$$\varphi=\frac{cL}{2\pi}F_1\cosh ks\cdot\sinh\theta+\frac{1}{2}F_2\coth ks\cdot\sinh 2\theta+\frac{1}{3}F_3\coth ks\cdot\sinh 3\theta \tag{2-24}$$

$$F_1=\frac{2\pi a}{\lambda}\cdot\frac{1}{\sinh kd}-\left(\frac{2\pi a}{\lambda}\right)^2\frac{\left(1+5\cosh^2 kd\right)\cosh^2 kd}{8\sinh^5 kd} \tag{2-25}$$

$$F_2=\frac{3}{4}\cdot\left(\frac{2\pi a}{\lambda}\right)^2\frac{1}{\sinh^4 kd} \tag{2-26}$$

$$F_3=\frac{3}{64}\cdot\left(\frac{2\pi a}{\lambda}\right)^3\frac{11-2\cosh 2kd}{\sinh^7 kd} \tag{2-27}$$

式中：a 由下式决定。

$$H=2a+2\left(\frac{\pi}{\lambda}\right)^2 a^3 f_3\left(\frac{d}{\lambda}\right) \tag{2-28}$$

波面形状：

$$\eta=a\cos\theta+\frac{\pi a^2}{\lambda}f_2\left(\frac{d}{\lambda}\right)\cos 2\theta+\frac{\pi^2 a^3}{\lambda^2}f_3\left(\frac{d}{\lambda}\right)\cos 3\theta \tag{2-29}$$

水质点的水平速度：

$$\frac{u_x}{c}=F_1\cosh ks\cdot\cos\theta+F_2\cosh 2ks\cdot\cos 2\theta+F_3\cosh 3ks\cdot\cos 3\theta \tag{2-30}$$

水质点的垂向速度：

$$\frac{u_z}{c}=F_1\sinh ks\cdot\sin\theta+F_2\sinh 2ks\cdot\sin 2\theta+F_3\sinh 3ks\cdot\sin 3\theta \tag{2-31}$$

水质点的水平加速度：

$$\dot{u}_x=\frac{2\pi c}{T}F_1\cosh ks\cdot\sin\theta+\frac{4\pi c}{T}F_2\cosh 2ks\cdot\sin 2\theta+\frac{6\pi c}{T}F_3\cosh 3ks\cdot\sin 3\theta \tag{2-32}$$

水质点的垂向加速度：

$$\dot{u}_z=-\frac{2\pi c}{T}F_1\sinh ks\cdot\cos\theta-\frac{4\pi c}{T}F_2\sinh ks\cdot\cos 2\theta-\frac{6\pi c}{T}F_3\sinh ks\cdot\cos 3\theta \tag{2-33}$$

3)Stokes 五阶波

速度势函数：

$$\varphi = \frac{\lambda}{kT}\sum_{n=1}^{5}\varphi_n' \cosh nks \cdot \sin n\theta \tag{2-34}$$

波面形状：

$$k\eta = \sum_{n=1}^{5}\eta_n' \cos n\theta \tag{2-35}$$

式中：φ_n'、η_n' 如下。

$$\begin{cases} \varphi_1' = \alpha A_{11} + \alpha^3 A_{13} + \alpha^5 A_{15}, \eta_1' = \alpha \\ \varphi_2' = \alpha^2 A_{22} + \alpha^4 A_{24}, \eta_2' = \alpha^2 B_{22} + \alpha^4 B_{24} \\ \varphi_3' = \alpha^3 A_{33} + \alpha^5 A_{35}, \eta_3' = \alpha^3 B_{33} + \alpha^5 B_{35} \\ \varphi_4' = \alpha^4 A_{44}, \eta_4' = \alpha^4 B_{44} \\ \varphi_5' = \alpha^5 A_{55}, \eta_5' = \alpha^5 B_{55} \end{cases} \tag{2-36}$$

式中：$\alpha = ka$，a 为每一个波需确定的常数，由超越方程组求解得到；A, B 均为 kd 的函数，可从专门的对数表查得。

水质点的水平速度：

$$u_x = c\sum_{n=1}^{5} n\varphi_n' \cosh nks \cdot \cos n\theta \tag{2-37}$$

水质点的垂向速度：

$$u_z = c\sum_{n=1}^{5} n\varphi_n' \sinh nks \cdot \sin n\theta \tag{2-38}$$

水质点的水平加速度：

$$\dot{u}_x = \omega c\sum_{n=1}^{5} n^2\varphi_n' \cosh nks \cdot \sin n\theta \tag{2-39}$$

水质点的垂向加速度：

$$\dot{u}_z = -\omega c\sum_{n=1}^{5} n^2\varphi_n' \sinh nks \cdot \cos n\theta \tag{2-40}$$

3. 椭圆余弦波和孤立波理论

Stokes 波理论未考虑水深的影响，在实际工程中，波浪在传播过程中波面的形状一般是要演变的，只有在特定条件下才能存在像 Stokes 波那样的保形波。

由浅水长波的三个基本特征量 λ, A, d（λ 为波长，A 为波幅，d 为水深）组合出以下无量纲参数。

（1）非线性参数：$\varepsilon = A/d$。

（2）色散参数：$\mu = kd, k = \dfrac{2\pi}{\lambda}$。

对于 $\mu \to 0$，对应极浅水情况下很长的长波，也称 Airy 波理论（此处的 Airy 波理论并非微幅波）。对于 $O(\varepsilon) = O(\mu^2) \ll 1$，对应布辛涅司克（Boussinesq）理论。

根据浅水波水质点轨迹的椭圆变扁以及各物理量沿垂向变化不大的特性，采用无量纲变量的形式（$z=z^*/h$，“*”为原始有量纲量）和分离变量方法，将垂向的函数因子按（$z+1$）的幂次在水底展开。对保形波取随波坐标系：$\eta=x-ct$。

定义水平速度 u 为沿垂向速度的平均值。将以原参数 u 和波面 η 写出的 Boussinesq 方程消去 u 后，可化简为科特韦格-德·弗里斯（Korteweg-de Vries）常微分方程：

$$-\frac{\varepsilon}{2}\eta^3+(c^2-1)\frac{\eta^2}{2}+A_1\eta+A_2=\frac{\mu_2}{3}\frac{\eta^2}{2} \tag{2-41}$$

式（2-41）的解为椭圆余弦波：

$$\eta=\eta_2+(\eta_3-\eta_2)cn^2\left[\frac{2K}{\lambda}(x-ct-\eta_0)\right] \tag{2-42}$$

式中：$cn(Z)=\cos\phi=\cos\left[\phi(Z,m)\right]$（$Z$ 代表式（2-42）方括号中的组合变量）为雅各布（Jakob）椭圆余弦函数；$K(m)=\int_0^{\pi/2}\frac{\mathrm{d}\theta}{\sqrt{1-m\sin^2\theta}}$ 为第一类完全椭圆积分；η_2，η_3 与 η_1（未出现）为上述常微分方程的三个根，由此三个根组成的 $m=(\eta_3-\eta_2)/(\eta_3-\eta_1)$ 为椭圆函数的模；$\cos\phi$ 周期为 2π，因此 $cn(Z)$ 的周期为 $4K$，$cn^2(Z)$ 周期为 $2K$。

椭圆余弦波是以 m 为参数，波长为 λ 的周期波，其极限情况有以下两种。

当 $m\to 0$ 时：

$$\begin{aligned}&K(m)=\int_0^{\pi/2}\mathrm{d}\theta=\frac{\pi}{2}\\&\eta=\frac{H}{2}\cos(kx-\omega t)\quad\text{(微幅波)}\end{aligned} \tag{2-43}$$

当 $m\to 1$，$K(m)\to\infty$，$\lambda\to\infty$，$cn^2(Z)\to\mathrm{sech}^2(Z)$ 时：

$$\eta=H\mathrm{sech}^2\sqrt{\frac{3H}{4h}\frac{1}{h}(x-ct)}\quad\text{(孤立波)} \tag{2-44}$$

4. 波浪理论适用范围

图 2-2 所示为常用波浪理论适用范围。在深水区域（深水为水深/波长>0.5，有限水深为 0.05<水深/波长<0.5，极浅水为水深/波长<0.05），根据波陡（波坦）的大小，可选用不同阶数的 Stokes 波理论，Stokes 波理论适用区域的范围不随水深改变；进入有限水深范围，Stokes 波理论的适用范围受限，此时 Stokes 波理论的适用区域边界随水深而变，同时还与 λ/H 和 h/H 有关。对于实际工程应用，首先根据给定的波高、波浪周期及水深，计算横坐标和纵坐标，从而确定选择何种波浪理论。

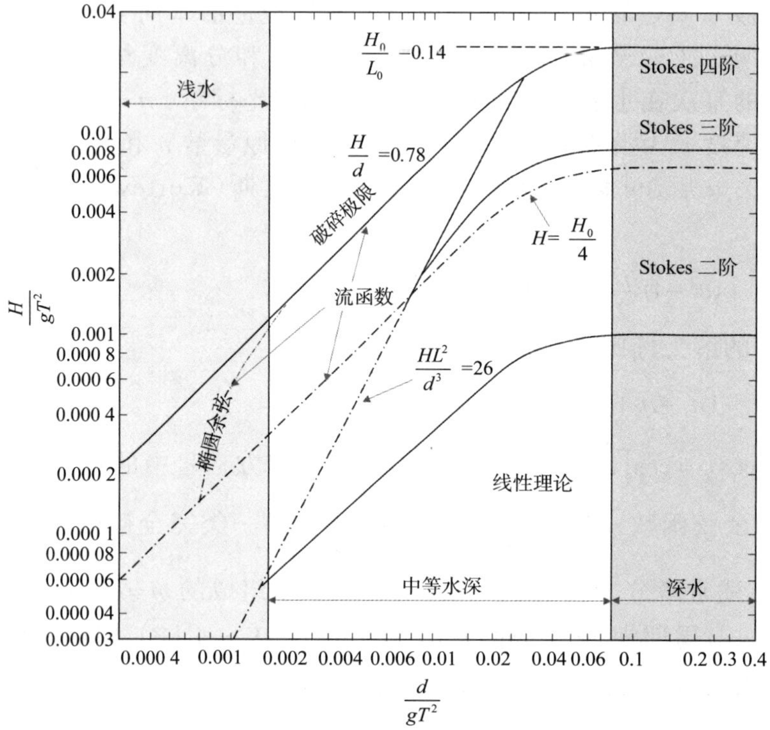

图 2-2 常用波浪理论适用范围

2.2.3 小尺度结构波浪载荷

波浪载荷,通常也称为波浪力,它是波浪对海洋结构物所产生的作用。波浪载荷是由波浪水质点与结构间的相对运动引起的,常用特征波法和谱分析法确定。当结构直径小于波长的 20%时,波浪载荷的计算通常用半经验半理论的美国莫里森(Morison)方程;当结构直径大于波长的 20%时,应考虑结构对入射波场的影响以及入射波的绕射,计算时用绕射理论求解,如图 2-3 所示。影响波浪载荷大小的因素很多,如波高、波浪周期、水深、结构尺寸和形状、群桩的相互干扰和遮蔽作用以及海生物附着等。对一些特殊形状或特别重要的海洋工程结构,除用上述方法进行计算分析外,还应进行物理模型试验,以确定波浪力。

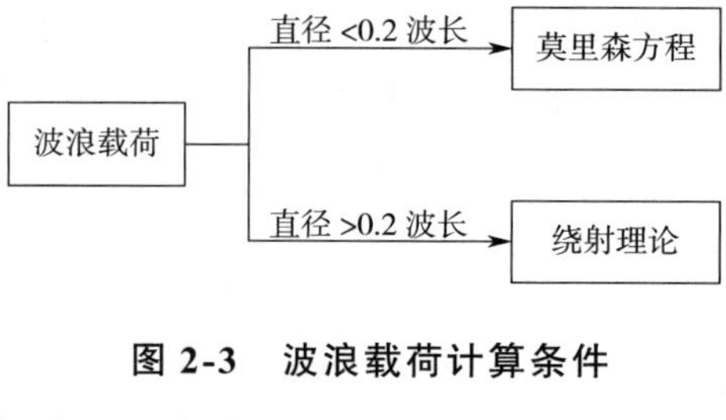

图 2-3 波浪载荷计算条件

小尺度管状结构在海洋工程结构中的存在非常普遍,如固定式平台、导管架平台等。下面以直立小直径管柱为例，介绍小尺度结构所受波浪力的计算方法。

如图 2-4 所示，根据莫里森公式，作用在单位长柱体上的水平波浪力（波浪传播方向）可表示为

$$F = C_D \rho \frac{D}{2}|u|u + C_M \rho \pi \frac{D^2}{4}\dot{u} \tag{2-45}$$

式中：F 为单位长度圆柱水平方向波浪力；u 为水流速度（根据波浪理论给出）；C_D 与 C_M 分别为拖曳力系数和惯性力系数，依据波浪理论和实际水域确定。

式（2-45）中第一项与速度的平方成正比，方向与速度相同，代表黏性力效应；第二项与加速度成正比，代表惯性力。

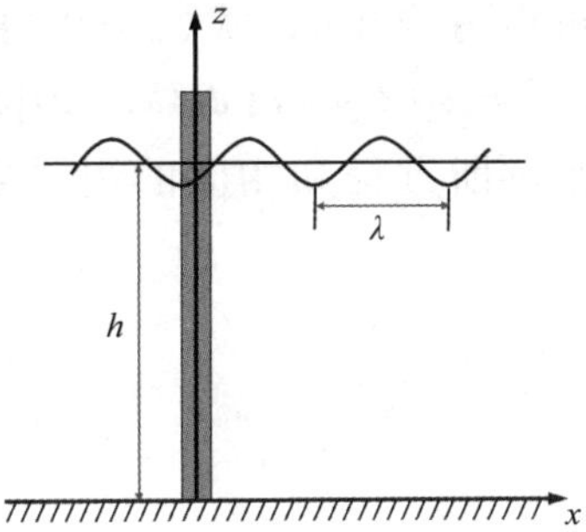

图 2-4　直立圆柱承受波浪载荷示意图

设直立圆柱中心与海床交点为原点，波浪方向为 x 轴方向，垂直向上沿直立圆柱方向为 z 轴方向，假定波浪是沿 x 轴方向传播的简谐微幅波，其表达式为

$$z = A\sin \omega t \tag{2-46}$$

得到直立圆柱波浪力为

$$F_x = F_{xI} + F_{xD} = -F_{xI,\ max}\sin \omega t + F_{xD,\ max}\cos \omega t|\cos \omega t| \tag{2-47}$$

其中

$$F_{xI,\ max} = C_M \frac{\gamma \pi D^2 kH}{8}\frac{\cosh kz}{\cosh kh} \tag{2-48}$$

$$F_{xD,\ max} = C_D \frac{\gamma DkH^2}{4}\frac{\cosh^2 kz}{\sinh 2kh} \tag{2-49}$$

2.2.4　大尺度结构波浪载荷

大尺度结构，如海洋平台、船舶等，其结构本身的存在对波浪的运动有显著影响，必须考虑入射波的散射效应。此时，采用绕射理论计算波浪载荷。

绕射理论假定流体为不可压缩的理想流体，且运动是有势的。将结构边界作为流体运动边界的一部分，找出结构对入射波的绕射速度势和未受结构干扰的入射波

的速度势，两者叠加即结构边界扰动后的速度势。应用线性化伯努利方程可以确定结构边界压强分布，从而计算波浪载荷。

波浪对于大尺度结构的作用力分为以下两部分：

（1）未扰动入射波压强对结构物所产生的佛汝德-克雷洛夫力；

（2）扰动入射波压强对结构物所产生的扰动力，它与附加质量效应和绕射效应有关，称为绕射力。

假设入射波为线性波，其速度势为 $\varphi_{\mathrm{I}}(x,y,z,t)$。当入射波遇到结构物时，会在结构表面产生散射波，其速度势为 $\varphi_{\mathrm{D}}(x,y,z,t)$。入射波与散射波叠加并达到稳定会形成新的波动场，其速度势为 $\varphi(x,y,z,t)$，则有

$$\varphi(x,y,z,t)=\varphi_{\mathrm{I}}(x,y,z,t)+\varphi_{\mathrm{D}}(x,y,z,t) \tag{2-50}$$

对于线性问题，时间变量可以分离出来，式（2-50）变为

$$\varphi(x,y,z,t)=\phi(x,y,z)\mathrm{e}^{-\mathrm{i}\omega t}=\left[\phi_{\mathrm{I}}(x,y,z)+\phi_{\mathrm{D}}(x,y,z)\right]\mathrm{e}^{-\mathrm{i}\omega t} \tag{2-51}$$

速度势 $\varphi(x,y,z,t)$ 满足拉普拉斯方程和相应的边界条件：

$$\nabla^2\varphi=0 \tag{2-52}$$

$$\left.\left(\frac{\partial\varphi}{\partial z}+\frac{1}{g}\frac{\partial^2\varphi}{\partial t^2}\right)\right|_{z=0}=0 \tag{2-53}$$

$$\left.\frac{\partial\varphi}{\partial z}\right|_{z=-d}=0 \tag{2-54}$$

$$\frac{\partial\varphi}{\partial n}\bigg|_{S(x,y,z)=0}=0 \tag{2-55}$$

$$\lim_{\gamma\to\infty}\sqrt{\gamma}\left(\frac{\partial\varphi_{\mathrm{D}}}{\partial\gamma}-\mathrm{i}k\varphi_{\mathrm{D}}\right)=0 \tag{2-56}$$

将时间变量与空间变量分离，式（2-52）至（2-56）可以表示为

$$\nabla^2\phi=0 \tag{2-57}$$

$$\left.\left(\frac{\partial\phi}{\partial z}-\frac{\omega^2}{g}\phi\right)\right|_{z=0}=0 \tag{2-58}$$

$$\left.\frac{\partial\phi}{\partial z}\right|_{z=-d}=0 \tag{2-59}$$

$$\frac{\partial\phi}{\partial n}\bigg|_{S(x,y,z)=0}=0 \tag{2-60}$$

$$\lim_{\gamma\to\infty}\sqrt{\gamma}\left(\frac{\partial\phi_{\mathrm{D}}}{\partial\gamma}-\mathrm{i}k\phi_{\mathrm{D}}\right)=0 \tag{2-61}$$

入射势满足拉普拉斯方程和相应的海底与海面边界条件。入射波的速度势用复数形式可以表示为

$$\phi_{\mathrm{I}}=-\mathrm{i}\frac{gH}{2\omega}\frac{\cosh kz}{\cosh kd}\mathrm{e}^{\mathrm{i}kx} \tag{2-62}$$

根据势流叠加原理，绕射势在整个波动场中满足的方程和边界条件为

$$\nabla^2\phi_{\mathrm{D}}=0 \tag{2-63}$$

$$\left(\frac{\partial\phi_{\mathrm{D}}}{\partial z}-\frac{\omega^{2}}{g}\phi_{\mathrm{D}}\right)\bigg|_{z=0}=0 \tag{2-64}$$

$$\frac{\partial\phi_{\mathrm{D}}}{\partial z}\bigg|_{z=-d}=0 \tag{2-65}$$

$$\frac{\partial\phi_{\mathrm{D}}}{\partial n}=-\frac{\partial\phi_{\mathrm{I}}}{\partial n},S(x,y,z)=0 \tag{2-66}$$

$$\lim_{\gamma\to\infty}\sqrt{\gamma}\left(\frac{\partial\phi_{\mathrm{D}}}{\partial\gamma}-\mathrm{i}k\phi_{\mathrm{D}}\right)=0 \tag{2-67}$$

求解上述方程组可以得到线性绕射势 φ_{D} 和波动场的总速度势 φ。将总速度势代入线性化的伯努利方程，得到结构物表面的波压强分布 p，即

$$p=-\rho\frac{\partial\varphi}{\partial t} \tag{2-68}$$

得到波浪力与波浪力矩分别为

$$F=\iint\limits_{S}-p\boldsymbol{n}\mathrm{d}s \tag{2-69}$$

$$M=\iint\limits_{S}-p(\boldsymbol{r}\times\boldsymbol{n})\mathrm{d}s \tag{2-70}$$

式中：$\boldsymbol{n}$ 为结构物表面某点的外法线矢量；$\boldsymbol{r}$ 为结构物表面某点到基点（取矩点）的径向矢量。

2.2.5　波浪谱

前面讲述的波浪都是形状规则、具有固定波高和周期以及传播方向的单一波浪，而实际海面上的波浪都是高高低低、长长短短、此起彼伏、瞬息万变的，形状具有不规则性，即由不同波高、周期和传播方向的波浪组成的，呈现出随机特性，因此称为随机波或不规则波。

波浪过程为随机过程，可以利用概率论和数理统计理论（时域特性）对其进行研究，也可以从随机波浪的波浪能量相对于波浪频率的分布（频域特性）对其进行研究。频域特性通常用谱来表示，随机过程由时域向频域的变换称为随机过程的谱分析。

波浪理论研究的方法即求解满足波浪表面条件、水底条件的速度势函数，属于在给定的非线性边界条件下求偏微分方程的定解问题。确定波浪载荷的方法有设计波法与设计谱法两种，其优缺点对比见表 2-9。

表 2-9　设计波法与设计谱法优缺点对比

方法	优点	缺点
设计波法 （确定性方法）	计算简单， 可以采用高阶波理论， 能计入海流的影响， 波浪力的非线性成分较易处理	没有反映平台在实际海面上受到的载荷的随机特性

续表

方法	优点	缺点
设计谱法（随机性方法）	能较好地描述结构物在不规则波中的响应特性，被逐步推广	波浪力及锚泊力的非线性问题很难直接考虑，比设计波法复杂，计算工作量也大得多

1. 设计波法

设计波法又称特征波法，是从统计意义上在随机波浪系列中选取某一特征波（如有效波或最大波）作为单一的规则波来近似分析随机波浪对结构物的作用。

在工程设计中，计算作用在结构物上的设计波浪力之前应首先确定设计波浪要素。设计波浪要素指在某一确定的重现期内某一特征波所对应的波高和周期，包括两个方面，即设计波浪的重现期与设计特征波信息。例如，设计波高采用50年一遇、波列累积概率为1%的波高 $H_{1\%}$，设计波周期采用平均周期 T。设计波浪要素被确定后，根据已确定的设计波浪要素和结构物所在海区的水深，选用适宜的确定性波浪理论来计算波浪力。

特征波法一般只适用于准静力计算，对于无须考虑结构动力响应及疲劳分析问题的结构物，可以采用该种方法。

2. 设计谱法

设计谱法通过已知的海浪谱推求出作用在结构物上的波浪力谱，从而确定不同累积概率的波浪力。设计谱法适用于海浪与结构物的作用为线性时的波浪力计算。

不规则波可以看作由无数简谐波叠加而成的平稳随机过程。若海浪与受海浪作用的结构物的反应呈线性关系，可以利用平稳线性系统中平稳随机函数的变换，将这一平稳随机函数输入结构物这一线性系统中，通过该系统对输入进行某种变换得到相应的输出，即变为另一随机函数（如结构物所受波浪力，结构物的位移、应力或浮体的升沉、摇摆等）。把输入的随机函数称为激励，得到的相应的输出随机函数称为响应，则输入和输出之间满足如下关系：

$$S_y(\omega)=\left|T(\mathrm{i}\omega)\right|^2 S_\eta(\omega) \tag{2-71}$$

式中：$S_\eta(\omega)$ 为系统的输入谱密度（海浪谱）；$S_y(\omega)$ 为系统的输出谱密度（响应谱）；$\left|T(\mathrm{i}\omega)\right|^2$ 为系统的传递函数（频率响应函数）。

式（2-71）表明对于一个平稳的线性系统，随机函数的变换实质上是谱密度的变换，即输出的随机函数的谱密度等于输入的随机函数的谱密度乘以相应频率下系统的传递函数。因此，当已知海浪谱而推导作用于结构物上的波浪力谱时，只需将海浪谱乘以相应频率下结构系统的传递函数便可得到输出。

下面推导作用在小直径圆柱上的波浪力谱。作用于直立柱体高度为 z 处单位柱体高度上的波浪力为

$$f(z)=\frac{1}{2}C_{\mathrm{D}}\rho Du(t)|\ u(t)|+C_{\mathrm{M}}\rho\frac{\pi D^2}{4}\dot{u}(t) \tag{2-72}$$

式中：$u(t)$ 和 $\dot{u}(t)$ 分别为柱体上高度为 z 处的水质点速度和加速度。

令

$$K_{\mathrm{D}}=\frac{1}{2}C_{\mathrm{D}}\rho D \qquad K_{\mathrm{I}}=C_{\mathrm{M}}\rho\frac{\pi D^2}{4} \tag{2-73}$$

则式(2-72)可简化为

$$f(t)=K_{\mathrm{I}}\dot{u}(t)+K_{\mathrm{D}}u(t)|u(t)| \tag{2-74}$$

按照线性波理论，单个余弦组成波水质点的水平速度和水平加速度分别为

$$u(t)=\frac{\pi H}{T}\frac{\cosh kz}{\sinh kd}\cos(kx-\omega t) \tag{2-75}$$

$$\dot{u}(t)=\frac{2\pi^2 H}{T^2}\frac{\cosh kz}{\sinh kd}\sin(kx-\omega t) \tag{2-76}$$

波面方程为

$$\eta(t)=\frac{H}{2}\cos(kx-\omega t) \tag{2-77}$$

水质点的水平速度和水平加速度可表示为

$$u(t)=\omega\frac{\cosh kz}{\sinh kd}\eta(t) \tag{2-78}$$

$$\dot{u}(t)=\omega^2\frac{\cosh kz}{\sinh kd}\eta(t) \tag{2-79}$$

高度为 z 处的速度谱密度 $S_u(\omega)$ 为

$$S_u(\omega)=|T_u(\mathrm{i}\omega)|^2 S_\eta(\omega) \tag{2-80}$$

其中，$T_u(\mathrm{i}\omega)$ 为从波面到水质点速度的传递函数：

$$T_u(\mathrm{i}\omega)=\omega\frac{\cosh kz}{\sinh kd} \tag{2-81}$$

高度为 z 处的加速度谱密度 $S_{\dot{u}}(\omega)$ 为

$$S_{\dot{u}}(\omega)=|T_{\dot{u}}(\mathrm{i}\omega)|^2 S_\eta(\omega) \tag{2-82}$$

其中，$T_{\dot{u}}(\mathrm{i}\omega)$ 为从波面到水质点加速度的传递函数：

$$T_{\dot{u}}(\mathrm{i}\omega)=\omega^2\frac{\cosh kz}{\sinh kd} \tag{2-83}$$

1）惯性力谱和拖曳力谱

Ⅰ.惯性力谱

惯性力和加速度之间的关系为线性关系：

$$f_{\mathrm{I}}(t)=K_{\mathrm{I}}\dot{u}(t) \tag{2-84}$$

惯性力谱密度表达式为

$$S_{f\mathrm{I}}(\omega)=K_{\mathrm{I}}^2 S_{\dot{u}}(\omega)=K_{\mathrm{I}}^2|T_{\dot{u}}(\mathrm{i}\omega)|^2 S_\eta(\omega) \tag{2-85}$$

或

$$S_{f\mathrm{I}}(\omega)=|T_{f\mathrm{I}}(\mathrm{i}\omega)|^2 S_\eta(\omega) \tag{2-86}$$

其中，$T_{fI}(\mathrm{i}\omega)$ 为从波面到惯性力的传递函数：

$$T_{fI}(\mathrm{i}\omega)=C_{\mathrm{M}}\rho\frac{\pi D^2}{4}\omega^2\frac{\cosh kz}{\sinh kd} \tag{2-87}$$

Ⅱ. 拖曳力谱

拖曳力和水平速度之间的关系为

$$f_{\mathrm{D}}(t)=K_{\mathrm{D}}u(t)|u(t)| \tag{2-88}$$

可以看出，拖曳力与 $u(t)|u(t)|$ 成正比，也就是与波面高度的平方成正比，因而拖曳力与波面高度之间不具有线性关系。因此，由海浪谱推导拖曳力谱时，需要对拖曳力项进行线性化处理。

下面介绍美国柏尔格曼（Borgman，1958）对拖曳力项的线性化处理。

假定以 $Cu(t)$（C 为常数）来替代 $u(t)|u(t)|$，并期望 $\left[u(t)|u(t)|-Cu(t)\right]^2$ 的值为一小量。由于海浪水质点的水平速度 $u(t)$ 可视为平稳随机过程且服从正态分布，即其概率分布密度函数为

$$p(u)=\frac{1}{\sqrt{2\pi\sigma_u}}\exp\left(-\frac{u^2}{\sigma_u^2}\right) \tag{2-89}$$

其中，σ_u^2 为水质点水平速度的方差：

$$\sigma_u^2=\int_0^\infty S_u(\omega)\mathrm{d}\omega \tag{2-90}$$

为了使 $\left[u(t)|u(t)|-Cu(t)\right]^2$ 的值最小，常数 C 的值可通过对下式求极值来确定：

$$Q=\int_{-\infty}^{\infty}\left[u(t)|u(t)|-Cu(t)\right]^2 p(u)\mathrm{d}u \tag{2-91}$$

将式（2-91）对 C 求导，并令导数为 0，可得

$$-\int 2u^2|u|\,p(u)\mathrm{d}u+2C\int u^2p(u)\mathrm{d}u=0 \tag{2-92}$$

$$C=\frac{\int u^2|u|\,p(u)\mathrm{d}u}{\int u^2p(u)\mathrm{d}u}=\frac{\sqrt{\frac{2}{\pi}}\sigma_u^3}{\frac{1}{2}\sigma_u^2}=\sqrt{\frac{8}{\pi}}\sigma_u \tag{2-93}$$

并得到：

$$f_{\mathrm{D}}(t)=K_{\mathrm{D}}\sqrt{\frac{8}{\pi}}\sigma_u u(t) \tag{2-94}$$

则拖曳力谱密度表达式为

$$S_{f\mathrm{D}}(\omega)=\left(K_{\mathrm{D}}\sqrt{\frac{8}{\pi}}\sigma_u\right)^2 S_\eta(\omega)=\left(K_{\mathrm{D}}\sqrt{\frac{8}{\pi}}\sigma_u\right)^2|T_u(\mathrm{i}\omega)|^2S_\eta(\omega) \tag{2-95}$$

或

$$S_{f\mathrm{D}}(\omega)=|T_{f\mathrm{D}}(\mathrm{i}\omega)|^2S_\eta(\omega) \tag{2-96}$$

其中，$T_{f\mathrm{D}}(\mathrm{i}\omega)$ 为从波面到拖曳力的传递函数：

$$T_{f\mathrm{D}}(\mathrm{i}\omega)=\frac{1}{2}C_{\mathrm{D}}\rho D\omega\sqrt{\frac{8}{\pi}}\sigma_u\frac{\cosh kz}{\sinh kd} \tag{2-97}$$

并得到：

$$\sigma_u^2=\int_0^\infty \omega\frac{\cosh kz}{\sinh kd}S_\eta(\omega)\mathrm{d}\omega \tag{2-98}$$

在分别得到拖曳力谱和惯性力谱后，就可以计算作用于柱体高度为 z 处的水平波浪力谱为

$$S_f(\omega)=\left(K_\mathrm{D}\sqrt{\frac{8}{\pi}}\sigma_u\omega\frac{\cosh kz}{\sinh kd}\right)^2 S_\eta(\omega)+\left(K_\mathrm{I}\omega^2\frac{\cosh kz}{\sinh kd}\right)^2 S_\eta(\omega) \tag{2-99}$$

设高度 z_1~z_2 段的柱体截面面积相同，作用于该段柱体上的单位柱高上的惯性力为

$$f_\mathrm{I}(t)=K_\mathrm{I}\omega^2\frac{\cosh kz}{\sinh kd}\eta(t) \tag{2-100}$$

则作用在 z_1~z_2 段柱体上的总惯性力为

$$F_\mathrm{I}(t)=\int_{z_1}^{z_2} f_\mathrm{I}(t)\mathrm{d}z=\int_{z_1}^{z_2}K_\mathrm{I}\omega^2\frac{\cosh kz}{\sinh kd}\eta(t)\mathrm{d}z=K_\mathrm{I}\frac{\omega^2}{k}\frac{\sinh kz_2-\sinh kz_1}{\sinh kd}\eta(t) \tag{2-101}$$

则 z_1~z_2 段柱体上的惯性力谱为

$$S_{f\mathrm{I}}(\omega)=\left|K_\mathrm{I}\frac{\omega^2}{k}\frac{\sinh kz_2-\sinh kz_1}{\sinh kd}\right|^2 S_\eta(\omega) \tag{2-102}$$

得到单位柱高上的线性化拖曳力为

$$f_\mathrm{D}(t)=K_\mathrm{D}\sqrt{\frac{8}{\pi}}\sigma_u\omega\frac{\cosh kz}{\sinh kd}\eta(t) \tag{2-103}$$

则作用在 z_1~z_2 段柱体上的总拖曳力为

$$F_\mathrm{D}(t)=\int_{z_1}^{z_2} f_\mathrm{D}(t)\mathrm{d}z=\int_{z_1}^{z_2}K_\mathrm{D}\sqrt{\frac{8}{\pi}}\sigma_u\omega\frac{\cosh kz}{\sinh kd}\eta(t)\mathrm{d}z=K_\mathrm{D}\sqrt{\frac{8}{\pi}}\frac{\omega}{\sinh kd}\int_{z_1}^{z_2}\sigma_u(z)\cosh kz\mathrm{d}z\eta(t) \tag{2-104}$$

则 z_1~z_2 段柱体上的拖曳力谱为

$$S_{f\mathrm{D}}(\omega)=\left|K_\mathrm{D}\sqrt{\frac{8}{\pi}}\frac{\omega}{\sinh kd}\int_{z_1}^{z_2}\sigma_u(z)\cosh kz\mathrm{d}z\right|^2 S_\eta(\omega) \tag{2-105}$$

则 z_1~z_2 段柱体上的总波浪力谱为

$$S_f(\omega)=\left|K_\mathrm{D}\sqrt{\frac{8}{\pi}}\frac{\omega}{\sinh kd}\int_{z_1}^{z_2}\sigma_u(z)\cosh kz\mathrm{d}z\right|^2 S_\eta(\omega)+\left|K_\mathrm{I}\frac{\omega^2}{k}\frac{\sinh kz_2-\sinh kz_1}{\sinh kd}\right|^2 S_\eta(\omega) \tag{2-106}$$

令 $z_1=0$，$z_2=d$，则整个柱体上的总波浪力谱为

$$S_f(\omega)=\left|K_\mathrm{D}\sqrt{\frac{8}{\pi}}\frac{\omega}{\sinh kd}\int_{z_1}^{z_2}\sigma_u(z)\cosh kz\mathrm{d}z\right|^2 S_\eta(\omega)+\left|K_\mathrm{I}\frac{\omega^2}{k}\right|^2 S_\eta(\omega) \tag{2-107}$$

2）海洋工程中常用的波浪谱

迄今为止，已经提出了许多波浪谱，下面简要介绍海洋工程常用的几种波浪谱。

Ⅰ.ISSC 谱

国际船舶结构会议（ISSC，1964）推荐采用下式表示波浪谱，称之为 ISSC 谱：

$$S(f)=0.110\,7\left(\frac{H_s}{T_{0,1}^2}\right)^2\frac{1}{f^5}\exp\left[-0.442\,7\left(\frac{H_s}{T_{H_{0,1}}f}\right)^4\right] \tag{2-108}$$

Ⅱ.P-M 谱

P-M 谱于 1963 年由皮尔森（Pierson）和莫斯科维茨（Moskowitz）依据北大西洋的实测资料推导而得，适用于外海无限风区充分成长的波浪。P-M 谱为经验谱，由于所依据的资料比较充分，分析方法比较合理，使用也比较方便，因此在海洋工程和船舶工程中得到了广泛的应用。

$$S_\eta(\omega)=A\omega^{-5}\exp(-B\omega^{-4}) \tag{2-109}$$

$$A=\alpha g^2=0.78 \tag{2-110}$$

式中：$\alpha=8.1\times10^{-3}$ 为菲利普斯（Phillips）常数。

P-M 谱实际上为单参数谱，只有参数 B 随着海况的变化而变化，且有

$$B=0.74\left(\frac{g}{v_{19.4}}\right)^4=\frac{3.11}{H_s^2} \tag{2-111}$$

式中：$v_{19.4}$ 为海面以上 19.4 m 处的风速。

$v_{19.4}$ 与 H_s（有效波高）的关系可以用基于波浪可用窄带的高斯随机过程来表示：

$$H_s=\frac{2.06}{g^2}v_{19.4}^2 \tag{2-112}$$

可知，有效波高与风速的平方成正比。

以有效波高表示的海浪谱为

$$S_\eta(\omega)=\frac{0.78}{\omega^5}\exp\left(-\frac{3.11}{\omega^4H_s^2}\right) \tag{2-113}$$

P-M 谱的谱峰频率为

$$\omega_m=1.257/H_s^{1/2} \tag{2-114}$$

得到谱峰频率表示的海浪谱：

$$S_\eta(\omega)=\frac{0.78}{\omega^5}\exp\left[-\frac{5}{4}\left(\frac{\omega_m}{\omega}\right)^4\right] \tag{2-115}$$

Ⅲ. 修正的 P-M 谱

由于 P-M 谱仅有 H_s 一个参数，不足以表征复杂的海浪状况，第 13 届国际拖曳水池会议（ITTC，1972）对此提出了修改。第 15 届 ITTC（1978）推荐采用 P-M 谱的修正形式，即两参数谱：

$$S_\eta(\omega)=\frac{A}{\omega^5}\exp(-B\omega^{-4}) \tag{2-116}$$

其中

$$A=173H_s^2T_{0,1}^{-4}$$

$$B=691T_{0,1}^{-4}$$

Ⅳ.Jonswap 谱

1968—1969 年,英国、荷兰、美国、德国等国家进行“联合北海波浪计划”,提出 Jonswap 谱。当时,在丹麦、德国交界处西海岸外的 Sylt 岛布置了一个测波断面,深入北海达 160 km,沿断面共布置了 13 个测站,分别采用 5 种观测仪器观测波浪,由测得的 2 500 个谱导出风浪谱。其谱型为

$$S_\eta(\omega)=\frac{\alpha g^2}{\omega^5}\exp\left[-\frac{5}{4}\left(\frac{\omega_{\mathrm{m}}}{\omega}\right)^4\right]\gamma^{\exp\left[-\frac{(\omega-\omega_{\mathrm{m}})^2}{2\sigma^2\omega_{\mathrm{m}}^2}\right]} \tag{2-117}$$

其中,γ为谱峰升高因子,定义为

$$\gamma=\frac{S_\eta(\omega_{\mathrm{m}})}{S_\eta(\omega_{\mathrm{m}})_{\mathrm{P\text{-}M}}} \tag{2-118}$$

γ的观测值为 1.5~6,平均值为 3.3。

σ为峰形系数,其值为

$$\sigma=\begin{cases}0.07 & \omega\leqslant\omega_{\mathrm{m}}\\ 0.09 & \omega>\omega_{\mathrm{m}}\end{cases} \tag{2-119}$$

系数 α 为无因次风区的函数,即

$$\alpha=0.076\tilde{x}^{-0.22}=0.076\left(\frac{gx}{U^2}\right)^{-0.22} \tag{2-120}$$

式中:U 为海面以上 10 m 高度处的风速;x 为风区长度。

谱峰频率为

$$\omega_{\mathrm{m}}=22\frac{g}{U}\tilde{x}^{-0.33} \tag{2-121}$$

改进的 Jonswap 谱为

$$S_\eta(\omega)=\alpha^* H_{\mathrm{s}}^2\frac{\omega_{\mathrm{m}}^4}{\omega^5}\exp\left[-\frac{5}{4}\left(\frac{\omega_{\mathrm{m}}}{\omega}\right)^4\right]\gamma^{\exp\left[-\frac{(\omega-\omega_{\mathrm{m}})^2}{2\sigma^2\omega_{\mathrm{m}}^2}\right]} \tag{2-122}$$

$$\alpha^*=\frac{0.062\,4}{0.230+0.033\,6\gamma-0.185(1.9+\gamma)^{-1}} \tag{2-123}$$

国外不同海区采用的 Jonswap 谱的系数 γ 取值见表 2-10。

表 2-10　国外不同海区采用的 Jonswap 谱的系数γ取值

海区	γ
北海或北大西洋	3.3
北海北部	≤7
西非	1.5 ± 0.5
墨西哥湾	当 $H_{\mathrm{s}}\leqslant 6.5$ m 时,$\gamma=1$ 当 $H_{\mathrm{s}}>6.5$ m 时,$\gamma=2$
巴西外海	1~2

P-M 谱和 Jonswap 谱是目前国外用得最多的两种波浪谱形式。表 2-11 列出了国外不同海区采用的波浪谱。

表 2-11　国外不同海区采用的波浪谱

海区	操作工况	生存工况
墨西哥湾	P-M	P-M 或 Jonswap
北海	Jonswap	Jonswap
北海北部	Jonswap	Jonswap
巴西外海	P-M	P-M 或 Jonswap
北澳大利亚	P-M	P-M
纽芬兰外海	P-M	P-M 或 Jonswap
西非	P-M	P-M

2.3　海流载荷

2.3.1　海流的形成

海水中的水团从一地流动到另一地称为海流。海洋中的水流一般包括两个部分：一是潮流；二是风海流。潮流是由于太阳、月球对地球的引力使海水涌起后而引起的水平方向的水流运动。潮流有季节性的变化，但大致以一定的方向流动，潮流方向一般在 12 h 左右反转一次。一般海洋中的潮流流速是比较小的，但海峡和水道内产生的潮流流速比较大。风海流是大气环流作用形成的水流运动，其还受到地球的转动、大陆架海水密度差异等动力作用的影响。风海流的流向几乎是不变的，在北半球为顺时针，在南半球为逆时针。

在海洋工程中，海流的确定对海洋工程结构物的选址、结构物的受力、泥沙冲刷的变化影响很大，是工程设计需要考虑的主要载荷之一。海流是矢量，其方向指流去的方向，以度(°)为单位，正北为 0°，按照顺时针方向计量；流速指单位时间内海水流动的距离，以 m/s 或 kn 为单位，1 kn=1.852 km/h。

海流对工程结构和工程活动的影响主要表现在以下五个方面：

(1)对结构强度的影响(平均拖曳力)；

(2)对基础稳定的影响(冲刷、掏空)；

(3)对工程系统性能的影响(涡激振动)；

(4)对工程活动的影响(拖航、就位)；

(5)对腐蚀速度的影响(带走腐蚀产物，加速腐蚀)。

2.3.2　海流速度

计算海流载荷，首先需要得到海流速度，因此需要分别计算潮流速度与风海流速度。潮流速度随水深而变化，当实测资料不足时，可近似按相对水深的 1/7 次方比例取值。潮流速度的近似计算公式为

$$u_{\mathrm{t}}(y)=u_{\mathrm{t0}}\left(\frac{y}{d}\right)^{\frac{1}{7}} \tag{2-124}$$

式中：u_{t} 为设计泥面以上高度处的潮流速度（m/s）；u_{t0} 为静水面处的潮流速度（m/s）；y 为设计泥面以上的垂直距离（m）；d 为水深（m）。

风海流速度的近似计算公式为

$$u_{\mathrm{w}}(y)=u_{\mathrm{w0}}\left(\frac{y}{d}\right) \tag{2-125}$$

式中：u_{w} 为设计泥面以上高度处的风海流速度（m/s）；u_{w0} 为静水面处的风海流速度（m/s）。

进一步得到海流速度为潮流速度与风海流速度之和：

$$u_{\mathrm{c}}(y)=u_{\mathrm{t}}(y)+u_{\mathrm{w}}(y) \tag{2-126}$$

2.3.3　经典无黏性流体载荷

如图 2-5 所示，将圆柱体放置在来流中，流体以等加速度运动时，单位长度圆柱体受到的惯性力为

$$\bar{F}_{\mathrm{I}}=C_{\mathrm{M}}\rho\pi\frac{D^2}{4}\dot{u} \tag{2-127}$$

式中：$\dot{u}$ 为流体加速度；ρ 为流体密度；C_{M} 为惯性力系数，与长径比 L/D（结构长度/结构外径）有关。

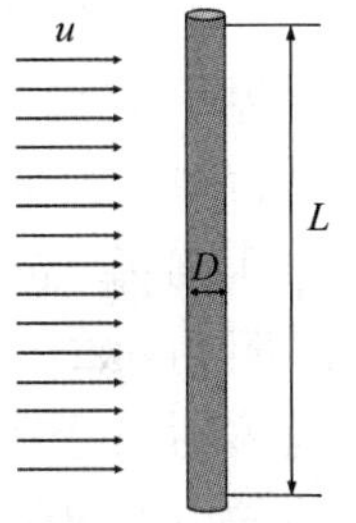

图 2-5　圆柱体绕流示意图

文德尔（Wendel）（1956）引入附连水质量系数 $C_{\mathrm{A}}=C_{\mathrm{M}}-1$，利用牛顿第二定律和相对运动原理，将流体运动转化为物体运动，令圆柱体位移为 $y(t)$，结构所受惯性力变为

$$\bar{F}_{\mathrm{I}}=\left(\bar{m}_0+C_{\mathrm{A}}\rho\pi\frac{D^2}{4}\right)\ddot{y}=\bar{m}\ddot{y} \tag{2-128}$$

式中：$\ddot{y}$ 为圆柱结构的加速度；$\bar{m}_0$ 为单位长度圆柱质量；$\bar{m}$ 为单位长度有效质量。

当 $L/D>10$ 时，附连水质量系数 $C_{\mathrm{A}}=1$。一般工程中，圆柱的附连水质量系数取 1，即附连水质量等于圆柱排开的水体质量。

2.3.4　黏性流体载荷

在定常均匀黏性流体作用下，单位长度圆柱体受到的拖曳力为

$$\bar{F}_{\mathrm{D}}=\bar{F}_{\mathrm{p}}+\bar{F}_{\mathrm{f}} \tag{2-129}$$

式中：$\bar{F}_{\mathrm{p}}=\int_0^{2\pi}\bar{p}r_0\cos\phi\mathrm{d}\phi$ 为形状阻力；$\bar{F}_{\mathrm{f}}=\int_0^{2\pi}\bar{\tau}_0 r_0\sin\phi\mathrm{d}\phi$ 为摩擦阻力。

因此，拖曳力可表示为

$$\bar{F}_{\mathrm{D}}=\int_0^{2\pi}(\bar{p}\cos\ \phi+\bar{\tau}_0\sin\ \phi)r_0\mathrm{d}\phi \tag{2-130}$$

进一步得到：

$$\bar{F}_{\mathrm{D}}=C_{\mathrm{D}}\rho\frac{D}{2}|u|u \tag{2-131}$$

式中：u 为来流速度；C_{D} 为黏性阻力系数，与雷诺数 Re 和圆柱体的表面粗糙度有关。

若圆柱体在水中运动，圆柱体速度为 $\dot{y}$，则拖曳力为

$$\bar{F}=C_{\mathrm{D}}\rho\frac{D}{2}|u-\dot{y}|(u-\dot{y}) \tag{2-132}$$

根据莫里森公式，在定常均匀流下，单位长度圆柱体受到的水动力为

$$\bar{F}=C_{\mathrm{D}}\rho\frac{D}{2}|u|u+C_{\mathrm{M}}\rho\pi\frac{D^2}{4}\dot{u} \tag{2-133}$$

对于小位移运动，对阻尼线性化，C_{D}' 为线性化的流体阻尼系数，有

$$C_{\mathrm{D}}'=C_{\mathrm{D}}|u-\dot{v}|\cong\mathrm{const} \tag{2-134}$$

此时，单位长度圆柱体受到的水动力为

$$\bar{F}=C_{\mathrm{D}}'\rho\frac{D}{2}u+C_{\mathrm{M}}\rho\pi\frac{D^2}{4}\dot{u} \tag{2-135}$$

任何非线性物体（如圆柱体旋转或柱体不圆等），在一定的均匀来流下，会产生边界层分离，倒流与正向来流混合进而会在物体两侧交替产生脱离结构物表面的漩涡，如图 2-6（a）所示。对于圆柱体，这种交替发放的泄涡会在柱体表面生成不均匀的压强差，进而导致在圆柱体上产生顺流向及横流向的周期性交变作用力，称为漩涡阻力，如图 2-6（b）所示。如果此时圆柱体具有一定的位移自由度，那么周期性的流体力将引发柱体的周期性振动。这种周期性振动又会反过来改变圆柱体表面剪切层的分离点位置，影响泄涡的发放状态。这种相互影响的流固耦合现象就称为“涡激振动”，其具有非线性、自激性、自限性、多自由度等特点。

漩涡脱落具有周期性，会在圆柱体横流向形成垂向（升）力：

$$\bar{F}_{\mathrm{L}}=C_{\mathrm{L}}\rho\frac{D}{2}u^2 \tag{2-136}$$

式中：u 为来流速度；C_{L} 为升力系数，与雷诺数 Re 有关。

图 2-7 所示为光滑固定圆柱体 C_{L} 与 Re 的实验关系曲线，描述该不定常现象的无量纲参数是斯特劳哈尔（Strouhal）数 Sr。Sr 与 Re 之间的关系曲线如图 2-8 所示。且有：

$$Sr=\frac{f_{\mathrm{s}}D}{u}$$

其中：f_{s} 为泄涡频率，当泄涡频率与结构的固有频率接近时，可诱发结构发生共振，导致严重的安全事故。

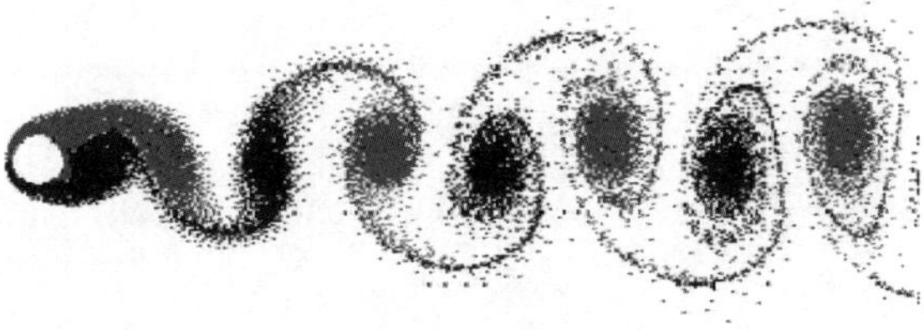

（a）

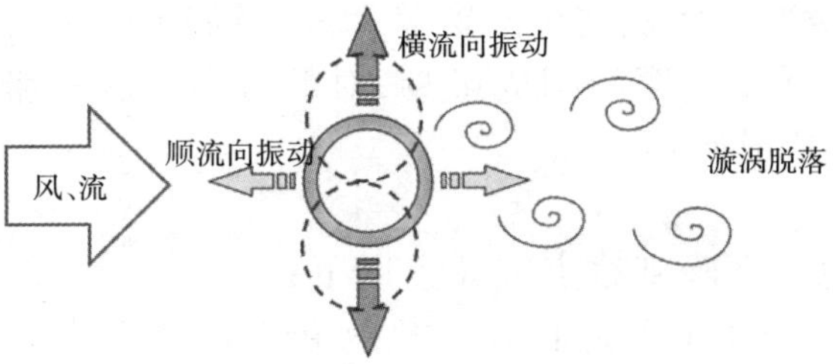

（b）

图 2-6　圆柱体的周期性泄涡与受力

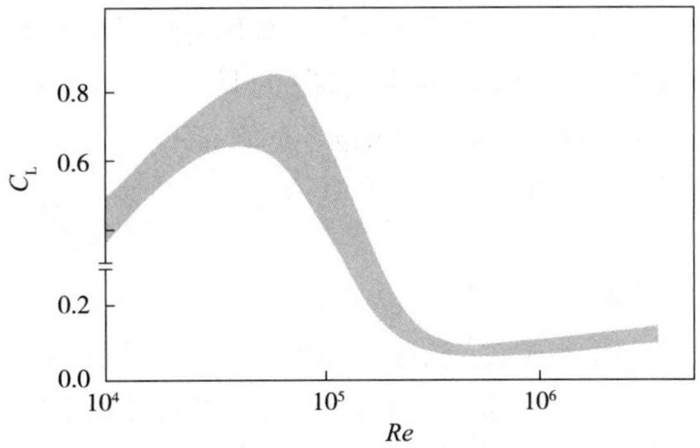

图 2-7　C_L 与 Re 的实验关系曲线

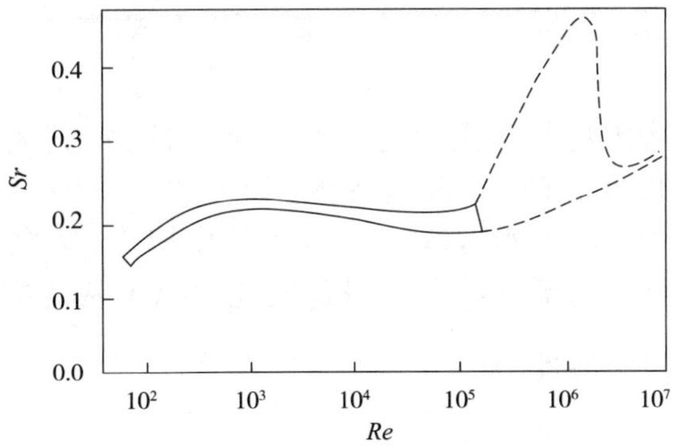

图 2-8　Sr 与 Re 的关系曲线

2.4 冰载荷

2.4.1 海冰的形成

地球大洋有3%~4%的面积被海冰覆盖,海冰对海上运输、港口与桥梁建设、海上油气资源的勘探开发活动等都会构成影响,对航行在冰区的船舶与冰区中的作业平台等海洋工程结构物造成破坏。

海冰形成的条件:

(1)气温、水温急剧下降到冰点或冰点以下;

(2)有凝结核,如海洋中普遍存在有机物和无机物组成的悬浮微粒和冬季降落到海面的雪花,这些都是结冰所需要的凝结核。

海冰种类众多,按外形可分为初生冰、尼罗冰、饼状冰,按发展阶段可分为初期冰、一年冰、多年冰,按运动形态可分为固定冰和浮冰。

冰载荷对结构的影响往往是很严重的。冰作用在海洋工程结构物上的力主要有:巨大冰层包围结构物,冰层移动时对结构的挤压力;浮冰对结构物的冲击力;当冰层与结构物冻结在一起,冰层移动时所产生的拖曳力,如冰层因水位下降而产生的向下的附加重力,冰层因水位上升而产生的向上的附加浮力;海冰与结构物之间的摩擦力。

海冰作用力的影响因素较多,主要包括:

(1)结构物的尺度、结构形式、结构刚度和质量分布以及迎冰面的形状和接触状况;

(2)海冰的类型、几何尺度、冰速、冰向以及海冰的物理力学性质等;

(3)海冰对结构的作用形式(挤压、撞击、黏附)。

2.4.2 冰载荷计算

海冰对海洋工程结构物的作用力称为冰载荷或冰力,其大小受制于环境驱动力或海冰强度。当海冰尺度有限,而环境参数(如风和流)较小时,海冰可能停止于结构物前面而不被破坏,此时的冰力取环境对冰的作用力;反之,当海冰被破坏时,作用于结构物的力则是海冰的破坏载荷。设计时应取以上两者中的小值。

1. 受环境驱动力限制的冰力

环境条件(如风和流)产生的冰力为

$$F = \frac{1}{2}\rho \cdot C_{\mathrm{d}} \cdot A \cdot u^2 \tag{2-137}$$

式中：ρ 为空气或海水的密度；C_d 为风或流的拖曳力系数，按表 2-12 确定；A 为受到风或流作用的冰体面积；u 为风或流的速度。

表 2-12　拖曳力系数 C_d 的取值

类别	光滑冰面	粗糙冰面	一般
风	0.002	0.01	0.005
流	0.01	0.1	0.04

2. 受海冰强度限制的冰力

海洋工程结构物受到的冰载荷主要有挤压冰力、弯曲冰力、压曲冰力、冻结冰力、冰脊冰力等。以下着重介绍挤压冰力和弯曲冰力的计算。

1）挤压冰力

作用于孤立垂直桩柱（与水平面的夹角大于 75°）上的冰压力可按下式计算：

$$F = m \cdot I \cdot f_c \cdot \sigma_c \cdot D \cdot h \tag{2-138}$$

式中：m 为桩柱的形状系数，圆形桩柱取 0.9，对于方形桩柱，若冰正向作用则取 1.0，若冰斜向作用则取 0.7；I 为嵌入系数；f_c 为桩柱与冰层间的接触系数；σ_c 为冰的压缩强度；D 为冰挤压结构的宽度；h 为冰厚。

对于圆形截面的墩柱，嵌入系数 I 与接触系数 f_c 的乘积可由下面的经验公式确定：

$$I \cdot f_c = 3.57h^{0.1} / D^{0.5} \tag{2-139}$$

式中：h 和 D 的单位为 cm，此时 m 取 1.0。

2）弯曲冰力

作用于倾斜结构的冰力可按下式推算：

$$\begin{cases} F_h = K_n \sigma_f h^2 \tan\alpha \\ F_v = K_n \sigma_f h^2 \end{cases} \tag{2-140}$$

式中：F_h 为水平冰力（kN）；F_v 为垂直冰力（kN）；K_n 为系数，其值为 $0.1B$，其中 B 为结构倾斜面的宽度；h 为冰厚（m）；σ_f 为冰的弯曲强度（kPa）；α 为斜面与水平面的夹角，应小于 75°。

2.5　土体载荷

2.5.1　海洋土体特点

海洋土力学研究海底土的物理性质、物化环境、应力-应变关系和强度特性，为海洋工程设计和施工进行地基评价和土工计算提供参数,并提出与地基不稳定有关的各种情况以及土质改良措施意见,以达到工程设计和施工合理、安全、经济的目的。海洋土力学是土力学的一个分支学科,是最近几十年来伴随海洋石油、天然气勘探开发和相应的海洋工程的发展而逐渐形成的。

海洋工程地基土层具有以下特点:

(1)海底土层除有陆相成因外,还有海相成因;

(2)海底土一般均是咸水饱和或接近饱和的,因此海底土是一种特殊三组分体系(即土骨架+水+水中盐分)或四组分体系(再加空气),而大陆土除特殊情况外,以二组分(即土骨架+水)或三组分体系(再加空气)为主,孔隙水中含盐较少,可以忽略;

(3)海洋工程传给地基的静载荷一般均很大,特别是海水波浪使地基土层经常受到反复载荷和水平载荷,大风暴期间这种载荷(包括风载荷和波浪载荷)更加突出,另外除风力外,波浪、海流和浮冰的载荷显示出海洋十分严峻的自然条件;

(4)海底地基土层位于海水下,勘探调查不易,这使对海底土层的了解机会比大陆土要少得多。

大陆工程地基的稳定与否是工程结构(和基础)、大气环境及地基土层三方共同作用的结果;而海洋工程地基的稳定与否除上述三方外,还是海洋水体这一第四方共同作用的结果。

海底土层主要由冲积和沉积作用形成。其主要黏土矿物为伊利土和蒙脱土,砂粒主要由石英、长石和页岩等组成,且有机质含量较高,有的可达10%。海底土层孔隙水中含盐量高,主要离子成分为Na^+、K^+、Ca^{2+}等。深海表层土体中常含有大量的贝壳和硅质植物的残渣。海洋黏土颗粒的接触点上常形成一种胶结很强的碳酸钙微晶。这种胶结是一种脆性胶结,而且一旦破坏是很难恢复的,其对黏土性质的影响较大。当外加载荷小于胶结能承受的力时,黏土呈现较小的变形,一旦外加载荷超过胶结能承受的力,胶结就会被破坏,使黏土产生很大的变形。

2.5.2 土体载荷计算

对于软弱土壤地基,一般采用桩锤将桩打入土中。但对于砂土或较硬黏土地基,通常有插入式桩和扩大柱脚桩两种形式。

1. 轴向承载力

桩的极限承载能力一般按安全系数进行设计,主要取决于桩身材料的强度与土对桩的支撑能力。确定桩的轴向承载力有下列几种方法:

(1)现场试桩;

(2)静力公式;

(3)桩的动力公式(基于波传播理论的公式);

(4)地区性的半经验公式。

桩基设计可用上述方法确定轴向承载力，但动力公式不能单独使用，最好是利用几种方法综合确定。

当桩尖支撑在很坚硬的土层上时，桩的承载力取决于桩身材料的强度，其容许载荷为

$$P_a = A_p f_s \tag{2-141}$$

式中：A_p 为桩的截面面积；f_s 为钢材的许用应力。

当桩身强度足够时，桩的承载力主要由土的强度决定，桩的轴向受压容许载荷为

$$Ra = \frac{Q_f + Q_p}{n} \tag{2-142}$$

式中：Q_f 为桩侧土的摩擦阻力；Q_p 为桩底土的竖向阻力；n 为安全系数。

中国船级社规范中的受压桩极限承载力为

$$Q_d = Q_f + Q_p = \sum f_i A_{si} + qA_p \tag{2-143}$$

式中：Q_f 为桩侧摩擦阻力；Q_p 为总的桩尖阻力（应不大于土体承载力）；f_i 为第 i 层土的单位面积侧摩擦阻力；A_{si} 为第 i 层土中的桩侧面积；q 为单位面积的桩尖阻力；A_p 为桩尖面积。

不同的土质，桩侧摩擦阻力和桩尖阻力有不同的计算方法，规范中有详细说明。

2. 轴向抗拔力

由于海洋工程桩基要承受巨大的拉力，因此要进行抗拔设计。抗拔力计算公式为

$$P = W + \sum P_{si} \tag{2-144}$$

式中：W 为桩的重量；P_{si} 为第 i 层土的侧阻力。

3. 水平承载力

桩侧土抗力 P 应按下式计算：

$$P = -E_s y \tag{2-145}$$

式中：E_s 为计算点的土抗力模量，其值随土质、深度和位移而变化；y 为计算点的桩侧位移。

桩在横向载荷作用下，其侧向位移较小时可不考虑土的非线性特性，按一般公认的线性假定确定土抗力模量。在横向载荷作用下，桩的计算考虑土的非线性时，宜以计算点的 P-y 曲线为依据，取其割线斜率作为土抗力模量。

影响桩水平承载力的因素包括桩截面尺寸、桩材料强度、桩的刚度、土质条件、桩的入土深度、水深等。确定桩水平承载力的方法有下列几种：

（1）水平静载试验，即对桩施加水平载荷，分析桩顶水平载荷-位移曲线；

（2）理论计算方法，即假定桩为一个弹性构件，用弹性力学方法计算水平载荷与横向位移之间的关系；

（3）弹性地基反力法，其中地基土的反力为弹性反力。

（4）地区性的半经验公式。

2.6 地震载荷

2.6.1 地震载荷形式

地震是一种灾害性的自然现象,全球每年约发生 5×10^6 次地震,其中绝大部分属于微震或无感地震。虽然大地震的发生次数少,但其造成的损失难以估计,因此对海上结构物进行抗震设计非常必要。地震载荷又称地震力,是结构物由于地震而受到的惯性力、土压力和水压力的总称。地震载荷相比风、浪、流载荷,频率较低,并且持续时间较短、破坏巨大。

地震载荷对海洋平台造成破坏的主要形式有以下两种。

(1)地震是由于地壳释放能量而造成的振动,是一种强烈的地面运动,海洋平台这种大型结构在其作用下将进入塑性区域,结构将产生很大变形,如果平台设计强度不够,将对结构产生破坏,使平台倒塌。

(2)在地震作用下,结构有明显的弹塑性反应,且地震载荷作用时间相较于风、流、浪载荷等持续时间较短,但对于结构本身持续时间足够长,使结构滞变能耗增加,材料抵抗变形的能力变弱,导致平台破坏。

地震以波的形式由震源传递到地表,地震波可分为体波和面波。

体波指通过地球本体内传播的波,包含纵波(P 波)、横波(S 波)。纵波指质点振动方向与波的传递方向一致的波。横波指质点振动方向与波的传递方向垂直的波。纵波为压缩波,无论是在固体内还是液体内均能传播;而横波为剪切波,只能在固体内传播。

纵波波速表达式为

$$V_{\mathrm{p}}=\sqrt{\frac{E(1-\gamma)}{\rho(1+\gamma)(1-2\gamma)}}=\sqrt{\frac{\lambda+2G}{\rho}} \tag{2-146}$$

式中:V_{p} 为纵波波速;E 为介质的弹性模量;γ 为介质的泊松比;ρ 为介质的密度;G 为介质的剪切模量;λ 为拉梅常数。

横波波速表达式为

$$V_{\mathrm{s}}=\sqrt{\frac{E}{2\rho(1+\gamma)}}=\sqrt{\frac{G}{\rho}} \tag{2-147}$$

式中:V_{s} 为横波波速。

据此可以得到纵波波速与横波波速之比:

$$\frac{V_{\mathrm{p}}}{V_{\mathrm{s}}}=\sqrt{\frac{2(1-\gamma)}{1-2\gamma}} \tag{2-148}$$

通过比较两种波速可见,纵波的传播速度快于横波,即纵波先到达地面。

面波指在介质表面或地球表面及其附近传播的波，一般认为是体波经地层界面多次反射形成的次生波，包含瑞利（Rayleigh，R）波和勒夫（Love，L）波。R 波传播时，介质质点在波的传播方向与地面法线所组成的平面内运动，质点的运动轨迹是椭圆。R 波的形成与体波在地球表面的反射有关，因此 R 波在震中附近并不出现。L 波是体波在地球表面反射和两层介质界面上的反射与折射后产生的次生波。L 波在地球表面呈蛇形运动。面波的周期长而振幅大，其速度为 S 波的 90%左右，但面波衰减较慢，故能传播到很远的地方。总之，P 波传播速度最快，S 波次之，面波速度最慢。

震源指地震发生的点，即地震能量释放的中心。震中指震源在地面上的垂直投影。震源与震中之间的垂直距离称为震源深度。地面某处到震源和震中的距离分别称为震源距和震中距。震级指地震大小的等级，用符号 M 表示，即离震中 100 km 处用伍德-安德森（Wood-Anderson）标准地震仪（摆的自振周期为 0.8 s，阻尼为 0.8，放大倍数为 2 800 倍）所记录的最大水平位移（即振幅 A）的常用对数值。一般来说，人感觉不到的 2 级以下的地震，称为微震；2~4 级的地震称为有感地震；5 级及以上的地震会在地球表面造成不同程度的破坏，称为破坏地震；7 级及以上的地震称为强烈地震或大地震；8 级及以上的地震称为特大地震。地震烈度指某一地区的地面及建筑物遭受一次地震影响和破坏的强弱程度。同一次地震在不同地方所表现的强烈程度和造成的破坏是不同的，任何一次地震，总是震中区烈度最高，随着震中距的加大，烈度逐渐降低。另外，地震烈度还与震源深度有关，对于同级地震，其震源越浅，裂度越高，造成的危害越大。

2.6.2 地震对海洋工程结构物的作用

地震对结构物的作用与直接作用于结构物上的一般载荷不同。一般载荷对结构物的作用是载荷直接作用于结构而使结构发生受力与变形，而地震对结构物的作用是由于地基运动而激发传递到结构的作用。结构物上的质量因地基加速度的存在而产生的惯性力称为地震作用力，地震作用力可视为结构在地震中受到地震影响大小的“等效载荷”，工程上称为地震载荷。

目前，较成熟的地震作用分析方法有反应谱法、时程分析法和随机振动法。反应谱理论建立于以下三个基本假设的条件基础上：

（1）结构的地震反应在弹性范围内；

（2）地基可以有横向或纵向位移，但不能有转动位移；

（3）地震是一种不平稳的地质活动，主要体现在地震的强度以及频率上。

反应谱理论假设地震过程的强度和频率都具有平稳性。采用反应谱法分析海洋平台地震动力响应时，API RP 2A 规范将地震作用按地面水平峰值加速度的大小分成三种不同的做法，其中 g 为重力加速度。

（1）第 Ⅰ 类地区：地面水平峰值加速度小于 $0.05g$，不对处于此地区的平台进行地震分析。

（2）第Ⅱ类地区：地面水平峰值加速度为 0.05g~0.1g，若对平台做抗震设计，要相较于设计要求提高一个烈度进行设计，且结构强度分析结果满足规范要求，可以不做韧性分析。

（3）第Ⅲ类地区：地面水平峰值加速度大于 0.1g，除对结构做强度分析外，还要考虑对结构做韧性分析。

对于单自由弹性体系，地震对结构影响的等效力是惯性力，即水平地震作用：

$$F(t)=-m\left[\ddot{x}(t)+\ddot{x}_g(t)\right] \tag{2-149}$$

式中：F 为惯性力；m 为体系质量；$\ddot{x}(t)$ 为体系相对运动加速度；$\ddot{x}_g(t)$ 为地震加速度。

在地震持续过程中所受到的最大地震作用为

$$F(t)_{\max}=\left|F(t)_{\max}\right|=m\left[\ddot{x}(t)+\ddot{x}_g(t)\right]_{\max}=mS_{\mathrm{a}} \tag{2-150}$$

$$F(t)_{\max}=mS_{\mathrm{a}}=mg\frac{S_{\mathrm{a}}}{\left|\ddot{x}_g(t)\right|_{\max}}\frac{\left|\ddot{x}_g(t)\right|_{\max}}{g}=G\beta k=\alpha G \tag{2-151}$$

其中

$$\frac{S_{\mathrm{a}}}{\left|\ddot{x}_g(t)\right|_{\max}}=\beta \tag{2-152}$$

$$\frac{\left|\ddot{x}_g(t)\right|_{\max}}{g}=k \tag{2-153}$$

$$\alpha=k\beta \tag{2-154}$$

式中：F 为水平地震作用标准值；G 为重力载荷代表值；S_{a} 为系统最大绝对加速度；β 为放大系数；k 为地震系数；α 为水平地震影响系数。

Chapter 3

第三章

单自由度系统振动

在结构动力分析中,为确定结构系统在任一时刻全部质量的几何位置所必需的独立参数的数量被定义为动力自由度。若结构系统振动在任一时刻的空间位置只需一个独立参数描述,则该结构系统为单自由度系统;若结构系统振动在任一时刻的空间位置需要多个独立参数描述,则该结构系统为多自由度系统。单自由度系统是最简单的动力系统,但其具有一般动力系统的基本特征,包括结构动力分析中涉及的所有基本概念和物理量,是研究更复杂的结构动力响应的基础。本章主要讲述单自由度系统的自由振动与单自由度系统在载荷作用下的动力响应分析。

3.1 单自由度系统振动方程构建

3.1.1 系统受力分析

为分析结构系统的运动响应,首先要对系统进行受力分析,系统除受到外载荷激励外,还受到弹性、阻尼、惯性的影响。如图 3-1 所示,假设某单自由度质量块的质量为 m,该单自由度系统在外部激励 $p(t)$的作用下发生运动响应,外部激励 $p(t)$为时间的函数,设某一时刻 t,单自由度系统离开其平衡位置的位移为 y。

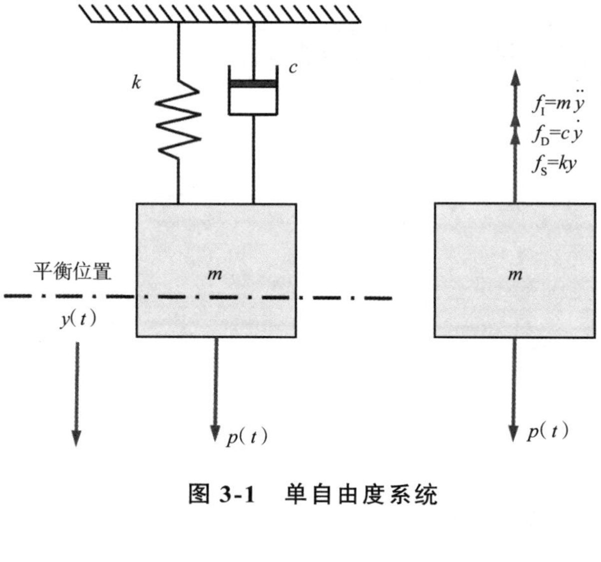

图 3-1　单自由度系统

1. 弹性恢复力

该系统弹簧刚度为 k,如果弹簧发生的伸缩量在线性范围内,弹簧的弹性力与位移的关系为 $f_S=ky$,该弹性力起到恢复位移的作用,它迫使系统返回平衡位置,该力称为恢复力,恢复力与结构的位移方向相反,此处假设该单自由度系统位移引起的弹簧伸缩量在线性范围内。

2. 阻尼力

在外部激励下，结构系统将会在其静平衡位置附近产生振动。当激励停止后，其自由振动并不会永久地持续下去，而是将逐渐衰减直至停止，这种使结构振动衰减的作用称为阻尼。

由于阻尼的存在，振动系统的能量可由各种机制耗散，但经常是多种耗散机制同时存在。对于实际结构系统，阻尼通常理想化为一个线性黏滞阻尼器或减振器，而阻尼系数的选择一般令其所耗散的振动能量与实际结构中的所有阻尼机制组合所耗散的能量相当。这种理想化的阻尼称为等效黏滞阻尼。在结构动力分析中，应用最为广泛的阻尼模型是线性黏滞阻尼器模型，其阻尼力与速度呈线性关系，即 $f_D = c\dot{y}$，其中 c 为系统的阻尼系数，其方向与速度相反。

3. 惯性力

对于图 3-1 中质量为 m 的质量块，其抵抗质量加速度的惯性力可表示为 $f_I = m\ddot{y}$，其大小与加速度成正比，方向与加速度方向相同。

3.1.2　建立振动方程

若想得到系统的位移响应，必须建立系统的运动方程，运动方程的建立方法包括直接平衡法、虚位移原理和哈密顿原理。下面以最简单的单自由度质量块为例，讲述单自由度系统振动方程的建立过程。

1. 直接平衡法

直接平衡法是基于达朗贝尔（d'Alembert）原理产生的，达朗贝尔原理认为作用于质点的主动力、约束力和虚加的惯性力在形式上组成平衡力系，这种方法也称为“动静法”或“惯性力法”。通过对系统进行力的动平衡分析，找出某一方向所受惯性力、阻尼力、恢复力及干扰力，即可根据力的动平衡条件建立振动方程。

如图 3-1 所示，质量块的惯性力为 $f_I = m\ddot{y}$，方向与加速度方向相同；所受弹性恢复力为 $f_S = ky$，方向与位移方向相反；所受阻尼力为 $f_D = c\dot{y}$，方向与速度方向相反；外部激励为 $p(t)$。根据牛顿第二定律，在位移 y 方向建立该单自由度系统的力的平衡分析，得到

$$m\ddot{y} = -c\dot{y} - ky + p(t) \tag{3-1}$$

将除外部激励外的项移到左侧，得到该单自由度系统的振动方程为

$$m\ddot{y} + c\dot{y} + ky = p(t) \tag{3-2}$$

从该振动方程中可以看到，左侧关于位移、速度、加速度的变量都是线性变化的，因此该振动方程为线性常微分方程，由线性常微分方程所描述的运动为线性运动。

2. 虚位移原理

虚位移原理是动力学分析中的一个重要概念,即如果一个系统在一组外力作用下平衡,则当该系统产生一个约束所允许的虚位移时,这一组外力所做的总虚功为零。按照虚位移原理,产生虚位移时外力总虚功为零是与系统上作用的外力平衡条件等价的。因此,在建立系统的运动方程时,首先要搞清楚作用在系统上的全部外力,其中包括按照达朗贝尔原理所定义的惯性力。引入相应于每个自由度的虚位移,并且使全部力的总虚功等于零,即可得到系统的振动方程。

在图 3-1 中,令质量为 m 的质量块发生虚位移 δy,则作用在其上的四个力(见直接平衡法)所做的功为零,得到

$$\delta W_{nc} = -f_I\delta y - f_D\delta y - f_S\delta y + p(t)\delta y = 0 \tag{3-3}$$

其中,$\delta y \neq 0$,得到

$$-f_I - f_D - f_S + p(t) = 0 \tag{3-4}$$

移项得到

$$f_I + f_D + f_S = p(t) \tag{3-5}$$

该方程与直接平衡法得到的振动方程相同,这种方法即采用虚位移原理建立的振动方程,其根本原理与直接平衡法是相通的。

3. 哈密顿原理

同样针对图 3-1,也采用哈密顿原理建立振动方程。哈密顿(Hamilton)原理可简化为在任意时间区间 $t_1 \sim t_2$,动能+势能+非保守力所做的功为零。

哈密顿原理表达式为

$$\int_{t_1}^{t_2} \delta(T - V)\mathrm{d}t + \int_{t_1}^{t_2} \delta W_{nc}\mathrm{d}t = 0 \tag{3-6}$$

针对该单自由度系统的动能为

$$\delta T = \delta\left(\frac{1}{2}m\dot{y}\right) = m\dot{y}\delta y \tag{3-7}$$

针对该单自由度系统的势能为

$$\delta V = \delta\left(\frac{1}{2}ky^2\right) = ky\delta y \tag{3-8}$$

非保守力(阻尼力和干扰力)所做的功的变分为

$$\delta W_{nc} = p(t)\delta y - c\dot{y}\delta y \tag{3-9}$$

将式(3-7)至式(3-9)代入式(3-6),可得

$$\int_{t_1}^{t_2} [m\dot{y}\delta\dot{y} - c\dot{y}\delta y - ky\delta y + p(t)\delta y]\mathrm{d}t = 0 \tag{3-10}$$

其中

$$\int_{t_1}^{t_2} m\dot{y}\delta\dot{y}\mathrm{d}t = m\dot{y}\delta y\Big|_{t_1}^{t_2} - \int_{t_1}^{t_2} m\ddot{y}\delta y\mathrm{d}t \tag{3-11}$$

因为 t_1 与 t_2 时刻的位移是给定的,因此其变分 δy 为 0,得到

$$\int_{t_1}^{t_2} m\dot{y}\delta\dot{y}\mathrm{d}t = -\int_{t_1}^{t_2} m\ddot{y}\delta y\mathrm{d}t \tag{3-12}$$

将式（3-12）代入式（3-10），可得

$$\int_{t_1}^{t_2} [-m\ddot{y} - c\dot{y} - ky + p(t)]\delta y\mathrm{d}t = 0 \tag{3-13}$$

其中，$t_1 \sim t_2$ 的时间区间是任意的，若式（3-13）成立，则被积函数必须为 0，于是得到与前面相同的振动方程：

$$m\ddot{y} + c\dot{y} + ky = p(t) \tag{3-14}$$

3.2　单自由度系统自由振动响应

若无外部动力载荷，单自由度系统在受到初始扰动后，仅靠恢复力维持的振动称为自由振动。通过分析自由振动响应，可以获取系统的固有特性，全面了解振动系统的固有振动特性是进行结构动力响应分析的前提。单自由度系统振动方程的建立详见 3.1，若外部激励 $p(t) = 0$，则该系统会发生自由振动。根据是否考虑阻尼力，可将结构自由振动分为无阻尼自由振动和有阻尼自由振动。

3.2.1　无阻尼自由振动

无阻尼自由振动即不考虑阻尼和外部动力载荷，则单自由度系统的振动方程可简化为

$$m\ddot{y} + ky = 0 \tag{3-15}$$

式中：y 为时间 t 的函数。

式（3-15）即单自由度系统的无阻尼自由振动控制方程。将式（3-15）等号两侧同时除以 m，并引入参数 $\omega^2 = k/m$，则有

$$\ddot{y} + \omega^2 y = 0 \tag{3-16}$$

式（3-16）为标准形式的二阶常系数齐次微分方程，可用常微分方程的分析方法求解，设解的形式为

$$y(t) = C\mathrm{e}^{st} \tag{3-17}$$

式中：常数 s 待定；C 为常系数。

将式（3-17）代入（3-16），得到

$$(s^2 + \omega^2)C\mathrm{e}^{st} = 0 \tag{3-18}$$

其特征根为

$$s_1 = \mathrm{i}\omega,\ \ s_2 = -\mathrm{i}\omega \tag{3-19}$$

因此，式（3-16）的通解为

$$y(t) = C_1\mathrm{e}^{s_1 t} + C_2\mathrm{e}^{s_2 t} = C_1\mathrm{e}^{\mathrm{i}\omega t} + C_2\mathrm{e}^{-\mathrm{i}\omega t} \tag{3-20}$$

式中：C_1、C_2 为待定系数；又根据三角函数与指数函数关系式，即

$$
\begin{aligned}
e^{ix} &= \cos x+i\sin x \\
e^{-ix} &= \cos x-i\sin x
\end{aligned} \tag{3-21}
$$

得到

$$
y(t)=A_1\cos\omega t+A_2\sin\omega t \tag{3-22}
$$

式中：A_1 和 A_2 为积分常数，由初始条件确定。

设系统在 t=0 时刻的初始位移为 $y(0)=y_0$，初始速度为 $\dot{y}(0)=\dot{y}_0$，可得到积分常数为

$$
\begin{cases}
A_1=y_0 \\
A_2=\dfrac{\dot{y}_0}{\omega}
\end{cases} \tag{3-23}
$$

将积分常数代入式（3-22），即可求得无阻尼自由振动响应为

$$
y(t)=y_0\cos\omega t+\frac{\dot{y}_0}{\omega}\sin\omega t \tag{3-24}
$$

可以看出，无阻尼自由振动响应由同频率的两部分简谐项组成：一部分是由初始位移 y_0 引起的余弦振动，另一部分是由初始速度 $\dot{y}_0$ 引起的正弦振动。式（3-24）可改写为如下形式：

$$
y(t)=A\sin(\omega t+\theta) \tag{3-25}
$$

其中

$$
\begin{cases}
A=\sqrt{y_0^2+\left(\dfrac{\dot{y}_0}{\omega}\right)^2} \\
\theta=\arctan\dfrac{\omega y_0}{\dot{y}_0}
\end{cases} \tag{3-26}
$$

式（3-25）即单自由度系统无阻尼自由振动的位移表达式，其振动位移时间历程曲线如图 3-2 所示，振动幅值为 A，振动圆频率为 ω，相位角为 θ。根据振动圆频率也可以得到振动周期 T，即

$$
T=\frac{2\pi}{\omega} \tag{3-27}
$$

周期的倒数为固有频率 f，即

$$
f=\frac{1}{T}=\frac{\omega}{2\pi} \tag{3-28}
$$

相位角 θ=0 时，振动位移、速度和加速度的表达式如下：

$$
\begin{cases}
y(t)=A\sin\omega t \\
\dot{y}(t)=A\omega\cos\omega t=A\omega\sin\left(\omega t+\dfrac{\pi}{2}\right) \\
\ddot{y}(t)=-A\omega^2\sin\omega t=A\omega^2\sin(\omega t+\pi)
\end{cases} \tag{3-29}
$$

可以发现，单自由度系统在无阻尼自由振动过程中，位移、速度和加速度的变化规律，即位移与速度的相位差为 π/2，速度与加速度的相位差为 π/2；当位移为 0 时，加速度为 0，速度为最大值；当位移为最大值时，速度为 0，加速度为最大值；位移与

加速度方向相反，加速度方向始终指向平衡位置。

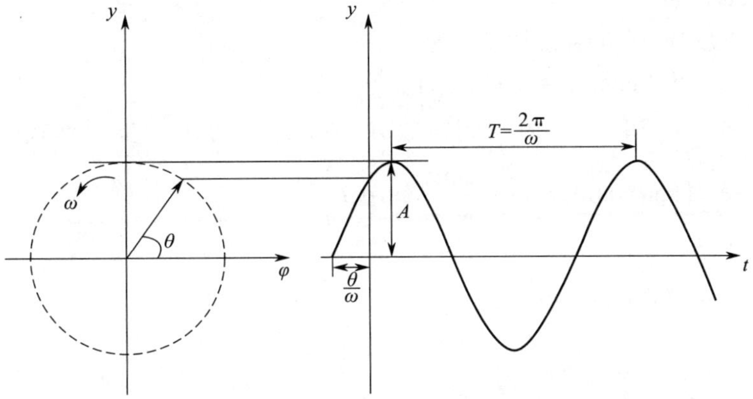

图 3-2　单自由度系统无阻尼自由振动位移时间历程曲线

3.2.2　有阻尼自由振动

无阻尼自由振动是一种理想状态，系统没有能量耗散。在实际工程中，由于阻尼的存在，系统振动会存在能量消耗。考虑阻尼的影响后，单自由度系统自由振动方程中增加阻尼项，变为

$$m\ddot{y}(t)+c\dot{y}(t)+ky(t)=0 \tag{3-30}$$

将式（3-30）等号两侧同时除以 m，并引入参数 $\omega^2=k/m$，$\xi=c/2m\omega$，ξ 称为无量纲阻尼比（简称阻尼比），则可将式（3-30）改写为

$$\ddot{y}(t)+2\xi\omega\dot{y}(t)+\omega^2 y(t)=0 \tag{3-31}$$

同样假定式（3-31）的解为

$$y(t)=C\mathrm{e}^{st} \tag{3-32}$$

将式（3-32）代入式（3-31）中，得到

$$(s^2+2\xi\omega s+\omega^2)C\mathrm{e}^{st}=0 \tag{3-33}$$

化简得到

$$s^2+2\xi\omega s+\omega^2=0 \tag{3-34}$$

式（3-34）的解为

$$s=\omega\left(-\xi\pm\sqrt{\xi^2-1}\right) \tag{3-35}$$

根据参数 s 的表达式，s 与阻尼比 ξ 相关，阻尼比 ξ 的值不同，系统振动将呈现不同的状态。

1. 阻尼比 $\xi<1$

阻尼比 $\xi<1$ 时，s 存在两个复数根：

$$s=-\xi\omega\pm\mathrm{i}\omega\sqrt{1-\xi^2} \tag{3-36}$$

令 $\omega_d=\omega\sqrt{1-\xi^2}$，则

$$s=-\xi\omega\pm i\omega_d \tag{3-37}$$

式（3-31）的解（三角函数形式）为

$$y(t)=e^{-\xi\omega t}\left(A_1\cos\omega_d t+A_2\sin\omega_d t\right) \tag{3-38}$$

设初始条件为 y_0 和 $\dot{y}_0$，求解得到常数 A_1 和 A_2 后，可进一步得到式（3-31）的解为

$$y(t)=e^{-\xi\omega t}\left(y_0\cos\omega_d t+\frac{\dot{y}_0+\xi\omega y_0}{\omega_d}\sin\omega_d t\right) \tag{3-39}$$

得到

$$y(t)=Ae^{-\xi\omega t}\sin\left(\omega_d t+\theta_d\right) \tag{3-40}$$

其中

$$\begin{cases}A=\sqrt{y_0^2+\left(\dfrac{\dot{y}_0+\xi\omega y_0}{\omega_d}\right)^2}\\ \theta_d=\arctan\dfrac{\omega_d y_0}{\dot{y}_0+\xi\omega y_0}\end{cases} \tag{3-41}$$

根据阻尼比的不同，可以对结构进行分类。

阻尼比 $\xi<1$ 时称为低阻尼，结构体系称为低阻尼体系，振动圆频率为

$$\omega_d=\omega\sqrt{1-\xi^2} \tag{3-42}$$

振动周期为

$$T_d=\frac{2\pi}{\omega_d}=\frac{T}{\sqrt{1-\xi^2}} \tag{3-43}$$

振动幅值会随时间发生衰减，即

$$A(t)=Ae^{-\xi\omega t} \tag{3-44}$$

阻尼比 $\xi<1$ 时，单自由度系统在自由振动过程中，振动频率不变，振动幅值逐渐衰减，单自由度系统的振动位移曲线如图 3-3 所示。通过自由衰减曲线能获得系统振动固有频率和阻尼比，这在实际工程和实验研究中应用十分广泛。在图 3-3 所示的衰减曲线中，间隔 N 个周期读取两个位移峰值 y_i 和 y_{i+N}，两个位移峰值之比为

$$\frac{y_i}{y_{i+N}}=\frac{Ae^{-\xi\omega t_i}\sin(\omega_d t_i+\theta_d)}{Ae^{-\xi\omega(t_i+NT_d)}\sin\left[\omega_d\left(t_i+NT_d\right)+\theta_d\right]}=\frac{e^{\xi\omega NT_d}\sin(\omega_d t_i+\theta_d)}{\sin(\omega_d t_i+2\pi N+\theta_d)}=e^{\xi\omega NT_d} \tag{3-45}$$

对式（3-45）取对数，即

$$\ln\frac{y_i}{y_{i+N}}=\xi\omega NT_d=\xi\omega N\frac{2\pi}{\omega_d}\approx 2\pi\xi N \tag{3-46}$$

单自由度系统的阻尼比为

$$\xi=\frac{1}{2\pi N}\ln\frac{y_i}{y_{i+N}} \tag{3-47}$$

2. 阻尼比 $\xi>1$

阻尼比 $\xi>1$ 时，s 存在两个不等的实数根：

$$\begin{cases} s_1=\left(-\xi+\sqrt{\xi^2-1}\right)\omega \\ s_2=\left(-\xi-\sqrt{\xi^2-1}\right)\omega \end{cases} \tag{3-48}$$

单自由度系统的位移（指数形式）为

$$y(t)=C_1\mathrm{e}^{s_1t}+C_2\mathrm{e}^{s_2t} \tag{3-49}$$

由于 s_1 和 s_2 均小于 0，$y(t)$不发生振荡，随时间单调下降，单自由度系统仅做衰减运动，此时系统不发生往复振动。

3. 阻尼比 $\xi=1$

阻尼比 $\xi=1$ 时，s 存在两个相等的实数根：

$$s_1=s_2=-\omega \tag{3-50}$$

单自由度系统位移的通解（指数形式）为

$$y(t)=\left[C_1+C_2t\right]\mathrm{e}^{-\omega t} \tag{3-51}$$

引入初始条件 y_0 和 $\dot{y}_0$ 后，位移的表达式为

$$y(t)=\left[y_0\left(1+\omega t\right)+\dot{y}_0t\right]\mathrm{e}^{-\omega t} \tag{3-52}$$

阻尼比 $\xi=1$ 时，单自由度系统的位移-时间历程如图 3-3 所示，单自由度系统位移整体表现为衰减趋势，不发生振动变化。定义 $\xi=1$ 时的阻尼系数为临界阻尼系数，即

$$c_{\mathrm{r}}=2m\omega \tag{3-53}$$

因而，可以得到 $\xi=\dfrac{c}{c_{\mathrm{r}}}=\dfrac{c}{2m\omega}$。

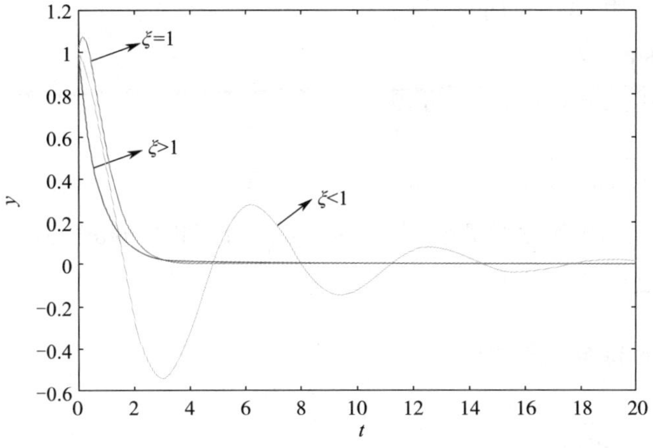

图 3-3　阻尼比取值不同时，单自由度系统的位移-时间历程曲线

3.3 简谐载荷或运动作用下的强迫振动响应

相对于自由振动，单自由度系统在外部动力载荷作用下的振动被称为强迫振动。在实际工程中，简谐载荷是一种较为普遍的动力载荷，简谐载荷作用下的单自由度系统的振动响应分析是结构动力学的经典课题，分析简谐载荷作用下单自由度系统的强迫振动响应也为结构系统在其他类型载荷下的振动分析提供了基础。

3.3.1 简谐载荷作用下无阻尼强迫振动

设无阻尼单自由度系统受到幅值为 p_0，频率为 ω_p 的简谐载荷，其表达式为 $p(t)=p_0\sin\omega_p t$，位移 y 为时间 t 的函数，对应的无阻尼单自由度系统的振动方程为

$$m\ddot{y}+ky=p_0\sin\omega_p t \tag{3-54}$$

将式（3-54）等号两侧同时除以 m，得到

$$\ddot{y}+\omega^2 y=\frac{p_0}{m}\sin\omega_p t \tag{3-55}$$

式（3-55）的解为其齐次方程通解和特解的组合。

齐次方程的通解为

$$y_c=A_1\cos\omega t+A_2\sin\omega t \tag{3-56}$$

引入初始条件 y_0 和 $\dot{y}_0$，根据简谐载荷频率 ω_p 与系统固有频率 ω 是否相等来分别分析。

当 $\omega_p\neq\omega$ 时，式（3-55）的特解为

$$y^*(t)=A\sin\omega_p t \tag{3-57}$$

将式（3-57）代入式（3-55），可得

$$A=\frac{p_0}{m\omega^2}\frac{1}{1-\left(\omega_p/\omega\right)^2} \tag{3-58}$$

定义激励频率与固有频率之比为 $\beta=\omega_p/\omega$，且已知 $k=m\omega^2$，式（3-58）改写为

$$A=\frac{p_0}{k}\frac{1}{1-\beta^2} \tag{3-59}$$

则式（3-55）的特解可写为

$$y^*(t)=\frac{p_0}{k}\frac{1}{1-\beta^2}\sin\omega_p t \tag{3-60}$$

考虑初始条件 y_0 和 $\dot{y}_0$，可求解齐次方程的通解中的常数为

$$\begin{cases} A_1 = y_0 \\ A_2 = \dfrac{\dot{y}_0}{\omega} - \dfrac{p_0}{k}\dfrac{\beta}{1-\beta^2} \end{cases} \tag{3-61}$$

则齐次方程的通解为

$$y_c(t) = y_0 \cos \omega t + \left(\frac{\dot{y}_0}{\omega} - \frac{p_0}{k}\frac{\beta}{1-\beta^2}\right)\sin \omega t \tag{3-62}$$

因此，当 $\omega_p \neq \omega$ 时，系统的简谐激励响应为

$$y(t)=y_c(t)+y^*(t) = y_0 \cos \omega t+\left(\frac{\dot{y}_0}{\omega} - \frac{p_0}{k}\frac{\beta}{1-\beta^2}\right)\sin \omega t + \frac{p_0}{k}\frac{1}{1-\beta^2}\sin \omega_p t \tag{3-63}$$

图 3-4 所示为简谐载荷作用下非共振情形无阻尼振动位移-时间历程曲线。在式（3-63）中，简谐激励响应的前两项与初始条件相关，实际工程中由于阻尼的存在，这两项会随时间衰减而消失，因此被称为**瞬态反应**；第三项与初始条件无关，振动频率为激励频率，称为**稳态反应**。在动力分析中，通常定义位移反应比 $R(t)$ 来衡量动力激励的影响。位移反应比为位移反应与激励振幅 p_0 静止作用时引起的静位移之比。单自由度系统在无阻尼简谐载荷作用下的稳态位移反应比为

$$R(t)=\frac{\dfrac{p_0}{k}\dfrac{1}{1-\beta^2}\sin \omega_p t}{\dfrac{p_0}{k}}=\frac{1}{1-\beta^2}\sin \omega_p t \tag{3-64}$$

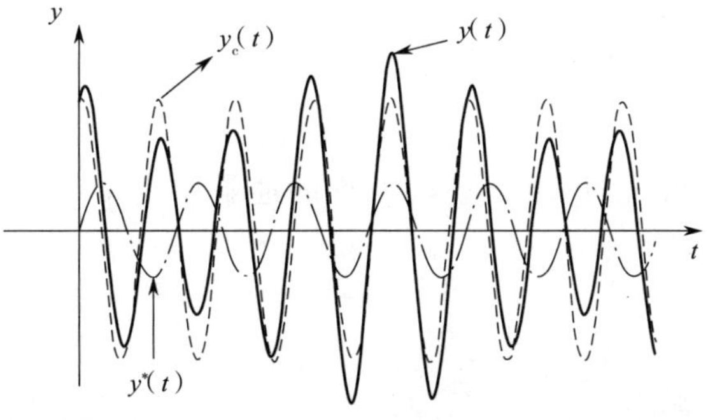

图 3-4　简谐载荷作用下非共振情形无阻尼振动位移-时间历程曲线

稳态位移反应比的幅值被定义为动力放大系数 α_d，即

$$\alpha_d=\left|\frac{1}{1-\beta^2}\right| \tag{3-65}$$

图 3-5 所示为无阻尼单自由度系统强迫振动的动力放大系数 α_d 与频率比 β 的变化曲线。可以看出：

（1）当 $\beta=\omega_p/\omega=0$，$\alpha_d=1$，动力问题转化为静力问题；

（2）当 $\beta=\omega_p/\omega=1$，$\alpha_d\to\infty$，动力响应无穷大，此时系统发生共振；

（3）当 $\beta>\sqrt{2}$，$\alpha_d<1$，动力响应小于静力响应。

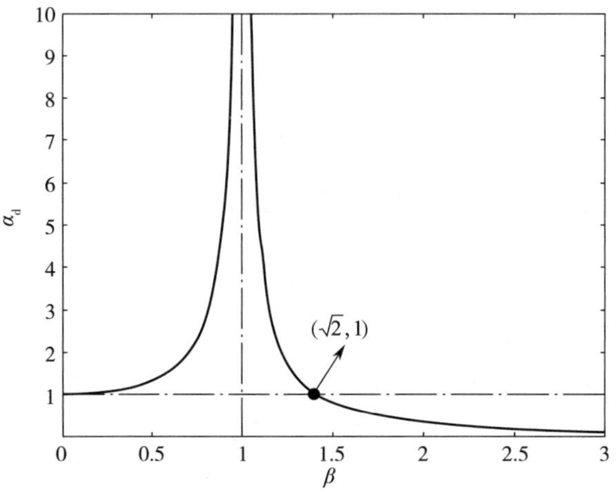

图 3-5　无阻尼单自由度系统强迫振动的动力放大系数与频率比的变化曲线

当 $\omega_p=\omega$ 时，式(3-55)的特解为

$$y^*(t)=At\cos\ \omega_p t=At\cos\ \omega t \tag{3-66}$$

将式(3-66)代入式(3-55)，可得

$$A=-\frac{p_0}{2k}\omega \tag{3-67}$$

因此，式(3-55)的特解为

$$y^*(t)=-\frac{p_0}{2k}\omega t\cos\omega t \tag{3-68}$$

考虑初始条件 y_0 和 $\dot{y}_0$，可求解齐次方程的通解中的常数为

$$\begin{cases} A_1=y_0 \\ A_2=\dfrac{\dot{y}_0}{\omega}+\dfrac{p_0}{2k} \end{cases} \tag{3-69}$$

则式(3-55)的通解为

$$y_c(t)=y_0\cos\ \omega t+\left(\frac{\dot{y}_0}{\omega}+\frac{p_0}{2k}\right)\sin\ \omega t \tag{3-70}$$

因此，当 $\omega_p=\omega$ 时，系统的简谐激励响应为

$$y(t)=y_c(t)+y^*(t)=y_0\cos\ \omega t+\left(\frac{\dot{y}_0}{\omega}+\frac{p_0}{2k}\right)\sin\ \omega t-\frac{p_0}{2k}\omega t\cos\omega t \tag{3-71}$$

图 3-6 所示为简谐载荷作用下共振情形无阻尼振动位移-时间历程曲线。振动位移的幅值随时间不断增长，每增加一个周期，幅值增大 $p_0\pi/k$，最终将趋于无穷大。上述由于激励频率与固有频率相等导致幅值无限增大的现象，称为共振。

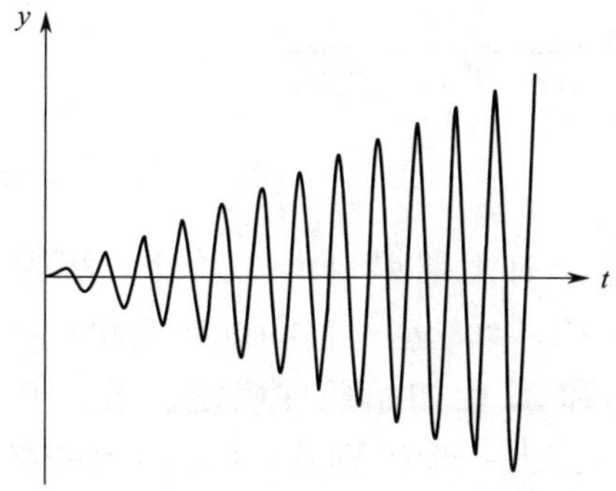

图 3-6　简谐载荷作用下共振情形无阻尼振动位移-时间历程曲线

3.3.2　简谐载荷作用下有阻尼强迫振动

简谐激励作用下有阻尼单自由度系统的振动方程（用阻尼比表示）为

$$\ddot{y}(t)+2\xi\omega\dot{y}(t)+\omega^2 y(t)=\frac{p_0}{m}\sin\omega_{\mathrm{p}}t \tag{3-72}$$

式（3-72）的解为其齐次方程的通解和特解的叠加。

齐次方程的通解为

$$y_{\mathrm{c}}(t)=\mathrm{e}^{-\xi\omega t}(A_1\cos\omega_{\mathrm{d}}t+A_2\sin\omega_{\mathrm{d}}t) \tag{3-73}$$

式（3-72）的特解为

$$y^*(t)=C\cos\omega_{\mathrm{p}}t+D\sin\omega_{\mathrm{p}}t \tag{3-74}$$

将式（3-74）代入式（3-72），可得

$$(-\omega_{\mathrm{p}}^2C+2\xi\omega\omega_{\mathrm{p}}D+\omega^2C)\cos\omega_{\mathrm{p}}t+\left(-\omega_{\mathrm{p}}^2D-2\xi\omega\omega_{\mathrm{p}}C+\omega^2D-\frac{p_0}{m}\right)\sin\omega_{\mathrm{p}}t=0 \tag{3-75}$$

若对任意时刻，式（3-75）均成立，则需要余弦和正弦项的系数为零，即

$$\begin{cases}(1-\beta^2)C+2\xi\beta D=0\\(1-\beta^2)D-2\xi\beta C=\dfrac{p_0}{k}\end{cases} \tag{3-76}$$

其中，$\beta=\omega_{\mathrm{p}}/\omega$。求得系数 C 和 D，即

$$\begin{cases}C=\dfrac{p_0}{k}\dfrac{-2\xi\beta}{(1-\beta^2)^2+(2\xi\beta)^2}\\D=\dfrac{p_0}{k}\dfrac{1-\beta^2}{(1-\beta^2)^2+(2\xi\beta)^2}\end{cases} \tag{3-77}$$

式（3-74）的特解也可以转化为

$$y^*(t)=Q\sin(\omega_{\mathrm{p}}t-\theta) \tag{3-78}$$

其中

$$\begin{cases} Q=\sqrt{C^2+D^2}=\dfrac{p_0}{k}\dfrac{1}{\sqrt{(1-\beta^2)^2+(2\xi\beta)^2}} \\ \theta=\arctan\dfrac{2\xi\beta}{1-\beta^2} \end{cases} \tag{3-79}$$

进而得到简谐激励作用下有阻尼单自由度系统的解为

$$y(t)=y_c(t)+y^*(t)=e^{-\xi\omega t}(A_1\cos\omega_d t+A_2\sin\omega_d t)+Q\sin(\omega_p t-\theta) \tag{3-80}$$

式(3-80)中的系数 A_1 和 A_2 由初始条件确定。若 $t=0$ 时，初始位移为 y_0，初始速度为 $\dot{y}_0$，可求得系数 A_1 和 A_2，进一步得到式(3-80)的最终形式为

$$\begin{aligned} y(t)=&\left(y_0\cos\omega_d t+\frac{y_0+\xi\omega\dot{y}_0}{\omega_d}\sin\omega_d t\right)e^{-\xi\omega t}- \\ &Q\left(\frac{-\xi\omega\sin\theta+\omega_p\cos\theta}{\omega_d}\sin\omega_d t-\sin\theta\cos\omega_d t\right)e^{-\xi\omega t}+Q\sin(\omega_p t-\theta) \end{aligned} \tag{3-81}$$

在式(3-81)中，等号右侧第一项为由初始条件决定的**自由振动项**，振动频率为系统的固有频率；第二项为**伴随振动项**，振动频率为系统固有频率，振幅与外部动力载荷相关；第三项主要由外部动力载荷决定，振动频率为外部动力载荷频率。由于阻尼作用，第一项和第二项随时间衰减，最终逐渐消失，被称为**瞬态响应**。第三项不随时间衰减，只要外部动力载荷存在，振动便不会停止，被称为**稳态响应**。

有阻尼单自由度系统在简谐激励下的稳态放大系数 α_p 为

$$\alpha_p=\frac{Q}{p_0/k}=\frac{1}{\sqrt{(1-\beta^2)^2+(2\xi\beta)^2}} \tag{3-82}$$

图 3-7 和图 3-8 分别为稳态放大系数和相位角随频率比的变化曲线。可以看出：

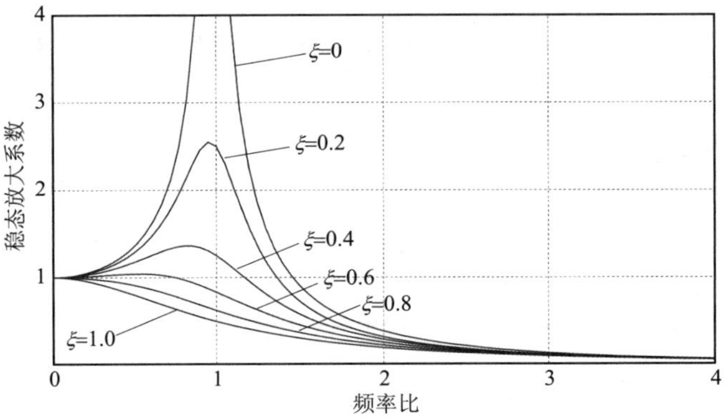

图 3-7　稳态放大系数随频率比的变化曲线

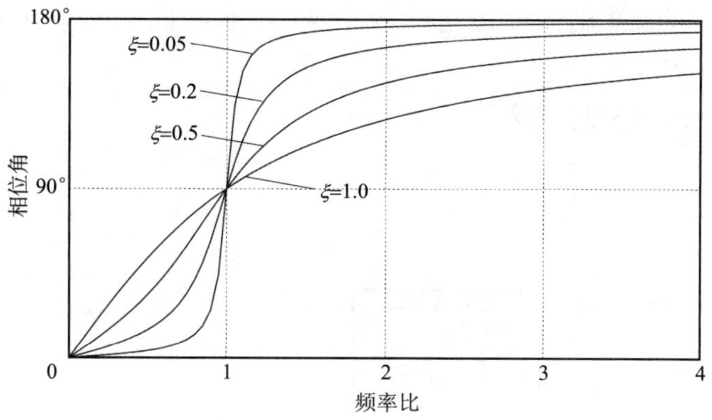

图 3-8 相位角随频率比的变化曲线

（1）频率比远小于 1 时，即简谐激励频率远低于结构固有频率，稳态放大系数近似等于 1，表明此时的外载荷激励可以看作静载荷；

（2）频率比远大于 1 时，即简谐激励频率远高于结构固有频率，稳态放大系数逐渐趋于 0，表明系统的振动幅值趋于 0；

（3）频率比在 1 附近时，稳态放大系数随阻尼比的增大而减小，阻尼比为 0 时，稳态放大系数趋于无穷大。

由于阻尼的存在，稳态放大系数的最大值对应的频率比并不为 1。当阻尼比小于 $1/\sqrt{2}$ 时，频率比 $\beta=\sqrt{1-2\xi^2}$（略小于 1），稳态放大系数取得极大值 $1/(2\xi\sqrt{1-2\xi^2})$。当阻尼比大于或等于 $1/\sqrt{2}$ 时，稳态放大系数小于 1，表明系统振动幅值小于静载荷作用下的位移。

根据稳态放大系数随频率比的变化曲线，可以通过调整系统的频率比和阻尼比参数实现对系统振动的控制。

系统稳态振动位移与简谐激励载荷之间的相位角受频率比和阻尼比的影响显著可以看出；

（1）阻尼比较小且频率比远小于 1 时，相位角接近为 0°，频率比小于 1 时，相位角随阻尼比的增大而增大；

（2）频率比远大于 1 时，相位角接近为 180°，相位角随阻尼比的增大而减小；

（3）频率比等于 1 时，无论何种阻尼比，相位角均为 90°。

3.3.3 基础简谐运动下有阻尼强迫振动

系统的振动并非总是外部载荷作用引起的，系统的基础运动也会引起系统的振动。例如，地震引起的系统振动，浮式海洋工程结构物在海上运动时引起的内部结构振动等。

基础运动引起的系统振动响应有两种表示方式，即绝对位移和相对于基础的相对位移。

对于图 3-9 所示的基础做简谐运动的系统，若基础以 $y_b=y_{b0}\sin\omega_b t$ 的规律运动，则系统的振动方程为

$$m\ddot{y}+c(\dot{y}-\dot{y}_b)+k(y-y_b)=0 \tag{3-83}$$

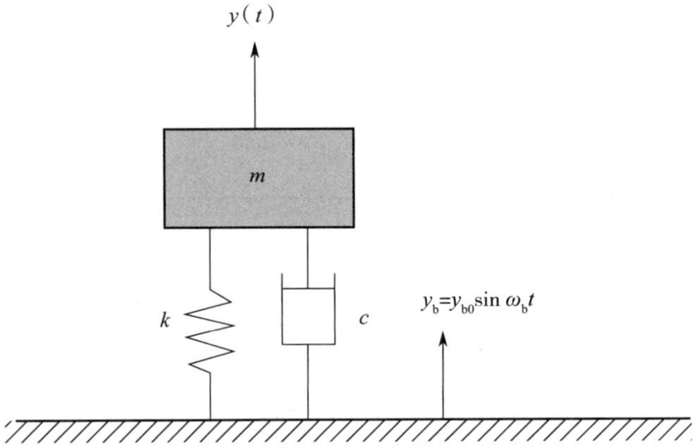

图 3-9　基础做简谐运动的系统示意图

将 $y_b=y_{b0}\sin\omega_b t$ 代入式(3-83)，得到

$$m\ddot{y}+c\dot{y}+ky=c\omega_b y_{b0}\cos\omega_b t+ky_{b0}\sin\omega_b t \tag{3-84}$$

根据三角函数公式，将式(3-84)中等号右侧项进一步化简，可得

$$m\ddot{y}+c\dot{y}+ky=y_{b0}\sqrt{k^2+c^2\omega_b^2}\sin(\omega_b t+\theta) \tag{3-85}$$

式中

$$\theta=\arctan\frac{c\omega_b}{k}=\arctan 2\xi\beta \tag{3-86}$$

其中，频率比 $\beta=\omega_b/\omega$，阻尼比 $\xi=c/2m\omega$。

式(3-85)的等号右侧项可视为外部简谐载荷，根据有阻尼单自由度系统的强迫振动响应求解方式，得到方程的稳态解为

$$y^*(t)=A\sin(\omega_b t-\phi) \tag{3-87}$$

其中

$$A=\frac{y_{b0}\sqrt{1+(2\xi\beta)^2}}{\sqrt{(1-\beta^2)^2+(2\xi\beta)^2}} \tag{3-88}$$

$$\phi=-\theta+\arctan\frac{2\xi\beta}{1-\beta^2}=\arctan\frac{2\xi\beta^3}{1-\beta^2+4\xi^2\beta^2} \tag{3-89}$$

定义系统的绝对位移幅值与基础运动幅值之比为位移传递系数 α_b，则

$$\alpha_b=\frac{A}{y_{b0}}=\frac{\sqrt{1+(2\xi\beta)^2}}{\sqrt{(1-\beta^2)^2+(2\xi\beta)^2}} \tag{3-90}$$

图 3-10 所示为位移传递系数随频率比的变化曲线。可以看出：

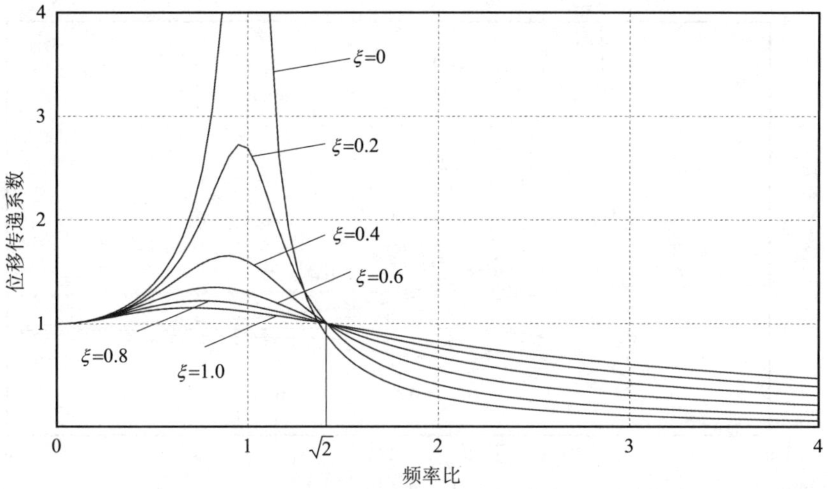

图 3-10　位移传递系数随频率比的变化曲线

（1）当 β 远小于 1 时，位移传递系数接近于 1，表明系统的位移基本与基础的位移相同，基础与系统之间没有相对位移；

（2）当 $\beta<\sqrt{2}$ 时，位移传递系数大于 1，并随阻尼比的增大而减小；

（3）当 $\beta=\sqrt{2}$ 时，无论阻尼比为何值，位移传递系数均为 1；

（4）当 $\beta>\sqrt{2}$ 时，位移传递系数小于 1，并随阻尼比的增大而增大。

令系统和基础的相对位移为 $z=y-y_b$，式（3-83）可改写为

$$m\ddot{z}+c\dot{z}+kz=-m\ddot{y}_b \tag{3-91}$$

将 $y_b=y_{b0}\sin\omega_b t$ 代入式（3-91），得到

$$m\ddot{z}+c\dot{z}+kz=my_{b0}\omega_b^2\sin\omega_b t \tag{3-92}$$

式（3-92）的稳态解为

$$z^*(t)=B\sin(\omega_b t-\varphi) \tag{3-93}$$

其中

$$B=\frac{y_{b0}\beta^2}{\sqrt{(1-\beta^2)^2+(2\xi\beta)^2}} \tag{3-94}$$

$$\varphi=\arctan\frac{2\xi\beta}{1-\beta^2} \tag{3-95}$$

定义相对位移传递系数为

$$\alpha_{zb}=\frac{B}{y_{b0}}=\frac{\beta^2}{\sqrt{(1-\beta^2)^2+(2\xi\beta)^2}} \tag{3-96}$$

图 3-11 所示为相对位移传递系数随频率比的变化曲线。可以看出：

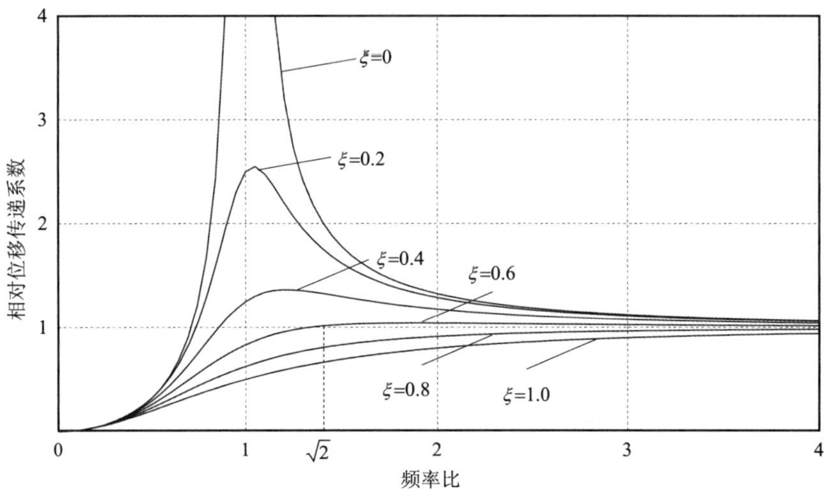

图 3-11　相对位移传递系数随频率比的变化曲线

（1）当 β 远小于 1 时，相对位移传递系数接近于 0，表明基础运动频率远小于系统固有频率时，系统完全跟随基础振动；

（2）当 β 远大于 1 时，相对位移传递系数接近于 1，此时相位角为 180°，系统振动与基础运动方向相反，即系统的绝对位移接近于 0，表明系统此时悬在空中不动；

（3）随着阻尼比的增大，相对位移传递系数减小。

3.4　其他载荷作用下的强迫振动响应

在实际工程中，许多情形下系统受到的动力载荷作用并不是简谐形式的。下面主要介绍单自由度系统分别在阶跃载荷、周期载荷、冲击载荷、任意载荷作用下的动力分析方法和特性。

3.4.1　阶跃载荷作用下的振动响应

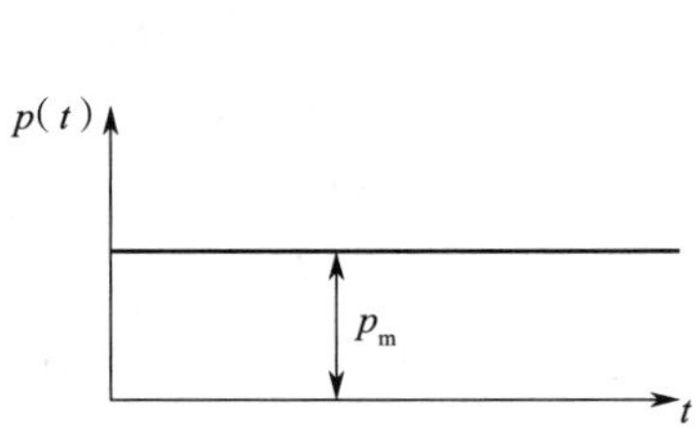

图 3-12　阶跃载荷

阶跃载荷是最简单的动力载荷，载荷幅值不随时间变化，函数表达形式为 $p(t)=p_{\mathrm{m}}$，如图 3-12 所示。阶跃载荷作用下的系统动力响应体现了系统的抗干扰能力，为地震作用下系统的动力特性分析提供基础。在阶跃载荷作用下，单自由度系统的振动方程为

$$\ddot{y}+2\xi\omega\dot{y}+\omega^2 y=\frac{p_{\mathrm{m}}}{m} \tag{3-97}$$

式（3-97）的解由其齐次方程的通解和特解叠加组成，即

$$y(t)=y_c(t)+y^*(t)=(A_1\cos\omega_d t+A_2\sin\omega_d t)e^{-\xi\omega t}+\frac{p}{k} \tag{3-98}$$

式中：A_1 和 A_2 为常数项，由初始条件确定。

若 $t=0$ 时，初始位移为 y_0，初始速度为 $\dot{y}_0$，可求得系数 A_1 和 A_2。则式（3-97）的解为

$$y(t)=\left(y_0\cos\omega_d t+\frac{\dot{y}_0+\xi\omega y_0}{\omega_d}\sin\omega_d t\right)e^{-\xi\omega t}-\frac{p}{k}\left(\cos\omega_d t+\frac{\xi}{\sqrt{1-\xi^2}}\sin\omega_d t\right)e^{-\xi\omega t}+\frac{p}{k} \tag{3-99}$$

式（3-99）的等号右侧的第一项表示由初始条件决定的自由振动项，第二项为与外载荷相关的伴随振动项，第三项为载荷的静位移项。第一项和第二项随时间会逐渐衰减至零，第三项不随时间衰减。

若系统的初始位移和初始速度均为 0，式（3-99）可简化为

$$y(t)=\frac{p}{k}-\frac{p}{k}\left(\cos\omega_d t+\frac{\xi}{\sqrt{1-\xi^2}}\sin\omega_d t\right)e^{-\xi\omega t} \tag{3-100}$$

图 3-13 所示为初始位移和初始速度均为 0 的系统在阶跃载荷作用下的位移-时间历程曲线。可以看出，当阻尼比为 0 时，系统的最大位移为静力位移的 2 倍，振动不随时间发生衰减；随着阻尼比的增大，系统的最大位移减小，随时间逐渐衰减至静力位移，且阻尼越大，衰减至静力位移所需的时间越短。

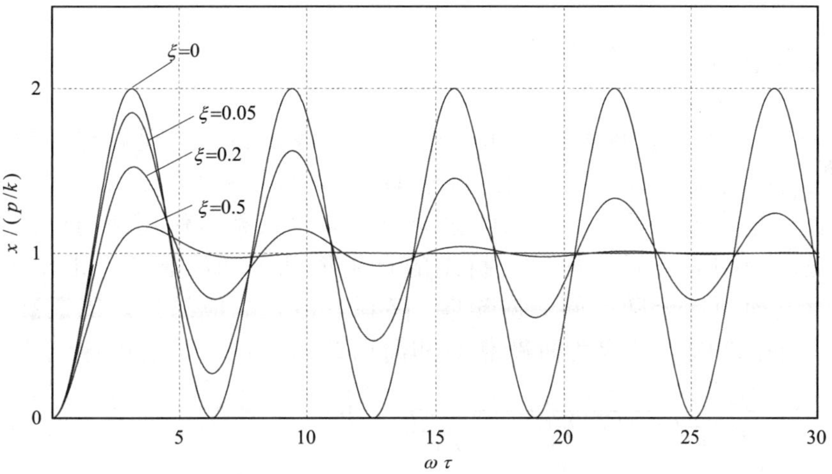

图 3-13　初始位移和初始速度为 0 的系统在阶跃载荷作用下的位移-时间历程曲线

3.4.2　周期载荷作用下的振动响应

周期载荷是工程中的常见载荷形式，简谐载荷就是一种特殊形式的周期载荷。基于傅里叶级数理论，任何周期函数都可以展开为常数项和正弦、余弦级数的形式。

因此，可以基于阶跃载荷和简谐载荷作用下的响应结果来计算系统在任意周期载荷作用下的振动响应。

对于任意周期载荷

$$p(t)=p(t+T_b) \tag{3-101}$$

式中：T_b 为载荷周期；载荷的基频率为 $\omega_b=2\pi/T_b$。

式（3-101）可以展开为如下的傅里叶级数形式：

$$p(t)=a_0+\sum_{j=1}^{+\infty}(a_j\cos \mathrm{j}\omega_b t+b_j\sin \mathrm{j}\omega_b t) \tag{3-102}$$

式（3-102）中的系数可由下式确定：

$$\begin{cases} a_0=\dfrac{1}{T_b}\displaystyle\int_0^{T_b}p(t)\mathrm{d}t \\ a_j=\dfrac{2}{T_b}\displaystyle\int_0^{T_b}p(t)\cos \mathrm{j}\omega_b t\mathrm{d}t \qquad j=1,2,\cdots \\ b_j=\dfrac{2}{T_b}\displaystyle\int_0^{T_b}p(t)\sin \mathrm{j}\omega_b t\mathrm{d}t \end{cases} \tag{3-103}$$

将同一频率的正弦和余弦函数统一表示为正弦函数的形式，则有

$$p(t)=a_0+\sum_{j=1}^{+\infty}c_j\sin(\mathrm{j}\omega_b t+\varphi_j) \tag{3-104}$$

其中

$$\begin{cases} c_j=\sqrt{a_j^2+b_j^2} \\ \varphi_j=\arctan\dfrac{a_j}{b_j} \end{cases} \qquad j=1,2,\cdots \tag{3-105}$$

式（3-104）表明任意周期载荷可分解为阶跃载荷和一系列具有基频率整倍数频率的简谐载荷的叠加。对于单自由度线性系统，可根据叠加原理，采用展开后的各项载荷的振动响应之和表示系统的总体振动响应。阶跃载荷作用和简谐载荷作用下单自由度系统振动响应结果中均包含瞬态的自由振动项和稳态项。由于阻尼的存在，瞬态的自由振动项逐渐随时间衰减至零，仅剩下稳态响应结果。周期载荷作用下的单自由度系统稳态响应结果为阶跃载荷和简谐载荷作用下稳态响应结果的叠加，即

$$y^*(t)=\frac{a_0}{k}+\sum_{j=1}^{+\infty}\frac{c_j}{k}\frac{1}{\sqrt{(1-\beta_j^2)^2+(2\xi\beta_j)^2}}\sin(\mathrm{j}\omega_b t+\varphi_j-\phi_j) \tag{3-106}$$

其中

$$\begin{cases} \beta_j=\dfrac{\mathrm{j}\omega_b}{\omega} \\ \phi_j=\arctan\dfrac{2\xi\beta_j}{1-\beta_j^2} \end{cases} \tag{3-107}$$

3.4.3 冲击载荷作用下的振动响应

冲击载荷也是工程中常见的一种载荷形式。冲击载荷持续时间极短,可看作由一个单独的脉冲组成。在冲击载荷的作用下,系统在极短的时间内即可达到最大振动响应,此前阻尼并未耗散较多的能量,从结构抑制的角度考虑,阻尼可以忽略不计。因此,仅关注冲击载荷作用下单自由度系统的无阻尼振动响应。

假设冲击载荷为正弦脉冲形式,即在如图 3-14 所示冲击载荷作用下,系统的振动可分为两个阶段。在冲击载荷作用时段 $0<t\leqslant t_1$,系统处于强迫振动阶段;在冲击载荷作用结束后的时段 $t>t_1$,系统处于自由振动阶段。

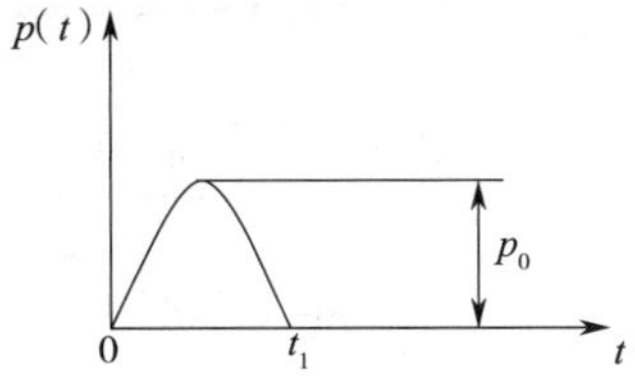

图 3-14 正弦脉冲载荷

正弦脉冲载荷的函数表达式为

$$p(t)=\begin{cases}p_0\sin\omega_b t & (0<t\leqslant t_1)\\ 0 & (t>t_1)\end{cases} \tag{3-108}$$

其中,$\omega_b=\pi/t_1$。

设系统在 $0<t\leqslant t_1$ 阶段,由静止(初始位移为 0,初始速度为 0)在冲击载荷 $p_0\sin\omega_b t$ 作用下开始振动,其强迫振动响应为

$$y(t)=\frac{p_0}{k}\frac{1}{1-\beta^2}\left(\sin\omega_b t-\beta\sin\omega t\right) \tag{3-109}$$

当冲击载荷作用结束后,即 $t>t_1$,系统进入自由振动阶段。这一阶段的初始条件为冲击载荷作用阶段终止时刻 $t=t_1$ 时的振动位移 $y(t_1)$ 和振动速度 $\dot{y}(t_1)$,可得自由振动阶段的系统振动响应为

$$y(t)=y(t_1)\cos\omega t+\frac{\dot{y}(t_1)}{\omega}\sin\omega t \tag{3-110}$$

在实际工程中,通常需要评估结构的最大响应幅值和最大响应幅值出现的时间。假定单自由度系统的最大响应幅值出现在冲击载荷作用阶段,为了计算最大响应幅值出现的时间,对式(3-109)求导并令其导数等于 0,可得

$$\dot{y}(t)=\frac{p_0}{k}\frac{1}{1-\beta^2}\left(\omega_b\cos\omega_b t-\omega_b\cos\omega t\right)=0 \tag{3-111}$$

若式(3-111)成立,需满足

$$\cos\omega_b t=\cos\omega t \tag{3-112}$$

可得

$$\omega_b t=2n\pi\pm\omega t \quad (n=0,\pm1,2,\cdots) \tag{3-113}$$

由于 $\omega_b t\leqslant\omega_b t_1=\pi$,若最大响应幅值发生在冲击载荷作用阶段,只有在 $\omega_b t=2\pi-\omega t$ 前提下才有可能。由此可得

$$t=\frac{2\pi}{\omega_b+\omega}=\frac{2\beta}{1+\beta}t_1 \tag{3-114}$$

要满足 $t\leqslant t_1$ 的前提条件,需使 $\beta\leqslant1$,表明只有当 $\omega_b\leqslant\omega$ 时最大响应幅值发生在冲击载荷作用阶段,系统的最大振动位移为

$$y_{\max}=\frac{p_0}{k}\frac{1}{1-\beta^2}\left(\sin\frac{2\pi\beta}{1+\beta}-\beta\sin\frac{2\pi}{1+\beta}\right)\tag{3-115}$$

当 $\beta>1$ 时,即 $\omega_b>\omega$,最大响应幅值出现在自由振动阶段,此时冲击载荷作用结束时刻系统的振动位移和振动速度为

$$\begin{cases}y(t_1)=\dfrac{p_0}{k}\dfrac{\beta}{\beta^2-1}\sin\dfrac{\pi}{\beta}\\ \dot{y}(t_1)=-\dfrac{p_0}{k}\dfrac{\omega_b}{\beta^2-1}\left(1+\cos\dfrac{\pi}{\beta}\right)\end{cases}\tag{3-116}$$

可以得到系统的最大响应幅值为

$$y_{\max}=\sqrt{\left[y(t_1)\right]^2+\left[\frac{\dot{y}(t_1)}{\omega}\right]^2}=\frac{p_0}{k}\frac{2\beta}{\beta^2-1}\cos\frac{\pi}{2\beta}\tag{3-117}$$

3.4.4 任意载荷作用下的振动响应

在实际工程中,结构受到的载荷作用并非总是有规律的,结构受到的载荷有可能随时间发生任意变化。下面重点讨论任意载荷作用下单自由度系统的振动响应计算。

随时间任意变化的载荷可看作无穷个冲量元的连续作用。在线性系统中,可采用叠加原理,将任意载荷引起的响应看作所有冲量元引起响应的总和。因此,需要先求解任一冲量元引起的系统振动响应。

设静止系统受到冲量元 $p\Delta t$ 的作用,根据动量定理,有

$$p\Delta t=m\dot{y}-m\dot{y}_0\tag{3-118}$$

由于系统初始状态为静止状态,初始速度为 0,则系统在冲量元 $p\Delta t$ 作用下获得的速度为

$$\dot{y}_0=\frac{p}{m}\Delta t\tag{3-119}$$

冲击结束后系统的位移为

$$y=\frac{1}{2}\dot{y}\Delta t=\frac{p}{2m}(\Delta t)^2\tag{3-120}$$

式(3-120)表明在瞬时冲量作用下,位移为速度的高阶小量。因此,可以忽略冲量元作用结束后引起的位移,即冲量元作用结束后,系统仅获得一个初始速度,而后进入自由振动状态。

若系统受到的任意载荷如图 3-15 所示,系统在 τ 时刻作用的冲量元为 $p(\tau)\mathrm{d}\tau$,在此刻系统获得的初始速度为

$$\mathrm{d}\dot{y}(t)=\frac{p(t)}{m}\mathrm{d}t\tag{3-121}$$

根据系统自由振动的求解方法,系统在 τ 时刻的

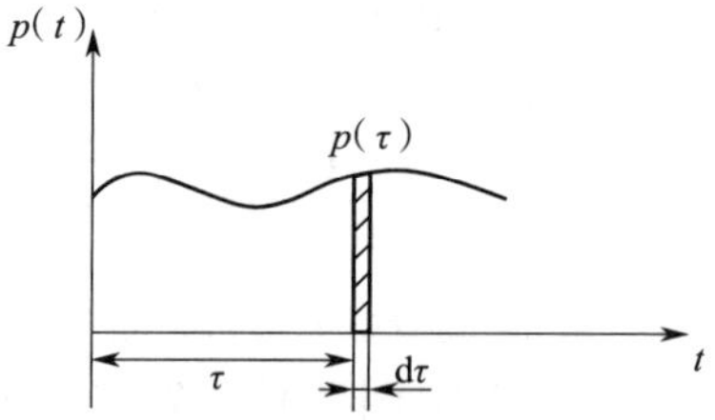

图 3-15 任意载荷

初始速度引起的 t 时刻振动位移为

$$\mathrm{d}y(t)=\mathrm{e}^{-\xi\omega(t-\tau)}\frac{p(\tau)}{m\omega_{\mathrm{d}}}\mathrm{d}\tau\sin\omega_{\mathrm{d}}(t-\tau) \tag{3-122}$$

任意载荷可分解为许多冲量元，每个冲量元都会引起式（3-122）所示的位移响应。根据叠加原理，在任意载荷作用下 t 时刻的位移响应为多个冲量元引起位移响应的叠加，叠加过程可表示为积分形式：

$$y(t)=\frac{1}{m\omega_{\mathrm{d}}}\int_0^t p(\tau)\mathrm{e}^{-\xi\omega(t-\tau)}\sin\omega_{\mathrm{d}}(t-\tau)\mathrm{d}\tau \tag{3-123}$$

式（3-123）即任意载荷作用下单自由度系统振动位移的计算公式，这种积分形式被称为杜哈梅尔（Duhamel）积分，也称为卷积积分。式（3-123）是在假定系统在初始状态为静止的前提下建立的，对于任意的初始条件 $y(0)=y_0$ 和 $\dot{y}(0)=\dot{y}_0$，系统振动位移的计算公式为

$$y(t)=\mathrm{e}^{-\xi\omega t}\left(y_0\cos\omega_{\mathrm{d}}t+\frac{\dot{y}_0+\xi\omega y_0}{\omega_{\mathrm{d}}}\sin\omega_{\mathrm{d}}t\right)+\frac{1}{m\omega_{\mathrm{d}}}\int_0^t p(\tau)\mathrm{e}^{-\xi\omega(t-\tau)}\sin\omega_{\mathrm{d}}(t-\tau)\mathrm{d}\tau \tag{3-124}$$

在解决实际工程问题时，需要采用数值分析的方法由式（3-123）计算系统的振动响应。根据三角恒等式

$$\sin\omega_{\mathrm{d}}(t-\tau)=\sin\omega_{\mathrm{d}}t\cos\omega_{\mathrm{d}}\tau-\cos\omega_{\mathrm{d}}t\sin\omega_{\mathrm{d}}\tau \tag{3-125}$$

可将式（3-123）改写为

$$y(t)=A(t)\sin\omega_{\mathrm{d}}t-B(t)\cos\omega_{\mathrm{d}}t \tag{3-126}$$

$$\begin{cases}A(t)=\dfrac{1}{m\omega_{\mathrm{d}}}\displaystyle\int_0^t p(\tau)\frac{\mathrm{e}^{\xi\omega\tau}}{\mathrm{e}^{\xi\omega t}}\cos\omega_{\mathrm{d}}\tau\mathrm{d}\tau\\ B(t)=\dfrac{1}{m\omega_{\mathrm{d}}}\displaystyle\int_0^t p(\tau)\frac{\mathrm{e}^{\xi\omega\tau}}{\mathrm{e}^{\xi\omega t}}\sin\omega_{\mathrm{d}}\tau\mathrm{d}\tau\end{cases} \tag{3-127}$$

采用辛普森（Simpson）数值积分法计算积分 $A(t)$ 和 $B(t)$。按照辛普森积分法则，需将积分区间划分为若干等长且为偶数的微段，则在区间 $[g,\ g+\Delta g]$ 内的积分公式为

$$\int_g^{g+2\Delta g}f(g)\mathrm{d}g=\frac{\Delta g}{3}\left[f(g)+4f(g+\Delta g)+f(g+2\Delta g)\right] \tag{3-128}$$

根据上述积分公式，$A(t)$ 和 $B(t)$ 可表示为

$$\begin{cases}A(t)=\dfrac{\Delta\tau}{3m\omega_{\mathrm{d}}}\displaystyle\sum_A(t)\\ B(t)=\dfrac{\Delta\tau}{3m\omega_{\mathrm{d}}}\displaystyle\sum_B(t)\end{cases} \tag{3-129}$$

其中

$$\begin{aligned}\sum_A(t)=&\left[\sum_A(t-2\Delta\tau)+p(t-2\Delta\tau)\cos\omega_{\mathrm{d}}(t-2\Delta\tau)\right]\mathrm{e}^{-2\xi\omega\Delta\tau}+\\&4p(t-\Delta\tau)\cos\omega_{\mathrm{d}}(t-\Delta\tau)\mathrm{e}^{-\xi\omega\Delta\tau}+p(t)\cos\omega_{\mathrm{d}}t\end{aligned} \tag{3-130}$$

$$\sum_{B}(t)=\left[\sum_{B}(t-2\Delta\tau)+p(t-2\Delta\tau)\sin\omega_{\mathrm{d}}(t-2\Delta\tau)\right]\mathrm{e}^{-2\xi\omega\Delta\tau}+ \\ 4p(t-\Delta\tau)\sin\omega_{\mathrm{d}}(t-\Delta\tau)\mathrm{e}^{-\xi\omega\Delta\tau}+p(t)\sin\omega_{\mathrm{d}}t \tag{3-131}$$

数值积分的计算精度与时间步长 $\Delta\tau$ 的大小有关，时间步长越小，计算结果精度越高。通常计算时间步长 $\Delta\tau\leqslant T/30$（T 为结构固有周期）时，可得到精度足够的结果。

Chapter 4

第四章 多自由度系统振动

在实际工程中,单自由度系统很少存在,复杂的振动问题大多源于多自由度系统。多自由度系统指需要两个及以上的独立的广义坐标描述其运动形态的运动系统。本章主要介绍多自由度系统自由振动与其在载荷作用下的动力响应分析。

4.1 振动方程构建

与建立单自由度系统振动方程的方法类似,建立多自由度系统振动方程的方法有牛顿定律或达朗贝尔原理、哈密顿原理或拉格朗日(Lagrange)方程。

4.1.1 牛顿定律或达朗贝尔原理(直接平衡法)

达朗贝尔原理与牛顿第二定律是相通的,此处介绍运用达朗贝尔原理建立多自由度系统振动方程的方法。基于达朗贝尔原理,系统振动时受到4个力,即干扰力(外载荷)、惯性力、阻尼力与弹性恢复力,且这4个力在每一个广义坐标上都会保持平衡。由于惯性力的加入,使得动力学问题在形式上转化为静力学问题,可以采用直接平衡法建立多自由度系统的振动方程。虚位移原理建立多自由度系统振动方程的基本原理与直接平衡法相同,详见3.1,此处不再赘述。

对于具有 n 个自由度的系统的第 i 个广义坐标,对应的4个力为干扰力 $p_i(t)$、惯性力 $f_{\mathrm{I}i}(t)$、阻尼力 $f_{\mathrm{D}i}(t)$、弹性恢复力 $f_{\mathrm{S}i}(t)$。对应该广义坐标的振动方程为

$$f_{\mathrm{I}i}+f_{\mathrm{D}i}+f_{\mathrm{S}i}=p_i(t)\quad(i=1,2,\cdots,n)\tag{4-1}$$

对于整个系统,其振动方程可以表示为

$$\boldsymbol{F}_{\mathrm{I}}+\boldsymbol{F}_{\mathrm{D}}+\boldsymbol{F}_{\mathrm{S}}=\boldsymbol{P}(t)\tag{4-2}$$

式中:$\boldsymbol{F}_{\mathrm{I}}$ 为惯性力矩阵;$\boldsymbol{F}_{\mathrm{D}}$ 为阻尼力矩阵;$\boldsymbol{F}_{\mathrm{S}}$ 为弹性恢复力矩阵;$\boldsymbol{P}(t)$ 为干扰力矩阵。

其中,$\boldsymbol{F}_{\mathrm{S}}$ 中的弹性恢复力与振动位移成比例,设多自由度系统的位移矩阵为

$$\boldsymbol{Y}=\begin{bmatrix}y_1 & y_2 & y_3 & \cdots & y_i & \cdots & y_n\end{bmatrix}^{\mathrm{T}}\tag{4-3}$$

则有

$$\boldsymbol{F}_{\mathrm{S}}=\boldsymbol{KY}\tag{4-4}$$

式中:$\boldsymbol{K}$ 为刚度矩阵,且为 $n\times n$ 的方阵,可表示为

$$\boldsymbol{K}=\begin{bmatrix}k_{11} & \cdots & k_{1j} & \cdots & k_{1n}\\ \vdots & & \vdots & & \vdots\\ k_{i1} & \cdots & k_{ij} & \cdots & k_{in}\\ \vdots & & \vdots & & \vdots\\ k_{n1} & \cdots & k_{nj} & \cdots & k_{nn}\end{bmatrix}\tag{4-5}$$

其中,k_{ij} 为刚度系数,定义为仅在 j 坐标处产生单位位移(其他坐标均为0)时,在第

i 坐标处产生的弹性恢复力。

假设系统的阻尼为黏性阻尼或可以简化为等效黏性阻尼，阻尼力与速度成正比，得到

$$\boldsymbol{F}_{\mathrm{D}}=\boldsymbol{C}\dot{\boldsymbol{Y}} \tag{4-6}$$

式中：$\boldsymbol{C}$ 为阻尼系数矩阵，可表示为

$$\boldsymbol{C}=\begin{bmatrix} c_{11} & \cdots & c_{1j} & \cdots & c_{1n} \\ \vdots & & \vdots & & \vdots \\ c_{i1} & \cdots & c_{ij} & \cdots & c_{in} \\ \vdots & & \vdots & & \vdots \\ c_{n1} & \cdots & c_{nj} & \cdots & c_{nn} \end{bmatrix} \tag{4-7}$$

其中，c_{ij} 为阻尼系数，定义为仅在 j 坐标处产生单位速度时，在第 i 坐标处产生的阻尼力。

$\dot{\boldsymbol{Y}}$ 为广义振动速度矩阵，可表示为

$$\dot{\boldsymbol{Y}}=\begin{bmatrix}\dot{y}_1 & \dot{y}_2 & \dot{y}_3 & \cdots & \dot{y}_i & \cdots & \dot{y}_n\end{bmatrix}^{\mathrm{T}} \tag{4-8}$$

惯性力与加速度矢量成正比，得到

$$\boldsymbol{F}_{\mathrm{I}}=\boldsymbol{M}\ddot{\boldsymbol{Y}} \tag{4-9}$$

式中：$\boldsymbol{M}$ 为质量矩阵，可表示为

$$\boldsymbol{M}=\begin{bmatrix} m_{11} & \cdots & m_{1j} & \cdots & m_{1n} \\ \vdots & & \vdots & & \vdots \\ m_{i1} & \cdots & m_{ij} & \cdots & m_{in} \\ \vdots & & \vdots & & \vdots \\ m_{n1} & \cdots & m_{nj} & \cdots & m_{nn} \end{bmatrix} \tag{4-10}$$

其中，m_{ij} 为质量系数，定义为仅在 j 坐标处发生单位加速度时，在第 i 坐标处产生的惯性力。

$\ddot{\boldsymbol{Y}}$ 为广义振动加速度矩阵，可表示为

$$\ddot{\boldsymbol{Y}}=\begin{bmatrix}\ddot{y}_1 & \ddot{y}_2 & \ddot{y}_3 & \cdots & \ddot{y}_i & \cdots & \ddot{y}_n\end{bmatrix}^{\mathrm{T}} \tag{4-11}$$

将式（4-4）、式（4-6）、式（4-9）代入式（4-2），得到振动方程的一般形式：

$$\boldsymbol{M}\ddot{\boldsymbol{Y}}+\boldsymbol{C}\dot{\boldsymbol{Y}}+\boldsymbol{K}\boldsymbol{Y}=\boldsymbol{P}(t) \tag{4-12}$$

多自由度系统振动方程与单自由度系统振动方程形式类似，但多自由度系统振动方程中的每一项都是一个矩阵。

下面通过导管架力学模型，介绍运用达朗贝尔原理建立多自由度系统振动方程的方法。图 4-1（a）所示为导管架力学模型示意图，该模型为有 4 个桩腿的两跨塔状结构，海底固定，结构关于垂直轴线对称，甲板 1 与甲板 2 的转动忽略不计。其中，d 为水深，l_1 为甲板 1 至甲板 2 的距离，l_2 为甲板 2 至海底的距离，导管架受到波高为 H、波数为 k、频率为 ω 的深水简谐波作用。

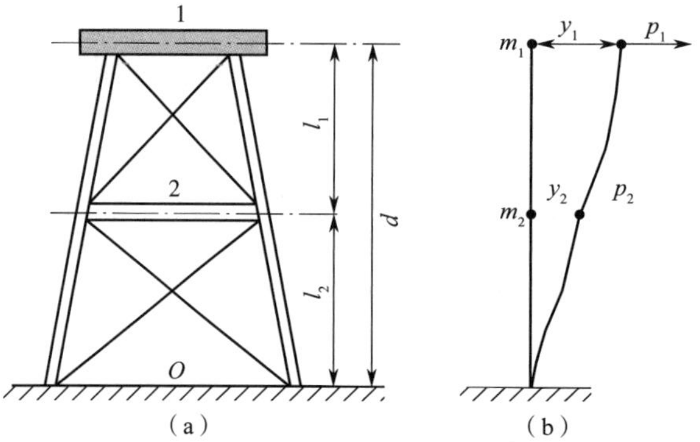

图 4-1　导管架力学模型示意图

1. 确定质量矩阵

由于导管架关于垂直轴线对称，且不考虑甲板转动，因此不存在反对称质量分布，则质量矩阵中非对角线元素均为 0。采用集中质量法建立结构的质量矩阵，此时必须考虑浸入水中的构件的附连水质量，也称为虚质量。

根据甲板 1 与甲板 2 的高度，将导管架模型简化，如图 4-1(b)所示。其中，集中在节点 1 和节点 2 处的质量计算公式为

$$\begin{cases} m_1 = m_p + 0.375m_{v1} \\ m_2 = m_{vh} + 0.375m_{v1} + 0.375m_{v2} \end{cases} \tag{4-13}$$

式中：m_p 为甲板与甲板上装置质量之和；m_{vh} 为甲板 2 的质量；m_{v1}、m_{v2} 分别为节点 1 与节点 2 处的桩腿和非水平构件的有效质量。

$$\begin{cases} m_{vh} = \text{水平构件在节点2处的实际质量}+C_A\rho V_h \\ m_{v1} = \text{桩腿和斜撑构件在}l_1\text{处的实际质量}+C_A\rho V_1 \\ m_{v2} = \text{桩腿和斜撑构件在}l_2\text{处的实际质量}+C_A\rho V_2 \end{cases} \tag{4-14}$$

式中：C_A 为附加质量系数；ρ 为海水密度；V_h 为浸没的水平构件排开水的体积；V_1 为节点 1 周围浸没的构件排开水的体积；V_2 为节点 2 周围浸没的构件排开水的体积。

质量矩阵可表示为

$$\boldsymbol{M} = \begin{bmatrix} m_1 & 0 \\ 0 & m_2 \end{bmatrix} \tag{4-15}$$

2. 确定阻尼矩阵

此导管架模型拥有两个自由度，因此其阻尼矩阵为 2×2 的方阵，其中各元素可由现有的实验数据求出。最常用的阻尼形式是瑞利阻尼，假定阻尼与系统的质量和刚度成正比，则有

$$\boldsymbol{C} = a\boldsymbol{M} + b\boldsymbol{K} \tag{4-16}$$

式中：a 与 b 为常数。

3. 确定刚度矩阵

此导管架的刚度矩阵为 2×2 的方阵，计算方法如下：

（1）在节点 1 上施加一个单位位移，同时节点 2 位移为 0，按照结构力学的方法计算得到该位移所需的力 k_{11} 与 k_{21}，如图 4-2（a）所示；

（2）在节点 2 上施加一个单位位移，同时节点 1 位移为 0，按照结构力学的方法计算得到该位移所需的力 k_{22} 与 k_{12}，如图 4-2（b）所示。

得到刚度矩阵为

$$\boldsymbol{K}=\begin{bmatrix} k_{11} & k_{12} \\ k_{21} & k_{22} \end{bmatrix} \tag{4-17}$$

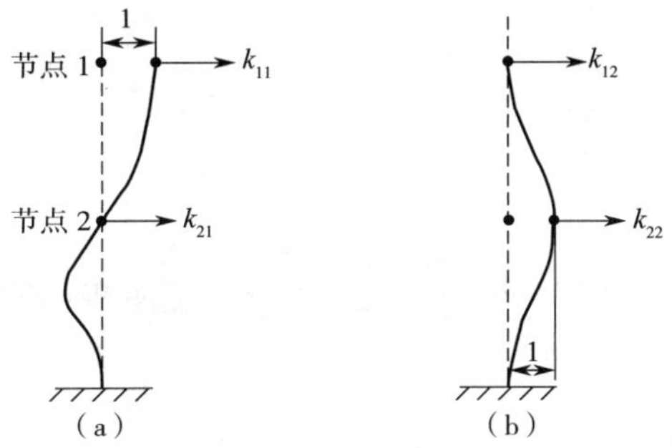

图 4-2　刚度矩阵位移图

4. 确定载荷矩阵

根据线性波理论，波浪水质点水平方向加速度 $\dot{u}$ 为

$$\dot{u}=-\frac{H}{2}\omega^2\frac{\cosh k(z+d)}{\sinh kd}\sin\omega t \tag{4-18}$$

其中，$\omega^2=gk\tanh kd$。

桩腿单位长度承受的波浪载荷为

$$\overline{q}(z,t)=4C_{\mathrm{M}}\frac{\pi}{4}\rho D^2\dot{u} \tag{4-19}$$

每个节点的合力近似为 4 个桩腿的适当位置到每个节点位置对 $\overline{q}(z,t)$ 的积分。此处假设坐标原点在静水面上，得到

$$\begin{cases} p_1=\int_{-(d-l_2)}^{0}\overline{q}(z,t)\mathrm{d}z=-\dfrac{\pi}{2}C_{\mathrm{M}}\rho D^2\dfrac{\omega^2}{k}H\left(1-\dfrac{\sinh kl_2}{\sinh kd}\right)\sin\omega t \\ p_2=\int_{-d}^{-(d-l_2)}\overline{q}(z,t)\mathrm{d}z=-\dfrac{\pi}{2}C_{\mathrm{M}}\rho D^2\dfrac{\omega^2}{k}H\dfrac{\sinh kl_2}{\sinh kd}\sin\omega t \end{cases} \tag{4-20}$$

整理得到载荷矩阵为

$$\boldsymbol{P}=\begin{bmatrix} p_1 & p_2 \end{bmatrix}^{\mathrm{T}} \tag{4-21}$$

至此，系统振动时受到的 4 个力，即干扰力、惯性力、阻尼力与弹性恢复力已全部确定，整理后可以得到式（4-12）。

4.1.2 哈密顿原理或拉格朗日方程

应用牛顿定律或达朗贝尔原理推导复杂系统的振动方程比较困难，需要对每部分取脱离体进行受力分析。第三章的由虚位移原理建立单自由度振动方程可以推广至多自由度系统，但应用拉格朗日方程可以使计算大大简化。

哈密顿原理的方程形式为

$$\int_{t_1}^{t_2}\delta(T-V)\mathrm{d}t+\int_{t_1}^{t_2}\delta W\mathrm{d}t=0 \tag{4-22}$$

式中：δ 为变分运算，表示振动过程的任意 $t_1 \sim t_2$ 时刻，由时间变化引起的动能和势能的变化及由非保守力做功之和为 0；T 为系统的总动能，与位移、速度有关；V 为系统的势能，与位移有关；δW 为虚功，表示每个质点在非保守力 g_i 作用下产生的虚位移 δy_i 所做的虚功之和，即

$$\delta W=\sum_{i=1}^{N}g_i\delta y_i \tag{4-23}$$

式（4-22）可整理为

$$\int_{t_1}^{t_2}\left(\sum_{i=1}^{N}\frac{\partial T}{\partial y_i}\delta y_i+\sum_{i=1}^{N}\frac{\partial T}{\partial \dot{y}_i}\delta\dot{y}_i\right)\mathrm{d}t-\int_{t_1}^{t_2}\left(\sum_{i=1}^{N}\frac{\partial V}{\partial y_i}\delta y_i+\sum_{i=1}^{N}g_i\delta y_i\right)\mathrm{d}t=0 \tag{4-24}$$

整理得到

$$\int_{t_1}^{t_2}\frac{\partial T}{\partial \dot{y}_i}\delta\dot{y}_i=\int_{t_1}^{t_2}\frac{\partial T}{\partial \dot{y}_i}\frac{\mathrm{d}}{\mathrm{d}t}\delta y_i\mathrm{d}t=\int_{t_1}^{t_2}\frac{\partial T}{\partial \dot{y}_i}\mathrm{d}(\delta y_i)=\frac{\partial T}{\partial \dot{y}_i}\delta y_i\bigg|_{t_1}^{t_2}-\int_{t_1}^{t_2}\frac{\mathrm{d}}{\mathrm{d}t}\left(\frac{\partial T}{\partial \dot{y}_i}\right)\delta y_i\mathrm{d}t \tag{4-25}$$

由于每部分相对时间的变化相互独立，同时 $\delta y_i(t_1)=\delta y_i(t_2)=0$，因此式（4-25）中的非积分项可以消掉，得到

$$\int_{t_1}^{t_2}\left\{\sum_{i=1}^{N}\left[-\frac{\mathrm{d}}{\mathrm{d}t}\left(\frac{\partial T}{\partial \dot{y}_i}\right)+\frac{\partial T}{\partial y_i}-\frac{\partial V}{\partial y_i}+g_i\right]\delta y_i\right\}\mathrm{d}t=0 \tag{4-26}$$

由于式（4-26）变分的任意性，时间积分区间内每一项都是独立的，对于所有的 $\delta y_n\neq 0$ 的项，取 $i=n$；对于 $\delta y_n=0$ 的项，取 $i=N-1$。式（4-26）中的求和项可以去掉，方括号中积分项的 i 变为 n。对括号中的各项进行整理，将 n 替换为 i，得到 N 个自由度系统拉格朗日第二类方程：

$$\frac{\mathrm{d}}{\mathrm{d}t}\frac{\partial T}{\partial \dot{y}_i}-\frac{\partial T}{\partial y_i}+\frac{\partial V}{\partial y_i}=g_i \quad (i=1,2,\cdots,N) \tag{4-27}$$

对于线性运动，动能 T 可表示为

$$T=\frac{1}{2}\sum_{j=1}^{N}\sum_{i=1}^{N}m_{ij}\dot{y}_i y_i=\frac{1}{2}\dot{\boldsymbol{Y}}^{\mathrm{T}}\boldsymbol{M}\dot{\boldsymbol{Y}} \tag{4-28}$$

势能 V 可表示为

$$V=\frac{1}{2}\sum_{j=1}^{N}\sum_{i=1}^{N}k_{ij}y_i y_j+V_g=\frac{1}{2}\boldsymbol{Y}^{\mathrm{T}}\boldsymbol{K}\boldsymbol{Y}+V_{\mathrm{g}} \tag{4-29}$$

式中：V_{g} 为相对系统平衡位置质点位置变化所导致的所有重力势能变化之和。

虚功可表示为

$$\delta W=\sum_{i=1}^{N}g_i\delta y_i=\sum_{i=1}^{N}(p_i-F_{\mathrm{D}i})\delta y_i=\delta\boldsymbol{Y}^{\mathrm{T}}g=\delta\boldsymbol{Y}^{\mathrm{T}}(\boldsymbol{p}-\boldsymbol{F}_{\mathrm{D}})\tag{4-30}$$

式中：矢量 $\boldsymbol{p}$ 为外部作用力；$\boldsymbol{F}_{\mathrm{D}}$ 为阻尼力。

下面应用拉格朗日第二类方式建立图 4-1 所示导管架力学模型的振动方程。两个广义坐标对应的拉格朗日方程为

$$\begin{cases}\dfrac{\mathrm{d}}{\mathrm{d}t}\dfrac{\partial K}{\partial\dot{y}_1}-\dfrac{\partial K}{\partial y_1}+\dfrac{\partial V}{\partial y_1}=g_1\\[2mm]\dfrac{\mathrm{d}}{\mathrm{d}t}\dfrac{\partial K}{\partial\dot{y}_2}-\dfrac{\partial K}{\partial y_2}+\dfrac{\partial V}{\partial y_2}=g_2\end{cases}\tag{4-31}$$

动能：

$$T=\frac{1}{2}\sum_{j=1}^{N}\sum_{i=1}^{N}m_{ij}\dot{y}_i y_i=\frac{1}{2}\dot{\boldsymbol{Y}}^{\mathrm{T}}\boldsymbol{M}\dot{\boldsymbol{Y}}=\frac{1}{2}[\dot{y}_1\quad\dot{y}_2]\begin{bmatrix}m_1&0\\0&m_2\end{bmatrix}\begin{bmatrix}\dot{y}_1\\\dot{y}_2\end{bmatrix}=\frac{1}{2}m_1\dot{y}_1^{\,2}+\frac{1}{2}m_2\dot{y}_2^{\,2}\tag{4-32}$$

假定 V_{g} 和弹性势能关系很小，以保守力为基础的势能由（4-29）计算得到。由于 $\boldsymbol{K}=\boldsymbol{K}^{\mathrm{T}}$，得到 $k_{12}=k_{21}$，进而得到

$$V=\frac{1}{2}\boldsymbol{Y}^{\mathrm{T}}\boldsymbol{K}\boldsymbol{Y}=\frac{1}{2}[y_1\quad y_2]\begin{bmatrix}k_{11}&k_{12}\\k_{21}&k_{22}\end{bmatrix}\begin{bmatrix}y_1\\y_2\end{bmatrix}=\frac{1}{2}k_{11}y_1^{\,2}+\frac{1}{2}k_{22}y_2^{\,2}+k_{12}y_1y_2\tag{4-33}$$

非保守力做的虚功：

$$\delta W=g_1\delta y_1+g_2\delta y_2=(p_1-F_{\mathrm{D1}})\delta y_1+(p_2-F_{\mathrm{D2}})\delta y_2\tag{4-34}$$

虚位移的广义作用力为

$$\begin{cases}g_1=p_1-c_{11}\dot{y}_1-c_{12}\dot{y}_2\\g_2=p_2-c_{21}\dot{y}_1-c_{22}\dot{y}_2\end{cases}\tag{4-35}$$

代入拉格朗日方程，得到

$$\begin{cases}m_1\ddot{y}_1+k_{11}y_1+k_{12}y_2=p_1-c_{11}\dot{y}_1-c_{12}\dot{y}_2\\m_2\ddot{y}_2+k_{22}y_2+k_{21}y_2=p_2-c_{22}\dot{y}_2-c_{21}\dot{y}_1\end{cases}\tag{4-36}$$

将黏性阻尼力移到等号左边，整理可以得到式（4-12）。

4.2　无阻尼系统的固有频率

结构动力响应与结构的固有特性密切相关，分析系统的固有振动特性主要是分析其固有频率和固有振型。

去掉式（4-12）中的干扰力项与阻尼项，得到多自由度无阻尼自由振动系统的振动方程：

$$\boldsymbol{M}\ddot{\boldsymbol{Y}}+\boldsymbol{K}\boldsymbol{Y}=\boldsymbol{0}\tag{4-37}$$

在特定初始条件下，系统按照同一频率做简谐振动，位移函数为

$$\boldsymbol{Y}=\boldsymbol{A}\sin(\lambda t+\varphi)\tag{4-38}$$

式中：λ 为无阻尼固有振动频率；$\boldsymbol{A}$ 为振幅矩阵，$\boldsymbol{A}=\begin{bmatrix}A_1 & A_2 & \cdots & A_n\end{bmatrix}^{\mathrm{T}}$；$\varphi$ 为相位角。

将式（4-38）代入式（4-37），消去各项的公因子 $\sin(\lambda t+\varphi)$，可得

$$(\boldsymbol{K}-\lambda^2\boldsymbol{M})\boldsymbol{A}=\boldsymbol{0} \tag{4-39}$$

由于 $\boldsymbol{A}$ 不可能为 0，因此式（4-39）成立必须满足

$$|\boldsymbol{K}-\lambda^2\boldsymbol{M}|=0 \tag{4-40}$$

式（4-40）为系统的频率方程或特征方程。将式（4-40）展开，可得到一个关于 λ 的 n 次代数多项式，称为特征多项式。

对于一般振动系统，质量矩阵 $\boldsymbol{M}$ 为正定矩阵，刚度矩阵 $\boldsymbol{K}$ 一般为正定或半正定矩阵。若刚度矩阵为正定矩阵，式（4-40）求解可以得到 n 个大于 0 的实特征值，此即结构系统的 n 个固有频率。将 n 个固有频率从小到大依次排列，记为 $\lambda_1, \lambda_2,\cdots, \lambda_i,\cdots, \lambda_n$，其中最小的称为基本频率，$\lambda_i$ 称为第 i 个频率。

在求出 λ_i 后，代入式（4-39），则与 λ_i 相对应的振幅应该满足下面的方程：

$$(\boldsymbol{K}-\lambda_i^2\boldsymbol{M})\boldsymbol{A}^{(i)}=\boldsymbol{0} \tag{4-41}$$

式（4-41）为关于 $\boldsymbol{A}^{(i)}$（i 为振型序号）的线性方程组，$\boldsymbol{A}^{(i)}=\begin{bmatrix}A_1^{(i)} & A_2^{(i)} & \cdots & A_N^{(i)}\end{bmatrix}$，因其系数行列式等于零，故 N 个方程只有 N-1 个是相互独立的，为了求出对应各个坐标的振型值，必须令某一坐标的振型值等于 1。例如，令对应第 1 个坐标的振型值为 1，则对于第 i 个振型：

$$\boldsymbol{A}^{(i)}=\begin{bmatrix}1 & A_2^{(i)} & A_3^{(i)} & \cdots & A_N^{(i)}\end{bmatrix} \tag{4-42}$$

将式（4-42）代入式（4-41）并展开，可得

$$\begin{bmatrix} k_{11}-\lambda_i^2 m_1 & k_{12} & \cdots & k_{1N} \\ k_{21} & k_{22}-\lambda_i^2 m_2 & \cdots & k_{2N} \\ \vdots & \vdots & & \vdots \\ k_{N1} & k_{N2} & \cdots & k_{NN}-\lambda_i^2 m_N \end{bmatrix}\begin{bmatrix}1\\ A_2^{(i)}\\ \vdots \\ A_N^{(i)}\end{bmatrix}=\begin{bmatrix}0\\0\\ \vdots\\0\end{bmatrix} \tag{4-43}$$

通过式（4-43）可以确定 $\boldsymbol{A}^{(i)}$ 中各个元素的相对值。$\boldsymbol{A}^{(i)}$ 表示系统做自由简谐振动时结构系统的位移形式，称此位移形式为第 i 个振型，而 $\boldsymbol{A}^{(i)}$ 称为第 i 个振型向量。$\boldsymbol{A}^{(i)}$ 向量中的元素可以按照线性代数中的方法确定，例如某 3 自由度振动系统，N=3，展开式（4-43）中的前两个方程，可得

$$\begin{bmatrix} k_{12} & k_{13} \\ k_{22}-\lambda_i^2 m_2 & k_{23}\end{bmatrix}\begin{bmatrix}A_2^{(i)}\\ A_3^{(i)}\end{bmatrix}=-\begin{bmatrix}k_{11}-\lambda_i^2 m_i\\ k_{21}\end{bmatrix} \tag{4-44}$$

由于固有频率 λ_i 是确定的，同时 $A_1^{(i)}=1$，则 $A_2^{(i)}$ 和 $A_3^{(i)}$ 由式（4-44）可以唯一解出。每个频率对应确定的结构振型可以称为模态。如果用 $\boldsymbol{A}^{(i)}$ 中的最大值除以各个元素，则可以得到无量纲化的振型，记为 $\boldsymbol{\rho}_i$，其为特征值对应的特征向量。

结构系统的频率和振型仅与系统的刚度和质量有关，而与初始条件无关。因此，将频率和振型称为固有频率和固有振型，或者统称为固有振动特性。

4.3 固有振型的正交性及振型的规格化

4.3.1 固有振型的正交性

对于 N 自由度无阻尼自由振动系统，通过求解特征值问题，可以得到 N 个固有频率和对应的 N 个特征向量。结构的固有振型/特征向量的正交性对求解系统的振动响应十分重要。

取第 r 阶固有频率 λ_r 和对应的特征向量 $\boldsymbol{\rho}_r$，代入振幅方程并且左乘 $\boldsymbol{\rho}_s^{\mathrm{T}}$，可得

$$\boldsymbol{\rho}_s^{\mathrm{T}}(\boldsymbol{K}-\lambda_r^2\boldsymbol{M})\boldsymbol{\rho}_r=0 \tag{4-45}$$

另取第 s 阶固有频率 λ_s 和对应的特征向量 $\boldsymbol{\rho}_s$，代入振幅方程并且左乘 $\boldsymbol{\rho}_r^{\mathrm{T}}$，可得

$$\boldsymbol{\rho}_r^{\mathrm{T}}(\boldsymbol{K}-\lambda_s^2\boldsymbol{M})\boldsymbol{\rho}_s=0 \tag{4-46}$$

展开式（4-41）与式（4-46），并相减得到

$$\boldsymbol{\rho}_s^{\mathrm{T}}\boldsymbol{K}\boldsymbol{\rho}_r-\lambda_r^2\boldsymbol{\rho}_s^{\mathrm{T}}\boldsymbol{M}\boldsymbol{\rho}_r-\boldsymbol{\rho}_r^{\mathrm{T}}\boldsymbol{K}\boldsymbol{\rho}_s+\lambda_s^2\boldsymbol{\rho}_r^{\mathrm{T}}\boldsymbol{M}\boldsymbol{\rho}_s=0 \tag{4-47}$$

因为刚度矩阵 $\boldsymbol{K}$ 和质量矩阵 $\boldsymbol{M}$ 为对称矩阵，所以有

$$\begin{cases}\boldsymbol{\rho}_s^{\mathrm{T}}\boldsymbol{K}\boldsymbol{\rho}_r=\boldsymbol{\rho}_r^{\mathrm{T}}\boldsymbol{K}\boldsymbol{\rho}_s\\ \boldsymbol{\rho}_s^{\mathrm{T}}\boldsymbol{M}\boldsymbol{\rho}_r=\boldsymbol{\rho}_r^{\mathrm{T}}\boldsymbol{M}\boldsymbol{\rho}_s\end{cases} \tag{4-48}$$

于是有

$$\lambda_r^2\boldsymbol{\rho}_s^{\mathrm{T}}\boldsymbol{M}\boldsymbol{\rho}_r-\lambda_s^2\boldsymbol{\rho}_r^{\mathrm{T}}\boldsymbol{M}\boldsymbol{\rho}_s=0 \tag{4-49}$$

或者

$$(\lambda_r^2-\lambda_s^2)\boldsymbol{\rho}_r^{\mathrm{T}}\boldsymbol{M}\boldsymbol{\rho}_s=0 \tag{4-50}$$

对于两个不同的振型，有

$$\boldsymbol{\rho}_r^{\mathrm{T}}\boldsymbol{M}\boldsymbol{\rho}_s=0\quad(r\neq s) \tag{4-51}$$

式（4-51）称为振型关于质量矩阵正交。

对于两个相同的振型，有

$$\boldsymbol{\rho}_r^{\mathrm{T}}\boldsymbol{M}\boldsymbol{\rho}_s=m_r\quad(r=s) \tag{4-52}$$

式（4-52）称为振型关于质量矩阵正交。

对于第 s 阶固有频率，有 $\boldsymbol{K}=\lambda_s{}^2\boldsymbol{M}$，将其代入式（4-48），得

$$\boldsymbol{\rho}_s^{\mathrm{T}}\boldsymbol{K}\boldsymbol{\rho}_r=\boldsymbol{\rho}_r^{\mathrm{T}}\lambda_s^2\boldsymbol{M}\boldsymbol{\rho}_s \tag{4-53}$$

当两个振型相同时，由振型关于质量矩阵正交，可得

$$\boldsymbol{\rho}_s^{\mathrm{T}}\boldsymbol{K}\boldsymbol{\rho}_r=\lambda_r^2\boldsymbol{\rho}_r^{\mathrm{T}}\boldsymbol{M}\boldsymbol{\rho}_s=\lambda_r^2 m_r\quad(r=s) \tag{4-54a}$$

当两个振型不相同时，由振型关于质量矩阵正交，可得

$$\boldsymbol{\rho}_s^{\mathrm{T}}\boldsymbol{K}\boldsymbol{\rho}_r=\lambda_s^2\boldsymbol{\rho}_r^{\mathrm{T}}\boldsymbol{M}\boldsymbol{\rho}_s=0\quad(r\neq s) \tag{4-54b}$$

式（4-54b）称为振型关于刚度矩阵正交。

4.3.2 振型的规格化

振型的规格化有以下两种方法：

(1)振幅矢量中的每一个元素除以第一个广义坐标对应的振幅，称为关于特定坐标的振型的规格化；

(2)振幅矢量中的每个元素除以振幅矢量中的最大值。

上述两种方法均可得到无量纲振型 $\boldsymbol{\rho}_j$。但是，在结构计算程序中，最常用的方法是调整振幅中的每个元素，使调整后的振型 $\boldsymbol{\phi}_j$ 满足

$$\boldsymbol{\phi}_j^{\mathrm{T}}\boldsymbol{M}\boldsymbol{\phi}_j = 1 \tag{4-55}$$

满足式(4-55)要求的振型为正则振型或者规格化振型。

令

$$\boldsymbol{\phi}_j = c_j\boldsymbol{\rho}_j \tag{4-56}$$

式中：$\boldsymbol{\rho}_j$ 为无量纲振型。

将式(4-56)代入式(4-55)，可解出

$$c_j^2\boldsymbol{\rho}_j^{\mathrm{T}}\boldsymbol{M}\boldsymbol{\rho}_j = 1 \tag{4-57}$$

即

$$c_j^2 m_j = 1 \tag{4-58}$$

得到

$$c_j = \sqrt{\frac{1}{m_j}} \tag{4-59}$$

由式(4-59)解出 c_j，代入式(4-56)即得到正则振型。

采用正则振型向量组成方阵，即

$$\boldsymbol{\Phi} = \begin{bmatrix} \phi_{11} & \phi_{12} & \cdots & \phi_{1n} \\ \phi_{21} & \phi_{22} & \cdots & \phi_{2n} \\ \phi_{31} & \phi_{32} & \cdots & \phi_{3n} \\ \vdots & \vdots & & \vdots \\ \phi_{n1} & \phi_{n2} & \cdots & \phi_{nn} \end{bmatrix} \tag{4-60}$$

称为正则振型矩阵。对于 ϕ_{ij}，i 为广义自由度序号，j 为振型序号。因为其 n 个振型向量是两两正交的，即线性无关的，故该振型矩阵为满秩矩阵。根据正则振型的定义，有如下关系：

$$\boldsymbol{\Phi}^{\mathrm{T}}\boldsymbol{M}\boldsymbol{\Phi} = \boldsymbol{I} \tag{4-61}$$

式中：$\boldsymbol{I}$ 为单位矩阵，即

$$\boldsymbol{I} = \begin{bmatrix} 1 & & & \\ & 1 & & \\ & & \ddots & \\ & & & 1 \end{bmatrix} \tag{4-62}$$

对于刚度矩阵，有

$$\boldsymbol{\Phi}^{\mathrm{T}}\boldsymbol{K}\boldsymbol{\Phi}=\boldsymbol{\Lambda} \tag{4-63}$$

式中：$\boldsymbol{\Lambda}$为各阶频率的平方组成的对角矩阵，即

$$\boldsymbol{\Lambda}=\begin{bmatrix}\lambda_1^2 & & & \\ & \lambda_2^2 & & \\ & & \ddots & \\ & & & \lambda_n^2\end{bmatrix} \tag{4-64}$$

4.4　无阻尼系统受迫振动

下面讨论无阻尼多自由度系统受迫振动响应，无阻尼多自由度系统受迫振动的振动方程为式（4-12）去掉阻尼项，即变为

$$\boldsymbol{M}\ddot{\boldsymbol{Y}}+\boldsymbol{K}\boldsymbol{Y}=\boldsymbol{P}(t) \tag{4-65}$$

计算多自由度无阻尼结构的振动响应一般有两种方法：直接解法和模态叠加法。直接解法通过求解振动方程得到振动响应，不求解系统的固有振动特性。模态叠加法需要先求解系统的固有振动特性，然后求解系统的振动响应。直接解法适用于自由度较少的结构系统的振动响应求解，而模态叠加法可以用于自由度较多的大型结构系统的振动响应求解。

4.4.1　直接解法

直接解法得出的解的形式有解析解和数值解。解析解可描述振动响应随时间连续的变化规律，但是对于工程结构系统而言，一般比较困难。数值解即采用数值方法求微分方程的解，得到不同时间点的动力响应，常用的数值方法包括龙格-库塔（Runge-Kutta）法、有限差分法、中心差分法、Newmark-β法、Wilson-θ法等，详见4.6。

下面针对图4-3所示两自由度系统，求其解析解，并说明多自由度系统的共振特点。设两层导管架的层间刚度分别为K_1和K_2，下层和顶层质量分别等效为m_1和m_2，下层作用一个水平简谐激振力。

1. 确定质量矩阵

$$\boldsymbol{M}=\begin{bmatrix}m_1 & 0\\ 0 & m_2\end{bmatrix} \tag{4-66}$$

2. 确定阻尼矩阵

$$\boldsymbol{C}=a\boldsymbol{M}+b\boldsymbol{K} \tag{4-67}$$

式中：a与b为常数。

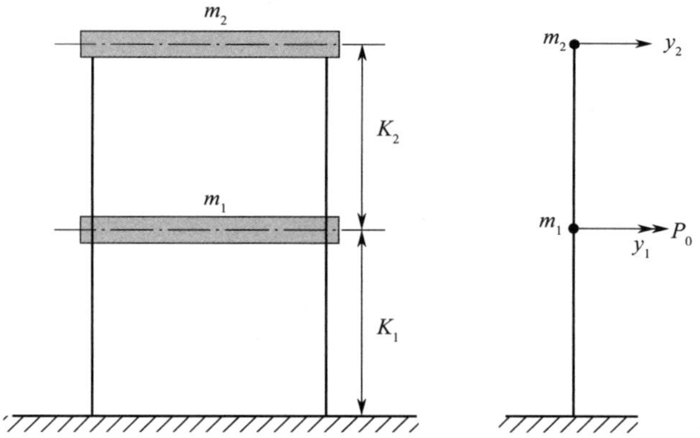

图 4-3　两自由度系统示意图

3. 确定刚度矩阵

$$\boldsymbol{K}=\begin{bmatrix}k_{11} & k_{12}\\ k_{21} & k_{22}\end{bmatrix}=\begin{bmatrix}K_1+K_2 & -K_2\\ -K_2 & K_2\end{bmatrix} \tag{4-68}$$

4. 确定载荷矩阵

$$\boldsymbol{P}=\begin{bmatrix}p_1 & p_2\end{bmatrix}^{\mathrm{T}}=\begin{bmatrix}p_0\sin\omega t & 0\end{bmatrix}^{\mathrm{T}} \tag{4-69}$$

将式(4-66)代入式(4-69)多自由度系统的振动方程,并整理得到系统的振动方程为

$$\begin{cases}m_1\ddot{y}_1+(K_1+K_2)y_1-K_2y_2=p_0\sin\omega t\\ m_2\ddot{y}_2-K_2y_1+K_2y_2=0\end{cases} \tag{4-70}$$

仅考虑稳态振动,设解为

$$\begin{cases}y_1(t)=B_1\sin\omega t\\ y_2(t)=B_2\sin\omega t\end{cases} \tag{4-71}$$

将式(4-71)代入式(4-70),并消去正弦项,得到

$$\begin{cases}(K_1+K_2-m_1\omega^2)B_1-K_2B_2=p_0\\ -K_2B_1+(K_2-m_2\omega^2)=0\end{cases} \tag{4-72}$$

由式(4-72)解出响应的幅值,即

$$B_1=\frac{p_0}{(k_{11}-m_1\omega^2)(k_{22}-m_2\omega^2)-k_{12}^2}=\frac{p_0}{(K_1+K_2-m_1\omega^2)(K_2-m_2\omega^2)-K_2^2} \tag{4-73}$$

$$B_2=\frac{-p_0k_{12}}{(k_{11}-m_1\omega^2)(k_{22}-m_2\omega^2)-k_{12}^2}=\frac{p_0K_2}{(K_1+K_2-m_1\omega^2)(K_2-m_2\omega^2)-K_2^2} \tag{4-74}$$

由式(4-73)和式(4-74)可知,当振动幅值的分母趋于零,其振动幅值将趋于无穷大,系统发生共振。

为了解释系统发生共振的条件,首先要考虑系统的固有频率和固有振型。

由于系统包含两个自由度,因此其固有频率和固有振型均为两个。

设上、下两层甲板的自由振动均是简谐振动,即

$$\begin{cases} y_1(t) = A_1 \sin \lambda_1 t \\ y_2(t) = A_2 \sin \lambda_2 t \end{cases} \tag{4-75}$$

根据固有频率方程得到

$$\begin{vmatrix} k_{11} - m_1\lambda^2 & k_{12} \\ k_{21} & k_{22} - m_2\lambda^2 \end{vmatrix} = 0 \tag{4-76}$$

展开得

$$(k_{11} - m_1\lambda^2)(k_{22} - m_2\lambda^2) - k_{12}^2 = 0 \tag{4-77}$$

将式(4-77)与振幅 B_1 和 B_2 表达式的分母比较可知，当 $\omega = \lambda_1$或λ_2 时，振幅的分母为零，振幅趋于无穷，系统出现共振。由此可知，当干扰频率接近多自由度系统的任一固有频率时，系统都将发生共振。如果干扰频率接近系统的第 r 阶固有频率，则系统的稳态强迫振动呈现第 r 阶固有振动。当发生第 r 阶强迫振动时，两个自由度幅值之比为

$$\frac{B_1^{(r)}}{B_2^{(r)}} = \frac{A_1^{(r)}}{A_2^{(r)}} \tag{4-78}$$

此时，整个系统各个广义坐标振动的频率和相位均相同。

4.4.2　模态叠加法

用模态叠加法可以计算无阻尼和有阻尼多自由度系统的振动响应。模态叠加法的实质是利用振型正交性，将多自由度系统变换为以模态坐标表示的单自由度系统，求解相互独立的以模态坐标表示的微分方程，从而得到系统的振动响应。

无阻尼系统的强迫振动方程见式(4-65)。多自由度系统的振型为 N 个独立的位移形式，各振型之间存在正交性，可以通过振型乘以权重而后进行叠加来表达位移响应。对于一般实际工程而言，取前几项振型表达的位移就可以达到良好的近似。

任何振型分量的位移由振型矢量 $\boldsymbol{\phi}_i$ 乘以广义坐标 q_i 得到，即

$$y_i = \boldsymbol{\phi}_i q_i \tag{4-79}$$

然后用振型分量位移的叠加得到总的位移，即

$$\boldsymbol{Y} = \boldsymbol{\phi}_1 q_1 + \boldsymbol{\phi}_2 q_2 + \cdots + \boldsymbol{\phi}_i q_i + \cdots + \boldsymbol{\phi}_N q_N = \sum_{i=1}^{N} \boldsymbol{\phi}_i q_i \tag{4-80}$$

也可用矩阵表示为

$$\boldsymbol{Y} = \boldsymbol{\Phi q} \tag{4-81}$$

式中：$\boldsymbol{\Phi}$ 为振型矩阵，起着将广义坐标 $\boldsymbol{q}$ 转换成几何坐标 $\boldsymbol{Y}$ 的作用，称 $\boldsymbol{q}$ 坐标为结构系统的主坐标，$q_i(t)$ 为各个振型对振动响应的贡献。由于主坐标和模态是一一对应的，所以又称 $\boldsymbol{q}$ 为模态坐标。

将式(4-81)代入式(4-65)，并且左乘以第 i 个振型的转置 $\boldsymbol{\phi}_i^{\mathrm{T}}$，可得

$$\boldsymbol{\phi}_i^{\mathrm{T}} \boldsymbol{M\Phi}\ddot{\boldsymbol{q}} + \boldsymbol{\phi}_i^{\mathrm{T}} \boldsymbol{K\Phi q} = \boldsymbol{\phi}_i^{\mathrm{T}} \boldsymbol{P}(t) \tag{4-82}$$

式中：$\boldsymbol{\phi}_i$为正则振型，根据振型的正交条件可知，当两个相同的振型对质量矩阵进行变换时的结果为1，当两个不同的振型对质量矩阵进行变换时的结果为0，故此处除第i项外其他的各项均为零。

式(4-82)变为

$$\ddot{q}_i+\lambda_i^2 q_i=p_i(t)\quad(i=1,2,\cdots,N) \tag{4-83}$$

其中

$$p_i(t)=\boldsymbol{\phi}_i^{\mathrm{T}}\boldsymbol{P}(t) \tag{4-84}$$

式中：$p_i(t)$ 为模态干扰力。

对于结构的每个振型，可以用上述方法求得一个独立的以主坐标q_i表达的振动方程。因此，对于多自由度系统的耦合振动方程组，通过上述方法可以转换成为N个独立的微分方程。分别求解每个主坐标微分方程，得到主坐标响应，然后按照式(4-80)进行叠加，便可得到几何坐标下系统的振动响应。这种方法是求出每个模态振动响应的分量而后叠加，因此称为模态叠加法。

4.5 有阻尼多自由度系统受迫振动

4.5.1 多自由度系统阻尼的处理

在实际工程应用中，系统的阻尼是必须考虑的。对于实际工程来说，无法直接计算和形成阻尼系数矩阵$\boldsymbol{C}$。在用振型叠加法计算结构的振动响应时，希望阻尼系数矩阵能够成为对角阵，以便实现振动方程阻尼项的解耦。目前采用的主要是瑞利(Rayleigh)阻尼，或者称为比例阻尼。

瑞利阻尼假设阻尼系数矩阵$\boldsymbol{C}$是质量矩阵和刚度矩阵的线性组合，即

$$\boldsymbol{C}=a\boldsymbol{M}+b\boldsymbol{K} \tag{4-85}$$

式中：a和b均为常数。

采用此种假设时，利用振型矩阵关于质量矩阵和刚度矩阵正交，当用正则振型进行变换后，可以使阻尼系数矩阵解耦。

用正则振型对式(4-85)进行变换，并考虑正交性条件式(4-61)和式(4-63)，可得

$$\boldsymbol{\Phi}^{\mathrm{T}}\boldsymbol{C}\boldsymbol{\Phi}=a\boldsymbol{\Phi}^{\mathrm{T}}\boldsymbol{M}\boldsymbol{\Phi}+b\boldsymbol{\Phi}^{\mathrm{T}}\boldsymbol{K}\boldsymbol{\Phi}=a\boldsymbol{I}+b\boldsymbol{\Lambda}=\begin{bmatrix} a+b\lambda_1^2 & & & \\ & a+b\lambda_2^2 & & \\ & & \ddots & \\ & & & a+b\lambda_N^2 \end{bmatrix} \tag{4-86}$$

式(4-86)中的元素称为振型折算阻尼。设式(4-86)为完备的对角矩阵,其与振型阻尼比的关系为

$$\begin{bmatrix} a+b\lambda_1^2 & & & \\ & a+b\lambda_2^2 & & \\ & & \ddots & \\ & & & a+b\lambda_N^2 \end{bmatrix} = 2\begin{bmatrix} \xi_1\lambda_1 & & & \\ & \xi_2\lambda_2 & & \\ & & \ddots & \\ & & & \xi_N\lambda_N \end{bmatrix} \tag{4-87}$$

即

$$c_j = a + b\lambda_j^2 \quad (j = 1, 2, \cdots, N) \tag{4-88}$$

为保证阻尼的计算精度,一般采用测试的方法确定式(4-86)中的 a 和 b。如果没有 a 和 b 的测试结果,也可以通过前两阶振型的阻尼比近似计算。由式(4-88),对于前两阶振型,有

$$\begin{cases} 2\xi_1\lambda_1 = a + b\lambda_1^2 \\ 2\xi_2\lambda_2 = a + b\lambda_2^2 \end{cases} \tag{4-89}$$

解得

$$\begin{cases} a = \dfrac{2\lambda_1\lambda_2(\xi_1\lambda_2 - \xi_2\lambda_1)}{\lambda_2^2 - \lambda_1^2} \\ b = \dfrac{2(\xi_2\lambda_2 - \xi_1\lambda_1)}{\lambda_2^2 - \lambda_1^2} \end{cases} \tag{4-90}$$

在求出 a 和 b 以后,更高阶的阻尼比为

$$\xi_j = \frac{1}{2}\left(b\lambda_j + \frac{a}{\lambda_j}\right) \quad (j = 3, 4, \cdots, N) \tag{4-91}$$

按照以上方法处理黏滞阻尼,可以实现振动方程的解耦。

4.5.2　直接解法求解受迫振动响应

与无阻尼多自由度系统类似,有阻尼系统的振动方程为

$$\boldsymbol{M}\ddot{\boldsymbol{Y}} + \boldsymbol{C}\dot{\boldsymbol{Y}} + \boldsymbol{K}\boldsymbol{Y} = \boldsymbol{P}(t) \tag{4-92}$$

假定 $\boldsymbol{P}(t) = \boldsymbol{P}_0 \sin\omega t$,仅计算稳态动力响应,此处仅考虑系统的稳态响应,设系统稳态解为

$$\boldsymbol{Y} = \boldsymbol{B}_1 \sin\omega t + \boldsymbol{B}_2 \cos\omega t \tag{4-93}$$

将式(4-93)代入振动方程,整理得到

$$\begin{cases} (\boldsymbol{K} - \omega^2\boldsymbol{M})\boldsymbol{B}_1 - \omega\boldsymbol{C}\boldsymbol{B}_2 = \boldsymbol{P}_0 \\ \omega\boldsymbol{C}\boldsymbol{B}_1 + (\boldsymbol{K} - \omega^2\boldsymbol{M})\boldsymbol{B}_2 = \boldsymbol{0} \end{cases} \tag{4-94}$$

式(4-94)包含 $2N$ 个方程,解方程组可以得到 $\boldsymbol{B}_1$ 和 $\boldsymbol{B}_2$ 中的共计 $2N$ 个元素。其中

$$\begin{cases} \boldsymbol{B}_1 = \begin{bmatrix} B_{11} & B_{21} & \cdots & B_{N1} \end{bmatrix} \\ \boldsymbol{B}_2 = \begin{bmatrix} B_{12} & B_{22} & \cdots & B_{N2} \end{bmatrix} \end{cases} \tag{4-95}$$

将式(4-95)代入式(4-93),可以得到系统振动响应:

$$y_i(t)=B_{i1}\sin\omega t+B_{i2}\cos\omega t=B_i\sin(\omega t-\beta_i) \tag{4-96}$$

式中:B_i 为第 i 个自由度响应的振幅,$B_i=\sqrt{{B_{i1}}^2+{B_{i2}}^2}$;$\beta_i$ 为第 i 个自由度响应的相位,即与干扰力之间的相位差,$\beta_i=\arctan(-B_{i2}/B_{i1})$。

可以看出,对于多自由度系统,各自由度响应的相位是不同的。若干扰力为任意周期的而非简谐的,可以将干扰力通过傅里叶变换展开为多个简谐分量,计算每个简谐分量的响应,然后叠加得到总的动力响应。

4.5.3 模态叠加法求解受迫振动响应

采用模态叠加法计算有阻尼系统的振动响应,其过程与无阻尼系统情况相似,首先要求出多自由度系统的固有振动特性,并且进行规格化处理,得到正则振型。假设阻尼为瑞利阻尼,实现阻尼矩阵的解耦,得到惯性矩阵、阻尼矩阵和刚度矩阵解耦的以主坐标表示的微分方程。具体求解步骤如下。

(1)建立运动方程(4-92),求解系统振动的固有频率和固有振型,进行模态的规格化处理,详见4.3,得到位移表达式为式(4-80)与式(4-81)。

(2)将位移表达式代入运动方程(4-92),同时左边乘以第 i 个振型的转置 $\boldsymbol{\phi}_i^{\mathrm{T}}$,得到

$$\boldsymbol{\phi}_i^{\mathrm{T}}\boldsymbol{M\Phi}\ddot{\boldsymbol{q}}+\boldsymbol{\phi}_i^{\mathrm{T}}\boldsymbol{C\Phi}\dot{\boldsymbol{q}}+\boldsymbol{\phi}_i^{\mathrm{T}}\boldsymbol{K\Phi q}=\boldsymbol{\phi}_i^{\mathrm{T}}\boldsymbol{P}(t) \tag{4-97}$$

整理得到

$$\ddot{q}_i+2\xi_i\lambda_i\dot{q}_i+\lambda_i^2q_i=p_i(t)\quad(i=1,2,\cdots,N) \tag{4-98}$$

其中

$$p_i(t)=\boldsymbol{\phi}_i^{\mathrm{T}}\boldsymbol{P}(t) \tag{4-99}$$

(3)计算主坐标响应,即求方程(4-98)中的主坐标响应。该步求解与单自由度系统求解相同,主坐标的求解采用杜哈梅尔积分,得到主坐标的解为

$$y(t)=\frac{1}{m\lambda_{\mathrm{d}}}\int_0^t p(\tau)\mathrm{e}^{-\xi\lambda(t-\tau)}\sin\lambda_{\mathrm{d}}(t-\tau)\mathrm{d}\tau \tag{4-100}$$

$$q_i(t)=\frac{1}{m_i\lambda_{\mathrm{d}i}}\int_0^t p_i(t)\mathrm{e}^{-\xi_i\lambda_i(t-\tau)}\sin\lambda_{\mathrm{d}i}(t-\tau)\mathrm{d}\tau\quad(i=1,2,\cdots,N) \tag{4-101}$$

$$\lambda_{\mathrm{d}i}=\lambda_i\sqrt{1-\xi_i^2} \tag{4-102}$$

采用正则坐标,$m_i=1$。

(4)求几何坐标中的响应。求出主坐标响应后,通过各个模态振动响应的叠加,即得到以几何坐标表示的位移:

$$\boldsymbol{Y}=\boldsymbol{\phi}_1q_1+\boldsymbol{\phi}_2q_2+\cdots+\boldsymbol{\phi}_iq_i+\cdots+\boldsymbol{\phi}_Nq_N=\sum_{i=1}^N\boldsymbol{\phi}_iq_i(t) \tag{4-103}$$

对于大多数结构系统的载荷而言,一般是频率最低的振型对振动响应的贡献最大,振型的阶次越高,其贡献逐渐减小,因此在用模态叠加法计算响应时,不需要包

括所有的高阶振型，当规定计算精度时，可以根据要求舍弃高阶振型的贡献。采取此种做法，可以减少计算工作量。

（5）计算弹性力响应。计算弹性力响应，即计算结构的内力响应。结构的弹性力 $\boldsymbol{f}_{\mathrm{S}}$ 响应为

$$\boldsymbol{f}_{\mathrm{S}} = \boldsymbol{KY} = \boldsymbol{K}(\boldsymbol{\phi}_1 q_1 + \boldsymbol{\phi}_2 q_2 + \cdots + \boldsymbol{\phi}_i q_i + \cdots) \tag{4-104}$$

将 $\boldsymbol{K} = \lambda_i^2 \boldsymbol{M}$ 代入式（4-104），可得

$$\boldsymbol{f}_{\mathrm{S}} = \boldsymbol{M}(\lambda_1^2 \boldsymbol{\phi}_1 q_1 + \lambda_2^2 \boldsymbol{\phi}_2 q_2 + \cdots + \lambda_i^2 \boldsymbol{\phi}_i q_i + \cdots) \tag{4-105}$$

式（4-105）表明，弹性力计算时，每个振型对弹性力的贡献都包括固有频率的平方，所以结构中的高阶振型对弹性力的贡献要大于对位移的贡献。因此，在计算结构的弹性力响应时，为了获得与位移计算相同的精度，计算弹性力时的振型分量比计算位移时的振型分量要多取几阶。

4.6　线性系统数值求解方法

前面讲述的多自由度系统动力响应的振型叠加法，仅有当激励为简单函数时才能获得解析解，对于由离散时刻数值定义的复杂激励，或者对于非线性或具有非经典阻尼的多自由度系统，需要采用数值法计算结构动力响应。

下面以龙格-库塔法、中心差分法、Newmark-β法、Wilson-θ 法为例，讲解非线性振动问题的数值求解方法，这些方法也可以用来求解线性微分方程。

4.6.1　龙格-库塔法

龙格-库塔法是一类用于数值求解常微分方程的高精度单步算法，由卡尔·龙格和马丁·威尔海姆·库塔于 1900 年左右提出。该方法的基本原理是通过构造一组离散点来逼近函数的曲线，从而得到函数值的近似解。

系统线性振动方程为

$$\boldsymbol{M}\ddot{\boldsymbol{Y}} + \boldsymbol{C}\dot{\boldsymbol{Y}} + \boldsymbol{KY} = \boldsymbol{P}(t) \tag{4-106}$$

令 $\boldsymbol{Y} = \boldsymbol{x}_1$, $\dot{\boldsymbol{Y}} = \boldsymbol{x}_2$，得到

$$\begin{cases} \dot{\boldsymbol{x}}_1 = \boldsymbol{x}_2 \\ \dot{\boldsymbol{x}}_2 = [-\boldsymbol{C}\boldsymbol{x}_2 - \boldsymbol{K}\boldsymbol{x}_1 + \boldsymbol{P}(t)]\dfrac{1}{\boldsymbol{M}} \end{cases} \tag{4-107}$$

引入变量 $\boldsymbol{x}_1$ 和 $\boldsymbol{x}_2$ 后，二阶微分方程转换为一阶微分方程组，该一阶微分方程组称为原方程的典则方程组。所有的高阶微分方程都可以通过这种方法转化为一阶微分方程组，即典则形式，而一阶微分方程组与一阶微分方程的解法基本相似。这种方法是求解常微分方程最基本的方法，因此只需关注一阶微分方程的解法。一阶微分方程的一般形式为

$$\begin{aligned}&\dot{\boldsymbol{Y}}=\boldsymbol{f}(x)\\&\boldsymbol{Y}(x_0)=\boldsymbol{Y}_0\end{aligned} \tag{4-108}$$

用数值方法求函数 $\boldsymbol{Y}$,就是从初值 $\boldsymbol{Y}(x_0)$ 出发,计算 x_0 每增加一个步长时 $\boldsymbol{Y}$ 的值,即 $x=x_0+h,x_0+2h,\cdots,x_0+nh$ 时 $\boldsymbol{Y}$ 的值, h 为步长, n 为计算步数,得到第 i 步的响应 Y_i 后,可得到 Y_{i+1}。

标准的四阶龙格-库塔格式为

$$\begin{cases}Y_{i+1}=Y_i+\dfrac{h}{6}(K_1+2K_2+2K_3+K_4)\\K_1=f(x_i,Y_i)\\K_2=f\left(x_i+\dfrac{h}{2},Y_i+\dfrac{h}{2}K_1\right)\\K_3=f\left(x_i+\dfrac{h}{2},Y_i+\dfrac{h}{2}K_2\right)\\K_4=f(x_i+h,Y_i+hK_3)\end{cases} \tag{4-109}$$

4.6.2 中心差分法

结构动力学中的中心差分法是基于用有限差分代替位移对时间的求导,用位移的线性组合近似表示速度和加速度,将时段 T 等分为许多个时间步长 Δt,并且记 $Y_{t+\Delta t}=Y_{i+1}$, $Y_t=Y_i$, $Y_{t-\Delta t}=Y_{i-1}$ 。将位移函数按泰勒(Taylor)级数展开为

$$\begin{cases}Y_{i+1}=Y_i+\dot{Y}_i\Delta t+\dfrac{1}{2}\ddot{Y}_i\Delta t^2+\cdots\\Y_{i-1}=Y_i-\dot{Y}_i\Delta t+\dfrac{1}{2}\ddot{Y}_i\Delta t^2+\cdots\end{cases} \tag{4-110}$$

式(4-110)中两式相减,并略去高阶小量,得到(i−1, i, i+1)三点位移中心差分近似表示的 t 时刻速度和加速度分别为

$$\begin{cases}\dot{Y}_i=\dfrac{1}{2\Delta t}(Y_{i+1}-Y_{i-1})\\\ddot{Y}_i=\dfrac{1}{\Delta t^2}(Y_{i+1}-2Y_i+Y_{i-1})\end{cases} \tag{4-111}$$

令 t 时刻的位移、速度和加速度满足该时刻的振动方程,即

$$\boldsymbol{M}\ddot{\boldsymbol{Y}}_i+\boldsymbol{C}\dot{\boldsymbol{Y}}_i+\boldsymbol{K}\boldsymbol{Y}_i=\boldsymbol{P}_i \tag{4-112}$$

整理后得

$$\boldsymbol{K}^*\boldsymbol{Y}_{i+1}=\boldsymbol{P}_i^* \tag{4-113}$$

其中

$$\begin{cases}\boldsymbol{K}^*=\dfrac{1}{\Delta t^2}\boldsymbol{M}+\dfrac{1}{2\Delta t}\boldsymbol{C}\\\boldsymbol{P}_i^*=\boldsymbol{P}_i-\left(\boldsymbol{K}-\dfrac{2}{\Delta t^2}\boldsymbol{M}\right)\boldsymbol{Y}_i-\left(\dfrac{1}{\Delta t^2}\boldsymbol{M}-\dfrac{1}{2\Delta t}\boldsymbol{C}\right)\boldsymbol{Y}_{i-1}\end{cases} \tag{4-114}$$

从以上公式可以看出，如果已知 $i-1$ 和 i 点的位移，就可以求出 $i+1$ 点的位移、速度和加速度。这种把问题归结为根据前两步位移的已知值求后面一步位移的方法称为两步法。两步法有如何起步的问题，因为只能给出初值位移 $\boldsymbol{Y}_0$ 和速度 $\dot{\boldsymbol{Y}}_0$，但是不知道 $\boldsymbol{Y}_{-1}$，则由式（4-110）不能算出 $\boldsymbol{Y}_1$。因此，可以从 t_0 时刻的式（4-111）中解出

$$\boldsymbol{Y}_{-1}=\boldsymbol{Y}_0-\Delta t\dot{\boldsymbol{Y}}_0+\frac{1}{2}\Delta t^2\ddot{\boldsymbol{Y}}_0 \tag{4-115}$$

中心差分法的求解可以分为两步，即先求 Y_{i-1}，得到初始值后，再计算每个时间点的响应。

4.6.3　Newmark-β 法

Newmark-β 法同样是对时间进行离散，仅要求运动方程在离散的时间点上满足。中心差分法用差分对第 i 个时刻的运动方程进行展开，得到 $\boldsymbol{Y}_{i+1}$ 的计算公式，Newmark-β 法是通过对第 i 到 $i+1$ 时段内加速度变化规律的假设，以第 i 时刻运动量为初始值，通过积分法得到第 $i+1$ 时刻的运动公式。

将第 $i+1$ 时刻的位移和速度分别表示为

$$\boldsymbol{Y}_{i+1}=\boldsymbol{Y}_i+\Delta t\dot{\boldsymbol{Y}}_i+\left(\frac{1}{2}-\beta\right)\Delta t^2\ddot{\boldsymbol{Y}}_i+\beta\Delta t^2\ddot{\boldsymbol{Y}}_{i+1} \tag{4-116}$$

$$\dot{\boldsymbol{Y}}_{i+1}=\dot{\boldsymbol{Y}}_i+\left(1-\gamma\right)\Delta t\ddot{\boldsymbol{Y}}_i+\gamma\Delta t\ddot{\boldsymbol{Y}}_{i+1} \tag{4-117}$$

得到速度与加速度的表达式为

$$\dot{\boldsymbol{Y}}_{i+1}=\frac{\gamma}{\beta\Delta t}(\boldsymbol{Y}_{i+1}-\boldsymbol{Y}_i)+(1-\frac{\gamma}{\beta})\dot{\boldsymbol{Y}}_i+\Delta t\left(1-\frac{\gamma}{2\beta}\right)\ddot{\boldsymbol{Y}}_i \tag{4-118}$$

$$\ddot{\boldsymbol{Y}}_{i+1}=\frac{1}{\beta(\Delta t)^2}(\boldsymbol{Y}_{i+1}-\boldsymbol{Y}_i)-\frac{1}{\beta\Delta t}\dot{\boldsymbol{Y}}_i-\left(\frac{1}{2\beta}-1\right)\ddot{\boldsymbol{Y}}_i \tag{4-119}$$

第 $i+1$ 时刻的振动方程为

$$\boldsymbol{M}\ddot{\boldsymbol{Y}}_i+\boldsymbol{C}\dot{\boldsymbol{Y}}_{i+1}+\boldsymbol{K}\boldsymbol{Y}_{i+1}=\boldsymbol{P}_{i+1} \tag{4-120}$$

将式（4-118）与式（4-119）代入第 $i+1$ 时刻的振动方程（4-120），得到

$$\boldsymbol{K}^*\boldsymbol{Y}_{i+1}=\boldsymbol{P}^*_{i+1} \tag{4-121}$$

其中

$$\boldsymbol{K}^*=\boldsymbol{K}+\frac{1}{\beta(\Delta t)^2}\boldsymbol{M}+\frac{\gamma}{\beta\Delta t}\boldsymbol{C} \tag{4-122}$$

$$\boldsymbol{P}^*_{i+1}=\boldsymbol{P}_{i+1}+\left[\frac{1}{\beta(\Delta t)^2}\boldsymbol{Y}_i+\frac{1}{\beta\Delta t}\dot{\boldsymbol{Y}}_i+\left(\frac{1}{2\beta}-1\right)\ddot{\boldsymbol{Y}}_i\right]\boldsymbol{M}+\left[\frac{\gamma}{\beta\Delta t}\boldsymbol{Y}_i+\left(\frac{\gamma}{\beta}-1\right)\dot{\boldsymbol{Y}}_i+\frac{\Delta t}{2}\left(\frac{\gamma}{\beta}-2\right)\ddot{\boldsymbol{Y}}_i\right]\boldsymbol{C} \tag{4-123}$$

可以看出，$\boldsymbol{P}^*_{i+1}$ 是由第 i 时刻的位移、速度、加速度和第 $i+1$ 时刻的外载荷决定的，是已知的和预先已求得的。通过式（4-121）可求得第 $i+1$ 时刻的位移，然后根据式（4-118）与式（4-119）求出第 $i+1$ 时刻的速度和加速度，循环以上步骤，可以得到所有离散时间点上的位移、速度、加速度。

在 Newmark-β法中，控制参数β和γ的取值会影响算法的精度和稳定性，可以证明只有当$\gamma=0.5$时，该方法才具有二阶精度，因此一般取$\gamma=0.5$，$0\leqslant\beta\leqslant0.25$。Newmark-$\beta$法的稳定性条件为

$$\Delta t\leqslant\frac{1}{\pi\sqrt{2}}\frac{1}{\sqrt{\gamma-2\beta}}T_n \tag{4-124}$$

当$\gamma-2\beta=0$时，稳定性条件$\Delta t\leqslant\infty$，算法无条件稳定；当$\gamma=0.5$，$\beta=0.25$时，Newmark-β法退化为平均加速度法，此时算法无条件稳定；当$\gamma=0.5$，$\beta=\frac{1}{6}$时，Newmark-β法退化为线性加速度法，此时算法有条件稳定。

4.6.4 Wilson-θ 法

Wilson-θ 法也是一种积分法，它是对条件稳定的线性加速度法所做的无条件稳定的改进。线性加速度法假设在第 i 到 $i+1$ 时段内加速度线性变化，而 Wilson-θ 法则假设加速度在延伸时间步第 i 到 $i+\theta$时段内线性变化，$\theta\geqslant1$。

对于多自由度系统，Wilson-θ 法在时间段$[t_i,t_i+\theta\Delta t]$内任意时刻$t_{i+\tau}=t_i+\tau\Delta t$ $(0\leqslant\tau\leqslant\theta)$的加速度为

$$\ddot{\boldsymbol{Y}}_{i+\tau}=\ddot{\boldsymbol{Y}}_i+\frac{\tau}{\theta}(\ddot{\boldsymbol{Y}}_{i+\theta}-\ddot{\boldsymbol{Y}}_i) \tag{4-125}$$

对式（4-125）进行积分，再令$\tau=\theta$，即可得到$t_{i+\theta}=t+\theta\Delta t$时刻的速度和位移为

$$\dot{\boldsymbol{Y}}_{i+\theta}=\dot{\boldsymbol{Y}}_i+\frac{\theta\Delta t}{2}(\ddot{\boldsymbol{Y}}_{i+\theta}+\ddot{\boldsymbol{Y}}_i) \tag{4-126}$$

$$\boldsymbol{Y}_{i+\theta}=\boldsymbol{Y}_i+(\theta\Delta t)\dot{\boldsymbol{Y}}_i+\frac{(\theta\Delta t)^2}{6}(\ddot{\boldsymbol{Y}}_{i+\theta}+2\ddot{\boldsymbol{Y}}_i) \tag{4-127}$$

为了由t_i时刻求得$t_{i+\theta}$时刻的反应，可先从式（4-127）中将$\ddot{\boldsymbol{Y}}_{i+\theta}$用$\boldsymbol{Y}_{i+\theta}$与$t_i$时刻的反应来表示：

$$\ddot{\boldsymbol{Y}}_{i+\theta}=\frac{6}{(\theta\Delta t)^2}(\boldsymbol{Y}_{i+\theta}-\boldsymbol{Y}_i)-\frac{6}{\theta\Delta t}\dot{\boldsymbol{Y}}_i-2\ddot{\boldsymbol{Y}}_i \tag{4-128}$$

整理得到

$$\dot{\boldsymbol{Y}}_{i+\theta}=\frac{3}{\theta\Delta t}(\boldsymbol{Y}_{i+\theta}-\boldsymbol{Y}_i)-2\dot{\boldsymbol{Y}}_i-\frac{\theta\Delta t}{2}\ddot{\boldsymbol{Y}}_i \tag{4-129}$$

$t_{i+\theta}=t+\theta\Delta t$时刻系统的振动方程为

$$\boldsymbol{M}\ddot{\boldsymbol{Y}}_{i+\theta}+\boldsymbol{C}\dot{\boldsymbol{Y}}_{i+\theta}+\boldsymbol{K}\boldsymbol{Y}_{i+\theta}=\boldsymbol{P}_{i+\theta} \tag{4-130}$$

假定外载荷在时间段$[t_i,t_i+\theta\Delta t]$内线性变化，即

$$\boldsymbol{P}_{i+\theta}=\boldsymbol{P}_i+\theta(\boldsymbol{P}_{i+1}-\boldsymbol{P}_i) \tag{4-131}$$

整理振动方程得到

$$\boldsymbol{K}^*\boldsymbol{Y}_{i+\theta}=\boldsymbol{P}^*_{i+\theta} \tag{4-132}$$

其中

$$\boldsymbol{K}^*=\boldsymbol{K}+\frac{6}{(\theta\Delta t)^2}\boldsymbol{M}+\frac{3}{\theta\Delta t}\boldsymbol{C} \tag{4-133}$$

$$\boldsymbol{P}_{i+\theta}^{*}=\boldsymbol{P}_{i}+\theta(\boldsymbol{P}_{i+1}-\boldsymbol{P}_{i})+\boldsymbol{M}\left[\frac{6}{(\theta\Delta t)^{2}}\boldsymbol{Y}_{i}+\frac{6}{\theta\Delta t}\dot{\boldsymbol{Y}}_{i}+2\ddot{\boldsymbol{Y}}_{i}\right]+\boldsymbol{C}\left[\frac{3}{\theta\Delta t}\boldsymbol{Y}_{i}+2\dot{\boldsymbol{Y}}_{i}+\frac{\theta\Delta t}{2}\ddot{\boldsymbol{Y}}_{i}\right]$$

（4-134）

令 $\tau=1$，可得 $t_{i+1}=t_i+\Delta t$ 时刻的加速度为

$$\ddot{\boldsymbol{Y}}_{i+1}=\frac{6}{\theta^{3}(\Delta t)^{2}}(\boldsymbol{Y}_{i+\theta}-\boldsymbol{Y}_{i})-\frac{6}{\theta^{2}\Delta t}\dot{\boldsymbol{Y}}_{i}-(1-\frac{3}{\theta})\ddot{\boldsymbol{Y}}_{i} \tag{4-135}$$

再令 $\theta=1$，可得 $t_{i+1}=t_i+\Delta t$ 时刻的速度和位移分别为

$$\dot{\boldsymbol{Y}}_{i+1}=\dot{\boldsymbol{Y}}_{i}+\frac{\Delta t}{2}(\ddot{\boldsymbol{Y}}_{i+1}+\ddot{\boldsymbol{Y}}_{i}) \tag{4-136}$$

$$\boldsymbol{Y}_{i+1}=\boldsymbol{Y}_{i}+(\Delta t)\dot{\boldsymbol{Y}}_{i}+\frac{(\Delta t)^{2}}{6}(\ddot{\boldsymbol{Y}}_{i+1}+2\ddot{\boldsymbol{Y}}_{i}) \tag{4-137}$$

在 Wilson-θ 法中，如果参数 $\theta\geqslant1.37$，则该方法是无条件稳定的，但 θ 并非越大越好，当 θ=1.42 时，该方法可以给出最佳的精度。如果 θ=1，Wilson-θ 法就是 Newmark-β法退化得到的线性加速度法。

Chapter 5

第五章 连续系统振动

5.1 直杆轴向振动

5.2 圆轴扭转振动

5.3 梁横向振动

5.4 板横向振动

5.5 离散化方法

第四章讲解了多自由度振动系统，在实际工程应用中连续系统的存在非常普遍，本章主要针对连续系统的振动进行讲述。连续系统相当于无限个自由度振动系统，建立的振动方程为偏微分方程，位置坐标为连续坐标。

5.1 直杆轴向振动

对于直杆结构，其质量和刚度的大小可用沿轴向的位置来描述，属于一维连续结构，其振动方程只包含时间和沿轴线的位置两个独立变量。

直杆轴向刚度 EA 和单位长度的质量 ρA 可沿直杆长度方向发生变化，其中 ρ 为直杆密度，$A(x)$为直杆横截面面积，E 为直杆材料的弹性模量，此处仅假定直杆横截面面积沿杆长发生变化。如图 5-1 所示，该直杆在沿轴向分布的载荷 $p(x,t)$及杆端集中载荷 $N_0(t)$ 和 $N_l(t)$ 的作用下做轴向振动。

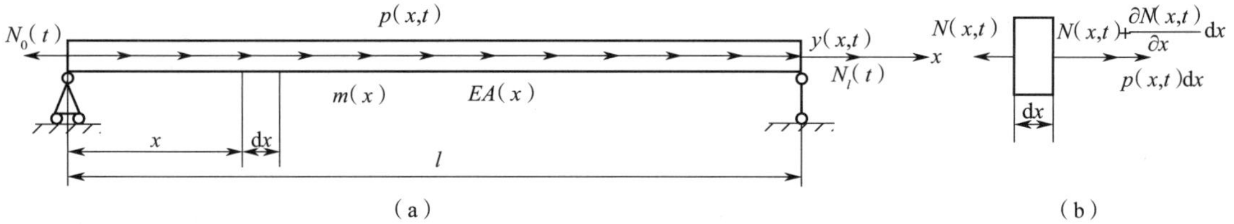

图 5-1 直杆轴向振动示意图

分析轴向振动，假定直杆振动过程中横截面始终与轴线垂直，且假定杆的轴线为 x 轴，其轴向位移为 y，$y(x,t)$ 为 x 和 t 的函数，直杆的横截面的轴向内力为 $N(x,t)$，忽略阻尼对轴向变形的影响。

5.1.1 建立直杆轴向振动方程

针对直杆微段进行受力分析，如图 5-1(b)所示。基于达朗贝尔原理，系统振动时受到的力在每一个广义坐标上都会保持平衡，忽略阻尼力，得到微段 dx 的惯性力为

$$f_1(x,t) = -\rho A(x)\mathrm{d}x\frac{\partial^2 y(x,t)}{\partial t^2} \tag{5-1}$$

x 处横截面上的轴向内力为

$$N(x,t) = EA(x)\varepsilon(x,t) = EA(x)\frac{\partial y(x,t)}{\partial x} \tag{5-2}$$

基于达朗贝尔原理建立微段振动方程：

$$\left(N + \frac{\partial N}{\partial x}\mathrm{d}x\right) - N + p\mathrm{d}x - \rho A(x)\mathrm{d}x\frac{\partial^2 y}{\partial t^2} = 0 \tag{5-3}$$

将式(5-2)代入式(5-3),得到

$$\rho A(x)\frac{\partial^2 y(x,t)}{\partial t^2}-\frac{\partial}{\partial x}\left[EA(x)\frac{\partial y(x,t)}{\partial x}\right]=p(x,t) \tag{5-4}$$

在一般情况下,轴向外载荷仅为杆端集中载荷, 分布载荷 $p(x, t)=0$,若直杆为等截面直杆,则 EA 为常数,式(5-4)可化简为

$$\frac{\partial^2 y}{\partial t^2}=a^2\frac{\partial^2 y}{\partial x^2} \tag{5-5}$$

式中:$a=\sqrt{E/\rho}$,表示直杆拉伸或压缩波沿轴向的传播速度。

直杆轴向振动的边界条件见表5-1。

表 5-1　直杆轴向振动的边界条件

杆的端点条件	左端 x=0 处的边界条件	右端 x=l 的边界条件
外力-自由端	$EA\left.\frac{\partial y}{\partial x}\right\|_{x=0}=N_0(t)$	$EA\left.\frac{\partial y}{\partial x}\right\|_{x=l}=N_l(t)$
固定端	$y(0,t)=0$	$y(l,t)=0$
弹簧载荷	$EA\left.\frac{\partial y}{\partial x}\right\|_{x=0}=ky(0,l)$	$EA\left.\frac{\partial y}{\partial x}\right\|_{x=l}=-ky(l,t)$
惯性载荷	$EA\left.\frac{\partial y}{\partial x}\right\|_{x=0}=m\left.\frac{\partial^2 y}{\partial t^2}\right\|_{x=0}$	$EA\left.\frac{\partial y}{\partial x}\right\|_{x=l}=-m\left.\frac{\partial^2 y}{\partial t^2}\right\|_{x=l}$

5.1.2　直杆轴向自由振动

去掉直杆轴向干扰力,假定直杆截面沿轴线不发生变化,且密度均匀,弹性模量为常数,根据式(5-5)可以得到直杆横向自由振动方程:

$$\frac{\partial^2 y}{\partial t^2}-\frac{E}{\rho}\cdot\frac{\partial^2 y}{\partial x^2}=0 \tag{5-6}$$

参考多自由度系统振动位移表达式,假定直杆各点同步运动,假定直杆位移表达式为

$$y(x,t)=\phi(x)T(t) \tag{5-7}$$

式中:$\phi(x)$ 为直杆 x 处的轴向振动幅值;$T(t)$ 为该点随时间的振动规律。

将式(5-7)代入式(5-6),可得

$$\frac{\ddot{T}(t)}{T(t)}=\frac{E}{\rho}\cdot\frac{\phi''(x)}{\phi(x)} \tag{5-8}$$

式中:$\phi''(x)=\dfrac{\mathrm{d}^2\phi}{\mathrm{d}x^2}$,$\ddot{T}(t)=\dfrac{\mathrm{d}^2T}{\mathrm{d}t^2}$。

式(5-8)中等号左边为时间 t 的函数,右边为轴向坐标 x 的函数,引入参数 $-\lambda$,得到

$$\frac{\ddot{T}(t)}{T(t)}=\frac{E}{\rho}\cdot\frac{\phi''(x)}{\phi(x)}=-\lambda \tag{5-9}$$

整理得到

$$\phi''(x)+\frac{\rho\lambda}{E}\phi(x)=0 \tag{5-10}$$

$$\ddot{T}(t)+\lambda T(t)=0 \tag{5-11}$$

对于杆端点为自由端或固定端的情况，杆端外力为 0，即 $N_0(t)=N_l(t)=0$，其边界条件见表 5-2。

表 5-2　杆端外力为 0 时杆的边界条件

杆的端点条件	边界条件
两端固定	$\phi(0)=0,\phi(l)=0$
一端固定、一端自由	$\phi(0)=0,\phi'(l)=0$
两端自由	$\phi'(0)=0,\phi'(l)=0$

对于两端固定和一端固定、一端自由的情况，只有当 $\lambda>0$，式（5-10）与式（5-11）才有非零解；对于两端自由的情况，当 $\lambda\geqslant 0$ 时，式（5-10）与式（5-11）存在非零解。

1. 当 $\lambda>0$ 时

设 $\lambda=\omega^2$，其中 ω 为正，式（5-10）与式（5-11）变为

$$\phi''(x)+\frac{\rho\omega^2}{E}\phi(x)=0 \tag{5-12}$$

$$\ddot{T}(t)+\omega^2 T(t)=0 \tag{5-13}$$

其中，式（5-13）即无阻尼单自由度系统的自由振动方程。

式（5-12）和式（5-13）的通解分别为

$$\phi(x)=A\cos\sqrt{\frac{\rho}{E}}\omega x+B\sin\sqrt{\frac{\rho}{E}}\omega x \tag{5-14}$$

$$T(t)=C\sin(\omega t+\theta) \tag{5-15}$$

式中：常数 A、B 及 ω 由边界条件确定，C 和 θ 由初始条件确定。

将通解代入式（5-7），得到位移函数为

$$y(x,t)=C\phi(x)\sin(\omega t+\theta) \tag{5-16}$$

令 $U(x)=C\phi(x)$，得到

$$y(x,t)=U(x)\sin(\omega t+\theta) \tag{5-17}$$

式中：$\phi(x)$ 称为振型或振型函数；ω 为固有频率。

2. 当 $\lambda=0$ 时

由式（5-10）与式（5-11）得到

$$\phi''(x)=0\ ,\ \ddot{T}(t)=0$$

计算得到：

（1）两端固定与一端固定、一端自由时，$\phi(x)=0$，$T(t)=B+Ct$；

（2）两端自由时，$\phi(x)=A$，$T(t)=B+Ct$。

5.1.3 直杆轴向振动系统振型正交性

对于具有简单边界条件的直杆轴向振动，无论其横截面是否沿轴向发生变化，该直杆的振型均具有正交性。

变截面直杆自由振动方程为

$$\rho A\frac{\partial^2 y}{\partial t^2}=\frac{\partial}{\partial x}(EA\frac{\partial y}{\partial x}) \tag{5-18}$$

将式（5-16）代入式（5-18），整理得到

$$\left[EA(x)\phi'(x)\right]'=-\omega^2\rho A(x)\phi(x) \tag{5-19}$$

式（5-19）为固有频率 ω 与相应的振型 $\phi(x)$ 的特征方程。对于第 n 阶振型，有

$$(EA\phi_n')'=-\omega_n^2\rho A\phi_n \tag{5-20}$$

将式（5-20）两侧同时乘以 $\phi_m(x)$，并沿杆长对 x 进行积分，得到

$$\int_0^l\phi_m\left(EA\phi_n'\right)'\mathrm{d}x=-\omega_n^2\int_0^l\rho A\phi_n\phi_m\mathrm{d}x \tag{5-21}$$

通过分部积分得到

$$\int_0^l\phi_m\left(EA\phi_n'\right)'\mathrm{d}x=\phi_m\left(EA\phi_n'\right)\Big|_0^l-\int_0^l EA\phi_n'\phi_m'\mathrm{d}x \tag{5-22}$$

针对直杆简单边界条件：

（1）两端固定时，$\phi(0)=0或\phi(t)=0$；

（2）两端自由时，$EA\phi'(0)=0或EA\phi'(l)=0$。

可以得到式（5-22）等号右侧第一项为 0，于是有

$$\int_0^l\phi_m\left(EA\phi_n'\right)'\mathrm{d}x=-\int_0^l EA\phi_n'\phi_m'\mathrm{d}x \tag{5-23}$$

将式（5-23）代入式（5-21），得到

$$\int_0^l EA\phi_n'\phi_m'\mathrm{d}x=\omega_n^2\int_0^l\rho A\phi_n\phi_m\mathrm{d}x \tag{5-24}$$

同理，交换 n 和 m 的位置，得到

$$\int_0^l EA\phi_m'\phi_n'\mathrm{d}x=\omega_m^2\int_0^l\rho A\phi_m\phi_n\mathrm{d}x \tag{5-25}$$

式（5-24）与式（5-25）相减，得到

$$(\omega_n^2-\omega_m^2)\int_0^l\rho A\phi_n\phi_m\mathrm{d}x=0 \tag{5-26}$$

当 $m\neq n$ 时，两个振型的频率不同，即 $\omega_m\neq\omega_n$，则有

$$\int_0^l\rho A\phi_n\phi_m\mathrm{d}x=0\quad(m\neq n) \tag{5-27}$$

式（5-27）说明直杆轴向振动的**振型关于质量分布正交**。

由式（5-25）与式（5-27），可得

$$\begin{cases}\int_0^l EA\phi_n'\phi_m'\mathrm{d}x=0 & (m\neq n)\\ \int_0^l\phi_m\left(EA\phi_n'\right)'\mathrm{d}x=0 & (m\neq n)\end{cases} \tag{5-28}$$

式(5-28)说明直杆轴向振动的**振型关于刚度分布正交**。

当 $m=n$ 时,式(5-26)恒成立,令

$$\int_0^l \rho A\phi_n^2 \mathrm{d}x = M_n \tag{5-29}$$

$$\int_0^l EA\left(\phi_n'\right)^2 \mathrm{d}x = -\int_0^l \phi_n\left(EA\phi_n'\right)' \mathrm{d}x = K_n \tag{5-30}$$

式中:M_n 与 K_n 分别为第 n 阶振型的广义质量与广义刚度。

振型仅表示振动的形状,并不是实际振幅,因此振型可以看成是无量纲的函数,可以采用以下方法进行归一化。

(1)在结构指定的位置,规定振型的幅值为 1,例如海洋平台的主平台位置 x_s,使 $\phi_n(x_s)=1$。应避免该指定位置为振型节点,因为节点处 $\phi_n(x_s)=0$。

(2)指定 $|\phi_n(x)|$ 的最大值为指定值,如 $\max|\phi_n(x)|=1$。

(3)指定广义质量为指定值,如广义质量 $M_n=1$,即

$$\int_0^l \rho A\phi_n^2 \mathrm{d}x = M_n = 1 \quad (n=1,2,\cdots) \tag{5-31}$$

对于式(5-24),令 $m=n$,得到

$$\omega_0^2 = \frac{\int_0^l EA\left(\phi_n'\right)^2 \mathrm{d}x}{\int_0^l \rho A\phi_n^2 \mathrm{d}x} = \frac{K_n}{M_n} \tag{5-32}$$

5.1.4 直杆轴向强迫振动

采用振型/模态叠加法进行直杆轴向强迫振动分析。假定直杆为等截面直杆,其强迫振动方程为

$$\rho A\frac{\partial^2 y(x,t)}{\partial t^2} - EA\frac{\partial^2 y(x,t)}{\partial x^2} = p(x,t) \tag{5-33}$$

初始条件设为

$$y(x,0) = f_1(x) \tag{5-34}$$

$$\left.\frac{\partial y}{\partial t}\right|_{t=0} = f_2(x) \tag{5-35}$$

根据多自由度振动系统的位移展开定理,直杆位移可用振型的线性组合形式确定:

$$y(x,t) = \sum_{m=1}^{\infty}\phi_m(x)q_m(t) \tag{5-36}$$

式中:$\phi_m(x)$ 为第 m 阶振型;$q_m(t)$ 为第 m 阶振型对应的广义坐标。

将式(5-36)代入(5-33),可得

$$\rho A\sum_{m=1}^{\infty}\phi_m(x)\ddot{q}_m(t) - EA\sum_{m=1}^{\infty}\phi_m''(x)q_m(t) = p(x,t) \tag{5-37}$$

将式(5-37)两侧同时乘以 $\phi_n(x)$,然后沿杆长积分,得到

$$\sum_{m=1}^{\infty}\ddot{q}_m\int_0^l \rho A\phi_m\phi_n \mathrm{d}x-\sum_{m=1}^{\infty}q_m\int_0^l EA\phi_m''\phi_n \mathrm{d}x=\int_0^l p(x,t)\phi_n(x)\mathrm{d}x \tag{5-38}$$

利用振型的正交性，式(5-38)可简化为

$$M_n\ddot{q}_n(t)+K_nq_n(t)=P_n(t) \tag{5-39}$$

也可简化为

$$\ddot{q}_n(t)+\omega_n^2q_n(t)=\frac{P_n(t)}{M_n} \tag{5-40}$$

式(5-39)与式(5-40)即第 n 个广义坐标方程，$P_n(t)$ 为第 n 阶振型的广义载荷，有

$$P_n(t)=\int_0^l p(x,t)\phi_n(x)\mathrm{d}x \tag{5-41}$$

为了得到广义坐标下的初始条件，将式(5-34)和式(5-35)按振型展开：

$$\begin{cases} f_1(x)=y(x,0)=\sum\limits_{m=1}^{\infty}\phi_m(x)q_m(0) \\ f_2(x)=\left.\dfrac{\partial y}{\partial t}\right|_{t=0}=\sum\limits_{m=1}^{\infty}\phi_m(x)\dot{q}_m(0) \end{cases} \tag{5-42}$$

将式(5-42)两边同时乘以 $\rho A\phi_n(x)$，然后沿杆长方向进行积分，根据振型正交性可以得到

$$\begin{cases} q_n(0)=\dfrac{1}{M_n}\int_0^l \rho Af_1(x)\phi_n(x)\mathrm{d}x \\ \dot{q}_n(0)=\dfrac{1}{M_n}\int_0^l \rho Af_2(x)\phi_n(x)\mathrm{d}x \end{cases} \tag{5-43}$$

式(5-43)即第 n 个广义坐标的初始条件。

可以得到式(5-39)与式(5-40)的解为

$$q_n(t)=q_n(0)\cos\omega_nt+\frac{\dot{q}_n(0)}{\omega_n}\sin\omega_nt+\frac{1}{\omega_nM_n}\int_0^t P_n(\tau)\sin_n(t-\tau)\mathrm{d}\tau \tag{5-44}$$

5.2　圆轴扭转振动

对于圆截面直杆(即圆轴)，其抗扭刚度可以沿杆长变化，抗扭刚度为 $GI_{\mathrm{p}}(x)$，其力学模型如图 5-2 所示。圆轴受到分布扭矩 $p(x,t)$ 及直杆两端扭矩 $T_0(t)$、$T_l(t)$ 作用而发生扭转振动，振动过程中假定圆轴横截面保持为平面。

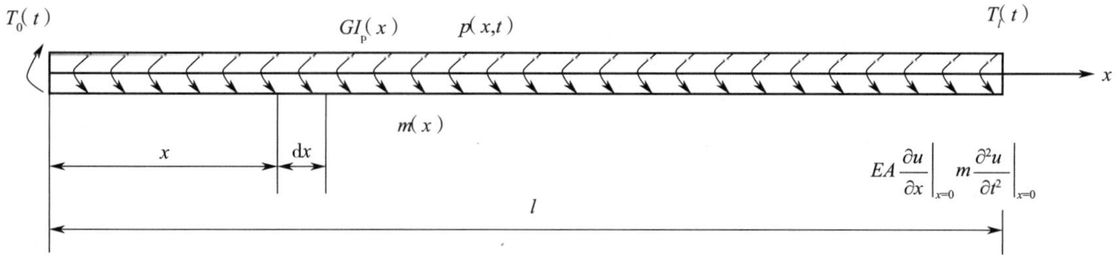

图 5-2 圆轴扭转振动力学模型

将圆轴轴向设定为 x 轴，$\theta(x,t)$ 为圆轴 x 处在 t 时刻的扭转位移。

下面通过虚位移原理进行圆轴扭转振动方程的推导。

圆轴横截面上各点的切应变为

$$\gamma = r\frac{\partial\theta}{\partial x} \tag{5-45}$$

式中：r 为横截面上该点到圆心即轴线的距离，该点的切应力为

$$\tau = G\gamma = Gr\frac{\partial\theta}{\partial x} \tag{5-46}$$

圆轴的应变能为

$$U = \frac{1}{2}\int_0^l\iint_A(\tau\gamma)\,\mathrm{d}A\mathrm{d}x = \frac{1}{2}\int_0^l GI_\mathrm{p}(x)\left(\frac{\partial\theta}{\partial x}\right)^2\mathrm{d}x \tag{5-47}$$

式中：$I_\mathrm{p}(x) = \iint_A r^2\mathrm{d}A$ 为圆轴横截面的极惯性矩。

对应变能进行变分，得到

$$\begin{aligned}\delta U &= \delta\left[\frac{1}{2}\int_0^l GI_\mathrm{p}(x)\left(\frac{\partial\theta}{\partial x}\right)^2\mathrm{d}x\right] = \int_0^l GI_\mathrm{p}(x)\left(\frac{\partial\theta}{\partial x}\right)\delta\left(\frac{\partial\theta}{\partial x}\right)\mathrm{d}x \\ &= \int_0^l GI_\mathrm{p}(x)\left(\frac{\partial\theta}{\partial x}\right)\frac{\partial}{\partial x}(\delta\theta)\mathrm{d}x \\ &= \int_0^l\frac{\partial}{\partial x}\left[GI_\mathrm{p}(x)\left(\frac{\partial\theta}{\partial x}\right)\cdot\delta\theta\right]\mathrm{d}x - \int_0^l\frac{\partial}{\partial x}\left[GI_\mathrm{p}(x)\left(\frac{\partial\theta}{\partial x}\right)\right]\delta\theta\mathrm{d}x \\ &= GI_\mathrm{p}(x)\left(\frac{\partial\theta}{\partial x}\right)\cdot\delta\theta\Big|_0^l - \int_0^l\frac{\partial}{\partial x}\left[GI_\mathrm{p}(x)\left(\frac{\partial\theta}{\partial x}\right)\right]\delta\theta\mathrm{d}x\end{aligned} \tag{5-48}$$

微段的惯性力为

$$f_\mathrm{I} = -\rho\mathrm{d}A\mathrm{d}x\left(r\frac{\partial^2\theta}{\partial t^2}\right) \tag{5-49}$$

式中：ρ 为圆轴密度。

外力做的虚功为

$$\begin{aligned}\delta W &= \int_0^l p(x,t)\delta\theta\mathrm{d}x + \int_0^l\iiint_A f_\mathrm{I}r\delta\theta - T_0(t)\delta\theta(0,t) + T_l(t)\delta\theta(l,t) \\ &= \int_0^l p(x,t)\delta\theta\mathrm{d}x - \int_0^l\rho I_\mathrm{p}(x)\frac{\partial^2\theta}{\partial t^2}\delta\theta\mathrm{d}x - T_0(t)\delta\theta(0,t) + T_l(t)\delta\theta(l,t)\end{aligned} \tag{5-50}$$

式中：$T_0(t)$ 与 $T_l(t)$ 为圆轴两端的外力偶矩；$\delta\theta(0,t)$、$\delta\theta(l,t)$ 为圆轴两端的虚扭角位移。

根据虚位移原理 $\delta U=\delta W$，得到

$$\int_0^l\left\{\rho I_{\mathrm{p}}(x)\frac{\partial^2\theta}{\partial t^2}-\frac{\partial}{\partial x}\left[GI_{\mathrm{p}}(x)\frac{\partial\theta}{\partial x}\right]-p(x,t)\right\}\delta\theta\mathrm{d}x+$$

$$\left[-GI_{\mathrm{p}}(x)\frac{\partial\theta}{\partial x}\bigg|_{x=0}+T_0(t)\right]\delta\theta(0,t)+\left[GI_{\mathrm{p}}(x)\frac{\partial\theta}{\partial x}\bigg|_{x=l}-T_l(t)\right]\delta\theta(l,t)=0 \tag{5-51}$$

因为位移变分 $\delta\theta$ 在弹性区域内是任意的，边界处位移变分 $\delta\theta(0,t)$ 与 $\delta\theta(l,t)$ 对于给定的位移边界为 0，对于给定的外力边界也为任意的。因此，式（5-51）成立的条件为

$$\begin{cases}\rho I_{\mathrm{p}}(x)\dfrac{\partial^2\theta}{\partial t^2}-\dfrac{\partial}{\partial x}\left[GI_{\mathrm{p}}(x)\dfrac{\partial\theta}{\partial x}\right]-p(x,t)=0\\ \left[-GI_{\mathrm{p}}(x)\dfrac{\partial\theta}{\partial x}\bigg|_{x=0}+T_0(t)\right]\delta\theta(0,t)=0\\ \left[GI_{\mathrm{p}}(x)\dfrac{\partial\theta}{\partial x}\bigg|_{x=l}-T_l(t)\right]\delta\theta(l,t)=0\end{cases} \tag{5-52}$$

整理得到圆轴扭转强迫振动方程为

$$\rho I_{\mathrm{p}}(x)\frac{\partial^2\theta}{\partial t^2}-\frac{\partial}{\partial x}\left[GI_{\mathrm{p}}(x)\frac{\partial\theta}{\partial x}\right]=p(x,t) \tag{5-53}$$

当圆轴截面为等截面时，圆轴的抗扭刚度 GI_{p} 为常数，当 $p(x,t)=0$ 时，式（5-53）变为

$$\frac{\partial^2\theta}{\partial t^2}=b^2\frac{\partial^2\theta}{\partial x^2} \tag{5-54}$$

$$b=\sqrt{G/\rho} \tag{5-55}$$

式中：b 为圆轴剪切波的传播速度。

当圆轴端部有外扭矩作用时，由于 $\delta\theta(0,t)$ 与 $\delta\theta(l,t)$ 是任意的，因此有

$$\begin{cases}GI_{\mathrm{p}}(x)\dfrac{\partial\theta}{\partial x}\Big|_{x\to 0}=T_0(t)\\ GI_{\mathrm{p}}(x)\dfrac{\partial\theta}{\partial x}\Big|_{x\to l}=T_l(t)\end{cases} \tag{5-56}$$

当圆轴端部无外扭矩作用时，即自由端，边界条件为

$$\begin{cases}\dfrac{\partial\theta}{\partial x}\Big|_{x=0}=0\\ \dfrac{\partial\theta}{\partial x}\Big|_{x=l}=0\end{cases} \tag{5-57}$$

当给定位移的边界为固定端时，边界条件为

$$\begin{cases}\theta(0,t)=0\\ \theta(l,t)=0\end{cases} \tag{5-58}$$

5.3 梁横向振动

5.3.1 运动微分方程的建立

设梁的抗弯刚度为 $EI(x)$，单位长度的质量为 $m(x)$。一般对于梁的横向振动，仅考虑其弯曲变形产生的横向位移，假定梁仅在其对称平面内做弯曲振动，这种梁称为欧拉-伯努利（Euler-Bernoulli）梁，如图 5-3 所示。

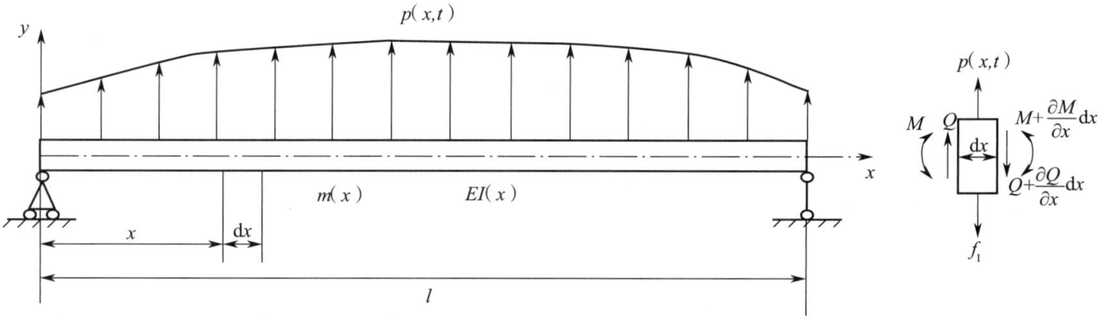

图 5-3　梁的横向振动力学模型

图 5-3 中，垂直梁轴线承受任意载荷 $p(x,t)$，横向位移为 $y(x,t)$，对某微段进行受力分析，根据达朗贝尔原理建立该微段竖向力平衡方程：

$$Q+p\mathrm{d}x-\left(Q+\frac{\partial Q}{\partial x}\mathrm{d}x\right)-f_{\mathrm{I}}\mathrm{d}x=0 \tag{5-59}$$

式中：f_{I} 为单位长度惯性力，微段上总的惯性力为 $f_{\mathrm{I}}\mathrm{d}x=m\mathrm{d}x\dfrac{\partial^2 y}{\partial t^2}$；$Q$ 为剪力，$Q=\dfrac{\partial M}{\partial x}$；$M$ 为弯矩，$M=EI\dfrac{\partial^2 y}{\partial x^2}$。

整理式（5-59），得到

$$\frac{\partial^2}{\partial x^2}\left(EI\frac{\partial^2 y}{\partial x^2}\right)+m\frac{\partial^2 y}{\partial t^2}=p(x,t) \tag{5-60}$$

式（5-60）便是最简单情况下的弯曲振动方程。当 $p(x,t)=0$ 时，便可以得到梁横向弯曲无阻尼自由振动的振动微分方程：

$$EI\frac{\partial^4 y(x,t)}{\partial x^4}+m\frac{\partial^2 y(x,t)}{\partial t^2}=0 \tag{5-61}$$

上述推导过程未考虑梁的转动惯量和剪切变形的影响，对于细长受弯杆件来说是足够精确的，但对于截面尺寸与梁长接近的杆件，必须考虑梁的转动惯量和剪切变形的影响。

在梁的横向振动分析中，其边界条件见表 5-3。

表 5-3　梁的边界条件

梁的端点条件	左端 $x=0$ 的边界条件	右端 $x=l$ 的边界条件
外力-自由端	$Q(0,t)=Q_0(t), M(0,t)=M_0(t)$	$Q(l,t)=Q_l(t), M(l,t)=M_l(t)$
固定端	$y(0,t)=0, \left.\frac{\partial y}{\partial x}\right\|_{x=0}=0$	$y(l,t)=0, \left.\frac{\partial y}{\partial x}\right\|_{x=l}=0$
简支端	$y(0,t)=0, M(0,t)=M_0(t)$	$y(l,t)=0, M(l,t)=M_l(t)$

表 5-3 中，$Q_0(t), M_0(t)$ 与 $Q_l(t), M_l(t)$ 分别为左端部和右端部的已知剪力和弯矩。

5.3.2　考虑剪切变形和转动惯量时梁的横向弯曲振动微分方程的建立

梁发生横向振动时，横截面不仅产生 y 方向的位移还将发生转动。对于高跨比很大的梁来说，这一转动产生的惯性力和剪切变形对梁的动力响应具有重要影响。图 5-4 所示为每种影响产生的变形分量。转动惯量是梁截面的转动引起的，设定从垂直位置转动 α 角。如果没有剪切变形，振动过程中横截面与弹性轴线将保持垂直，并且等于弹性轴线的斜率，剪切对于梁的横截面变形的影响十分复杂。此时，仍假定平面假设成立，用 β 表示剪切变形，弹性轴线的倾角减小，称为剪切滞后。根据微段的变形可知，轴线的转角及剖面转动之间的运动学关系为

$$\beta=\alpha-\frac{\partial y}{\partial x} \tag{5-62}$$

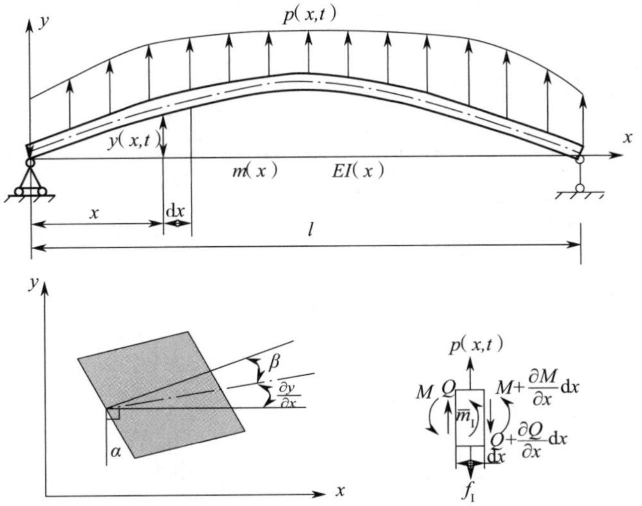

图 5-4　考虑剪切变形和转动惯量的弯曲振动

根据微段受力平衡条件，竖向力的平衡条件相对之前没有变化，仍然为

$$\frac{\partial Q}{\partial x}=p-m\frac{\partial^2 y}{\partial t^2} \tag{5-63}$$

对微段右侧轴线处取矩，得到

$$M+Q\mathrm{d}x+\bar{m}_{\mathrm{I}}\mathrm{d}x-\left(M+\frac{\partial M}{\partial x}\mathrm{d}x\right)=0 \tag{5-64}$$

其中，$\bar{m}_{\mathrm{I}}$ 为单位长度的惯性转动力矩，其等于质量惯性矩和角加速度的乘积，即

$$\bar{m}_{\mathrm{I}}=\rho I\frac{\partial^2\alpha}{\partial t^2} \tag{5-65}$$

式中：ρ 为梁的密度，$\rho=m/A_{\mathrm{c}}$，A_{c} 为截面面积；I 为横截面惯性矩。

整理式（5-65），得到

$$\bar{m}_{\mathrm{I}}=mr^2\frac{\partial^2\alpha}{\partial t^2} \tag{5-66}$$

$$r^2=I/A_{\mathrm{c}} \tag{5-67}$$

式中：r 为惯性半径。

将式（5-66）代入式（5-64）并整理，得到

$$\frac{\partial M}{\partial x}=Q+mr^2\frac{\partial^2\alpha}{\partial t^2} \tag{5-68}$$

剪力 Q 与剪切角 β 之间的关系为

$$Q=k'A_{\mathrm{c}}G\beta \tag{5-69}$$

式中：$k'A_{\mathrm{c}}$ 为有效剪切面积；k' 为截面有效剪切系数，与横截面面形状有关。

将式（5-69）代入式（5-63），得到

$$\frac{\partial(k'A_{\mathrm{c}}G\beta)}{\partial x}=p-m\frac{\partial^2 y}{\partial t^2} \tag{5-70}$$

又有 $M=EI\frac{\partial\alpha}{\partial x}$，将 M 与 Q 代入式（5-68），得到

$$\frac{\partial}{\partial x}\left(EI\frac{\partial\alpha}{\partial x}\right)=k'A_{\mathrm{c}}G\beta+mr^2\frac{\partial^2\alpha}{\partial t^2} \tag{5-71}$$

将式（5-62）代入式（5-70）与式（5-71），得到

$$\frac{\partial}{\partial x}\left[k'A_{\mathrm{c}}G\left(\alpha-\frac{\partial y}{\partial x}\right)\right]=p-m\frac{\partial^2 y}{\partial t^2} \tag{5-72a}$$

$$\frac{\partial}{\partial x}\left(EI\frac{\partial\alpha}{\partial x}\right)=k'A_{\mathrm{c}}G\left(\alpha-\frac{\partial y}{\partial x}\right)+mr^2\frac{\partial^2\alpha}{\partial t^2} \tag{5-72b}$$

由式（5-72a）解得

$$\frac{\partial\alpha}{\partial x}=\frac{\partial^2 y}{\partial x^2}+\frac{1}{k'A_{\mathrm{c}}G}\left(p-\bar{m}\frac{\partial^2 y}{\partial t^2}\right) \tag{5-73}$$

将式（5-72b）对 x 求导，然后将式（5-73）代入，得到

$$\overbrace{EI\frac{\partial^4 y}{\partial x^4}-\left(p-\bar{m}\frac{\partial^2 y}{\partial t^2}\right)}^{\text{基本情况}}-\overbrace{\bar{m}r^2\frac{\partial^4 y}{\partial x^2\partial t^2}}^{\text{转动惯量的影响}}+\overbrace{\frac{EI}{k'A_c G}\frac{\partial^2}{\partial x^2}\left(p-\bar{m}\frac{\partial^2 y}{\partial t^2}\right)}^{\text{剪切变形的影响}}-$$

$$\underbrace{\frac{\bar{m}r^2}{k'A_c G}\frac{\partial^2}{\partial t^2}\left(p-\bar{m}\frac{\partial^2 y}{\partial t^2}\right)}_{\text{转动惯量与剪切变形的耦合影响}}=0 \tag{5-74}$$

式(5-74)即考虑剪切变形和转动惯量的直梁的弯曲振动微分方程。根据式(5-74),既可以研究基本剪切变形和转动惯量的耦合影响,也可以研究考虑剪切变形或者转动惯量其中一项的影响。

5.3.3　考虑轴向力时梁的横向弯曲振动微分方程的建立

假定梁两端沿轴向作用大小和方向不变的定常轴向力 N,如图 5-5 所示。此时,竖向力的平衡条件与没有轴向力时相同,但力矩的转动平衡条件发生了变化。轴向力的作用点随轴线的弯曲而变化,因此产生轴向力引起的附加力矩。对微段右断面梁下表面取矩,得到

$$M+Q\mathrm{d}x-N\frac{\partial y}{\partial x}\mathrm{d}x-\left(M+\frac{\partial M}{\partial x}\mathrm{d}x\right)=0 \tag{5-75}$$

得到剪力、轴向力与弯矩之间的关系为

$$Q=N\frac{\partial y}{\partial x}+\frac{\partial M}{\partial x} \tag{5-76}$$

或

$$\frac{\partial Q}{\partial x}=N\frac{\partial^2 y}{\partial x^2}+\frac{\partial^2 M}{\partial x^2} \tag{5-77}$$

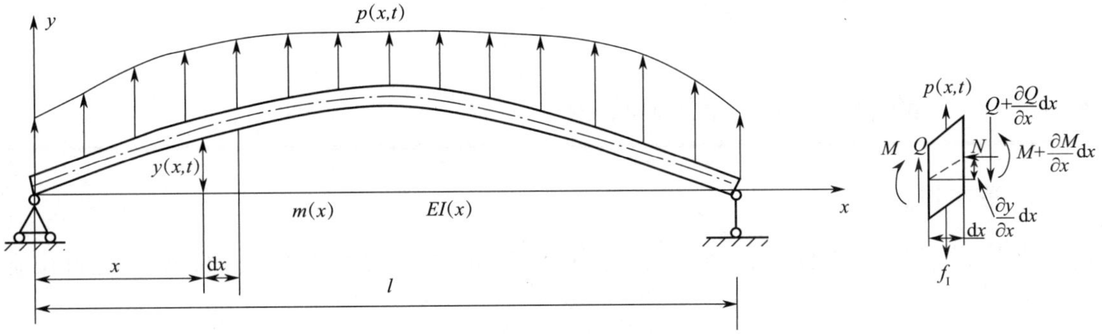

图 5-5　考虑轴向力时梁的横向弯曲振动

将式(5-77)代入竖向力的平衡条件式(5-63),得到

$$\frac{\partial^2}{\partial x^2}\left(EI\frac{\partial^2 y}{\partial x^2}\right)+N\frac{\partial^2 y}{\partial x^2}+m\frac{\partial^2 y}{\partial t^2}=p(x,t) \tag{5-78}$$

式(5-78)即考虑轴向力的弯曲振动方程,轴向力和梁轴线的曲率的乘积形成梁

上的附加载荷。应注意的是,这里的 Q 并不垂直于轴线,所以它不是截面上的剪力,且规定轴向力以压为正。

5.3.4 考虑黏滞阻尼时梁的横向弯曲振动微分方程的建立

梁在振动过程中会受到环境对振动位移的阻抗作用,称为外阻尼;结构振动时,断面上的各层纤维以一定的速度反复变形,沿截面高度产生分布的阻尼应力,称为内阻尼。

外阻尼力与振动的速度成正比,即

$$f_{\mathrm{D}}=c(x)\frac{\partial y}{\partial t} \tag{5-79}$$

将式(5-79)加入式(5-60)等号左侧,得到

$$\frac{\partial^2}{\partial x^2}\left(EI\frac{\partial^2 y}{\partial x^2}\right)+m\frac{\partial^2 y}{\partial t^2}+c\frac{\partial y}{\partial t}=p(x,t) \tag{5-80}$$

与内阻尼对应的阻尼应力与材料的应变速度有关,此应变阻尼应力为 $\sigma_{\mathrm{D}}=c_{\mathrm{s}}\dfrac{\partial \varepsilon}{\partial t}$,其中 c_{s} 为应变阻尼系数,ε 为梁上距离中和轴任意点处的应变。假设该应力在截面高度方向呈线性变化,则该阻尼应力形成的阻尼弯矩为

$$M_{\mathrm{D}}=\int_A\sigma_{\mathrm{D}}z\mathrm{d}A=c_{\mathrm{s}}I(x)\frac{\partial^2 y}{\partial x\partial t} \tag{5-81}$$

式中:z 为剖面上任意点到中和轴的距离;A 为截面面积。

此时,梁截面上的弯矩应包括弯曲变形弯矩和应变阻尼力矩,得到考虑内外阻尼的弯曲振动方程:

$$\frac{\partial^2}{\partial x^2}\left(EI\frac{\partial^2 y}{\partial x^2}+c_{\mathrm{s}}I\frac{\partial^2 y}{\partial x\partial t}\right)+m\frac{\partial^2 y}{\partial t^2}+c(x)\frac{\partial y}{\partial t}=p(x,t) \tag{5-82}$$

5.3.5 梁的横向振动固有特性

1. 基本情况

去掉横向振动方程中的外部干扰力项,假定直梁为均匀截面,得到梁的自由振动方程为

$$EI\frac{\partial^4 y}{\partial x^4}+\bar{m}\frac{\partial^2 y}{\partial t^2}=0 \tag{5-83}$$

整理得到

$$EIy''''+\bar{m}\ddot{y}=0 \tag{5-84}$$

假定位移表达式为 $y(x,t)=\phi(x)q(t)$,其中 $\phi(x)$ 表示振型曲线的形状,$q(t)$ 表示随时间变化的振动幅值,将位移表达式代入式(5-84),整理得到

$$\frac{\phi''''(x)}{\phi(x)}+\frac{\bar{m}}{EI}\frac{\ddot{q}(t)}{q(t)}=0 \tag{5-85}$$

引入常数 μ^4，得到

$$\frac{\phi''''(x)}{\phi(x)}=-\frac{\bar{m}}{EI}\frac{\ddot{q}(t)}{q(t)}=\mu^4 \tag{5-86}$$

得到两个分别关于 x 和 t 的微分方程：

$$\phi''''(x)-\mu^4\phi(x)=0 \tag{5-87}$$

$$\ddot{q}(t)+\lambda^2 q(t)=0 \tag{5-88}$$

式中：$\lambda^2=\dfrac{\mu^4 EI}{\bar{m}}$ 或 $\mu^4=\dfrac{\lambda^2\bar{m}}{EI}$，$\lambda$ 为系统振动频率。

得到式（5-88）的解为

$$q(t)=A\cos\lambda t+B\sin\lambda t \tag{5-89}$$

式中：A 与 B 由初始条件确定。

式（5-87）为四阶常微分方程，通过特征根法求解，设 $\phi(x)=C\mathrm{e}^{rx}$，代入式（5-87），解得

$$\phi(x)=C_1\mathrm{e}^{\mu x}+C_2\mathrm{e}^{-\mu x}+C_3\mathrm{e}^{\mathrm{i}\mu x}+C_4\mathrm{e}^{-\mathrm{i}\mu x} \tag{5-90}$$

变换得到

$$\phi(x)=B_1\cos\mu x+B_2\sin\mu x+B_3\cosh\mu x+B_4\sinh\mu x \tag{5-91}$$

式中：四个常数 B_1, B_2, B_3, B_4 决定梁的振动形状和振幅，由梁的边界条件确定，四个常数是线性相关的，即其中的三个常数可以用第四个常数表示。

以简支梁为例，对于等截面、密度均匀的简支梁，其两端边界条件为

$$\phi(0)=0,\phi''(0)=0 \tag{5-92}$$

$$\phi(l)=0,\phi''(l)=0 \tag{5-93}$$

将式（5-92）和式（5-93）代入式（5-91），整理得到

$$B_1+B_3=0,-B_1+B_3=0 \tag{5-94}$$

$$B_2\sin\mu l+B_4\sinh\mu l=0,-B_2\sin\mu l+B_4\sinh\mu l=0 \tag{5-95}$$

进而得到 $B_1=B_3=0$，$B_2\sin\mu l=B_4\sinh\mu l=0$。

对于两端简支的梁，由于无刚体运动，因此 $\mu l\neq 0,\sinh\mu l\neq 0$，则可得到

$$\sin\mu l=0,B_4=0 \tag{5-96}$$

得到

$$\mu_n=\frac{n\pi}{l}\quad(n=1,2,\cdots) \tag{5-97}$$

得到简支梁固有频率为

$$\lambda_n=\frac{n^2\pi^2}{l^2}\sqrt{\frac{EI}{\bar{m}}}\quad(n=1,2,\cdots) \tag{5-98}$$

对应的振型曲线为

$$\phi_n(x)=B_2\sin\frac{n\pi x}{l} \tag{5-99}$$

其前三阶振型曲线如图 5-6 所示。

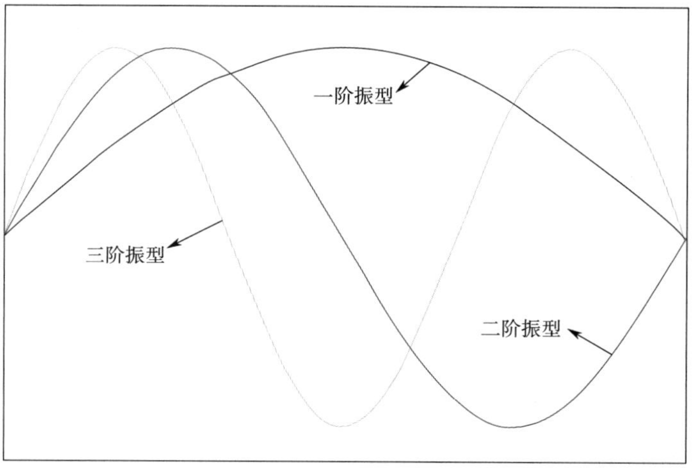

图 5-6 前三阶振型曲线

2. 考虑剪切变形和转动惯量

去掉式(5-74)的干扰力项,得到考虑剪切变形和转动惯量的自由振动方程:

$$EI\frac{\partial^4 y}{\partial x^4}+\bar{m}\frac{\partial^2 y}{\partial t^2}-\bar{m}r^2\frac{\partial^4 y}{\partial x^2\partial t^2}+\frac{\bar{m}}{k'A_c G}\left(\bar{m}r^2\frac{\partial^4 y}{\partial t^4}-EI\frac{\partial^4 y}{\partial x^2\partial t^2}\right)=0 \tag{5-100}$$

假设位移随时间做简谐变化,即 $y(x,t)=\phi(x)\sin\lambda t$,代入式(5-100)整理得到

$$EI\phi''''(x)-\bar{m}\lambda^2\phi(x)+\bar{m}r^2\lambda^2\phi''(x)+\frac{\bar{m}\lambda^2}{k'A_c G}\left[\bar{m}r^2\lambda^2\phi(x)+EI\phi''(x)\right]=0 \tag{5-101}$$

记 $\mu^4=\bar{m}\lambda^2/EI$,式(5-101)整理得到

$$\phi''''(x)-\mu^4\phi(x)+\mu^4 r^2\phi''(x)+\frac{\bar{m}\lambda^2}{k'A_c G}[\mu^4 r^2\phi(x)+\phi''(x)]=0 \tag{5-102}$$

假定直梁两端简支,令振型函数为 $\phi(x)=A_1\sin\frac{n\pi x}{l}$,代入式(5-102)得到

$$\left(\frac{n\pi}{l}\right)^4-\mu^4-\mu^4 r^2\left(\frac{n\pi}{l}\right)^2\left(1+\frac{E}{k'G}\right)+\mu^4 r^2\left(\mu^4 r^2\frac{E}{k'G}\right)=0 \tag{5-103}$$

对于矩形截面的梁,$\frac{E}{k'G}\approx 3$,剪切变形的影响约为转动惯量影响的 3 倍。因此,式(5-103)中等号右侧的最后一项可以忽略,解得

$$\mu^4=\left(\frac{n\pi}{l}\right)^4\left[\frac{1}{1+r^2\left(\frac{n\pi}{l}\right)^2\left(1+\frac{E}{k'G}\right)}\right] \tag{5-104}$$

求得固有频率为

$$\lambda_n = n^2\pi^2\sqrt{\frac{EI}{\bar{m}l^4}}\left[1-\frac{1}{2}\left(\frac{nr\pi}{l}\right)^2\left(1+\frac{E}{k'G}\right)\right] \tag{5-105}$$

从式(5-105)可以看出,剪切变形和转动惯量将使系统的固有频率降低,而且振型阶数越高,影响越大;梁的长细比越小,影响越大。

3. 考虑轴向力

去掉式(5-78)的干扰力项,假定直梁为均匀横截面,得到考虑轴向力的直梁弯曲自由振动方程:

$$EI\frac{\partial^4 y}{\partial x^4}+N\frac{\partial^2 y}{\partial x^2}+\bar{m}\frac{\partial^2 y}{\partial t^2}=0 \tag{5-106}$$

令 $y(x,t)=\phi(x)q(t)$,采用与求解基本弯曲振动固有特性同样的步骤,可得

$$\frac{EI\phi''''(x)}{\phi(x)}+\frac{N\phi''(x)}{\phi(x)}=-\bar{m}\frac{\ddot{q}(t)}{q(t)}=\mu^4 \tag{5-107}$$

整理得到

$$\ddot{q}(t)+\lambda^2 q(t)=0 \tag{5-108}$$

$$EI\phi''''(x)+N\phi''(x)-\bar{m}\lambda^2\phi(x)=0 \tag{5-109}$$

其中

$$\lambda^2=\frac{EI\mu^4}{\bar{m}},\quad \bar{m}\lambda^2=EI\mu^4 \tag{5-110}$$

方程(5-109)与单自由度系统振动方程形式相同,这表明轴向力作用时系统的自由振动仍为简谐振动,整理可得

$$\phi''''(x)+g^2\phi''(x)-\mu^4\phi(x)=0 \tag{5-111}$$

式中:$g^2=\dfrac{N}{EI}$。

采用特征根法求解方程(5-111),其特征根为

$$r=\mp\mathrm{i}\delta\mp\varepsilon \tag{5-112}$$

其中

$$\begin{cases}\delta=\sqrt{\left(\mu^4+\dfrac{g^4}{4}\right)^{\frac{1}{2}}+\dfrac{g^2}{2}}\\[2ex]\varepsilon=\sqrt{\left(\mu^4+\dfrac{g^4}{4}\right)^{\frac{1}{2}}-\dfrac{g^2}{2}}\end{cases} \tag{5-113}$$

得到

$$\phi(x)=D_1\sin\delta x+D_2\cos\delta x+D_3\sinh\varepsilon x+D_4\cosh\varepsilon x \tag{5-114}$$

对不同的轴向力,由方程(5-114)可确定其振动形式,系数可以通过边界条件求出。如果轴向力为零,则对应端部无轴向力作用梁的弯曲振动情况。

5.3.6 梁的横向振动固有振型的正交性

与多自由度系统和直杆轴向振动相同，梁的横向振动的振型同样存在正交性。下面仅证明基本弯曲振动固有振型的正交性。直梁的刚度和质量沿梁的长度方向可以任意变化，梁端的约束条件也可以任意。

下面以简支梁为例，证明弯曲振动固有振型的正交性。

由功的互等定理可知，第 n 阶振型的惯性力在第 m 阶振型上所做的功等于第 m 阶振型的惯性力在第 n 阶振型上所做的功，即

$$\int_0^l y_m(x) f_{I,n} \mathrm{d}x = \int_0^l y_n(x) f_{I,m} \mathrm{d}x \tag{5-115}$$

式中：$y_n(x)$ 与 $y_m(x)$ 分别为对应第 n 与第 m 阶振型的位移形状，可以表示为

$$\begin{cases} y_n(x) = \phi_n(x) q_n \sin\lambda_n t \\ y_m(x) = \phi_m(x) q_m \sin\lambda_m t \end{cases} \tag{5-116}$$

其惯性力幅值分别为

$$\begin{cases} f_{I,n}(x) = \lambda_n^2 m(x) \phi_n q_n \\ f_{I,m}(x) = \lambda_m^2 m(x) \phi_m q_m \end{cases} \tag{5-117}$$

将式(5-116)和式(5-117)代入式(5-115)，可得

$$q_n q_m \lambda_n^2 \int_0^l \phi_m \phi_n m(x) \mathrm{d}x = q_n q_m \lambda_m^2 \int_0^l \phi_m \phi_n m(x) \mathrm{d}x \tag{5-118}$$

或

$$(\lambda_n^2 - \lambda_m^2) \int_0^l \phi_m \phi_n m(x) \mathrm{d}x = 0 \tag{5-119}$$

对于没有重特征值的梁，$\lambda_n^2 \neq \lambda_m^2$，得到

$$\int_0^l \phi_m(x) \phi_n(x) m(x) \mathrm{d}x = 0 \tag{5-120}$$

式(5-120)即简支梁关于分布质量的正交条件。对于两个振型具有相同频率的情况，正交条件不成立。

变截面梁自由振动的振动方程：

$$\frac{\partial^2}{\partial x^2}\left(EI\frac{\partial^2 y}{\partial x^2}\right) + m\frac{\partial^2 y}{\partial t^2} = 0 \tag{5-121}$$

第 n 阶振型的振动位移：

$$y_n(x,t) = \phi_n(x) q_n \sin\lambda_n t \tag{5-122}$$

惯性力项：

$$m\frac{\partial^2 y}{\partial t^2} = -m\lambda_n^2 q_n \sin\lambda_n t \tag{5-123}$$

将式(5-122)和式(5-123)代入式(5-121)，整理得到

$$q_n \frac{\mathrm{d}^2}{\mathrm{d}x^2}\left[EI\frac{\mathrm{d}^2\phi_n}{\mathrm{d}x^2}\right] = q_n \lambda_n^2 m(x) \phi_n \tag{5-124}$$

或

$$\frac{1}{\lambda_n^2}\frac{\mathrm{d}^2}{\mathrm{d}x^2}\left[EI\frac{\mathrm{d}^2\phi_n}{\mathrm{d}x^2}\right]=m(x)\phi_n \tag{5-125}$$

将式(5-125)代入式(5-120),可得

$$\int_0^l\phi_m(x)\frac{\mathrm{d}^2}{\mathrm{d}x^2}\left[EI\frac{\mathrm{d}^2\phi_n}{\mathrm{d}x^2}\right]\mathrm{d}x=0 \tag{5-126}$$

式(5-126)即用刚度参数表达的正交条件。对式(5-126)进行两次分部积分,可得

$$\phi_m Q_n|_0^l-\phi_m' M_n|_0^l+\int_0^l\phi_m''\phi_n''EI(x)\mathrm{d}x=0\quad(\lambda_m\neq\lambda_n) \tag{5-127}$$

式(5-127)为一般边界条件下刚度参数作为加权参数的正交条件。其中,等号左侧第一项表示第 n 阶振型的边界剪力在第 m 阶振型位移上所做的功;第二项表示第 n 阶振型的边界弯矩在第 m 阶振型的相应转角上所做的功。对于简支梁,边界处的位移和弯矩等于零,即第一项和第二项等于零,仅剩第三项。对于悬臂梁进行同样的分析,得到与简支梁相同的正交条件:

$$\int_0^l\phi_m''\phi_n''EI(x)\mathrm{d}x=0 \tag{5-128}$$

5.3.7　梁的横向强迫振动响应

下面采用振型叠加法计算直梁横向强迫振动响应。对于连续系统而言,采用振型叠加法相当于将无限自由度转变为离散体系,实际工程中只需要考虑对响应贡献较大的那些振型分量,采用有限个振型来描述系统的振动响应。

位移可以表示为

$$y(x,t)=\sum_{i=1}^{\infty}\phi_i(x)q_i(t) \tag{5-129}$$

满足正交性条件:

$$\int_0^l m(x)\phi_i^2(x)\mathrm{d}x=1 \tag{5-130}$$

$$\int_0^l m(x)\phi_i(x)\phi_j(x)\mathrm{d}x=0\quad(i\neq j) \tag{5-131}$$

$$\int_0^l\phi_j(x)\frac{\mathrm{d}^2}{\mathrm{d}x^2}\left[EI\frac{\mathrm{d}^2\phi_i}{\mathrm{d}x^2}\right]\mathrm{d}x=0 \tag{5-132}$$

其中,$\phi_i(x)q_i(t)$ 表示时刻 t 对应第 i 个振型的系统位移模式。

经过固有振动特性的分析,已经得到振型 $\phi_i(x)$,因此未知数 $q_i(t)$ 为主坐标。在求出坐标响应时,根据式(5-129)叠加,可以得到系统几何坐标下的振动位移响应。为得到主坐标 $q_i(t)$ 表示的振动方程,将式(5-129)代入简支梁有阻尼强迫振动方程,得

$$\sum_{i=1}^{\infty}\frac{\mathrm{d}^2}{\mathrm{d}x^2}\left[EI(x)\frac{\mathrm{d}^2\phi_i(x)}{\mathrm{d}x^2}\right]q_i(t)+\sum_{i=1}^{\infty}m(x)\phi_i(x)\ddot{q}_i(t)+\sum_{i=1}^{\infty}\frac{\mathrm{d}^2}{\mathrm{d}x^2}\left[c_{\mathrm{s}}(x)I(x)\frac{\mathrm{d}^2\phi_i(x)}{\mathrm{d}x^2}\right]\dot{q}_i(t)+$$

$$\sum_{i=1}^{\infty}c(x)\phi_i(x)\dot{q}_i(t)=p(x,t) \tag{5-133}$$

将式(5-133)各项乘以 $\phi_j(x)$,并沿梁长方向积分,结合正交条件,可得

$$\int_0^l \frac{\mathrm{d}^2}{\mathrm{d}x^2}\left[EI(x)\frac{\mathrm{d}^2\phi_j(x)}{\mathrm{d}x^2}\right]\phi_j(x)\mathrm{d}xq_j(t)+\int_0^l m(x)\phi_j^2(x)\mathrm{d}x\ddot{q}_j(t)+$$
$$\sum_{i=1}^{\infty}\int_0^l \frac{\mathrm{d}^2}{\mathrm{d}x^2}\left[c_\mathrm{s}(x)I(x)\frac{\mathrm{d}^2\phi_i(x)}{\mathrm{d}x^2}\right]\phi_j(x)\mathrm{d}x\dot{q}_i(t)+\sum_{i=1}^{\infty}\int_0^l c(x)\phi_i(x)\phi_j(x)\mathrm{d}x\dot{q}_i(t)$$
$$=\int_0^l \phi_j(x)p(x,t)\mathrm{d}x \tag{5-134}$$

引入

$$\begin{cases}M_j=\int_0^l m(x)\phi_j^2(x)\mathrm{d}x\\P_j(t)=\int_0^l \phi_j(x)p(x,t)\mathrm{d}x\end{cases} \tag{5-135}$$

称 M_j 和 $P_j(t)$ 分别为第 j 阶振型的模态质量和模态干扰力，由式（5-125）可得

$$\frac{\mathrm{d}^2}{\mathrm{d}x^2}\left[EI(x)\frac{\mathrm{d}^2\phi_j(x)}{\mathrm{d}x^2}\right]=\lambda_j^2 m(x)\phi_j(x) \tag{5-136}$$

结合式（5-136）和式（5-135），可得

$$\int_0^l \frac{\mathrm{d}^2}{\mathrm{d}x^2}\left[EI(x)\frac{\mathrm{d}^2\phi_j(x)}{\mathrm{d}x^2}\right]\phi_j(x)\mathrm{d}x=\lambda_j^2 M_j \tag{5-137}$$

式（5-134）整理得到

$$M_j\ddot{q}_j(t)+\sum_{i=1}^{\infty}\int_0^l\left\{\frac{\mathrm{d}^2}{\mathrm{d}x^2}\left[c_\mathrm{s}(x)I(x)\frac{\mathrm{d}^2\phi_i(x)}{\mathrm{d}x^2}\right]+\left[c(x)\phi_i(x)\right]\right\}\phi_j\mathrm{d}x\dot{q}_j+\lambda_j^2M_jq_j(t)=P_j(t) \tag{5-138}$$

式（5-138）中等号左侧的第二项除主坐标 $q_j(t)$ 外，还包括所有的主坐标。为了使阻尼项中的主坐标解耦，假设

$$\begin{cases}c(x)=am(x)\\c_\mathrm{s}(x)=bE\end{cases} \tag{5-139}$$

式中：a 和 b 分别为常数；E 为弯曲弹性模量。

将式（5-139）代入式（5-138），结合振型正交，得到

$$M_j\ddot{q}_j(t)+\left(aM_j+b\lambda_j^2M_j\right)\dot{q}_j+\lambda_j^2M_jq_j(t)=P_j(t) \tag{5-140}$$

引入阻尼参数 $\xi_j=\dfrac{a}{2\lambda_j}+\dfrac{b\lambda_j}{2}$，$\xi_j$ 为第 j 阶振型的阻尼比。得到阻尼解耦的以主坐标表示的振动方程，即

$$\ddot{q}_j(t)+2\xi_j\lambda_j\dot{q}_j+\lambda_j^2q_j(t)=P_j(t)/M_j \tag{5-141}$$

式（5-141）为无限多个独立的振动方程，每个方程包含一个主坐标，其解法与解单自由度振动系统基本方程完全相似。求出每个主坐标 $q_j(t)$ 后，按照式（5-129）可求出几何坐标下的位移响应。

5.4　板横向振动

5.4.1　板的横向振动方程的建立

在实际工程中，很多结构不能简单地用一个坐标来描述它们的运动和变形。例如，一块薄板在一个平面内两个方向的尺度相近，且都比厚度方向的尺寸大很多，这时必须考虑平面内这两个方向的运动和变形。下面主要讨论矩形薄板横向振动响应。

假定薄板为等厚度的长方形薄板，如图 5-7 所示。假设薄板的材料为各向同性的弹性材料，且运动时挠度远小于板厚，中面的面内位移、转动惯量和剪切变形均忽略不计。

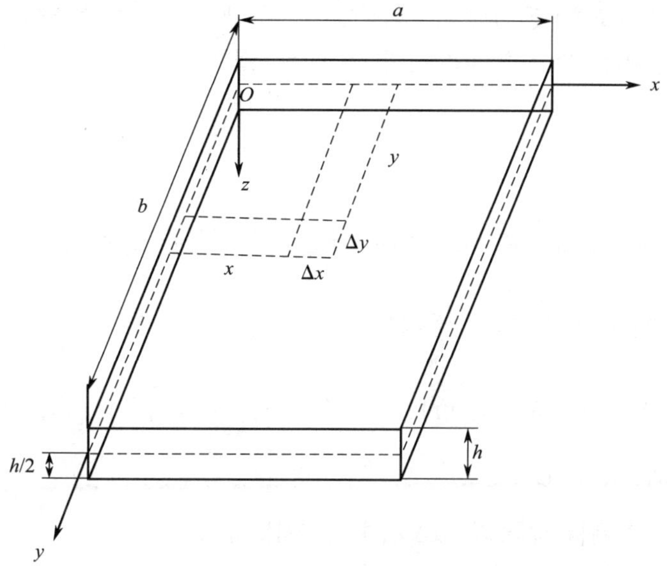

图 5-7　薄板模型

下面利用牛顿第二定律建立薄板横向弯曲振动方程。取薄板中面为 xOy 平面，中面上某点（x, y）的挠度为 $w(x,y,t)$，设薄板密度为 ρ，h 为板厚，单位面积承受的横向力为 $p(x,y,t)$，单位面积薄板上的惯性力为 $-\rho h\dfrac{\partial^2 w}{\partial t^2}$。记 M_x、M_{xy}和Q_x 分别为垂直于 Ox 轴的横截面上单位长度弯矩、扭矩和剪力；M_y、M_{yx}和Q_y 分别为垂直于 Oy 轴的横截面上单位长度弯矩、扭矩和剪力。

以矩形微元 $\Delta x\times\Delta y$ 代替微元体 $h\times\Delta x\times\Delta y$，如图 5-8 所示。

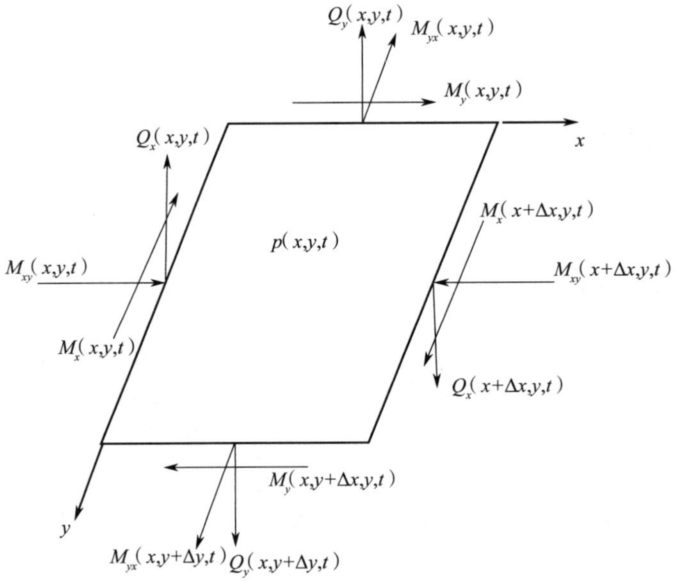

图 5-8　薄板微元受力分析

图 5-8 给出了微元的受力情况,所有内力分量均按正向规定画出。根据 x 方向和 y 方向的力矩平衡以及 z 方向的力平衡条件,得到

$$\sum M_{Cy}=0 \tag{5-142}$$

$$\sum M_{Cx}=0 \tag{5-143}$$

$$\sum F_z=(\Delta m)a_z \tag{5-144}$$

式中: Δm 为微元质量; M_{Cx} 和 M_{Cy} 分别为通过微元质心 C 且与 x 和 y 轴平行的轴的力矩。

注意,此处忽略了转动惯量的影响。

对于式(5-142),有

$$\left[M_x(x+\Delta x,y,t)-M_x(x,y,t)\right]\Delta y+\left[M_{yx}(x,y+\Delta y,t)-M_{yx}(x,y,t)\right]\Delta x-\left[Q_x(x+\Delta x,y,t)+Q_x(x,y,t)\right]\Delta y\cdot\frac{\Delta x}{2}=0 \tag{5-145}$$

将式(5-145)两侧同时除以 $\Delta x\Delta y$,并取极限得

$$\lim_{\Delta x\to 0}\frac{M_x(x+\Delta x,y,t)-M_x(x,y,t)}{\Delta x}+\lim_{\Delta y\to 0}\frac{M_{yx}(x,y+\Delta y,t)-M_{yx}(x,y,t)}{\Delta y}-\lim_{\Delta x\to 0}\frac{1}{2}\left[Q_x(x+\Delta x,y,t)+Q_x(x,y,t)\right]=0 \tag{5-146}$$

即

$$\frac{\partial M_x(x,y,t)}{\partial x}+\frac{\partial M_{yx}(x,y,t)}{\partial y}-Q_x(x,y,t)=0 \tag{5-147}$$

对于式(5-143),有

$$\left[M_y(x,y,t)-M_y(x,y+\Delta y,t)\right]\Delta x+\left[M_{xy}(x,y,t)-M_{xy}(x+\Delta x,y,t)\right]\Delta y+$$
$$\left[Q_y(x,y,t)+Q_y(x,y+\Delta y,t)\right]\Delta x\cdot\frac{\Delta y}{2}=0 \tag{5-148}$$

将式（5-148）两侧同时除以 $\Delta x\Delta y$，并取极限得

$$\frac{\partial M_{xy}(x,y,t)}{\partial x}+\frac{\partial M_y(x,y,t)}{\partial y}-Q_y(x,y,t)=0 \tag{5-149}$$

式（5-147）与式（5-149）为剪力、扭矩与弯矩之间的静力学关系式。

对于式（5-144），有

$$\left[Q_x(x+\Delta x,y,t)-Q_x(x,y,t)\right]\Delta y+\left[Q_y(x,y+\Delta y,t)-Q_y(x,y,t)\right]\Delta x+$$
$$\left[p(x,y,t)-\rho h\frac{\partial^2 w}{\partial t^2}\right]\Delta x\Delta y=0 \tag{5-150}$$

将式（5-150）两侧同时除以 $\Delta x\Delta y$，并取极限得

$$\frac{\partial Q_x(x,y,t)}{\partial x}+\frac{\partial Q_y(x,y,t)}{\partial y}+p(x,y,t)-\rho h\frac{\partial^2 w}{\partial t^2}=0 \tag{5-151}$$

式（5-151）类似于剪力与横向分布载荷之间的静力学关系式，不同之处在于横向分布载荷是外载荷与惯性力的合力。

引入薄板的弯矩、扭矩与挠度之间的基本关系式：

$$\begin{cases}M_x=-D\left(\dfrac{\partial^2 w}{\partial x^2}+\nu\dfrac{\partial^2 w}{\partial y^2}\right)\\ M_y=-D\left(\dfrac{\partial^2 w}{\partial y^2}+\nu\dfrac{\partial^2 w}{\partial x^2}\right)\\ M_{xy}=M_{yx}=-D(1-\nu)\dfrac{\partial^2 w}{\partial x\partial y}\end{cases} \tag{5-152}$$

式中：$D=\dfrac{Eh^3}{12(1-\nu^2)}$ 为薄板弯曲刚度，其中 E 为弹性模量，ν 为泊松比。

将式（5-152）代入式（5-147）与式（5-149），可得

$$\begin{cases}Q_x=-D\dfrac{\partial}{\partial x}\left(\dfrac{\partial^2 w}{\partial x^2}+\dfrac{\partial^2 w}{\partial y^2}\right)=-D\dfrac{\partial}{\partial x}(\nabla^2 w)\\ Q_y=-D\dfrac{\partial}{\partial y}\left(\dfrac{\partial^2 w}{\partial x^2}+\dfrac{\partial^2 w}{\partial y^2}\right)=-D\dfrac{\partial}{\partial y}(\nabla^2 w)\end{cases} \tag{5-153}$$

式中：∇^2 为拉普拉斯算子。

将式（5-153）代入式（5-151），可得

$$D\left(\frac{\partial^4 w}{\partial x^4}+2\frac{\partial^4 w}{\partial x^2\partial y^2}+\frac{\partial^4 w}{\partial y^4}\right)+\rho h\frac{\partial^2 w}{\partial t^2}=p(x,y,t) \tag{5-154}$$

或

$$D\nabla^4 w+\rho h\frac{\partial^2 w}{\partial t^2}=p(x,y,t) \tag{5-155}$$

式(5-155)即薄板的横向强迫振动方程,其简单的边界条件见表 5-4,其中以边界 $x=0$ 和 $y=0$ 为例,对于 $x=a$ 和 $y=b$,仅需对分布弯矩和总分布剪力进行替换即可。

表 5-4　薄板的横向强迫振动简单边界条件

薄板的边界	$x=0$	$y=0$
固定	$w\|_{x=0}=0,\left.\frac{\partial w}{\partial x}\right\|_{x=0}=0$	$w\|_{y=0}=0,\left.\frac{\partial w}{\partial y}\right\|_{y=0}=0$
简支	$w\|_{x=0}=0,\left.\frac{\partial^2 w}{\partial x^2}\right\|_{x=0}=-\frac{\bar{M}_x(t)}{D}$	$w\|_{y=0}=0,\left.\frac{\partial^2 w}{\partial y^2}\right\|_{y=0}=-\frac{\bar{M}_y(t)}{D}$
自由	$\left.\left(\frac{\partial^2 w}{\partial x^2}+\nu\frac{\partial^2 w}{\partial y^2}\right)\right\|_{x=0}=-\frac{\bar{M}_x(t)}{D}$ $\left.\left[\frac{\partial^3 w}{\partial x^3}+(2-\nu)\frac{\partial^3 w}{\partial x\partial y^2}\right]\right\|_{x=0}=-\frac{\bar{V}_x(t)}{D}$	$\left.\left(\frac{\partial^2 w}{\partial y^2}+\nu\frac{\partial^2 w}{\partial x^2}\right)\right\|_{y=0}=-\frac{\bar{M}_y(t)}{D}$ $\left.\left[\frac{\partial^3 w}{\partial y^3}+(2-\nu)\frac{\partial^3 w}{\partial x^2\partial y}\right]\right\|_{y=0}=-\frac{\bar{V}_y(t)}{D}$

5.4.2　板的横向自由振动分析

式(5-155)给出了等厚薄板横向强迫振动方程,令干扰力项为 0,得到薄板自由振动方程为

$$\nabla^4 w+\frac{\rho h}{D}\frac{\partial^2 w}{\partial t^2}=0 \tag{5-156}$$

类似梁的横向自由振动分析,此处假设薄板的横向自由振动为简谐运动,则其位移可表示为

$$w(x,y,t)=W(x,y)\sin(\omega t+\theta) \tag{5-157}$$

其中,$W(x,y)$称为振型或振型函数。

将式(5-157)代入式(5-156),得到:

$$\begin{cases}\nabla^4 W-\beta^4 W=0\\ \beta^4=\dfrac{\rho h}{D}\omega^2\end{cases} \tag{5-158}$$

对于不同的边界条件,薄板有不同的振型及对应的固有频率,但只有四边简支的矩形薄板才有自由振动的精确解。因此,下面仅讨论四边简支矩形薄板的自由振动。

由简支梁的振型 $C_n\sin\frac{n\pi x}{l}(n=1,2,\cdots)$,可类似得到四边简支矩形薄板的振型:

$$W_{m,n}(x,y)=A_{m,n}\sin\frac{m\pi x}{a}\sin\frac{n\pi y}{b}\quad(m,n=1,2,\cdots) \tag{5-159}$$

通过验证,式(5-159)满足四边简支的边界条件为

$$\begin{cases} W|_{x=0,a} = \left.\dfrac{\partial^2 W}{\partial x^2}\right|_{x=0,a} = 0 \\ W|_{y=0,b} = \left.\dfrac{\partial^2 W}{\partial y^2}\right|_{y=0,b} = 0 \end{cases} \tag{5-160}$$

将式(5-159)代入式(5-158),得到

$$\left[\left(\frac{m\pi}{a}\right)^2+\left(\frac{n\pi}{b}\right)^2\right]^2-\beta^4=0 \tag{5-161}$$

式(5-161)即四边简支矩形薄板的频率方程,解得

$$\omega_{m,n}=\pi^2\left(\frac{m^2}{a^2}+\frac{n^2}{b^2}\right)\sqrt{\frac{D}{\rho h}}\quad (m,n=1,2,\cdots) \tag{5-162}$$

对于给定的边长比 b/a,不同的 (m,n) 组合可能会得出相同的频率。当 $b/a=1$,即板为正方形时,这种情况更加明显。此时,板的固有频率为

$$\omega_{m,n}=\frac{\pi^2\left(m^2+n^2\right)}{a^2}\sqrt{\frac{D}{\rho h}}\quad (m,n=1,2,\cdots) \tag{5-163}$$

显然,当 $m\neq n$ 时,每个固有频率至少是频率方程的二重根,即 $\omega_{m,n}=\omega_{n,m}$。在二重根情况下,$W_{m,n}$ 与 $W_{n,m}$ 是对应于同一个固有频率的振型,因此相应于固有频率 $\omega_{m,n}$ 振型为 $W_{m,n}$ 与 $W_{n,m}$ 的线性合,即

$$W=AW_{m,n}+BW_{n,m} \tag{5-164}$$

求出薄板的各阶固有频率及相应的振型后,就可以得到各阶振型的振动,它们均满足自由振动方程。于是,薄板的自由振动即所有阶振型振动的叠加:

$$w(x,y,t)=\sum_{m=1}^{\infty}\sum_{n=1}^{\infty}W_{m,n}(x,y)\sin\left(\omega_{m,n}t+\theta_{m,n}\right) \tag{5-165}$$

其中,$\theta_{m,n}$ 由初始条件决定。

与梁的横向振动类似,具有简单边界的等厚矩形薄板,其横向振动的振型之间也具有正交性。若振型已归一化:

$$\iint_{\Omega}\rho h W_{m,n}W_{r,s}\mathrm{d}x\mathrm{d}y=\delta_{mr}\delta_{ns} \tag{5-166}$$

$$\iint_{\Omega}\boldsymbol{\kappa}^{\mathrm{T}}\left(W_{m,n}\right)\boldsymbol{D}\boldsymbol{\kappa}\left(W_{r,s}\right)\mathrm{d}x\mathrm{d}y=\omega_{m,n}^2\delta_{mr}\delta_{ns} \tag{5-167}$$

$$\iint_{\Omega}\boldsymbol{D}\left(\nabla^4 W_{m,n}\right)W_{r,s}\mathrm{d}x\mathrm{d}y=\omega_{m,n}^2\delta_{mr}\delta_{ns} \tag{5-168}$$

其中,Ω 为薄板的面积域;向量 $\boldsymbol{\kappa}\left(W_{i,j}\right)$ 和矩阵 $\boldsymbol{D}$ 的表达式为

$$\boldsymbol{\kappa}\left(W_{i,j}\right)=\begin{Bmatrix} -\dfrac{\partial^2 W_{i,j}}{\partial x^2} \\ -\dfrac{\partial^2 W_{i,j}}{\partial y^2} \\ -2\dfrac{\partial^2 W_{i,j}}{\partial x\partial y} \end{Bmatrix} \tag{5-169}$$

$$\boldsymbol{D}=D\begin{bmatrix}1 & \nu & 0\\ \nu & 1 & 0\\ 0 & 0 & \dfrac{1-\nu}{2}\end{bmatrix} \tag{5-170}$$

其中，$i=m$，$j=n$ 或 $i=r$，$j=s$。

$W_{i,j}$ 为按下式归一化确定的正则振型：

$$\iint_{\Omega}\rho h W_{i,j}^{2}\mathrm{d}x\mathrm{d}y=1 \tag{5-171}$$

5.4.3 板的横向强迫振动分析

通过振型叠加法求解薄板的强迫振动响应。等厚薄板的横向强迫振动方程可写为

$$D\nabla^{4}w+\rho h\frac{\partial^{2}w}{\partial t^{2}}=p(x,y,t) \tag{5-172}$$

初始条件为

$$\begin{cases}w(x,y,0)=f_{1}(x,y)\\ \left.\dfrac{\partial w}{\partial t}\right|_{t=0}=f_{2}(x,y)\end{cases} \tag{5-173}$$

将薄板挠度 w 按正则振型 $W_{m,n}$ 展开为双重级数：

$$w(x,y,t)=\sum_{m=1}^{\infty}\sum_{n=1}^{\infty}W_{m,n}(x,y)q_{m,n}(t) \tag{5-174}$$

其中，$q_{m,n}(t)$ 为正则坐标。

将式（5-174）代入式（5-172），可得

$$D\sum_{m=1}^{\infty}\sum_{n=1}^{\infty}\left(\nabla^{4}W_{m,n}\right)q_{m,n}+\rho h\sum_{m=1}^{\infty}\sum_{n=1}^{\infty}W_{m,n}\ddot{q}_{m,n}=p(x,y,t) \tag{5-175}$$

将式（5-175）两边乘以 $W_{r,s}(x,y)$，并在薄板的面积域上 Ω 对 x、y 积分，可得

$$\sum_{m=1}^{\infty}\sum_{n=1}^{\infty}q_{m,n}\iint_{\Omega}D\left(\nabla^{4}W_{m,n}\right)W_{r,s}\mathrm{d}x\mathrm{d}y+\sum_{i=1}^{\infty}\sum_{j=1}^{\infty}\ddot{q}_{m,n}\iint_{\Omega}\rho h W_{m,n}W_{r,s}\mathrm{d}x\mathrm{d}y=\iint_{\Omega}p(x,y,t)W_{r,s}\mathrm{d}x\mathrm{d}y \tag{5-176}$$

利用振型的正交性，式（5-176）可简化为

$$\ddot{q}_{r,s}(t)+\omega_{r,s}^{2}q_{r,s}(t)=P_{r,s}(t) \tag{5-177}$$

式（5-177）即正则方程。其中，$P_{r,s}(t)$ 称为第 (r,s) 阶正则振型的广义载荷：

$$P_{r,s}(t)=\iint_{\Omega}p(x,y,t)W_{r,s}(x,y)\mathrm{d}x\mathrm{d}y \tag{5-178}$$

为了得到正则坐标下的初始条件，将式（5-173）按正则振型展开：

$$\begin{cases} w(x,y,0)=f_1(x,y)=\sum_{m=1}^{\infty}\sum_{n=1}^{\infty}W_{m,n}(x,y)q_{m,n}(0) \\ \left.\dfrac{\partial w}{\partial t}\right|_{t=0}=f_2(x,y)=\sum_{m=1}^{\infty}\sum_{n=1}^{\infty}W_{m,n}(x,y)\dot{q}_{m,n}(0) \end{cases} \tag{5-179}$$

将式(5-179)两边乘以 $\rho hW_{r,s}(x,y)$，并在薄板的面积域上 Ω 对 x、y 积分，根据正交性可得

$$\begin{cases} q_{r,s}(0)=\iint\limits_{\Omega}\rho hf_1(x,y)W_{r,s}(x,y)\mathrm{d}x\mathrm{d}y \\ \dot{q}_{r,s}(0)=\iint\limits_{\Omega}\rho hf_2(x,y)W_{r,s}(x,y)\mathrm{d}x\mathrm{d}y \end{cases} \tag{5-180}$$

根据单自由度系统振动理论，正则响应为

$$q_{r,s}(t)=q_{r,s}(0)\cos\omega_{r,s}t+\frac{\dot{q}_{r,s}(0)}{\omega_{r,s}}\sin\omega_{r,s}t+\frac{1}{\omega_{r,s}}\int_0^t P_{r,s}(\tau)\sin\omega_{r,s}(t-\tau)\mathrm{d}\tau \tag{5-181}$$

将式(5-181)代入式(5-174)即可得到薄板的强迫振动响应。

5.5　离散化方法

实际工程中的结构一般为连续体结构，其惯性力也是连续分布的。为考虑和确定全部惯性力，必须确定结构每一点的运动情况。因为结构的连续性，导致结构存在无限个自由度，按照无限个自由度计算结构动力响应非常困难，且没有必要。在这种情况下，通常会对计算模型进行简化，对结构进行离散，将连续体结构系统转化为有限自由度系统。

离散化方法有集中质量法、广义坐标法和有限元法。离散化就是把无限自由度转化为有限自由度，离散化方法就是把无限自由度问题转化为有限自由度问题的数学处理方法。

5.5.1　集中质量法

集中质量法是结构动力分析中最常用的处理方法，通过将连续分布的质量集中为几个质点，把原为无限(动力)自由度问题简化为有限自由度问题。

如图 5-9 所示简支连续梁为质量连续分布结构，下面通过集中质量法将该结构转化为有限自由度系统。假设梁的质量均匀分布，单位长度质量为 $\bar{m}$，分别将连续梁的连续分布质量集中到梁中的一个点、两个点和三个点，从而将梁均分为两段、三段和四段，将每小段的质量均分到该段的两端，即用集中质点代替连续分布质量。假定仅考虑梁平面内的横向运动，如此将简支连续梁的动力问题转化为有限自由度的动力问题，对应的质量矩阵与刚度矩阵见表 5-5。

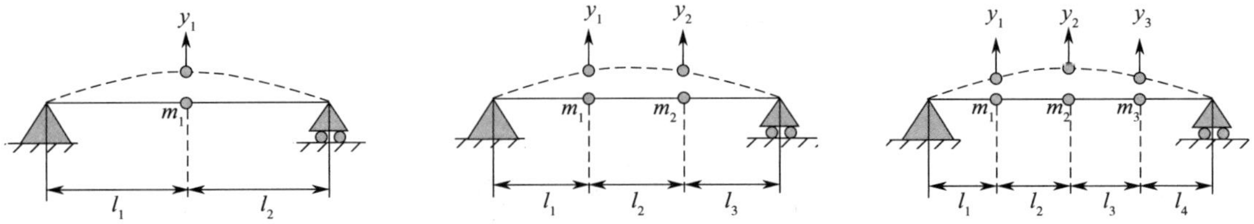

图 5-9 结构集中质量法离散

表 5-5 简支梁集中质量法质量矩阵与刚度矩阵

集中质量个数	质量矩阵	刚度矩阵
1	$\boldsymbol{M}=\frac{1}{2}l\bar{m}$	$\boldsymbol{K}=\frac{48EI}{l^3}$
2	$\boldsymbol{M}=\begin{bmatrix}\frac{1}{3}l\bar{m} & 0\\ 0 & \frac{1}{3}l\bar{m}\end{bmatrix}$	$\boldsymbol{K}=\frac{243EI}{15l^3}\begin{bmatrix}16 & -14\\ -14 & 16\end{bmatrix}$
3	$\boldsymbol{M}=\begin{bmatrix}\frac{1}{4}\bar{m}l & 0 & 0\\ 0 & \frac{1}{4}\bar{m}l & 0\\ 0 & 0 & \frac{1}{4}\bar{m}l\end{bmatrix}$	$\boldsymbol{K}=\frac{768EI}{28l^3}\begin{bmatrix}23 & -22 & 9\\ -22 & 32 & -22\\ 9 & -22 & 23\end{bmatrix}$

根据简支梁固有频率计算公式计算得到前三阶固有频率的精确解，同时根据集中质量法计算有限自由度情况下的前三阶固有频率，见表 5-6。对比发现自由度越多，计算精度越高；基频的精度要高于高频的精度；频率的阶次越高，误差越大。三个集中质量的固有频率精度已经很高。

表 5-6 前三阶固有频率对比

固有频率	连续系统	三自由度		二自由度		单自由度	
	精确解	近似解	误差（%）	近似解	误差（%）	近似解	误差（%）
ω_1	$\frac{9.870}{l^2}\sqrt{\frac{EI}{\bar{m}}}$	$\frac{9.867}{l^2}\sqrt{\frac{EI}{\bar{m}}}$	0.03	$\frac{9.859}{l^2}\sqrt{\frac{EI}{\bar{m}}}$	0.1	$\frac{9.798}{l^2}\sqrt{\frac{EI}{\bar{m}}}$	0.7
ω_2	$\frac{39.48}{l^2}\sqrt{\frac{EI}{\bar{m}}}$	$\frac{39.193}{l^2}\sqrt{\frac{EI}{\bar{m}}}$	0.73	$\frac{38.186}{l^2}\sqrt{\frac{EI}{\bar{m}}}$	3.3	—	—
ω_3	$\frac{88.83}{l^2}\sqrt{\frac{EI}{\bar{m}}}$	$\frac{83.213}{l^2}\sqrt{\frac{EI}{\bar{m}}}$	6.3	—	—	—	—

5.5.2 广义坐标法

能决定系统几何位置的彼此独立的量,称为该系统的广义坐标,可采用级数展开法进行求解。对于一个具有分布质量的简支梁(图 5-10),其变形(挠)曲线可用三角级数的和来表示,即

$$y(x,t)=\sum_{n=1}^{\infty}b_n\sin\frac{n\pi x}{l}=\sum_{n=1}^{\infty}b_n(t)\sin\frac{n\pi x}{l} \tag{5-182}$$

式中:l 为梁长;$\sin\frac{n\pi x}{l}$ 为形函数,它是满足边界条件的给定函数;$b_n=b_n(t)$为广义坐标,是一组待定参数,对动力问题而言,它是时间的函数。

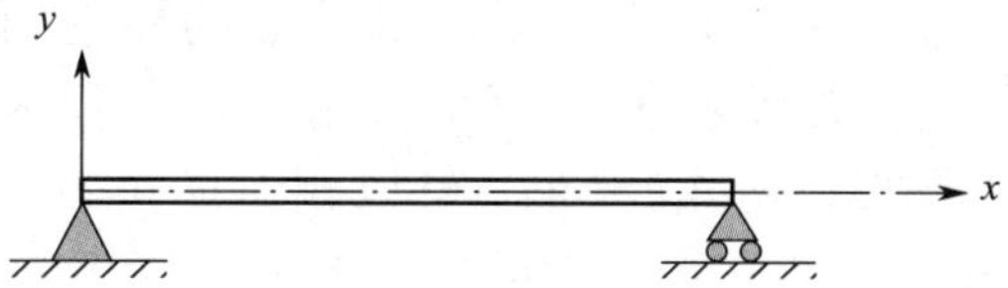

图 5-10 用广义坐标法离散

由于形函数是预先给定的,即确定的函数,因此梁的变形由无限多个广义坐标 $b_n(t)(n=1,2,\cdots,\infty)$ 确定,这时简支梁具有无限个自由度。采用级数展开法(在实际动力分析中仅取广义坐标的前几项,如前 N 项),则有

$$u(x,t)=\sum_{n=1}^{N}b_n(t)\sin\frac{n\pi x}{l} \tag{5-183}$$

由此,简支梁被简化为具有 N 个自由度的系统。

虽然广义坐标表示了形函数的大小,如果形函数是位移量,则广义坐标具有位移的量纲,但只有 n 项叠加后才是真实的位移物理量,因而广义坐标实际上并不是真实的物理量。

5.5.3 有限元法

有限元法可以看作广义坐标法的一种特殊应用。在广义坐标法中,广义坐标是形函数的幅值,没有很明确的物理意义,并且形函数是针对整个结构定义的。有限元法则是采用具有明确物理意义的参数作为广义坐标,且形函数是定义在分片区域上的。在有限元分析中,形函数有时被称为插值函数。

如图 5-11 所示,对于连续梁结构,可将其划分为 N 个单元,相邻单元的交点称为节点,取节点位移参数(线位移 y 和转角 θ)为广义坐标。在图 5-11 中,N=3,即采用 3 个有限单元离散化的情形。

图 5-11 给出的有限元模型共有 6 个广义坐标,即 y_1, θ_1, y_2, θ_2, y_3, θ_3,每个节点的位移参数只在与节点相邻的单元内引起位移。

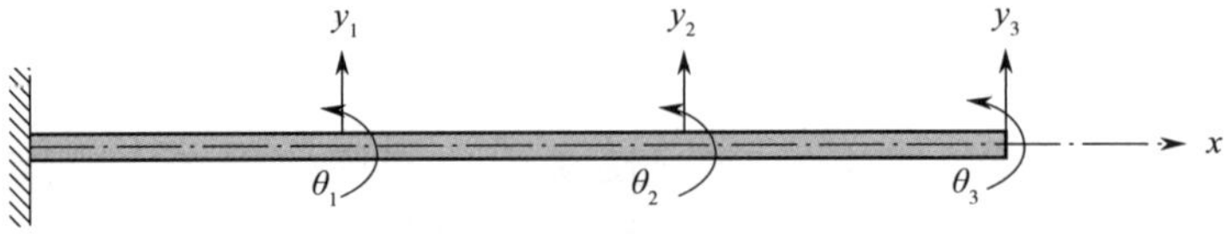

图 5-11　有限元法离散

对于采用 N 个单元离散化的悬臂梁模型，共有 $2N$ 个广义坐标，梁的位移可以用 $2N$ 个广义坐标及其形函数表示：

$$u(x)=u_1\phi_1(x)+\theta_1\phi_2(x)+\cdots+u_N\phi_N(x)+\theta_N\phi_N(x) \tag{5-184}$$

因此，无限自由度的梁转化为具有 $2N$ 个有限自由度的体系。

有限元法综合了集中质量法和广义坐标法的特点。

(1)与广义坐标法相似，有限元法采用了形函数的概念；但不同于广义坐标法在全部体系（结构）上插值（定义形函数），而是采用了在分片区域上插值的方法（定义分片形函数），因此形函数的表达式（形状）可以相对简单。

(2)与集中质量法相比，有限元法中的广义坐标也采用了真实的物理量，具有直接、直观的优点，这与集中质量法相同，但数学处理上比集中质量法更完备。

Chapter 6

第六章 非线性振动

严格意义上来讲,非线性问题在工程实际中是普遍存在的,而线性问题其实是非线性问题在极端条件下的特殊情况,是极不普遍的。对于非线性问题,其中的一小部分可以简化为线性问题,而很大部分是不可以做如此简化的。因此,研究非线性振动的原理和分析方法是十分必要的。

6.1 非线性振动特点与危害

恢复力与位移不成正比或阻尼力不与速度的一次方成正比的系统的振动为非线性振动。任何结构发生损伤或者破坏都必须经过非线性过程,研究非线性动力学有助于揭示结构的破坏机理。非线性振动系统与线性振动系统的主要区别如下。

(1)对于非线性系统,线性系统中的叠加原理不再适用。作用在非线性系统上的周期干扰力可以展开成傅里叶级数,但其受迫振动的解不再等于每项干扰力单独作用时解的叠加。

(2)对于非线性系统,其平衡状态和周期振动的定常解一般不止一个,需要研究解的稳定性问题,才能决定哪一个解在工程实际中能实现。

(3)对于线性系统,由于阻尼的存在,自由振动会被衰减掉,只有在干扰力作用下,才有定常周期解。对于非线性系统,如自激振动系统,在有阻尼而无干扰力时,也会存在定常的周期振动。

(4)对于线性系统,受迫振动的频率和干扰力的频率相同;而对于非线性系统,在单频干扰力作用下,其定常受迫振动的解除存在与干扰力同频的成分外,还存在与干扰力频率呈倍数关系和分数关系的频率成分。

(5)对于线性系统,固有频率和初始条件、振幅无关;非线性系统的固有频率与振幅存在关系,同时非线性系统中的振动三要素也与初始条件有关。

(6)对于非线性系统,系统参数发生微小改变(参数摄动)时,解的周期将发生倍化分岔,分岔的继续可能导致混沌等复杂的动力学行为。

非线性振动相对于线性振动要复杂得多,非线性系统的振动响应和激励之间不存在比例关系,其运动规律也更加复杂。非线性系统的振动响应可能会出现很多奇妙的现象,如倍频、分频、混沌等。非线性振动会对工程结构带来诸多危害,包括结构疲劳和损坏、共振现象的复杂化、系统不可预测性和不稳定性加剧等。非线性振动会引发材料和结构的疲劳损伤,导致微裂纹和宏观裂纹的形成,最终导致结构失效。同时,非线性振动会使共振现象更加复杂,可能在非预期频率下引发结构严重振动。此外,非线性系统响应的不可预测性和不稳定性可能导致系统突然进入不稳定状态,增加操作和控制难度等。正因为非线性振动的复杂性,在实际工程应用中必须进行详细的非线性振动分析,以提高结构的可靠性和安全性。

6.2 非线性系统自由振动

6.2.1 单自由度非线性系统无阻尼自由振动

以多点系泊船在纵浪中的非线性自由纵荡运动为例,其振动方程为

$$m\ddot{x}+k_1x+k_3x^3=0 \tag{6-1}$$

式中,m 包括船体的自身质量和附连水质量。

将式(6-1)中各项除以 m,得到

$$\ddot{x}+\omega_0^2x+\varepsilon x^3=0 \tag{6-2}$$

式中:$\omega_0^2=k_1/m$; $\varepsilon=k_3/m$ 。

假定 ε 为小于 1 的任意小量。

可以采用经典的摄动法求出式(6-2)的近似解。假定初始条件为时间 t=0 时,船体位移幅值为 A,然后释放。在释放的瞬间,初速度为零,得到初始条件:

$$\begin{cases}x(0)=A\\ \dot{x}(0)=0\end{cases} \tag{6-3}$$

因为 ε 为小于 1 的任意小量,对于所有的解 $x=x(t)$,εx^3 始终比 ω_0^2x 小很多。根据一阶摄动理论,式(6-2)的解为

$$x=x_0(t)+\varepsilon x_1(t) \tag{6-4}$$

对应的频率为

$$\tilde{\omega}^2=\omega_0^2+\varepsilon f(A) \tag{6-5}$$

在式(6-4)和式(6-5)中,$x_1(t)$ 和振幅函数 $f(A)$ 是待定的。将式(6-4)代入式(6-2),并引入 $\omega_0^2=\tilde{\omega}^2-\varepsilon f(A)$,并按照 ε 的幂次整理,得到

$$(\ddot{x}_0+\tilde{\omega}^2x_0)\varepsilon^0+[\ddot{x}_1+\tilde{\omega}^2x_1-f(A)x_0+x_0^3]\varepsilon^1+O(\varepsilon^2)=0 \tag{6-6}$$

式(6-6)忽略了 ε 的高阶小量。由 ε^0 和 ε^1 的系数项等于 0,得到两个方程:

$$\ddot{x}_0+\tilde{\omega}^2x_0=0 \tag{6-7}$$

$$\ddot{x}_1+\tilde{\omega}^2x_1=f(A)x_0-x_0^3 \tag{6-8}$$

则满足初始条件的唯一解为

$$x_0=A\cos\tilde{\omega}t \tag{6-9}$$

将式(6-9)代入式(6-8)等号的右侧,并应用下列恒等式:

$$\cos^3\tilde{\omega}t=\frac{3}{4}\cos\tilde{\omega}t+\frac{1}{4}\cos3\tilde{\omega}t \tag{6-10}$$

得式(6-8)的通解为

$$x_1=B_1\cos\tilde{\omega}t+B_2\sin\tilde{\omega}t+\frac{A^3}{32\tilde{\omega}^2}\cos3\tilde{\omega}t+\frac{t}{2\tilde{\omega}}\left[Af(A)-\frac{3}{4}A^3\right] \tag{6-11}$$

式中：B_1 和 B_2 为常数。

式(6-11)等号右侧最后一项为永年项，随着时间的增长，这项会使位移变得无限大，对于受约束的结构体系在物理上是不可能出现的，因此其系数必须等于0。于是得

$$f(A)=\frac{3}{4}A^2 \tag{6-12}$$

利用式(6-12)，可由式(6-5)得出自由振动的频率为

$$\tilde{\omega}=\sqrt{\omega_0^2+\frac{3k_3}{4m}A^2} \tag{6-13}$$

其中，ε 已由 k_3/m 代换。

结果表明，增加恢复力的立方项，会使非线性系统的频率增加，该频率的增加取决于系统的初始位移 A。利用零初始值条件 $x_1(0)=\dot{x}_1(0)=0$，求常数 B_1 和 B_2 的值，从而由式(6-11)计算 x_1，得到 $B_1=-A^3/\left(32\tilde{\omega}^2\right)$，$B_2=0$。

最后，将 x_0 和 x_1 代入式(6-4)，得到一阶摄动解：

$$x(t)=A\cos\tilde{\omega}t-\frac{k_3A^3}{32m\tilde{\omega}^2}(\cos\tilde{\omega}t-\cos3\tilde{\omega}t) \tag{6-14}$$

式(6-14)表明，非线性系统自由振动的振动方程中出现了谐波频率为 $3\tilde{\omega}$ 的分量，该分量使线性系统(k_3=0)的自由振动发生了畸变。

6.2.2 单自由度非线性系统有阻尼自由振动

多尺度法是20世纪五六十年代由斯特罗克(Sturrock)、弗里曼(Frieman)、奈弗(Nayfeh)及桑德拉(Sandri)等提出的奇异摄动法。多尺度法不但适用于求周期运动解，也适用于求有阻尼系统的近似解。

考虑系统阻尼，整理非线性方程得到：

$$\ddot{y}+\omega_0^2y=\varepsilon f(y,\ \dot{y}) \tag{6-15}$$

多尺度法把微分方程的解不只看作单一变量 t 的函数，而把 $t,\varepsilon t,\varepsilon^2t,\cdots$ 都看作独立自变量或称时间尺度，把解看作这些独立自变量或时间尺度的函数。

引入新的独立自变量：

$$T_n=\varepsilon^n t\quad(n=0,1,2,\cdots) \tag{6-16}$$

根据这些关系，对 t 的导数可用对 T_n 的偏导数表示为算子的形式：

$$\begin{cases}\dfrac{\mathrm{d}}{\mathrm{d}t}=\dfrac{\mathrm{d}T_0}{\mathrm{d}t}\dfrac{\partial}{\partial T_0}+\dfrac{\mathrm{d}T_1}{\mathrm{d}t}\dfrac{\partial}{\partial T_1}+\cdots=D_0+\varepsilon D_1+\cdots\\[2ex]\dfrac{\mathrm{d}^2}{\mathrm{d}t^2}=D_0^2+2\varepsilon D_0D_1+\varepsilon^2(D_1^2+2D_0D_2)+\cdots\end{cases} \tag{6-17}$$

式中，$D_0,D_1,D_2,\cdots$ 分别为对 $T_0,T_1,T_2,\cdots$ 求偏导数的运算符号。

采用多尺度法求解时，对于自治系统，设解的形式为

$$y(t)=y_0(T_0,T_1,T_2,\cdots)+\varepsilon y_1(T_0,T_1,T_2,\cdots)+\cdots \tag{6-18}$$

所取独立自变量的个数取决于解的展开式所取项数，若展开式取到 $O(\varepsilon^2)$，则自变量取 T_0，T_1 即可。

将式（6-18）代入式（6-15），比较 ε 同幂次项的系数可得到一系列线性偏微分方程：

$$\begin{cases} D_0^2 y_0 + \omega_0^2 y_0 = 0 \\ D_0^2 y_1 + \omega_0^2 y_1 = -2D_0 D_1 y_0 + f(y_0, D_0 y_0) \\ D_0^2 y_2 + \omega_0^2 y_2 = F(y_0, y_1) \\ \qquad\vdots \end{cases} \tag{6-19}$$

将式（6-19）中第一式的解写为复数的形式：

$$y_0 = A(T_1, T_2, \cdots)\exp(\mathrm{i}\omega_0 T_0) + \bar{A}(T_1, T_2, \cdots)\exp(-\mathrm{i}\omega_0 T_0) \tag{6-20}$$

函数 A 在这一步仍然是任意的，它可以由下一步消除永年项的条件确定。将 y_0 代入式（6-19）中的第二式，得到

$$\begin{aligned} D_0^2 y_1 + \omega_0^2 y_1 = &-2\mathrm{i}\omega_0 D_1 A\exp(\mathrm{i}\omega_0 T_0) + 2\mathrm{i}\omega_0 D_1 \bar{A}\exp(-\mathrm{i}\omega_0 T_0) + \\ &f[A\exp(\mathrm{i}\omega_0 T_0) + \bar{A}\exp(-\mathrm{i}\omega_0 T_0) + \mathrm{i}\omega_0 A\exp(\mathrm{i}\omega_0 T_0) - \mathrm{i}\omega_0 \bar{A}\exp(-\mathrm{i}\omega_0 T_0)] \end{aligned} \tag{6-21}$$

式（6-21）的解中含 $T_0\exp(\mathrm{i}\omega_0 T_0)$ 的项均为永年项，必须适当选择函数 A，使 y_1 中不出现永年项。因此，将 $f(y_0, D_0 y_0)$ 展开为傅里叶级数：

$$f = \sum_{n=-\infty}^{\infty} f_n(A, \bar{A})\exp(\mathrm{i}n\omega_0 T_0) \tag{6-22a}$$

$$f_n(A, \bar{A}) = \frac{\omega_0}{2\pi}\int_0^{2\pi/\omega_0} f\exp(-\mathrm{i}n\omega_0 T_0)\mathrm{d}T_0 \tag{6-23b}$$

消除永年项的条件为

$$\mathrm{i}D_1 A = \frac{\omega_0}{2\pi}\int_0^{2\pi/\omega_0} f\exp(-\mathrm{i}n\omega_0 T_0)\mathrm{d}T_0 \tag{6-24}$$

若求第一次近似解，只需将 A 看作 T_1 的函数，并且将解设到这一项为止。为求解式（6-24），将 $A(T_1)$ 表示为极坐标的形式：

$$A(T_1) = \frac{1}{2}a(T_1)\exp[-\mathrm{i}\beta(T_1)] \tag{6-25}$$

求一阶近似解，得到

$$\begin{cases} y_0 = a(T_1)\cos\psi \\ \psi = \omega_0 T_0 + \beta(T_1) \end{cases} \tag{6-26}$$

将式（6-25）代入式（6-24），得到

$$\mathrm{i}(D_1 a + \mathrm{i}aD_1\beta) = \frac{1}{2\pi\omega_0}\int_0^{2\pi} f(a\cos\psi, -\omega_0 a\sin\psi)\exp(-\mathrm{i}\psi)\mathrm{d}\psi \tag{6-27}$$

分离式（6-27）的实部与虚部，得到

$$\begin{cases} D_1 a = -\dfrac{1}{2\pi\omega_0}\displaystyle\int_0^{2\pi} f(a\cos\psi, -\omega_0 a\sin\psi)\sin\psi\mathrm{d}\psi \\ D_1\beta = -\dfrac{1}{2\pi\omega_0 a}\displaystyle\int_0^{2\pi} f(a\cos\psi, -\omega_0 a\sin\psi)\cos\psi\mathrm{d}\psi \end{cases} \tag{6-28}$$

解出 a、β 后，得到第一次近似解为

$$y = a(T_1)\cos[\omega_0 T_0 + \beta(T_1)] \tag{6-29}$$

6.2.3 多自由度非线性系统自由振动

根据线性振动理论,可求出非线性系统对应的派生系统的 n 个固有频率,称为派生系统的固有频率,相应地可求出 n 个固有模态。对于非线性系统,当两个或更多个频率的比值为有理数或近似为有理数时,非线性因素的影响使得可通约关系式中相应模态之间产生强烈的耦合,称为非线性系统内共振。当自由振动系统中存在内共振时,在初始时刻给任一参与内共振的模态施加一定的能量(按该模态形状给初位移),则系统进入振动状态。在振动过程中,振动能量将在涉及内共振的全部模态之间不断地进行交换与传递。

两个自由度非线性系统的自由振动方程:

$$\begin{cases}\ddot{y}_1+\omega_1^2 y_1=-2\hat{\mu}_1\dot{y}_1+\alpha_1 y_1 y_2\\ \ddot{y}_2+\omega_2^2 y_2=-2\hat{\mu}_2\dot{y}_2+\alpha_2 y_1^2\end{cases}\tag{6-30}$$

式中:y_1 和 y_2 为系统自由度;$\hat{\mu}_1$、$\hat{\mu}_2$ 分别为与阻尼有关的系数;α_1和α_2 分别为符号相同的常数。

设运动是微幅的,用多尺度法求解。设解的形式为

$$\begin{cases}y_1=\varepsilon y_{11}(T_0,T_1)+\varepsilon^2 y_{12}(T_0,T_1)+\cdots\\ y_2=\varepsilon y_{21}(T_0,T_1)+\varepsilon^2 y_{22}(T_0,T_1)+\cdots\end{cases}\tag{6-31}$$

式中:ε 为与振幅同量级的小参数;$T_n=\varepsilon^n t$。

为了使阻尼和非线性项在同一摄动方程中出现,令 $\hat{\mu}_j=\varepsilon\mu_j$ 以调节阻尼系数的量级,把式(6-31)代入式(6-30),并使 ε 同阶的系数相等,得到

$$\begin{cases}D_0^2 y_{11}+\omega_1^2 y_{11}=0\\ D_0^2 y_{21}+\omega_2^2 y_{21}=0\end{cases}\tag{6-32}$$

$$\begin{cases}D_0^2 y_{12}+\omega_1^2 y_{12}=-2D_0(D_1 y_{11}+\mu_1 y_{11})+\alpha_1 y_{11}y_{21}\\ D_0^2 y_{22}+\omega_2^2 y_{22}=-2D_0(D_1 y_{21}+\mu_2 y_{21})+\alpha_2 y_{11}^2\end{cases}\tag{6-33}$$

式中:$D_n=\partial/\partial T_n$。

式(6-32)的解为

$$\begin{cases}y_{11}=A_1(T_1)\exp(\mathrm{i}\omega_1 T_0)+cc\\ y_{21}=A_2(T_1)\exp(\mathrm{i}\omega_2 T_0)+cc\end{cases}\tag{6-34}$$

式中:cc 为复共轭项。

将式(6-34)代入式(6-33),可得

$$\begin{cases}D_0^2 y_{12}+\omega_1^2 y_{12}=-2\mathrm{i}\omega_1(D_1 A+\mu_1 A_1)\exp(\mathrm{i}\omega_1 T_0)+\\ \qquad \alpha_1\{A_1 A_2\exp[\mathrm{i}(\omega_1+\omega_2)T_0]+A_2\bar{A}_1\exp[\mathrm{i}(\omega_2-\omega_1)T_0]\}+cc\\ D_0^2 y_{22}+\omega_2^2 y_{22}=-2\mathrm{i}\omega_2(D_1 A_2+\mu_2 A_2)\exp(\mathrm{i}\omega_2 T_0)+\\ \qquad \alpha_2[A_1^2\exp(2\mathrm{i}\omega_1 T_0)+A_1\bar{A}_1]+cc\end{cases}\tag{6-35}$$

1. 系统不存在内共振

当 ω_2 和 ω_1 不满足内共振关系时，系统没有内共振。消去式(6-35)中的永年项，可得

$$\begin{cases} D_1A_1+\mu_1A_1=0 \\ D_1A_2+\mu_2A_2=0 \end{cases} \tag{6-36}$$

得到

$$\begin{cases} A_1=a_1\exp(-\mu_1T_1) \\ A_2=a_2\exp(-\mu_2T_1) \end{cases} \tag{6-37}$$

式中：a_1 和 a_2 为复常数。

因此

$$\begin{cases} y_1=\varepsilon\exp(-\varepsilon\mu_1t)[a_1\exp(\mathrm{i}\omega_1t)+cc]+O(\varepsilon^2) \\ y_2=\varepsilon\exp(-\varepsilon\mu_2t)[a_2\exp(\mathrm{i}\omega_2t)+cc]+O(\varepsilon^2) \end{cases} \tag{6-38}$$

式中，cc 为复共轭项。

式(6-38)表示有阻尼衰减振动，该振动随时间衰减直至静止，因而稳态解是 $y_1=y_2=0$。

2. 系统存在内共振

假定非线性项为平方项，存在内共振的关系为 $\omega_2\approx2\omega_1$（第二阶频率为基频的两倍），即

$$\omega_2=2\omega_1+\varepsilon\sigma \tag{6-39}$$

式中，σ 为调谐参数，表示 ω_2 与 $2\omega_1$ 的接近程度。

$$\begin{cases} 2\omega_1T_0=\omega_2T_0-\varepsilon\sigma T_0=\omega_2T_0-\sigma T_1 \\ (\omega_2-\omega_1)T_0=\omega_1T_0+\varepsilon\sigma T_0=\omega_1T_0+\sigma T_1 \end{cases} \tag{6-40}$$

消去永年项得到

$$\begin{cases} -2\mathrm{i}\omega_1(D_1A_1+\mu_1A_1)+\alpha_1A_2\bar{A}_1\exp(\mathrm{i}\sigma T_1)=0 \\ -2\mathrm{i}\omega_2(D_1A_2+\mu_2A_2)+\alpha_2A_1^2\exp(-\mathrm{i}\sigma T_1)=0 \end{cases} \tag{6-41}$$

引入极坐标形式，令

$$A_m=\frac{1}{2}a_m\exp(\mathrm{i}\beta_m)\quad(m=1,2) \tag{6-42}$$

式中，a_m 与 β_m 均为 T_1 的实函数。

将式(6-42)代入式(6-41)，并将所得结果分为实部和虚部，可得

$$\begin{cases} D_1a_1=-\mu_1a_1+\dfrac{\alpha_1}{4\omega_1}a_1a_2\sin\gamma \\ D_1a_2=-\mu_2a_2+\dfrac{\alpha_2}{4\omega_2}a_1^2\sin\gamma \end{cases} \tag{6-43}$$

$$\begin{cases} a_1 D_1 \beta_1 = -\dfrac{\alpha_1}{4\omega_1} a_1 a_2 \cos\gamma \\ a_2 D_1 \beta_2 = -\dfrac{\alpha_2}{4\omega_2} a_1^2 \cos\gamma \end{cases} \tag{6-44}$$

$$\gamma = \beta_2 - 2\beta_1 + \sigma T_1 \tag{6-45}$$

式(6-44)消去 β_1 与 β_2，得到

$$a_2 D_1 \gamma = \sigma a_2 + \left(\frac{\alpha_1 a_2^2}{2\omega_1} - \frac{\alpha_2 a_1^2}{4\omega_2}\right)\cos\gamma \tag{6-46}$$

联立求解可得到系统的振动响应。

6.3 非线性系统受迫振动

考虑系统阻尼，整理得到强迫振动系统的非线性振动方程：

$$\ddot{Y} + \omega_0^2 Y = \varepsilon f(Y, \dot{Y}) + P\sin\Omega t \tag{6-47}$$

对于共振与非共振情况，统一设解的形式为

$$Y = Y_0(T_0, T_1, T_2, \cdots) + \varepsilon Y(T_0, T_1, T_2, \cdots) + \cdots \tag{6-48}$$

6.3.1 非共振情况

对于非共振情况，P 可以是任意水平的干扰力。将式(6-48)代入式(6-47)，第一次近似应满足的偏微分方程为

$$D_0^2 \ddot{Y}_0 + \omega_0^2 Y_0 = P\sin\Omega t \tag{6-49}$$

通解为

$$Y_0 = A(T_1)\exp(\mathrm{i}\omega_0 T_0) + \frac{1}{2}\frac{P}{\omega_0^2 - \Omega^2}\exp(\mathrm{i}\Omega T_0) + cc \tag{6-50}$$

式中，$A(T_1)$ 可通过消去永年项确定。

可以看出，这种形式的解可以研究定常振动中周期的和非周期的解。定常振动周期解对应于当 $T_1 \to \infty$ 时 $A(T_1) \to 0$。

6.3.2 共振情况

由于共振情况 Ω 和 ω_0 很接近，令

$$\varepsilon\sigma = \Omega - \omega_0 \tag{6-51}$$

式中，$\varepsilon\sigma$ 表示接近的程度。

为了使系统有周期解，必须使干扰力与非线性项为同一量级，即需要在干扰力前

加上小参数 ε。多尺度法的特点是利用原方程的派生系统，在求解过程中把频率更改为激励的频率 Ω。下面以求解达芬方程为例展开说明。

达芬方程为

$$\ddot{Y}+\omega_0^2 Y=-\varepsilon\alpha Y^3-\varepsilon 2\xi\dot{Y}+P\cos\Omega t \tag{6-52}$$

式中，ξ 为阻尼比。

为得到周期解，令 $P=\varepsilon p$，式（6-52）变为

$$\ddot{Y}+\omega_0^2 Y=\varepsilon[-2\xi\dot{Y}-\alpha Y^3+p\cos(\omega_0+\varepsilon\sigma)t] \tag{6-53}$$

设一阶近似解为

$$Y(t,\varepsilon)=Y_0(T_0,T_1)+\varepsilon Y_1(T_0,T_1) \tag{6-54}$$

干扰力用 T_0、T_1 表示，即 $\varepsilon p\cos(\omega_0 T_0+\sigma T_1)$，将式（6-54）代入式（6-53），根据同次幂的系数相等可得：

$$\begin{cases} D_0^2 Y_0+\omega_0^2 Y_0=0 \\ D_0^2 Y_1+\omega_0^2 Y_1=-2D_0D_1Y_0-2\xi D_0Y_0-\alpha Y_0^3+p\cos(\omega_0T_0+\sigma T_1) \end{cases} \tag{6-55}$$

由线性振动理论得到式（6-55）的派生解为

$$Y_0=A(T_1)\exp(\mathrm{i}\omega_0T_0)+cc \tag{6-56}$$

将式（6-56）代入式（6-55）的第二式，可得

$$D_0^2Y_1+\omega_0^2Y_1=-[2\mathrm{i}\omega_0(D_1A+\xi A)+3\alpha A^2\bar{A}]\exp(\mathrm{i}\omega_0T_0)- \\ \alpha A^3\exp(3\mathrm{i}\omega_0T_0)+\frac{1}{2}p\exp[\mathrm{i}(\omega_0T_0+\sigma T_1)]+cc \tag{6-57}$$

为消去永年项，令

$$2\mathrm{i}\omega_0(D_1A+\xi A)+3\alpha A^2\bar{A}-\frac{1}{2}p\exp(\mathrm{i}\sigma T_1)=0 \tag{6-58}$$

式中，$A=\frac{1}{2}a\exp(\mathrm{i}\beta)$，$a$、$\beta$ 都是实数，代入式（6-58），并分开实部、虚部，可得

$$\begin{cases} D_1a=-\xi a+\dfrac{1}{2}\dfrac{p}{\omega_0}\sin\gamma \\ aD_1\gamma=\sigma a-\dfrac{3\alpha}{8\omega_0}a^3-\dfrac{1}{2}\dfrac{p}{\omega_0}\cos\gamma \end{cases} \tag{6-59}$$

式中，$\gamma=\sigma T_1-\beta$。

将式（6-58）代入式（6-56），得到一次近似解为

$$Y=a\cos(\omega_0t+\beta)+O(\varepsilon)$$

令 $D_1a=0$ 和 $D_1\gamma=0$，得到系统的定常响应，即定常解：

$$\begin{cases} \xi\bar{a}=\dfrac{1}{2}\dfrac{p}{\omega_0}\sin\gamma \\ \sigma\bar{a}-\dfrac{3\alpha}{8\omega_0}\bar{a}^3=\dfrac{1}{2}\dfrac{p}{\omega_0}\cos\gamma \end{cases} \tag{6-60}$$

将式（6-60）中两式两侧平方后相加，得到

$$\left[\xi^2+\left(\sigma-\frac{3}{8}\frac{\alpha}{\omega_0}\bar{a}^2\right)^2\right]\bar{a}^2=\frac{p^2}{4\omega_0^2} \tag{6-61}$$

式(6-61)即频率响应方程，整理得到

$$\sigma=\frac{3}{8}\frac{\alpha}{\omega_0}\bar{a}^2\pm\left(\frac{p^2}{4\omega_0^2\bar{a}^2}-\xi^2\right)^{\frac{1}{2}} \tag{6-62}$$

下面以两个自由度为例，讲解带有平方项和立方项的非线性振动系统受迫振动的求解过程。

1. 平方项非线性振动系统

两个自由度系统受迫振动方程为

$$\begin{cases}\ddot{y}_1+\omega_1^2 y_1=-2\hat{\mu}_1\dot{y}_1+\alpha_1 y_1 y_2+P_1\cos(\Omega t+\theta_1)\\ \ddot{y}_2+\omega_2^2 y_2=-2\hat{\mu}_2\dot{y}_2+\alpha_2 y_1^2+P_2\cos(\Omega t+\theta_2)\end{cases} \tag{6-63}$$

带有平方项的非线性系统，产生内共振的频率关系是 $\omega_2\approx 2\omega_1$。假定干扰频率接近派生系统的基频，即 $\Omega\approx\omega_1$，限定激励力幅值 $P_1=\varepsilon^2 p_1, P_2=\varepsilon^2 p_2$。令 $\Omega=\omega_1+\varepsilon\sigma_1$，$\sigma_1$ 为调谐参数，采用多尺度方法求解，消去永年项，可得

$$\begin{cases}D_1 a_1=-\mu_1 a_1+\dfrac{\alpha_1}{4\omega_1}a_1 a_2\sin\gamma_2+\dfrac{1}{2\omega_1}p_1\gamma_1\\ D_1 a_2=-\mu_2 a_2-\dfrac{1}{4\omega_2}a_1^2\sin\gamma_2\\ \alpha_1 D_1\beta_1=-\dfrac{1}{4\omega_1}a_1 a_2\cos\gamma_2-\dfrac{1}{2\omega_1}p_1\cos\gamma_1\\ \alpha_2 D_1\beta_2=-\dfrac{1}{4\omega_2}a_1^2\cos\gamma_2\end{cases} \tag{6-64}$$

根据求 a_1、a_2 的定常解条件，令式(6-64)等于零，可以得到频率响应曲线。频率响应曲线存在稳定和不稳定区域。在稳定区域内的时间历程响应为

$$\begin{cases}y_1=2\varepsilon\sqrt{\omega_2 a_2/G}\cos(\Omega t-\gamma_1+\theta_1)+O(\varepsilon^2)\\ y_2=\dfrac{P_1}{\omega_2^2-\Omega^2}\cos(\Omega t+\theta_2)+\varepsilon a_2\cos(2\Omega t+2\theta_1+\gamma_2-2\gamma_1)+O(\varepsilon^2)\end{cases} \tag{6-65}$$

在不稳定区域内，直接对式(6-63)进行数值积分，可以得到时间历程响应。

2. 立方项非线性振动系统

振动方程为

$$\begin{cases}\ddot{y}_1+\omega_1^2 y_1=-2\hat{\mu}_1\dot{y}_1+\alpha_1 y_1^3+\alpha_2 y_1^2 y_2+\alpha_3 y_1 y_2^2+\alpha_4 y_2^3+P_1\cos(\Omega t+\theta_1)\\ \ddot{y}_2+\omega_2^2 y_2=-2\hat{\mu}_2\dot{y}_2+\alpha_5 y_1^3+\alpha_6 y_1^2 y_2+\alpha_7 y_1 y_2^2+\alpha_8 y_2^3+P_2\cos(\Omega t+\theta_2)\end{cases} \tag{6-66}$$

假定 $\omega_2>\omega_1$，分别研究 $\varepsilon\omega_1\approx\Omega$ 或 $\omega_2\approx\Omega$ 的情况。设解的形式为

$$\begin{cases}y_1=\varepsilon y_{11}(T_0,\ T_2)+\varepsilon^3 y_{13}(T_0,\ T_2)+\cdots\\ y_2=\varepsilon y_{21}(T_0,\ T_2)+\varepsilon^3 y_{23}(T_0,\ T_2)+\cdots\end{cases} \tag{6-67}$$

设 $\hat{\mu}_n=\varepsilon^2\mu_n$，$P_n=\varepsilon^2 p_n$，将式(6-67)代入式(6-66)，令 ε 同阶系数相等，得到 ε 阶方程：

$$\begin{cases}D_0^2 y_{11}+\omega_1^2 y_{11}=0\\ D_0^2 y_{21}+\omega_2^2 y_{21}=0\end{cases} \tag{6-68}$$

设式(6-68)的解为

$$\begin{cases}y_{11}=A_1(T_2)\exp(\mathrm{i}\omega_1 T_0)+cc\\ y_{21}=A_2(T_2)\exp(\mathrm{i}\omega_2 T_0)+cc\end{cases} \tag{6-69}$$

还可得到 ε^3 阶方程：

$$\begin{cases}D_0^2 y_{13}+\omega_1^2 y_{13}=-2D_0(D_1 y_{11}+\mu_1 y_{11})+\alpha_1 y_{11}^3+\alpha_2 y_{11}^2 y_{21}+\alpha_3 y_{11}y_{21}^2+\alpha_4 y_{21}^3+p_1\cos(\Omega T_0+\theta_1)\\ D_0^2 y_{23}+\omega_2^2 y_{23}=-2D_0(D_1 y_{21}+\mu_2 y_{21})+\alpha_5 y_{11}^3+\alpha_6 y_{11}^2 y_{21}+\alpha_7 y_{11}y_{21}^2+\alpha_8 y_{21}^3+p_2\cos(\Omega T_0+\theta_2)\end{cases} \tag{6-70}$$

若系统存在内共振关系，则有 $\omega_2\approx 3\omega_1$，引入调谐参数 σ_1，得到

$$\omega_2=3\omega_1+\varepsilon^2\sigma_1 \tag{6-71}$$

1）$\boldsymbol{\Omega\approx\omega_1}$

引入第二个调谐参数 σ_2，设

$$\Omega=\omega_1+\varepsilon^2\sigma_2 \tag{6-72}$$

将式(6-69)代入式(6-70)，考虑式(6-71)和式(6-72)后，可解条件为

$$\begin{cases}-2\mathrm{i}\omega_1(D_1A_1+\mu_1A_1)+3\alpha_1A_1^2\overline{A}_1+2\alpha_3A_2\overline{A}_2A_1+\alpha_2A_2\overline{A}_1^2\exp(\mathrm{i}\sigma T_2)+\dfrac{1}{2}f_1\exp(\mathrm{i}\sigma_2T_2+\tau_1)=0\\ -2\mathrm{i}\omega_2(D_1A_2+\mu_2A_2)+\alpha_5A_1^3\exp(-\mathrm{i}\sigma T_2)+3\alpha_8A_2^2\overline{A}_2+2+2\alpha_6A_1\overline{A}_1A_2=0\end{cases} \tag{6-73}$$

设 $A_n=\dfrac{1}{2}a_n\exp(\mathrm{i}\theta_n)$，代入式(6-73)，并将实部与虚部分开，得到

$$\begin{cases}8\omega_1(D_1a_1+\mu_1a_1)=\alpha_2a_1^2a_2\sin\gamma_1+4f_1\sin\gamma_2\\ 8\omega_2(D_1a_2+\mu_2a_2)=-\alpha_5a_1^3\sin\gamma_1\\ 8\omega_1a_1D_1\theta_1=-(3\alpha_1a_1^2+2\alpha_3a_2^2)a_1-\alpha_2a_1^2a_2\cos\gamma_1-4f_1\cos\gamma_2\\ 8\omega_2a_2D_1\theta_2=-(3\alpha_8a_2^2+2\alpha_6a_1^2)a_2-\alpha_5a_1^3\cos\gamma_1\end{cases} \tag{6-74}$$

式中

$$\begin{cases}\gamma_1=\sigma_1T_2+\theta_2-3\theta_1\\ \gamma_2=\sigma_2T_2-\theta_1+\tau_1\end{cases} \tag{6-75}$$

令 $D_1a_n=D_1\theta_n=0$，可以得到求定常解的方程：

$$\begin{cases}8\omega_1\mu_1a_1-\alpha_2a_1^2a_2\sin\gamma_1-4f_1\sin\gamma_2=0\\ 8\omega_2\mu_2a_2+\alpha_5a_1^3\sin\gamma_1=0\\ 8\omega_1a_1a_2+(3\alpha_1a_1^2+2\alpha_3a_2^2)a_1+\alpha_2a_1^2a_2\cos\gamma_1+4f_1\cos\gamma_2=0\\ 8\omega_2a_2(3\sigma_2-\sigma_1)+(3\alpha_8a_2^2+2\alpha_6a_1^2)a_2+\alpha_5a_1^3\cos\gamma_1=0\end{cases} \tag{6-76}$$

2）$\boldsymbol{\Omega\approx\omega_2}$

同样引入第二个调谐参数 σ_2，设

$$\Omega = \omega_2 + \varepsilon^2 \sigma_2 \tag{6-77}$$

通过(6-71),从式(6-70)得到消去永年项的条件为

$$\begin{cases} -2\mathrm{i}\omega_1(D_1A_1 + \mu_1A_1) + 3\alpha_1A_1^2\overline{A}_1 + 2\alpha_3A_1\overline{A}_2A_2 + \alpha_2A_2\overline{A}_1^2\exp(\mathrm{i}\sigma T_2) = 0 \\ -2\mathrm{i}\omega_2(D_1A_2 + \mu_2A_2) + 3\alpha_8A_2^2\overline{A}_2 + 2\alpha_6A_2A_1\overline{A}_1 + \alpha_5A_1^3\exp(-\mathrm{i}\sigma_1T_2) + \dfrac{1}{2}f_2\exp(\mathrm{i}\sigma_2T_2 + \tau_2) = 0 \end{cases} \tag{6-78}$$

令 $A_m = a_m\exp(\mathrm{i}\theta_m)$,代入式(6-78),并将实部与虚部分开,得到

$$\begin{cases} 8\omega_1(D_1a_1 + \mu_1a_1) - \alpha_2a_2a_1^2\sin\gamma_1 = 0 \\ 8\omega_1a_1D_1\theta_1 + 3\alpha_1a_1^3 + 2\alpha_3a_1a_2^2 + \alpha_2a_2a_1^2\cos\gamma_1 = 0 \\ 8\omega_2(D_1a_2 + \mu_2a_2) + \alpha_5a_1^3\sin\gamma_1 - 4f_2\sin\gamma_2 = 0 \\ 8\omega_2a_2D_1\theta_2 + 3\alpha_8a_2^3 + 2\alpha_6a_2a_1^2 + \alpha_5a_1^3\cos\gamma_1 + 4f_2\cos\gamma_2 = 0 \end{cases} \tag{6-79}$$

式中

$$\begin{cases} \gamma_1 = \sigma_1T_2 - 3\theta_1 + \theta_2 \\ \gamma_2 = \sigma_2T_2 - \theta_2 + \tau_2 \end{cases} \tag{6-80}$$

令 $D_1a_n = D_1\theta_n = 0$,可以得到求定常解的方程。

6.4　非线性系统定量分析方法

对于工程实际中的问题,其结构系统一般都比较复杂,方程的维数比较高,很难得到其精确解和解析解,需要借助数值方法求解结构动力响应。下面以 Newmark-β 法、Wilson-θ 法为例,讲解非线性振动问题的数值求解方法。

对于非线性多自由度系统,其在 t_i 时刻的振动方程为

$$M\ddot{Y}_i + C\dot{Y}_i + (f_S)_i = P_i \tag{6-81}$$

式中:f_S 为非线性恢复力。

而经历一个时间步 $\Delta t = t_{i+1} - t_i$ 后的振动方程为

$$M\ddot{Y}_{i+1} + C\dot{Y}_{i+1} + (f_S)_{i+1} = P_{i+1} \tag{6-82}$$

为方便计算,引入增量形式:

$$\begin{cases} \Delta\ddot{Y}_i = \ddot{Y}_{i+1} - \ddot{Y}_i \\ \Delta\dot{Y}_i = \dot{Y}_{i+1} - \dot{Y}_i \\ \Delta Y_i = Y_{i+1} - Y_i \\ (\Delta f_S)_i = (f_S)_{i+1} - (f_S)_i \\ \Delta P_i = P_{i+1} - P_i \end{cases} \tag{6-83}$$

整理可得增量形式的振动方程:

$$M\Delta\ddot{Y}_i + C\Delta\dot{Y}_i + (\Delta f_S)_i = \Delta P_i \tag{6-84}$$

式中,恢复力增量可表示为

$$(\Delta f_{\rm S})_i = K_i \Delta Y_i \tag{6-85}$$

则增量形式的振动方程变为

$$M\Delta\ddot{Y}_i + C\Delta\dot{Y}_i + K_i\Delta Y_i = \Delta P_i \tag{6-86}$$

对于非线性动力反应的数值计算，只需将第四章中的线性系统数值求解方法稍加修改，即将常量的线性刚度替换为每时间步开始的切线刚度进行计算即可。

6.4.1 Newmark- β 法

为了便于应用增量形式的振动方程，以位移增量 ΔY_i 为基本未知量，通过 Newmark- β 法中的位移基本表达式得到由 ΔY_i 来表示的 $\Delta\ddot{Y}_i$，然后代入速度基本表达式，得到由 ΔY_i 表示的 $\Delta\dot{Y}_i$，即

$$\Delta\ddot{Y}_i = \frac{1}{\beta(\Delta t)^2}\Delta Y_i - \frac{1}{\beta\Delta t}\dot{Y}_i - \frac{1}{2\beta}\ddot{Y}_i \tag{6-87}$$

$$\Delta\dot{Y}_i = \frac{\gamma}{\beta\Delta t}\Delta Y_i - \frac{\gamma}{\beta}\dot{Y}_i + \Delta t\left(1-\frac{\gamma}{2\beta}\right)\ddot{Y}_i \tag{6-88}$$

将式(6-87)和式(6-88)代入增量形式的振动方程，整理得到

$$K_i^*\Delta Y_i = \Delta P_i^* \tag{6-89}$$

$$K_i^* = K_i + \frac{1}{\beta(\Delta t)^2}M + \frac{\gamma}{\beta\Delta t}C \tag{6-90}$$

$$\Delta P_i^* = \Delta P_i + \left(\frac{1}{\beta\Delta t}\dot{Y}_i + \frac{1}{2\beta}\ddot{Y}_i\right)M + \left[\frac{\gamma}{\beta}\dot{Y}_i + \Delta t\left(\frac{\gamma}{2\beta}-1\right)\ddot{Y}_i\right]C \tag{6-91}$$

求得位移增量 ΔY_i 后，速度增量 $\Delta\dot{Y}_i$ 根据式(6-88)计算得到，进而可获得 t_{i+1} 时刻的位移和速度，作为下一时间步的初始条件。然而，为了避免误差的累积，在每一时间步中并未计算加速度增量来确定 t_{i+1} 时刻的加速度，而是利用 t_{i+1} 时刻的动力平衡方程式计算，即

$$\ddot{Y}_{i+1} = M^{-1}[P_{i+1} - C\dot{Y}_{i+1} - (f_{\rm S})_{i+1}] \tag{6-92}$$

式中：恢复力向量 $(f_{\rm S})_{i+1}$ 是由 t_{i+1} 时刻的位移和速度确定的。

6.4.2 Wilson-θ 法

针对 Newmark- β 法中增量形式的速度、加速度表达式，令 $\gamma=\frac{1}{2}$，$\beta=\frac{1}{6}$，将时间步 $t_i \to t_{i+1}$ 上的增量 Δ 换成延伸时间步 $[t_i, t_i+\theta\Delta t]$ 上的增量 δ，得到

$$\delta\ddot{Y}_i = \frac{6}{(\delta t)^2}\delta Y_i - \frac{6}{\delta t}\dot{Y}_i - 3\ddot{Y} \tag{6-93}$$

$$\delta\dot{Y}_i = \frac{3}{\delta t}\delta Y_i - 3\dot{Y}_i - \frac{\delta t}{2}\ddot{Y}_i \tag{6-94}$$

于是，将增量平衡方程中的 Δ 换为 δ，并将式(6-93)和式(6-94)代入，整理得到

$$K_i^* \delta Y_i = \delta P_i^* \tag{6-95}$$

$$K_i^* = K_i + \frac{6}{(\delta t)^2} M + \frac{3}{\delta t} C = K_i + \frac{6}{(\theta \Delta t)^2} M + \frac{3}{\theta \Delta t} C \tag{6-96}$$

$$\delta P_i^* = \delta P_i + \left[\frac{6}{\delta t}\dot{Y}_i + 3\ddot{Y}_i\right] M + \left[3\dot{Y}_i + \frac{\delta t}{2}\ddot{Y}_i\right] C = \theta \Delta F_i + \left[\frac{6}{\theta \Delta t}\dot{Y}_i + 3\ddot{Y}_i\right] M + \left[3\dot{Y}_i + \frac{\theta \Delta t}{2}\ddot{Y}_i\right] C \tag{6-97}$$

根据式（6-95）可求得 δY_i，进而求得延伸时间步的加速度增量 $\delta \ddot{Y}_i$。得到对应时间步 $[t_i, t_{i+1}]$ 上的加速度增量 $\Delta \ddot{Y}_i$ 为

$$\Delta \ddot{Y}_i = \frac{1}{\theta} \delta \ddot{Y}_i \tag{6-98}$$

而速度增量和位移增量则由线性系统数值求解 Wilson-θ 法所对应的增量形式计算，即

$$\Delta \dot{Y}_i = (\Delta t)\ddot{Y}_i + \frac{\Delta t}{2} \Delta \ddot{Y}_i \tag{6-99}$$

$$\Delta Y_i = (\Delta t)\dot{Y}_i + \frac{(\Delta t)^2}{2} \ddot{Y}_i + \frac{(\Delta t)^2}{6} \Delta \ddot{Y}_i \tag{6-100}$$

最后，由增量形式整理获得 t_{i+1} 时刻的位移和速度，作为下一时间步的初始条件，而加速度则由振动方程计算。

第二部分 应用篇

Chapter 7

第七章 海洋固定平台结构动力学

7.1 海洋固定平台

海洋平台结构是海洋油气资源开发的基础性设施，按运动方式可分为固定平台与移动平台两大类。海洋固定平台是直接固定于海底的钻井平台，通过管架结构在海底将平台固定，在整个使用寿命期内位置固定不变，整体稳定性好，刚度较大，受季节和气候的影响较小，抗风暴能力强；其缺点是机动性能差，一经下沉定位固定，就无法再移位重复使用。

7.1.1 海洋固定平台的发展

世界上第一座海洋固定平台安装在美国加利弗尼亚的油田，建于 1887 年，它实质上是一座木结构的栈桥。1920 年，在委内瑞拉的马拉开波湖出现了用木质钻井平台进行采油的活动。自此之后，世界各地开始出现大量的木质钻井平台。木质钻井平台工作水深不大，但平台的结构庞大，且承载力很差，开采石油的效率并不高，因此这一时期的海洋平台的发展较为缓慢。1947 年，在墨西哥湾水深 6 m 处工程人员成功安装了世界上第一座设施齐全的钢质导管架平台，该平台结构先在岸上拼装，然后在海上安装。钢质导管架平台工作水深为 20~200 m，较木质钻井平台深了很多，安装形式也较木质钻井平台更加方便，且由于钢材结构较木材结构更加稳定，因此钢质导管架平台逐步取代了木质钻井平台。1966 年，我国依靠自身技术力量在渤海湾水深 6 m 处安装了第一座导管架式平台，这是我国首次设计、建造、安装都依靠自身技术完成的海上钻井装置。随着近海石油开发的迅速发展以及电子计算机技术的应用，平台结构分析更加准确，大型打桩锤、大型运输船、大型浮吊设备的出现使钢质导管架平台无论在设计上还是建造技术上都有了长足的进步，工作水深也有了很大的提高。截至 2024 年 5 月，全球固定式海洋平台水深最大可达 400 多米。

7.1.2 海洋固定平台分类

海洋固定平台可分为桩基式和重力式两种。桩基式平台属于钻井采油平台，工作水深一般在 10 余米到 200 m 的范围内（个别平台超过 300 m），是世界上使用最多的一种平台，从设计理论和建造技术方面来衡量，它是一种最成熟和最通用的平台形式。钢筋混凝土重力式平台是 20 世纪 70 年代初开始发展起来的一种新型平台结构，主要用于欧洲的北海油田，这种平台具有钻井、采油、储油等多种功能，在水深 200 m 以内均可采用，最佳工作水深为 100~150 m。

1. 桩基式平台

桩基式平台包含导管架型平台和塔架型平台，应用最多的就是导管架型平台。

1）导管架平台

截至 2022 年，全球有数千座导管架海洋平台，在世界各海域均有应用。其中，工作水深超过 200 m 的导管架平台共计 27 座，工作水深超过 300 m 的导管架平台仅有 9 座，全部集中在墨西哥湾或美国南加州外海区域，其中最深的位于墨西哥湾的 Bullwinkle 油田，平台工作水深为 412 m。我国在役的导管架工作平台主要分布在渤海、东海、南海海域。2022 年 10 月 3 日，中国自主设计建造的亚洲第一深水导管架“海基一号”投产（图 7-1），其所用钢铁总量可以制造一艘中型航空母舰，是亚洲首例 300 m 级深水导管架，标志着我国在超大型海洋油气平台导管架设计建造技术上取得了新突破，开创了我国中深海油气资源开发的新模式。2023 年 6 月，“流花 11-1”导管架平台上部组块总装建造正式启动，它是一座集钻井、生产、生活为一体的多功能海上油气钻采平台，该平台工作水深为 324.5 m，在海洋固定式平台领域排名世界第七、亚洲第一，预计 2024 年投产后将服役于我国南海的“流花 11-1”油田。2024 年 3 月 12 日，“海基二号”深水导管架平台在珠海建造完工，刷新了深水导管架平台结构高度、质量、作业水深、建造速度等多项亚洲纪录，标志着我国深水超大型导管架平台自主设计建造能力达到了世界先进水平。“海基二号”油气平台建成后，高度将达 428 m，质量超 5 万吨，将成为亚洲最高的海上油气生产平台，如图 7-2 所示。

图 7-1 “海基一号”投产

图片来源：百度图片搜索（image.baidu.com）

图 7-2 “海基二号”海上安装

图片来源：百度图片搜索（image.baidu.com）

导管架平台适用于软土地基，主要由导管架、桩和上部结构三部分组成。导管架是钢质桁架结构，由大直径、厚壁的低合金钢管焊接而成。其主管可以是三根塔式导管架，也可以是四柱式、六柱式、八柱式等，由平台上部模块尺寸大小和水深决定。导管架的腿柱之间由水平横撑与斜撑、立向斜撑作为拉筋，以起到传递负荷及加强导管架强度的作用。桩的作用是把平台固定于海底，并承受横向载荷和垂直载荷。桩通过导管架打到海底土中，由单桩组成或群桩形成桩基础，上部结构和导管架的载荷通过桩基础传入地基。上部结构也称甲板结构，有整体式和组块式两种结构形式，其主要作用是在海上为钻井或采油提供足够的场地，以便在其上布置钻井或采油设备、辅助设备、各种生活设备,以及供直升飞机起降。

导管架型平台优点显著,其建造历史悠久,建造技术成熟,建造规范完备,在浅海区域中使用较为经济,且在保证平台安全的情况下能平稳作业,还具有适应性强、安全可靠、结构简单、造价低等特点。但是,其缺点也不容忽视,导管架型平台需要依靠桩固定于海底,所以海上安装工作量大、建造周期较长,且随着水深的增加,安装难度明显增大,建造费用显著提高;由于其固定式平台的特点,当油田预测产量发生变化时,对油田开发方案进行调整的适应性受到限制。

2)塔架平台

塔架平台是另一种适用于软土地基的桩基平台,由腿柱、水平杆和斜杆及大梁组成。桩设置在腿柱内排成圆形,桩顶与腿柱焊接,在空隙内灌入水泥浆,从而防止薄壁腿柱发生局部压屈,同时使桩固定在腿柱下端。施工时将塔架侧放并拖运就位,注入压舱水使塔架缓慢直立,然后开始打桩,最后安装平台的甲板。在自然条件恶劣的深水区,多采用导管架和塔架的组合方式。

2. 重力式平台

重力式平台可分为钢筋混凝土重力式平台、钢重力式平台和钢-钢筋混凝土重力式平台。

(1)钢筋混凝土重力式平台依靠自身重量来维持稳定,主要由上部结构、腿柱和基础三部分组成。其中,基础可分为整体式和分离式两种。整体式基础一般由若干圆筒形的舱室组成大沉垫,沉垫也可采用平板分仓的蜂窝式结构,其侧表面可做成多波形或平板形。分离式基础用若干个分离的舱室作基础,其对地基适应性强,受力明确,抗动力性能好,腿柱间距大,在拖航及下沉作业时较安全。

(2)钢重力式平台属于分离式基础型,由钢塔和钢浮筒组成,同时浮筒也兼作储油罐。

(3)钢-钢筋混凝土重力式平台的上部结构和腿柱用钢材建造,沉箱底座用钢筋混凝土建造,可充分发挥两种材料的特性。

以上三种重力式平台均适用于水深较深海域,整体式基础多建造在密实的砂土上,分离式基础可视地质条件而定,其立柱的间距随水深发生变化,对地基和水深的适应性都很强,可用于地质条件较差的情况。

7.2 导管架平台结构特点与受力

固定式导管架平台作为浅海油气开发的平台结构形式,在环境适用性和工程经济性方面具有浮式平台不可比拟的优势。通常认为在 400 m 水深以内,导管架是海洋油气开发最合理和经济的平台形式。因此,下面以固定式导管架平台为例,介绍海洋固定平台的结构动力学分析过程。

7.2.1 导管架平台的结构组成

导管架平台一般为钢质的桩基式结构物,主要分为上部结构和支撑结构。

(1)上部结构包括平台甲板、舱壁、围壁、甲板支柱以及桁架结构。甲板的主要作用是在海上为钻井或采油提供足够的场地,以便在其上布置钻井或采油设备、辅助设备、各种生活设备,以及供直升机起降。上部结构也称甲板结构,上部结构有整体式与组块式两种结构形式。所有甲板结构原则上都是由三维钢构件组成,主要承载构件可分为板桁材、箱形材和架三种形式。

(2)支撑结构(导管架)是由导管(桩腿)和连接导管的纵横撑杆所组成的空间刚(桁)架,包含桩结构。支撑结构的主要作用是支撑上部结构,平台进行海上安装施工时,导管架的桩腿则作为打桩定位和导向使用,导管架还可以用来系靠船舶,以便于供应船靠离平台。桩的作用是把平台固定于海底,并承受横向荷载和垂直荷载。导管架打入海底土中,由单桩组成或群桩形成桩基础,将上部结构和导管架的荷载通过桩基础传入地基。

图 7-3 所示为 8 腿柱导管架平台结构示意图。导管架结构通常设计为由全焊接中空圆管构成的钢质空间梁系结构,主要构件包括 4~8 个竖直腿柱或与竖向成小倾角的倾斜腿柱、系列竖直的隔水套管以及诸多水平撑材或斜向撑材。钢管桩是细长的焊接圆管,在水深较小的情况下,钢管桩穿过导管架腿柱打入海床;在水深较大的情况下,钢管桩以裙桩的形式打入海床,并在泥面附近与腿柱形成刚性连接。导管架结构将其承受的载荷通过桩基传递到海底地基中。

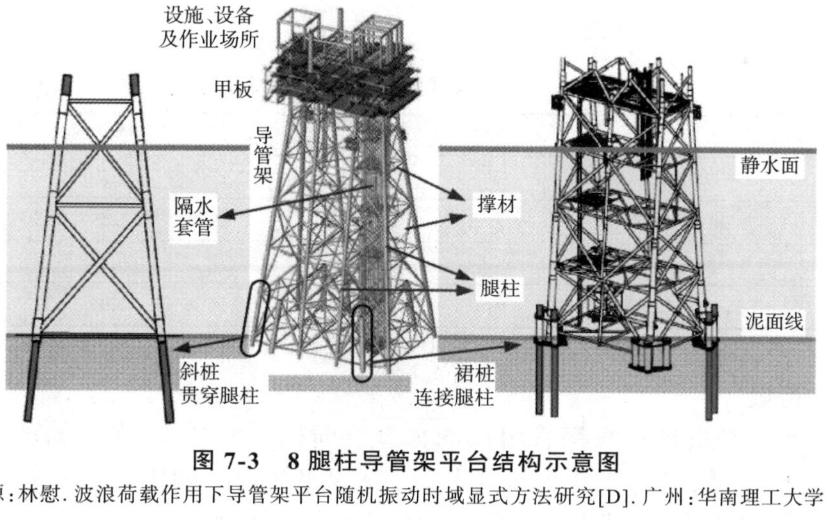

图 7-3 8 腿柱导管架平台结构示意图

图片来源:林慰. 波浪荷载作用下导管架平台随机振动时域显式方法研究[D]. 广州:华南理工大学,2021.

7.2.2 导管架平台的受力特点

导管架平台固定在海洋中,会受到以下荷载的影响。

1. 风荷载

风载荷是一种动态载荷，但是对于一些结构，其对风载荷的反应可以类似为静态的。对于导管架平台，根据统计分析，风载荷的比重并不大，低于总载荷的10%。对于风速，存在以下两种情况。

（1）持续性的风，一般可以持续几个小时，这个时候可以认为风载荷作用在整个导管架平台上。

（2）阵风，持续时间短，一般用于对个别构件的分析。风速越大，阵风持续时间越短。

对于海洋平台而言，持续一个小时以上的风速才有计算意义，并且风的高程至少要有10 m。在美国石油协会（API）规范中，要求静风载荷采用3 s的阵风；水平尺寸在50 m以下的构件，宜采用5 s阵风；当结构水平尺寸超过50 m，计算时间为1 min。

根据API RP 2A-WSD规范，作用在物体上的风的拖曳力计算公式为

$$F=\frac{\rho}{2}\mu^2C_sA \tag{7-1}$$

式中：F为风载荷（N）；ρ为空气的质量密度（标准温度和压力时为1.29 kg/m³）；μ为风速（m/s）；C_s为风力形状系数；A为物体面积（m²）。

对以任何角度接近结构的风，结构平面的风力应假设垂直作用在表面上，而直立圆管和其他圆形物体的风力应假设作用在风的方向上。

式（7-1）中的风力形状系数C_s，若无另外说明的情况，根据API规范，建议取值见表7-1。

表7-1　不同构件的风力形状系数取值

构件	风力形状系数
梁	1.5
建筑物的侧面	1.5
圆柱形构件	0.5
平台总投影面积	1.0

2. 波流荷载

导管架平台是由数百根钢管组成的大型空间框架型结构，在计算波浪作用在导管架上的力时，一般以绕流理论作为基础，导管架结构中的细长圆管杆件的截面尺寸D远小于波浪波长λ（即$D/\lambda<0.2$），因此为小尺度物体。

根据莫里森方程可以计算得到导管架细长圆管杆件的波浪力。其中，拖曳力系数C_D和惯性力系数C_M的选择与采用的波浪理论、平台工作水深、结构物形状、杆件表面光滑粗糙程度等因素有关。到目前为止，只能根据实验或者经验来确定，根据API RP 2A-WSD规范，两个系数的取值可以按照以下推荐取值：

$$\begin{cases}\text{光滑}: C_D = 0.65, C_M = 1.6 \\ \text{粗糙}: C_D = 1.05, C_M = 1.2\end{cases} \tag{7-2}$$

在计算波浪、流载荷时，如果波浪和流同时存在，应考虑波浪和流的联合作用。根据 API RP 2A-WSD 规范，一般情况下，波浪、流至少取 8 个方向，即方向为 0°、斜向、90°、斜向、180°、斜向、270° 和斜向，斜向作用方向的确定应通过方向搜索得到，通过比较不同角度下导管架基底剪力和倾覆力矩的值，确定最大基底剪力和最大倾覆力矩的斜向方向。当最大基底剪力和最大倾覆力矩的方向不一致时，如果两者产生的桩头力相差在 5%以内，可选择产生较大桩头力的方向，否则两个方向均需考虑。不论是对操作条件还是极端条件，都要进行这样的搜索。为了考虑海生物对波浪载荷的影响，可考虑海生物增大杆件直径，即在原杆件直径的基础上增加两倍海生物的厚度。

3. 甲板上浪载荷

在极端情况下，导管架平台会出现甲板上浪情况，其产生的载荷对平台安全有不可忽视的影响。迄今为止，关于甲板上浪载荷尚没有普遍认可的计算方法，现有的方法大致可分为侧面轮廓法和细节构件法两大类。侧面轮廓法包括 DNV 拍击力模型、SHELL 模型、MSL 模型和 API 模型。其中，API 模型给出的甲板上浪载荷最大值的计算公式为

$$F_{\text{dmax}} = \frac{1}{2}\rho C_{\text{w}}(a_{\text{w}}v_{\text{max}} + a_{\text{c}}v_{\text{c}})^2 A_{\text{w}} \tag{7-3}$$

式中：C_w 为承受甲板上浪载荷时的拖曳力系数；v_{max} 为甲板最高淹没处水质点的水平速度；v_c 为与波浪同向的流速；a_w 为波浪运动系数，在极端环境载荷时取 0.88；a_c 为海流阻挡系数；$A_w = z_w B$ 为甲板淹湿轮廓在波浪方向的投影面积，其中 z_w 为波浪淹没甲板的高度，B 为迎波侧的甲板宽度。

为便于计算，采用图 7-4 描述甲板上浪载荷简化时间历程的三线性模型。其中，F_{dmax} 为甲板上浪载荷极大值，可由式(7-3)计算得到；t_d 为甲板上浪载荷作用总时间，定义为从波浪前沿开始接触平台底层甲板至最终与甲板完全分离的时间，可根据 Stokes 5 阶波浪理论求得；t_1，t_2，t_3 分别为不同甲板上浪阶段对应的作用时间，其比值为 0.5 ∶ 0.5 ∶ 2.1。

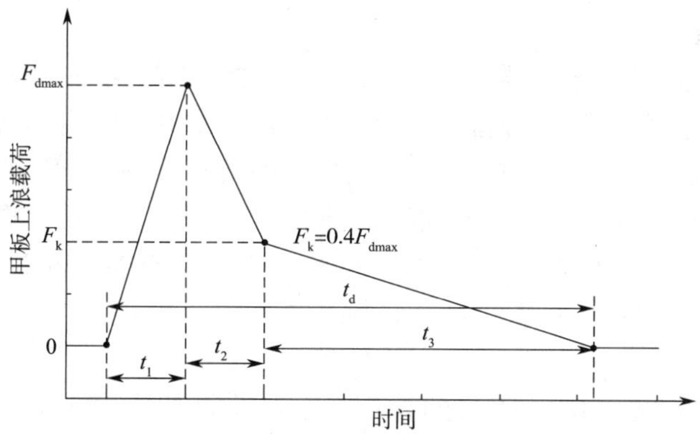

图 7-4　甲板上浪载荷时间历程简化模型

4. 冰载荷

在寒冷地区，冰载荷（冰力）可能成为平台的控制载荷。冰可以以单层冰、重叠冰、冰脊或冰山的形式存在，在我国海域一般可分为单层冰和重叠冰。单层冰和重叠冰的单轴抗压强度一般不同，在设计中应选择相应的值。

对处于冰作用区内的构件，杆件壁厚应扣除冰磨蚀余量。冰磨蚀余量一般取值为设计基础条件中建议的年冰磨蚀速度和平台的设计寿命（年）的乘积。如果设计基础条件中没有包含建议的年冰磨蚀速度，对于渤海湾海域的固定平台，冰磨蚀速度可取 0.1 mm/a。

$$\text{磨蚀区上边界标高} = WHAT + 0.1H + \Delta \tag{7-4}$$

$$\text{磨蚀区下边界标高} = WLAT - 0.9H - \Delta \tag{7-5}$$

式中：$WHAT$ 为冬季最高天文潮位（m）；$WLAT$ 为冬季最低天文潮位（m）；H 为冰厚（m）；Δ 为施工和测量误差，当水深小于或等于 50 m 时取 0.5 m，当水深大于 50 m 时取 1.0 m。

注：如无冬季天文潮资料，可用年资料。在确定冰作用点时，冰在水面以上的高度取冰厚的 1/10。

1）孤立柱冰力

作用在垂直和接近垂直（与水平面交角大于 75°）的孤立柱（$D \leqslant 2.5$ m）上的水平冰力 F 计算公式为

$$F = mIf_c\sigma_c Dh \tag{7-6}$$

式中：m 为形状系数，其中圆形截面取 0.9，方形截面的冰正向作用取 1.0、冰斜向作用取 0.7；I 为嵌入系数；f_c 为接触系数；σ_c 为冰无侧限压缩强度（MPa）；D 为冰挤压结构的宽度（m）；h 为冰厚（m）。

对圆形截面的柱，嵌入系数 I 和接触系数 f_c 的乘积由以下经验公式确定：

$$If_c = \frac{3.57h^{0.1}}{D^{0.5}} \tag{7-7}$$

式中：h 和 D 的单位为 cm。

2）导管架冰力

Ⅰ. 非堵塞情况

导管架总冰力为各腿柱和隔水套管的冰力之和，单腿柱冰力按式（7-6）计算。在计算总冰力时，应考虑腿柱和隔水套管间的相互影响，所有隔水套管上的冰力按式（7-6）计算，并按 0.9 的系数折减；对于阵列布置的隔水套管群，需要考虑遮蔽效应；位于隔水套管群后方的在冰破碎带内的腿柱上的冰力按 0.1 的系数折减；位于隔水套管群后方的不在冰破碎带内腿柱上的冰力按 0.5 的系数折减；对于没有隔水套管的四腿导管架，腿的冰力系数视具体情况而定。

Ⅱ. 部分堵塞情况

部分堵塞情况指仅井口区堵塞的情况，此时导管架上的总冰力为堵塞区冰力与导管架所有腿上的冰力之和。在这种情况下，对于堵塞区，取 $If_c = 0.4$，而形状系数 m

在冰斜向作用时为 0.9，正向作用时仍为 1.0。其构件间的相互影响考虑如下情况：

（1）位于隔水套管群后方，在破碎带内腿上的冰力为零；

（2）位于隔水套管群后方，但不在破碎带内腿上的冰力按 0.5 的系数折减；

（3）在结构分析时，将堵塞区的冰力按隔水套管数均分加到结构上。

3）全部堵塞情况

一般不考虑整个导管架全部堵塞的情况。

5. 地震载荷

结构所受的地震载荷是由地面运动引起的，而这个力的大小取决于结构物及基础的刚度。与其他大多数环境力不同，地震载荷一般随结构刚度变小而减小，而刚度变小是由于结构构件或基础构件的非弹性屈服或屈曲所引起的。如果这种非弹性效应可能发生，而结构物在重力荷载作用下没有失去稳定，则此结构可经受比第一次屈服时所承受过的更为严重的地面运动而不致倒塌。

由于地震发生的偶然性且不易预测，地震有效加速度重现期的选择一般长于环境载荷的重现期。例如，对于 20 年设计寿命的平台，环境载荷的重现期一般取为 100 年一遇，而用于强度水平结构校核的地震载荷的重现期可取 200 年一遇，用于韧性水平结构校核的地震载荷的重现期可取 1 000 年一遇。对于强度水平的地面设计水平加速度小于 $0.05g$ 的地区，可以不进行地震分析，因为这类地区的平台控制载荷往往不是地震载荷，而是设计环境载荷。

地震作用下平台结构受到的地震载荷主要包括地震惯性力和地震动水压力，其中地震惯性力可通过 API 规范推荐公式进行计算：

$$F_{Gij} = CK_{\mathrm{H}} r_j \varphi_{ij} \beta_j m_i g$$

式中：C=0.35~0.5 为综合影响系数；K_{H} 为水平地震系数；r_j 为结构 j 振型参与系数；φ_{ij} 为 j 振型下质点 i 的相对水平位移；β_j 为 j 振型动力放大系数；m_i 为集中在质点 i 的质量（kg）；g 为重力加速度（$\mathrm{m/s^2}$）。

地震动水压力主要包括流体附加质量惯性力和流体阻尼力，可忽略平台对海水运动的影响，认为地震动水压力为地震作用下海水速度场和加速度场作用于平台上的惯性力和阻尼力，可采用简化莫里森方程表示。

7.3 导管架平台动力学模型构建

相比于静力分析，动力分析可以得到平台顶点的速度响应和加速度响应，可以更直观全面地评估平台的真实受力情况。导管架平台通用的振动方程如下：

$$\boldsymbol{M}\ddot{\boldsymbol{Y}} + \boldsymbol{C}\dot{\boldsymbol{Y}} + \boldsymbol{K}\boldsymbol{Y} = \boldsymbol{P}(t) \tag{7-8}$$

式中：$\boldsymbol{M}$ 为系统的质量矩阵；$\boldsymbol{C}$ 为系统的阻尼矩阵；$\boldsymbol{K}$ 为系统的刚度矩阵；$\boldsymbol{Y}$，$\dot{\boldsymbol{Y}}$，$\ddot{\boldsymbol{Y}}$ 分别为系统节点的位移、速度、加速度向量；$\boldsymbol{P}(t)$ 为平台所承受的载荷向量。

忽略阻尼的影响，则振动方程可简化为

$$M\ddot{Y}+KY=P(t) \tag{7-9}$$

当外部载荷为 0 时，式(7-9)可转化为系统的自由振动方程：

$$M\ddot{Y}+KY=0 \tag{7-10}$$

根据式(7-10)可以解出系统的固有频率和固有振型，得出结构的固有频率和固有振型后，对结构采取相应的措施，可以避免结构共振。

对导管架平台进行动力响应分析时，阻尼可以假设为瑞利阻尼，其公式如下：

$$C=\alpha M+\beta K \tag{7-11}$$

式中：α 和 β 为阻尼系数，由结构振型阻尼比和固有频率决定，即

$$\xi=\frac{\alpha}{2\omega_i}+\frac{\beta\omega_i}{2} \tag{7-12}$$

式中：ξ 为振型阻尼比，对于导管架平台，水深在 100 m 以下取 0.03，水深超过 100 m 则取 0.04；ω_i 为桩腿第 i 阶的固有频率，与模态分析中的平台结构自振频率相关，即 $\omega=2\pi f$。

由前两阶主频率可推导出：

$$\alpha=\frac{4\pi\xi f_1 f_2}{f_1+f_2} \tag{7-13}$$

$$\beta=\frac{\xi}{\pi(f_1+f_2)} \tag{7-14}$$

式中：f_1 与 f_2 为平台前两阶自振频率。

7.4 导管架平台非线性动力响应分析

7.4.1 极端波浪下深水导管架平台动力响应分析

在极端海洋环境载荷下，导管架平台极易发生甲板上浪的现象。甲板上浪产生的载荷会对海洋平台上部结构的安全产生巨大的威胁，因此极端环境下必须考虑甲板上浪的作用。导管架平台受到的总波浪载荷包括导管架波浪载荷与甲板上浪载荷。确定总波浪载荷的方法有设计波法与设计谱法两种，确定总波浪载荷之后，可以采用振型叠加法或逐步积分法对振动方程进行求解，从而得到平台的动力响应。

1. 振型叠加法求解动力响应

假定平台设计工作水深为 132 m，共 8 腿 12 裙桩，所在海洋环境一年一遇有义波高为 7.4 m，周期为 12.8 s，100 年一遇有义波高为 12.8 m，周期为 18.4 s，采用

3%的结构临界阻尼。

多年来,学者们提出了很多海浪模型,其基本思路都是将自由表面波的时间历程视为无数个不同频率、不同初相角的谐波因子的线性叠加,称为伪随机波。下面采用Airy波线性叠加生成随机海浪来拟合P-M谱。根据Airy波理论,将速度和加速度代入线性化的莫里森方程,并对其进行谱分析,得到莫里森波浪力谱:

$$S_f(\omega)=\left(C_{\mathrm{M}}\frac{\omega^2}{k}\right)^2 S_\eta(\omega)+\left(\sqrt{\frac{8}{\pi}}\sigma_u C_{\mathrm{D}}\omega\frac{\omega}{\sinh kh}\int^h \sigma_u\cosh kz\mathrm{d}z\right)^2 S_\eta(\omega)=G(\omega)S_\eta(\omega) \tag{7-15}$$

将得到的波浪力谱作为外激励对结构进行动力分析。由于导管架刚度较为复杂,将其转化为由多个节点位移形成的多自由度系统,根据模态叠加法(详见第四章)对于耦合的振动方程组进行解耦,然后经过变形叠加即可得到几何坐标系下系统的振动响应。具体分析步骤如下。

1)求解桩头刚度矩阵

可将导管架桩-土系统视为一个等效线性弹簧系统,分别针对操作工况和极端工况的8个方向进行加载,得到各方向相应的桩头刚度矩阵,作为平台总刚度矩阵的一部分。

2)提取振动模态

对导管架自由度进行简化,最终保留882个自由度,形成882×882的质量矩阵以及刚度矩阵,并与桩头刚度矩阵共同构成总刚度矩阵。对于结构系统的动力响应而言,一般系统振动先达到低阶模态,此时低阶振型对振动响应贡献最大,计算响应时可选取适当的模态数,既满足设计的准确性又可大大减少工作量。在此选取结构系统的前30阶振型,并得到了各阶振型的频率、周期等特征。

得到模态矩阵后,将质量矩阵和刚度矩阵对角化,形成广义质量矩阵和广义刚度矩阵,将求解多自由度系统振动转化为求解多个单自由度系统振动的问题,使系统实现解耦。

3)生成随机波浪求解波浪力

为了准确反映波浪的统计特征,在每个环境载荷方向上分别设置多个数量的随机数生成多组随机波面,每个波面由多个Airy波线性叠加而成(在此取30个),计算时间为900 s,步长为1 s,可以求出每列波产生的最大动基底剪力及桩头附近杆件内力。

4)计算基底剪力动力放大系数

将最大动基底剪力与对应的最大静基底剪力比较,得到动力放大系数(Dynamic Amplificaiton Factor, DAF),计算结果见表7-2,取平均值得到该方向的DAF。在实际工程中,可以在静力分析时将DAF组合到波浪力中,从而简化评估波浪的动力放大效应。计算得到操作工况0°方向(x方向)平均DAF为1.154。

表 7-2 每列波对应的最大动基底剪力、最大静基底剪力和 DAF

随机波剖面	动态步长	最大动基底剪力（kN）	静态步长	最大静基底剪力（kN）	DAF
1	3 682	18 361.73	3 682	15 433.54	1.190
2	4 516	14 798.74	4 538	13 519.85	1.095
3	4 521	16 352.85	807	14 059.81	1.163
4	5 595	15 731.89	5 594	14 219.47	1.106
5	1 535	17 034.14	1 535	14 951.56	1.139
6	4 170	16 072.66	2 767	14 139.72	1.137
7	162	17 320.92	162	14 801.81	1.170
8	3682	18 432.77	340	16 104.70	1.145
9	1 984	14 326.18	4 818	12 623.45	1.135
10	4 156	17 584.94	4 156	15 920.18	1.105
11	4 534	15 956.88	4 534	13 342.29	1.196
12	4 323	18 691.05	4 324	16 339.04	1.144
13	6 018	15 954.21	1 540	14 538.23	1.097
14	5 881	16 825.69	5 880	14 631.55	1.150
15	5 849	20 825.04	5 849	17 050.58	1.221
16	5 606	16 502.30	5 606	13 592.96	1.214
17	2 703	15 280.24	449	13 354.57	1.144
18	5 848	20 322.04	5 847	17 866.68	1.137
19	336	21 143.35	336	17 577.49	1.203
20	3 051	14 450.40	6 746	13 215.73	1.093
21	5 579	16 274.09	5578	14 735.67	1.104
22	105	15 257.04	4 344	13 722.47	1.112
23	401	17 110.57	400	14 165.41	1.208
24	2 705	16 057.83	4 871	14 739.50	1.089
25	6 281	15 972.68	6 280	14 376.91	1.111
26	340	16 466.50	339	14 464.70	1.138
27	103	18 454.77	102	15 853.97	1.164
28	1 545	16 796.57	1 544	13 900.33	1.208
29	5 589	20 032.13	5 588	15 648.76	1.280
30	5 580	17 830.78	5 580	14 721.56	1.211

2. 逐步积分法求解动力响应

在此导管架平台的设计工作水深为 107 m，导管架由 7 层构成，4 根桩管成双斜对称结构，上部组块尺寸为 5 m×45 m，质量为 6 033 t，底层甲板高程为 16.5 m；导管架采用 4 裙 12 桩固定于海底，桩腿入泥深度为 99.75 m。对于极端波浪而言，由于波陡较大，在此采用非线性 Stokes 5 阶波浪理论进行描述。

建立导管架平台的有限元模型，其中平台导管架与桩腿部分分别选用 3D 弹塑性单元 PIPE288 和 PIPE20，桩-土相互作用采用非线性弹簧单元 COMBIN39 进行模拟。弹簧单元的实常数根据平台井位处的土层地质参数计算得到的 *p-y* 曲线、*t-z* 曲线以及 *q-z* 曲线来确定；上部组块质量采用质量单元 MASS21 模拟，将上部组块结构简化为框架结构，采用管单元 PIPE16 进行连接，并通过调整 PIPE16 的弹性模量来模拟上部组块刚度。

极端条件（重现期为 1 000 年一遇）对应的波高为 29 m，周期为 16 s，水表面流速为 2.355 m/s，水深 5 m 处流速为 1.817 m/s，海底处流速为 0.390 m/s。根据表 7-2 计算得到平台结构的波流载荷及上浪载荷，见表 7-3。

表 7-3　平台结构的波流载荷及上浪载荷

水深 d（m）	波面高度 η_{max}（m）	上浪高度 z_w（m）	水质点速度 v_{max}（m/s）	上浪载荷 F_{dmax}（kN）	波流载荷 F_{jmax}（kN）	$\frac{F_{dmax}}{F_{jmax}}$
107	16.766	0.266	7.831	1 181.4	25 632.7	0.05
108	16.748	1.248	7.809	5 626.5	24 960.1	0.23
109	16.731	2.231	7.787	10 208.2	23 856.4	0.43
110	16.714	3.214	7.766	14 930.0	22 973.2	0.65
111	16.698	4.198	7.732	19 747.8	22 401.8	0.88
112	16.682	5.182	7.712	24 747.2	21 626.8	1.14
113	16.660	6.160	7.692	29 862.2	20 979.4	1.42
114	16.652	7.152	7.673	35 196.5	20 069.4	1.75

将导管架上波浪载荷与甲板上浪载荷叠加施加到平台上，进行非线性动力分析。此处采用直接时间积分 HHT-α 算法，收敛准则设置为 10^{-3}，阻尼比取 0.05。

HHT-α 方法的基本形式为

$$M\ddot{y}_{i+1-a_m}+C\dot{y}_{i+1-a_f}+Ky_{i+1-a_f}=P_{i+1-a_f} \tag{7-16}$$

其中

$$\begin{cases}\ddot{y}_{i+1-a_m}=(1-a_m)\ddot{y}_{i+1}+a_m\ddot{y}_i\\ \dot{y}_{i+1-a_f}=(1-a_f)\dot{y}_{i+1}+a_f\dot{y}_i\\ y_{i+1-a_f}=(1-a_f)y_{i+1}+a_f y_i\\ P_{i+1-a_f}=(1-a_f)P_{i+1}+a_f P_i\end{cases} \tag{7-17}$$

在 HHT-2 方法中，未知变量表示为相邻两个载荷步 i 和 i+1 的线性组合，a_m 和 a_f 为迭代运算中引入的两个参数。得到

$$\begin{aligned}&[a_0M+a_1C+(1-a_f)K]y_{i+1}=(1-a_f)P_{i+1}+a_fP_n-a_fKy_i+\\&M\left(a_0y_i+a_2\dot{y}_i+a_3\ddot{y}_i\right)+C\left(a_1y_i+a_4\dot{y}_i+a_5\ddot{y}_i\right)\end{aligned} \tag{7-18}$$

式中：$a_0=\dfrac{1-a_m}{a\Delta t^2}, a_1=\dfrac{(1-a_f)\delta}{a\Delta t}, a_2=\dfrac{1-a_m}{a\Delta t}, a_3=\dfrac{1-a_m}{2a}-1, a_4=\dfrac{(1-a_f)\delta}{a}-1,$
$a_5=(1-a_f)\left(\dfrac{\delta}{2a}-1\right)\Delta t$。

满足以下条件：

$$\begin{cases}\delta \geqslant \dfrac{1}{2}\\ a \geqslant \dfrac{1}{2}\delta\\ \delta=\dfrac{1}{2}-a_m+a_f\\ a_m \leqslant a_f \leqslant \dfrac{1}{2}\end{cases} \tag{7-19}$$

由非线性静力和动力方法可求得导管架顶点水平位移极值，计算其动力放大系数（DAF），见表 7-4。此处 DAF 定义为平台动力分析得到的最大位移与同等载荷作用下静态分析得到的位移的比值。

表 7-4　不同工况下平台非线性静力和动力计算得到的位移

水深（m）	非线性静力法求得位移（m）	非线性动力法求得最大位移（m）	DAF
107	0.277	0.310	1.119
108	0.348	0.380	1 092
109	0.451	0.502	1.113
110	0.545	0.624	1.145
111	0.651	0.789	1 212
112	0.771	0.922	1 196
113	0.929	1.146	1.234
114	（1.169）	1.449	—

注：括号中的数据为平台极限状态时对应的位移。

7.4.2　地震作用下导管架平台非线性分析

目前，国内在进行导管架平台抗震设计时，大多按照 API RP 2A-WSD 规范的要求和方法进行，包括**强度水平校核**和**韧性水平校核**。对于韧性水平地震可使用非线性时程方法进行分析，API RP 2A-WSD 规范给出了明确的要求：允许平台结构发生一定的破坏，但不能倒塌。下面通过案例，讲解韧性水平地震非线性时程分析。

1. 塑性理论

塑性理论认为材料在达到屈服之后仍然能继续受力而不立即发生破坏。考虑材料的硬化和渐变塑性，假定导管架杆件为线性-弹性材料。杆件截面完全进入塑性的条件可表示为

$$\Gamma = f\left(\frac{N}{N_{\mathrm{P}}},\frac{Q_y}{Q_{y\mathrm{P}}},\frac{Q_z}{Q_{z\mathrm{P}}},\frac{M_x}{M_{x\mathrm{P}}},\frac{M_y}{M_{y\mathrm{P}}},\frac{M_z}{M_{z\mathrm{P}}}\right)-1=0 \tag{7-20}$$

式中：N 为轴向力；Q 为剪力，分为 y、z 两个方向；M 为弯矩，分为 x，y，z 三个方向；等式中的分子为杆件截面内力的分量，分母为各个分量的塑性极限。

式（7-20）可以看作杆件截面内力状态空间中的一个曲面，一旦杆件截面完全进入塑性，其内力状态只能在该曲面上移动，即杆件截面完全进入塑性之后，$\Gamma\equiv 0$。进行非线性时程分析时，外部载荷按给定的顺序以增量的形式逐步施加到结构上。

2. 失效准则

应力达到屈服极限后，如果没有失效准则强制使杆件失效，则杆件所受的应力仍然会继续增大，杆件不会发生断裂而是不断被拉长，与实际情况不符。因此，需要人为设置失效准则。地震时程分析通常使用基于应变的失效准则，即当杆件的应变超过某一数值后，此杆件将不再承受任何载荷，杆件周围的内力也将重新分配。

3. 动态平衡方程

导管架平台的动态平衡方程为

$$F_{\mathrm{I}}(t)+F_{\mathrm{D}}(t)+F_{\mathrm{R}}(t)=P(t) \tag{7-21}$$

式中：$F_{\mathrm{I}}(t)$ 为惯性力；$F_{\mathrm{D}}(t)$ 为弹性恢复力；$F_{\mathrm{R}}(t)$ 为黏滞阻尼力；$P(t)$ 为外力；t 为时间。

在时程分析中，力沿着荷载-时间曲线逐步施加到结构上，每一步载荷的增量都会导致动态平衡方程的不平衡，通过求解动态平衡方程得出节点力和位移。由于考虑了结构的塑性和大变形，需要在每一步计算结构的刚度、力和位移：

$$\begin{cases} K_{\mathrm{I}(i-1)}\Delta r_i=\Delta R_i \\ R_i=R_{i-1}+\Delta R_i \\ r_i=r_{i-1}+\Delta r_i \end{cases} \tag{7-22}$$

式中：i 为时间步；K_{I} 为刚度增量矩阵；ΔR 为力的增量；Δr 为位移的增量。

可见第 i 步的力和位移可以通过迭代第 $i-1$ 步的力和位移的增量得出。刚度增量矩阵是结构现在形态和整个变形时程的函数，不能通过迭代的方式得出，可通过欧拉-柯西增量分析法求得，每步计算后都需要对力进行修正以达到力的平衡，最后通过牛顿迭代法平衡外力和内力。

4. 非线性模拟

以渤海某导管架平台为例，考虑土壤的非线性行为、土壤性质随土层的变化、桩

土相互作用的非线性行为、由于辐射和滞后阻尼所导致的能量耗散、材料非线性等诸多因素。图 7-5 所示为导管架平台有限元模型,图 7-6 所示为桩-土模型,在各土层中点位置处生成桩节点,并在各桩节点上根据输入的土壤信息侧向荷载-位移(P-y)曲线、轴向荷载-位移(T-z)曲线、桩端荷载-位移(Q-z)曲线施加荷载,以非线性弹簧的方式模拟边界条件。

图 7-5　导管架平台有限元模型

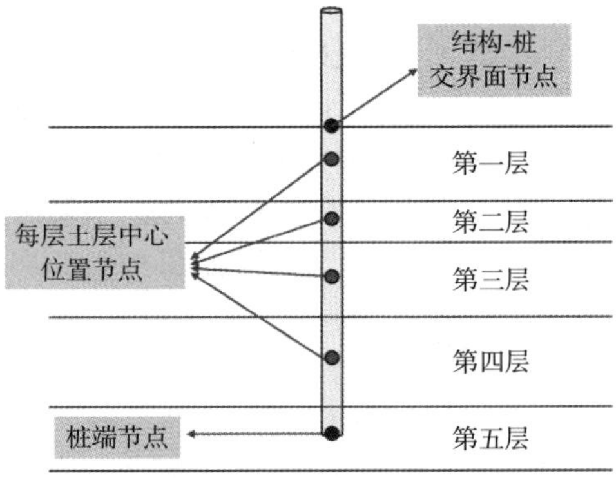

图 7-6　桩-土模型

地震载荷使用地震加速度时程曲线作为输入,按照 API RP 2A-WSD 规范规定,采用 7 组实测地震加速度曲线,将地震峰值加速度调幅到该平台位置处 1 000 年一遇韧性地震加速度水平,对土层进行加载。7 组地震加速度峰值见表 7-5。

表 7-5　7 组地震加速度峰值

编号	地震加速度峰值(m/s^2)		
	x	y	z
1	3.20	2.75	1.29
2	3.20	2.95	3.47
3	2.48	3.11	1.17
4	2.66	3.14	4.07
5	3.09	2.73	1.43
6	3.13	2.04	0.60
7	3.13	2.16	0.69

通过校核结构的塑性利用率判断韧性水平地震作用下的结构状态,材料处于弹性阶段,塑性利用率为 0,结构仍可以继续吸收地震所释放的能量;材料已经完全进入塑性阶段,塑性利用率为 1,结构继续受力将会产生塑性铰或发生破坏。7 组工况分析结果全部表明结构未发生致命性的破坏,整体稳定性良好,不会出现倒塌现象。

统计计算结果,得到导管架顶端位移、加速度参数,见表 7-6。可以看出,平台响应极值与地震时程加速度极值没有明显的规律性。

表 7-6　平台响应最大值

类别	方向	地震加速度工况						
		1	2	3	4	5	6	7
上甲板位移（m）	x	0.064	0.154	0.129	0.143	0.278	0.028	0.195
	y	0.075	0.219	0.141	0.171	0.297	0.011	0.115
	z	0.043	0.127	0.047	0.068	0.196	0.027	0.074
上甲板加速度（m/s^2）	x	2.364	3.533	3.134	4.089	2.861	1.206	4.665
	y	4.841	5.404	4.278	7.151	4.001	1.025	3.074
	z	6.841	8.478	3.955	16.737	3.913	1.755	2.073
导管架顶位移（m）	x	0.053	0.134	0.104	0.121	0.271	0.020	0.169
	y	0.062	0.205	0.125	0.162	0.292	0.010	0.104
	z	0.035	0.117	0.037	0.060	0.180	0.018	0.069
导管架顶加速度（m/s^2）	x	2.522	2.869	2.226	4.100	2.909	0.915	3.463
	y	3.521	4.024	4.645	4.630	3.603	1.119	2.259
	z	2.010	3.507	1.719	6.687	2.244	1.008	1.773

Chapter 8

第八章 海洋浮式平台结构动力学

8.1 海洋浮式平台

海洋浮式平台在作业时，主要依靠自身浮力漂浮于海面，依靠系泊系统、张力腿或动力定位（Dynamic Positioning，DP）系统等进行定位，其最大工作水深明显大于固定式平台。目前，浮式平台主要包括半潜式平台、张力腿平台、Spar 平台和浮式生产储卸（Floating Production Storage and Offloading，FPSO）系统等。

8.1.1 半潜式平台

在半潜式平台出现之前，已有坐底式平台、自升式平台、钻井船等移动式平台，但是这些平台存在深水工作受限和工作效率较低等问题。1962 年，世界上第一艘半潜式钻井平台“碧水 1 号（Blue Water No.1）”在美国投入使用。这种平台的基本结构形式和坐底式平台相似，它是由坐底式平台演变而来的。随着海洋资源开发的发展，作业海域已延伸到更深的海域，所以抗摇摆性能好、在水深相当深的海域能进行钻井作业的半潜式平台应运而生。目前，半潜式平台已成为应用最广泛的深水平台，现已发展到第 7 代，工作水域可达到超深水海域，如“蓝鲸 2 号”半潜式钻井平台的最大工作水深可达 3 658 m。半潜式平台（图 8-1）结构主要包括上部甲板、底部浮筒、浮筒间横撑、连接甲板和浮筒的立柱。其中，浮筒和立柱为半潜式平台提供浮力，同时立柱也起到将甲板载荷传递至浮筒的作用。半潜式平台在拖航时，立柱和部分浮筒浮出水面，以减小拖航阻力、增大平台稳定性；正常作业时，由于它具有小的水线面面积，使整个平台在波浪中的运动响应较小，因而具有出色的深海钻井的工作性能。

图 8-1 半潜式平台“蓝鲸 1 号”实物图

图片来源：https://www.vjshi.com/watch/6888891.html

8.1.2　张力腿平台

1954 年，马什（Marsh）采用倾斜系泊索群固定海洋平台，从而形成了张力腿平台（Tension Leg Platform，TLP）的雏形。张力腿平台是顺应式平台的典型形式，常用于深水及超深水海洋油气开发。截至 2023 年，世界上已建和在建的 TLP 共 25 座，主体结构形式主要有传统式 TLP、海星式 TLP、最小化深水海面设备结构和延伸式 TLP。张力腿平台一般由平台主体、立柱、浮筒、张力腿和锚固基础五部分组成，如图 8-2 所示。张力腿上端固定于平台，下端与海底基座模板连接，或是直接连接于桩基顶端。海底基础将平台固定入位，主要有桩基和吸力式基础两种形式。

图 8-2　张力腿平台实物图

图片来源：http://www.oilsns.com/article/177097

8.1.3　Spar 平台

20 世纪 80 年代以来，Spar 平台被广泛应用于海洋石油的钻探和生产等，由于其在水动力性能和稳定性等方面具有优势，被视为下一代深水平台的主要发展方向。Spar 平台基本可分为三种，即经典式、桁架式和分筒集束式。Spar 平台主要由平台上体和平台主体组成，其中平台主体主要有硬舱、中段和软舱。同时，Spar 平台在主体外有一个特殊的结构，即螺旋侧板，其主要作用是抑制平台的涡激运动，如图 8-3 所示。Spar 平台具有重心低、水线面小以及适用水深范围广等优点，但该平台因波浪激励的作用，会在垂荡方向产生大幅运动，并且由于垂荡运动与纵摇运动存在耦合效应而使其在纵摇方向稳定性随之下降。在静稳性方面，Spar 平台与船舶和其他平台不同，由于其底部软舱装有大量矿砂或压载水，平台重心低于浮心，因此具有无条件稳性的“不倒翁”特性。

图 8-3　Spar 平台实物图

图片来源:https://www.equinor.com/energy/aasta-hansteen

8.1.4　浮式生产储卸系统

浮式生产储卸(FPSO)系统产生于 20 世纪 70 年代,它是海上油气田开发生产的主流设施之一。FPFO 系统是集海上油气生产、储存、外输和动力于一体的大型海上生产基地,通过转塔经固定式单点或悬链式单点系泊系统固定在海上,可随风、浪和水流的作用进行 360° 全方位的自由旋转,规避风浪带来的破坏力。FPSO 系统主要由上部模块和船体组成。其中,上部模块相当于一座陆上的生产厂,设置油气生产和污水处理所需要的设备;船体部分包含大量舱室,除压载水舱、燃油舱、淡水舱和机泵舱等外,很大部分用于储存经处理的合格的原油,等待穿梭油轮外输。FPSO 系统具有诸多优势,如抵抗风、浪、流等环境荷载能力强,对工作水深要求低;甲板面积宽阔,承重能力强,便于生产设备布置;储油能力强,船上原油可定期、安全、快速地通过卸油装置卸入穿梭油船再运输到岸上,无须铺设海底管道,提高油田作业的经济性;应用灵活、移动方便等,可定期转换工作海域和回厂检修。图 8-4 所示为我国海洋石油 119FPSO,用于南海的油气资源开采。

图 8-4　海洋石油 119FPSO 实物图

图片来源:https://www.sinorigoffshore.com/contractor/3770.html

8.2 张力腿平台的结构特点与受力

张力腿平台是应用最广泛的深水浮式平台之一。下面以张力腿平台为例，介绍其在海洋环境载荷作用下的动力学响应分析，相关分析方法同样适用于其他浮式平台结构。

8.2.1 张力腿平台的结构特点

张力腿平台设计最主要的思想是使平台半顺应半刚性。它通过自身的结构形式产生远大于结构自重的浮力，该浮力除抵消自重外，剩余部分就称为剩余浮力，剩余浮力与预张力平衡。预张力作用在张力腿平台的垂直张力腿系统上，使张力腿时刻处于受张拉的绷紧状态。较大的张力腿预张力使平台平面外的运动（横摇、纵摇和垂荡）较小，近似于刚性。张力腿将平台和海底固接在一起，为生产提供一个相对平稳、安全的工作环境。另外，张力腿平台本体主要是直立浮筒结构，一般浮筒所受波浪力的水平方向分力较垂直方向分力大，因而通过张力腿在平面内的柔性实现平台平面内的运动（纵荡、横荡和艏摇），即顺应式。这样，较大的环境载荷能够通过惯性力来平衡，而不需要通过结构内力来平衡。张力腿平台这样的结构形式使得其结构具有良好的运动性能。

8.2.2 张力腿平台的受力

张力腿平台在海洋中会受到风载荷、波浪载荷和海流载荷，在结冰海域还会遭受冰载荷，在极端情况下也有可能遭遇地震载荷。此外，张力腿平台在作业时，张力腿将限制其运动，因而张力腿平台还将受到张力腿系泊恢复力。下面仅对张力腿平台遭受的随机波浪载荷的计算进行详细介绍，其余环境载荷的计算详见第二章；另外还简要介绍平台受到的张力腿系泊恢复力的计算方法。

1. 随机波浪载荷

采用三维势流理论在频域内计算张力腿平台的水动力载荷传递函数。一阶波浪力传递函数为 LTF，记为 $F_1(\omega)$，二阶波浪力传递函数为 QTF，其中包括和频波浪力传递函数 $F_{2s}(\omega,\omega)$ 以及差频波浪力传递函数 $F_{2d}(\omega,\omega)$。畸形波对于张力腿平台结构的运动响应具有较大影响，可使用随机频率相位角调制法生成畸形波，这里不对该方法进行详细说明。在畸形波作用下，平台所受的一阶及二阶和频、差频波浪载荷时

历分别为

$$F_{\text{wave\_1}}(t)=\text{Re}\left[\sum_{i=1}^{M}\eta_i F_1(\omega_i)\right]$$
$$=\text{Re}\left[\sum_{i=1}^{M}a_i\exp\left[\text{i}(\omega_i t+\phi_i)\right]F_1(\omega_i)\right] \tag{8-1}$$

$$F_{\text{wave\_2s}}(t)=\text{Re}\left[\sum_{i=1}^{M}\sum_{j=1}^{M}\eta_i\eta_j F_{2\text{s}}(\omega_i,\omega_j)\right]$$
$$=\text{Re}\left[\sum_{i=1}^{M}\sum_{j=1}^{M}a_i a_j\exp\left[\text{i}\left((\omega_i+\omega_j)t+\phi_i+\phi_j\right)\right]F_{2\text{s}}(\omega_i,\omega_j)\right] \tag{8-2}$$

$$F_{\text{wave\_2d}}(t)=\text{Re}\left[\sum_{i=1}^{M}\sum_{j=1}^{M}\eta_i\eta_j^{*}F_{2\text{d}}(\omega_i,\omega_j)\right]$$
$$=\text{Re}\left[\sum_{i=1}^{M}\sum_{j=1}^{M}a_i a_j\exp\left[\text{i}\left((\omega_i-\omega_j)t+\phi_i-\phi_j\right)\right]F_{2\text{d}}(\omega_i,\omega_j)\right] \tag{8-3}$$

2. 张力腿系泊恢复力

预张力作用在张力腿平台的垂直张力腿系统上,使张力腿时刻处于受张拉的绷紧状态。较大的张力腿预张力会使平台平面外的运动(横摇、纵摇和垂荡)较小,可计算张力腿提供的恢复刚度,并将其以恢复力的形式加入平台运动时域方程右端载荷项,进行耦合时域分析计算。张力腿提供的系泊恢复力为

$$\boldsymbol{F}_{\text{tendon}}=\boldsymbol{K}\boldsymbol{X} \tag{8-4}$$

式中:$\boldsymbol{X}=\left[\delta_x,\delta_y,\delta_z,\varphi,\theta,\psi\right]^{\text{T}}$为张力腿平台的 6 自由度运动;$\boldsymbol{K}$为参考点为重心 G 的刚度矩阵,可由位移转换矩阵 $\boldsymbol{T}$ 将平台底部中心 P 的刚度矩阵 $\boldsymbol{K}_P$ 转换得到,即 $\boldsymbol{K}=\boldsymbol{T}^{\text{T}}\boldsymbol{K}_P\boldsymbol{T}$,$\boldsymbol{K}_P$ 表达式为

$$\boldsymbol{K}_P=\begin{bmatrix}K_{11}&0&0&0&0&0\\0&K_{22}&0&0&0&0\\K_{31}&K_{32}&K_{33}&0&0&K_{36}\\0&0&0&K_{44}&0&0\\0&0&0&0&K_{55}&0\\0&0&0&0&0&K_{66}\end{bmatrix} \tag{8-5}$$

刚度矩阵中各项具体表达式为

$$
\begin{cases}
K_{11}=K_{22}=\dfrac{T}{L_z}+\rho g A_{\mathrm{w}}\dfrac{\delta_{\mathrm{s}}}{L_z}\\
K_{33}=EA/L+\rho g A_{\mathrm{w}}\\
K_{31}=K_{33}\delta_x/(2L)\\
K_{32}=K_{33}\delta_y/(2L)\\
K_{36}=K_{33}\left(r^2\psi\right)/(2L)\\
K_{44}=\dfrac{\rho g I_x}{\cos^3\varphi}+U\left(z_B-z_E\right)-Q\left(z_G-z_E\right)+\dfrac{EI_{xx}}{L}\cos^2\varphi+\rho g A_{\mathrm{w}}\left(z_B-z_E\right)\delta_{\mathrm{s}}\\
K_{55}=\dfrac{\rho g I_y}{\cos^3\theta}+U\left(z_B-z_E\right)-Q\left(z_G-z_E\right)+\dfrac{EI_{yy}}{L}\cos^2\theta+\rho g A_{\mathrm{w}}\left(z_B-z_E\right)\delta_{\mathrm{s}}\\
K_{66}=r^2\left(\dfrac{T}{L_z}+\rho g A_{\mathrm{w}}\dfrac{\delta_{\mathrm{s}}}{L_z}\right)
\end{cases}
\tag{8-6}
$$

式中：T 为所有张力腿的预张力之和；U 为平台处于静止状态时受到的浮力；Q 为平台结构所受的重力；ρ 为水的密度；g 为重力加速度；A_{w} 为平台立柱的水线面面积；L 为张力腿的长度；L_z 为各张力腿顶端距离海底基础的平均垂向距离；E 为张力腿的弹性模量；A 为张力腿截面面积之和；I_x、I_y 分别为平台对 x 轴、y 轴的惯性矩；I_{xx}，I_{yy} 分别为张力腿系统对 x 轴、y 轴的截面惯性矩；z_B 为浮心 B 垂向坐标；z_E 为张力腿顶部端点 E 垂向坐标；z_G 为平台重心 G 垂向坐标；r 为平台本体底部中心 P 到张力腿顶部端点 E 的距离；δ_{s} 为平台下沉量，其表达式为

$$\delta_{\mathrm{s}}=L-L_z=\left[\delta_x^2+\delta_y^2+(r\psi)^2\right]\Big/(2L) \tag{8-7}$$

8.3　张力腿平台动力学模型构建

TLP 示意图和运动坐标系分别如图 8-5 和图 8-6 所示。$Oxyz$ 为空间固定坐标系，O 点位于平台处于静平衡位置时的重心处，Oxy 与静水面平行，$Gx'y'z'$ 为随 TLP 一起运动的直角坐标系，G 为 TLP 的重心。在初始时刻，$Oxyz$ 与 $Gx'y'z'$ 重合。

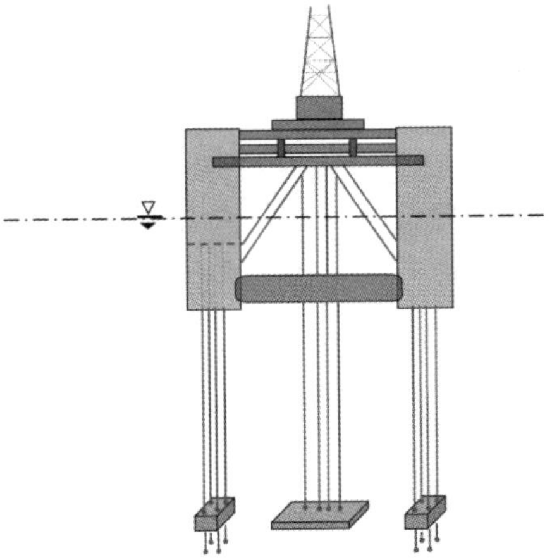

图 8-5　TLP 示意图

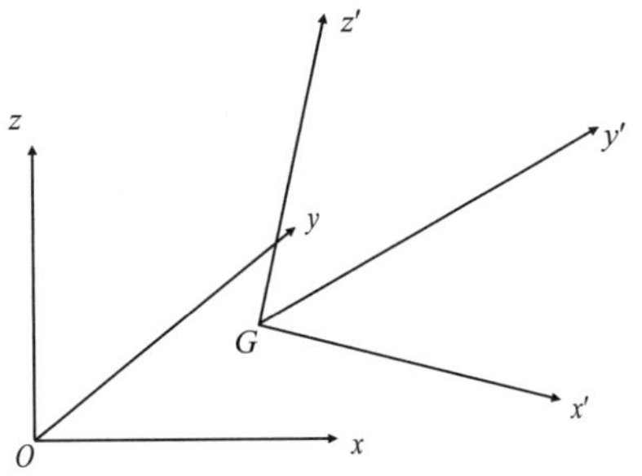

图 8-6　TLP 运动坐标系

对于海上系泊浮式结构物，浮体的振动方程为

$$\left[\boldsymbol{M}+\boldsymbol{A}(\omega)\right]\ddot{\boldsymbol{x}}+\boldsymbol{C}(\omega)\dot{\boldsymbol{x}}+\boldsymbol{D}f(\dot{\boldsymbol{x}})+\boldsymbol{K}(\boldsymbol{x})\boldsymbol{x}=\boldsymbol{q}(t,\boldsymbol{x},\dot{\boldsymbol{x}}) \tag{8-8}$$

式中：$\boldsymbol{M}$ 为浮体质量矩阵；$\boldsymbol{A}$ 为与频率相关的附连水质量矩阵；$\boldsymbol{C}$ 为与频率相关的势流阻尼矩阵；$\boldsymbol{D}$ 为其他非线性阻尼矩阵；$\boldsymbol{K}$ 为浮体自身恢复刚度矩阵；$\boldsymbol{x},\dot{\boldsymbol{x}},\ddot{\boldsymbol{x}}$ 分别为浮体的位置、速度及加速度向量；$\boldsymbol{q}$ 为外激励载荷，包括一阶、二阶波浪载荷及张力腿提供的系泊恢复力。

由于基于三维势流理论计算得到的附连水质量和势流阻尼与频率相关，但在非规则波条件下，波浪频率成分复杂，无法确定直接将某一频率对应的附连水质量及势流阻尼用于时域方程计算，因此采用卷积积分的方法将随频率变化的附连水质量和势流阻尼转化为迟滞函数进行计算，得到 TLP 的振动方程：

$$(\boldsymbol{M}+\boldsymbol{A}_{\infty})\ddot{\boldsymbol{x}}(t)+\int_0^t \boldsymbol{h}(t-\tau)\dot{\boldsymbol{x}}(\tau)\mathrm{d}\tau+\boldsymbol{D}f(\dot{\boldsymbol{x}})+\boldsymbol{K}(\boldsymbol{x})\boldsymbol{x}=\boldsymbol{q}(t,\boldsymbol{x},\dot{\boldsymbol{x}}) \tag{8-9}$$

式中，$\boldsymbol{h}(t)$为迟滞函数，按照下式计算：

$$\begin{cases}\boldsymbol{h}(t)=\dfrac{1}{\pi}\displaystyle\int_0^{\infty}\left[\boldsymbol{c}(\omega)\cos\omega\tau-\omega\boldsymbol{a}(\omega)\sin\omega\tau\right]\mathrm{d}\omega\\ \boldsymbol{a}(\omega)=\boldsymbol{A}(\omega)-\boldsymbol{A}_{\infty}\\ \boldsymbol{c}(\omega)=\boldsymbol{C}(\omega)-\boldsymbol{C}_{\infty}\end{cases} \tag{8-10}$$

式中：$\boldsymbol{A}_{\infty}$ 为频率趋向于无穷大时，浮体的附加水质量矩阵；$\boldsymbol{C}_{\infty}$ 为频率趋向于无穷大时，浮体的势流阻尼矩阵。

8.4　畸形波作用下张力腿平台动力响应分析

当张力腿平台遭受畸形波作用时，可由三维势流理论计算得到张力腿平台的水动力系数，采用时域分析方法建立张力腿平台振动方程，在时域内计算平台所受一阶、二阶和频及二阶差频波浪载荷，进而采用数值方法求解平台的振动响应，研究张力腿平台在畸形波作用下的动力特性。

8.4.1 张力腿平台模型参数

选取一个典型的四立柱式张力腿平台“ISSC”作为计算模型，该平台主要参数见表 8-1。

表 8-1 ISSC 平台主要参数

参数	数值	参数	数值
立柱直径(m)	16.88	平台艏摇转动惯量(kg·m²)	98.07×10^{9}
立柱间距(m)	86.25	张力腿长度(m)	415.0
浮筒宽度(m)	7.5	张力腿内径(m)	0.346 4
浮筒高度(m)	10.5	张力腿外径(m)	0.8
立柱初始吃水(m)	35.0	张力腿材料弹性模量(N/m²)	2.04×10^{11}
排水量(kg)	5.45×10^{7}	$EI_{xx}/L, EI_{yy}/L$(N·m/rad)	1.501×10^{12}
总质量(kg)	4.05×10^{7}	重心距底部的高度(m)	38.0
平台横摇转动惯量(kg·m²)	82.37×10^{9}	浮心距底部的高度(m)	22.3
平台纵摇转动惯量(kg·m²)	82.37×10^{9}	工作水深(m)	450

8.4.2 畸形波的数值模拟与计算工况

以我国南海 50 年一遇海况为基准，采用随机频率相位角调制法生成多组畸形波波面升高时历，选取其中满足畸形波判定条件的时历结果进行张力腿平台的动力响应分析，畸形波主要参数见表 8-2，畸形波波面时历曲线如图 8-7 所示。

表 8-2 畸形波主要参数

参数	数值	参数	数值
有义波高(m)	10.4	谱峰周期(s)	12.5
波浪入射角(°)	60	模拟时长(s)	2 500
步长(s)	0.1	畸形波发生时刻(s)	1 000
H_{max}/H_s	2.03	η_c/H_{max}	0.67
H_{max}/H_1	2.69	H_{max}/H_2	2.25

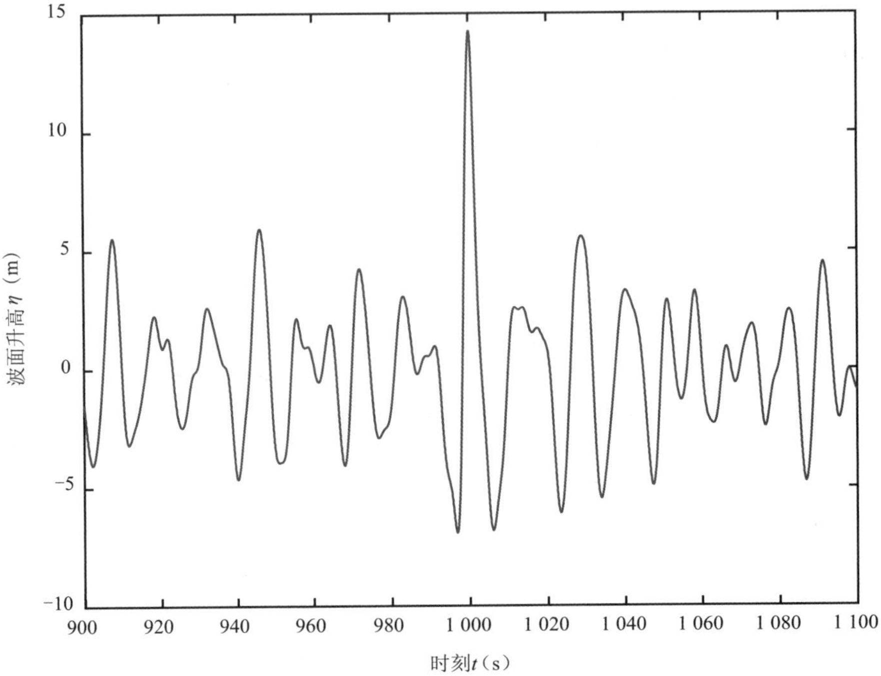

图 8-7　畸形波波面时历曲线

对于张力腿平台这种半固定半顺应式平台，系泊系统提供的刚度不同，张力腿平台的六自由度运动主要分为以横荡、纵荡为代表的低频运动，以及以垂荡、横摇及纵摇为代表的高频运动。虽然波浪频率均与这些自由度的固有周期相差较大，但二阶差频力和二阶和频力的周期与某些自由度运动的固有周期比较接近。为研究畸形波对成分波浪载荷成分及张力腿平台运动的影响，按照二阶波浪载荷成分的不同，分 4 种工况分别进行研究，见表 8-3。

表 8-3　4 种工况情况

工况	波浪载荷成分
1	一阶波浪力+二阶和频力+二阶差频力
2	一阶波浪力+二阶差频力
3	一阶波浪力+二阶和频力
4	一阶波浪力

8.4.3　张力腿平台运动响应分析

各种工况下畸形波发生时刻张力腿平台运动幅值见表 8-4。由于张力腿平台各自由度运动固有频率并不完全相同，因此不同波浪载荷成分对于不同运动的影响并不相同，各自由度对应的固有周期见表 8-5。

表 8-4　张力腿平台运动幅值

运动响应	工况 1		工况 2		工况 3		工况 4	
	max	min	max	min	max	min	max	min
纵荡(m)	4.494	-1.731	4.521	-1.615	2.362	-1.852	1.946	-1.737
横荡(m)	7.514	-2.538	7.196	-2.436	3.938	-3.279	3.232	-2.826
垂荡(m)	0.012	-0.100	0.010	-0.089	0.011	-0.040	0.011	-0.036
横摇(°)	0.069	-0.109	0.022	-0.026	0.067	-0.108	0.023	-0.027
纵摇(°)	0.074	-0.113	0.054	-0.047	0.067	-0.111	0.047	-0.047
艏摇(°)	1.490	-1.554	1.473	-1.533	1.484	-1.553	1.466	-1.531
下沉运动(m)	-4.56×10^{-6}	-0.095	-2.44×10^{-5}	-0.088	-2.01×10^{-6}	-0.028	-2.53×10^{-7}	-0.023

表 8-5　平台运动固有周期

工况	固有周期(s)
纵荡	100.7
横荡	100.7
垂荡	1.8
横摇	1.9
纵摇	1.9
艏摇	31.7

下面以纵荡运动为例，进行介绍。畸形波发生时刻，各工况下的张力腿平台纵荡的运动值时历曲线如图 8-8 所示，该自由度上平台所受的一阶与二阶波浪载荷如图 8-9 所示。从图 8-9 可以看出，在畸形波作用下，平台在纵荡自由度上所受的二阶和频力增幅最为显著，且与其他两种载荷成分相比，二阶和频力的幅值更大；但从图 8-8 可以看出，仅考虑一阶波浪力与二阶和频力时，纵荡运动幅值并未发生显著增大，而考虑二阶差频力的两种工况纵荡运动幅值显著增大，运动幅值并非出现在畸形波发生的瞬间，而是滞后于畸形波发生。因此，可以认为在畸形波作用下，二阶差频波浪载荷是引起张力腿平台大幅纵荡运动的最主要因素。二阶和频力的幅值虽然大，但从表 8-5 可以看出，载荷频率远高于纵荡的运动固有频率，因此并未引发纵荡运动幅值的显著增加。

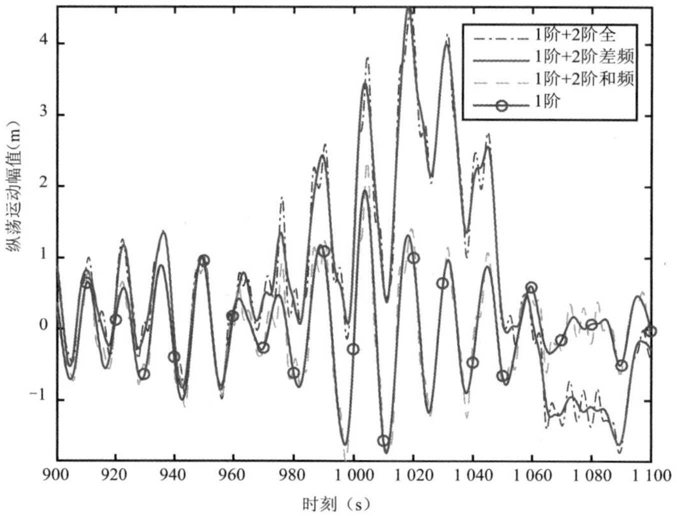

图 8-8　纵荡运动幅值时历曲线

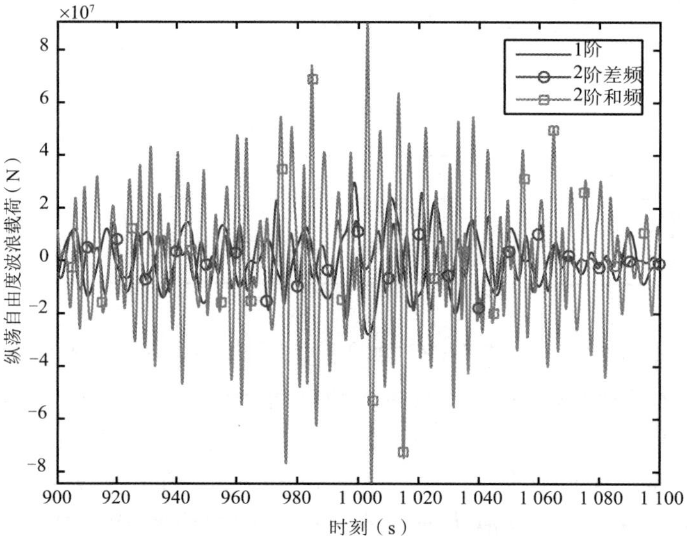

图 8-9　纵荡自由度波浪载荷时历

Chapter 9

第九章 海洋系泊系统结构动力学

9.1 海洋系泊系统

9.2 海洋系泊系统的环境载荷

9.3 海洋系泊系统动力学模型构建

9.4 海洋系泊系统动力响应分析

9.1 海洋系泊系统

系泊系统指用于固定船只或浮动结构物的一种装置,通过系缆设备将水面结构物与固定点连接,使被系泊结构物具有抵御一定环境条件的能力,防止其漂移或流失。系泊系统的发展历史可以追溯到古代航海时代,人们利用各种方式固定船只,例如使用石块、木桩等作为临时的锚定点。随着航海技术的进步和工程技术的发展,系泊系统逐渐得到了改进和完善。在现代,系泊系统已经成为港口、海洋工程、海洋能源等领域不可或缺的一部分。

9.1.1 系泊系统发展

在茫茫大海中,各类浮式结构物都必须由定位系统来控制其在海上的位置,以保证在各种恶劣海况下安全作业。从古至今,系泊定位是最常用的被动式平台定位方式,也是最传统的定位方式。典型的系泊系统由上部系泊浮体、系泊缆绳、导向装置和海底固定端组成。海底设有固定的锚固设备,将浮式结构物用系泊缆绳与锚固设备相连,以限制浮式结构物的移动范围,同时也确保系泊系统本身的强度,在限制位移的同时不产生过大的系泊张力。

一般船用系泊定位系统是普通船舶为了满足临时停泊需要而配备的系泊设备,主要是限制船舶的活动范围,使其不致任意漂流,多在无风暴的浅水区使用。系泊材料多为单一的锚链,有时为钢缆。系泊力一般为几吨至几十吨,大型油轮的系泊受力可能超过 100 吨。

随着海上石油勘探和开采的发展,与其相关的离岸作业需求越来越大,随之出现了离岸定位系泊系统。该系泊系统能限制被系泊浮体的位移,保证钻杆、立管等不发生过大的偏斜。离岸定位系泊系统可适用于极端恶劣海况,工作水深由几十米到几千米不等,分为作业条件和生存条件两种作业要求。系泊材料的种类也随之不断发展,由单一的锚链发展到锚链、钢缆、新型聚酯纤维材料、配重块、浮筒等不同材料以及各类材料组合系泊。系泊力通常大于 100 吨,有的甚至高达几千吨。

9.1.2 系泊系统分类

系泊系统有多种分类形式,按照结构形式可分为多点系泊系统和单点系泊系统;按照回复力作用形式可分为悬链线式系泊系统和张紧式系泊系统。

1. 按结构形式分类

1）多点系泊

多点系泊是传统的船舶系泊形式的自然推广，相对来说，多点系泊系统简单、经济，不需要复杂的机械设施，一旦抛锚定位完成，浮式结构物的位置和方向就都被有效制约，而且可以安装较多的立管及脐带系统。采用多点系泊的典型浮式结构物有单柱式平台、半潜式平台、浮式生产储卸油系统、船形浮式结构，另外张力腿平台也采用多点系泊，只是用张力腿代替了系泊线，如图 9-1 所示。

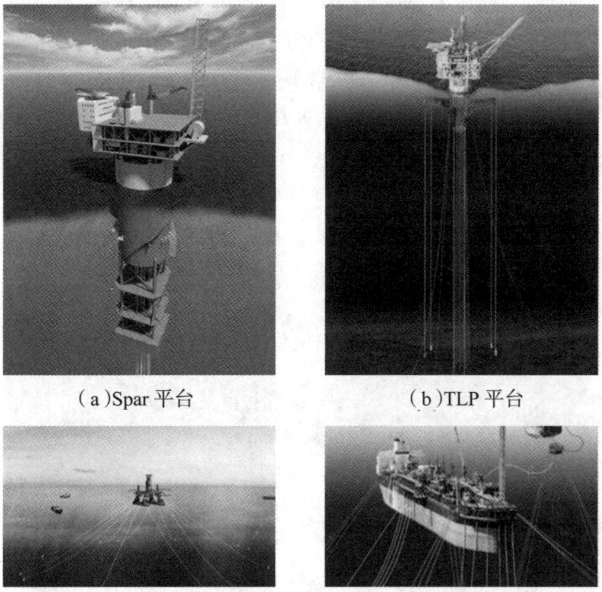

（a）Spar 平台　（b）TLP 平台

（c）半潜式平台　（d）FPSO 系统

图 9-1　多点系泊典型浮式结构

图片来源：https://www.sinorigoffshore.com/contractor/6501.html；https://club.imarine.cn/hotvideo/583059.html；https://xueqiu.com/1914152417/197283329；https://zhuanlan.zhihu.com/p/260165440

多点系泊一般由成组的系泊线固定在浮式平台或船体的角落，只允许浮体做微小的回转运动。采用多点系泊时，浮体不能随风、浪、流自由回转，对风浪、潮流的适应性较差，只可用于水深大、掩护较好、风向和流向较稳定的海域。对于 FPSO 系统这种对环境方向敏感的船形浮体，可以在有良好海况条件的区域（如东南亚或者西非海域），或在具有较高定向性的海况条件的区域（如巴西特定海域）应用多点系泊。虽然从理论上讲，多点系泊系统只要具有足够的强度，就可以用于任何海域。但实际上，如果船形浮式结构受到很大的横浪，迎浪的系泊线会承受很大的载荷，并有破断的危险，也增加了输油轮卸油的难度。

2）单点系泊

考虑到对 FPSO 系统进行多点系泊存在的困难，进而产生了单点系泊，现有的大部分 FPSO 系统采用单点系泊进行定位，如图 9-2 所示。单点系泊指海洋工程船舶通过单点形式系泊在另一个固定式或浮式结构物上，船舶围绕该结构物可以随风浪流做 360° 回转，由于风标效应，被系泊船舶将会停泊在环境载荷最小的方位上。单点系泊系统在 20 世纪 50 年代后期发展起来，并迅速推广。最早的单点系泊系统是作为在中东和远东地区港口装卸油的终端，后来发展成为海上油田系泊穿梭油轮和储油轮的单点系泊。单点系泊系统在 FPSO 系统上的应用始于 20 世纪 70 年代，而 FPSO 系统也在随后的数十年内蓬勃发展。单点系泊具有安全、可靠、经济等优点，对海上边际油田和早期开发起着重要的作用。总的来说，FPSO 单点系泊系统具有以下两个功能：第一，辅助 FPSO 系统保持在位状态，使 FPSO 系统可在海上油田作业现场旋转，且保持在允许偏移范围内；第二，输送介质与动力，通过电、液滑环将介质从海底传输到 FPSO 系统或从 FPSO 系统返输到相关用户。

单点系泊系统的设计种类有很多，通常可分为内转塔式系泊系统和外转塔式系泊系统两大类；根据不同海域条件又逐渐衍生出了可解脱式转塔单点系泊系统、塔式单点系泊系统、悬链式浮筒式单点系泊系统、单锚腿式单点系泊系统等。

图 9-2　FPSO 单点系泊系统

图片来源：唐友刚，何鑫，李焱，等. 基于 FPSO-水下软刚臂-锚缆多体的 FPSO 限位作业分析[J]. 船舶工程，2021，43(3)：130-135.DOI：10.13788/j.cnki.cbgc.2021.03.23.

2. 按回复力作用形式分类

1)悬链线式系泊

悬链线式系泊是一种常见的系泊方式，通常用于较大的浮式结构物，如图 9-3 所示。悬链线式系泊利用悬链的原理来固定浮体，悬链在自重作用下呈现出一定的刚性，当受到外部力作用时能够保持稳定。浮体系泊时，悬链的自重使其呈现一种自然的曲线形态，提供稳定支撑力，一般由锚链和钢缆多个部分组成，锚链与海底水平相接，锚固点只受水平方向的力。张力在悬链线上会根据其重量和外部作用力分布，靠近浮体的部分张力较大，远离浮体的部分张力较小。悬链线的自重和张力分布有助于抵抗外部载荷的影响，当外部载荷作用于浮体时，悬链线能够通过其自身重力回复到原来的位置，以保持船体稳定。

悬链线式系泊具有安全可靠、操作简单、适用于大型浮体等特点，常用于相对较浅的海域。然而，它的应用也存在一些限制，如受限于悬链的长度和材质，可能在强风大浪等恶劣天气条件下会受到影响。总的来说，悬链线式系泊因其稳定性和安全性而被广泛应用于浮体系泊。

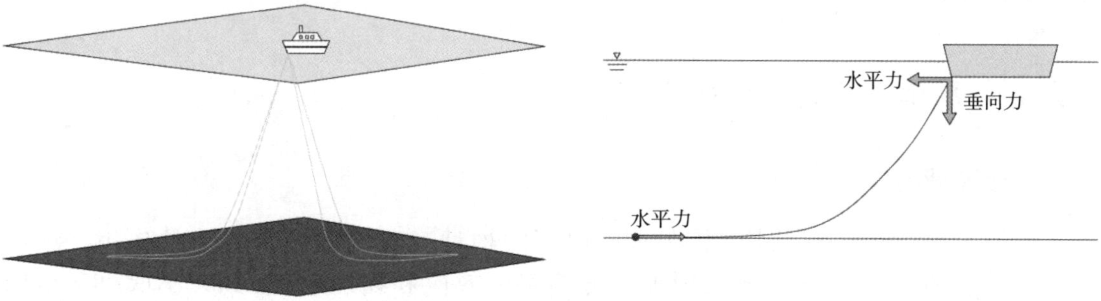

图 9-3　悬链线式系泊

2)张紧式系泊

张紧式系泊系统由多个关键组件组成，包括绳索、缆绳、张紧装置和固定设备，如图 9-4 所示。张紧式系泊的系泊回复力主要由其自身弹性产生，通过张紧装置调节绳索的张力，以确保浮体保持稳定的位置并防止漂移。通常，张紧装置可以手动或自动调节，根据浮体的大小和环境条件进行调整。张紧式系泊的系泊缆与海底以一定角相交，锚固点除要受到水平力外，还要受到铅直方向的上拔力，为了降低系泊线的重量，张紧式系泊的系泊缆绳通常采用较轻的合成材料。

由于张紧式系泊系统复杂的特性，如动刚度特性、张紧-松弛特性、蠕变和应力松弛特性、疲劳破坏特性等，目前在工程中应用并不多，涉及张紧式系泊的研究主要集中于深水半潜式海洋平台。当遭遇强风浪流环境时，平台在有效控制自身运动的同时，张紧式系泊张力将会非常大，这对系泊缆材料提出了较高的要求。与悬链线式系泊系统相比，张紧式系泊系统占用海底面积较小，通常用于深水和超深水水域。

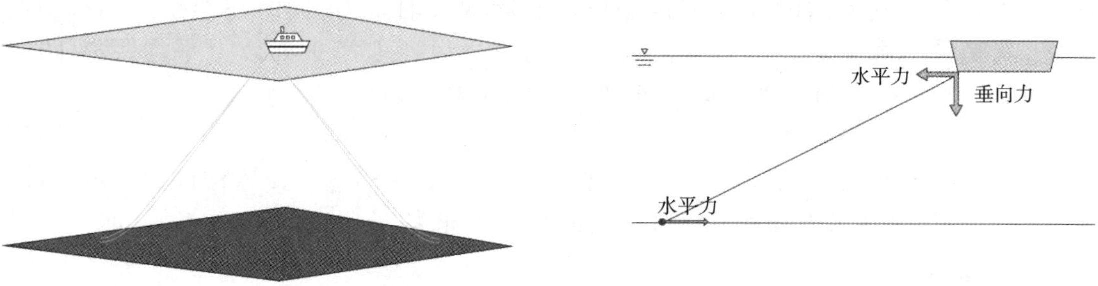

图 9-4　张紧式系泊

9.2 海洋系泊系统的环境载荷

海洋工程结构的环境载荷源自风、浪、流、地震等许多因素的作用。所有海洋工程中的结构物都会受到波浪和海流等载荷的作用。下面以悬链线式系泊系统为例，进行系泊系统受力分析。

9.2.1 系泊系统受力特点

1. 波浪载荷

对于各种海洋工程结构，其在水面以下的构件都会受到波浪载荷的作用。波浪作用在结构物上的两种主要表现形式包括势流效应和黏性效应，其大小取决于结构构件的尺度，需要根据结构构件尺寸的大小选择合适的波浪载荷计算方法。由于系泊缆特征长度较小，可将其简化为小尺度构件来分析。对于小尺度结构物，结构的存在相对波浪运动无显著影响，波浪对结构的作用主要为黏性效应和附加质量效应。采用莫里森方程计算波浪力，在单位长度上的横向波浪载荷为

$$\mathrm{d}F_i^{\mathrm{h}} = \rho_{\mathrm{w}} A\dot{u} + \rho_{\mathrm{w}} AC_{\mathrm{m}}(\dot{u}-\ddot{\xi}_j) + \frac{\rho_{\mathrm{w}}}{2} DC_{\mathrm{d}} | u-\dot{\xi}_j |(u-\dot{\xi}_j) \tag{9-1}$$

式中：D 为直径；u 为波浪质点的速度；A 为结构的横截面面积；ρ_{w} 为海水密度；C_{d} 和 C_{m} 分别为拖曳系数和附加质量系数；ξ_j 为结构物在 j 自由度方向上的运动。

根据线性波理论，波浪质点的加速度为

$$\dot{u} = \omega^2 \zeta \mathrm{e}^{kz} \cos(\omega t - kx) \tag{9-2}$$

式中：ω 为波浪频率；ζ 为波高幅值；$k = 2\pi/\lambda$ 为波数。

2. 风载荷

在一般情况下，风对于浮式结构物海面以上的部分有较大影响。对于系泊系统而言，风载荷对其系泊的浮式结构物作用会增加系泊张力，同时还会引起动载荷的变化，其是系泊缆绳受到的重要环境载荷之一。风速取海平面以上平均距离 10 m 处的风速，海上结构物受到风载荷的理论表达式为

$$F_{\mathrm{f}} = 0.625 C_{\mathrm{v}} C_{\mathrm{H}} A_{\mathrm{l}} v^2 \tag{9-3}$$

式中：F_{f} 为海平面风力载荷；C_{v} 为受风构件的形状系数；C_{H} 为受风构件的高度系数；A_{l} 为受风构件所受风力面积；v 为海平面以上 10 m 的风速。

3. 流载荷

海洋中的系泊缆受到海洋流载荷时的一般理论计算表达式为

$$F_{\text{liu}} = 0.5C_{\text{D}}\rho_{\text{w}}A_2v_{\text{c}}^2 \tag{9-4}$$

式中：F_{liu} 为流载荷；C_{D} 为拖曳力系数；ρ_{w} 为海水密度；A_2 为结构物的投影面积；v_{c} 为水流速度。

4. 其他作用力

系泊系统在水下工作时，除受到环境作用力外，还受到重力 W、浮力 F 和缆索张力 T 等。根据缆索的质量，得出重力为

$$W = mg \tag{9-5}$$

在已知缆索直径及长度的情况下，计算其体积 V，进而得出缆索的水下浮力为

$$F = \rho_{\text{w}}gV = \rho_{\text{w}}gl\left(\frac{\pi d^2}{4}\right) \tag{9-6}$$

式中：m 为缆索质量；g 为重力加速度；ρ_{w} 为海水密度；l 为缆索长度；d 为缆索直径。

除此之外，系泊缆还受到张力作用，张力 T 的具体计算公式见 9.3。

9.2.2　水流形状对系泊系统的影响

针对海洋中复杂的系泊系统结构设计以及各种极端的海况，水流力在其中起到很大的影响，不同的水流形状模型会对系泊系统的安全产生不同的结果。考虑水流流速的分布，水流形状模型可分为恒定水流模型、线性形状水流模型（直线状）、非线性形状水流模型（曲线状）三种，如图 9-5 所示。

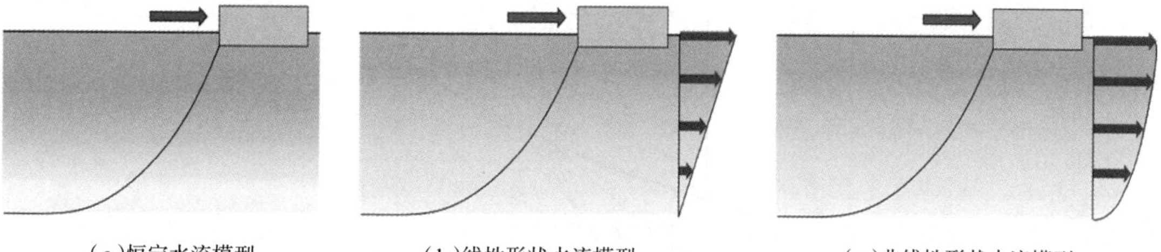

（a）恒定水流模型　　（b）线性形状水流模型　　（c）非线性形状水流模型

图 9-5　3 种水流形状模型

水流力的计算与水流速度、接触面积以及海水的密度等有关，其计算表达式见式（9-4）。关于所提出的水流模型的相关计算，选用分段法来简化计算，首先恒定水流模型相当于恒定速度，但这种情况下的水流在海洋中几乎是很难见的，工程实际情况主要考虑线性模型和非线性模型这两种情况，而两者的主要区别在于水流速度的计算。

1. 线性模型

线性模型的水流速度变化表达式为

$$v_{\text{c}} = 0.08\times(h+y) \tag{9-7}$$

式中：h 为水深；y 为锚链的位移坐标。

2. 非线性模型

非线性模型的水流速度变化表达式为

$$v_c = v - 0.04 \times y^2 \tag{9-8}$$

式中：v 为海平面的水流速度。

9.3 海洋系泊系统动力学模型构建

9.3.1 定义坐标系

根据对悬链线式系泊系统的受力分析可知，系泊系统主要受到风、浪、流三种环境载荷的共同作用，另外还受到自身重力、浮力和系泊缆张力的作用。首先，建立两种正交坐标系对系泊缆索进行分析，如图 9-6 所示。其中，总体坐标系为 O-xyz，单位向量分别为 $\boldsymbol{i}$，$\boldsymbol{j}$ 和 $\boldsymbol{k}$；局部坐标系 O'-τnb 是附着在系泊缆上并随之运动的坐标系（即拉格朗日坐标系），单位向量分别为 $\boldsymbol{\tau}$，$\boldsymbol{n}$，$\boldsymbol{b}$；s 为当系泊缆未发生变形时，其上任一点到末端的距离。

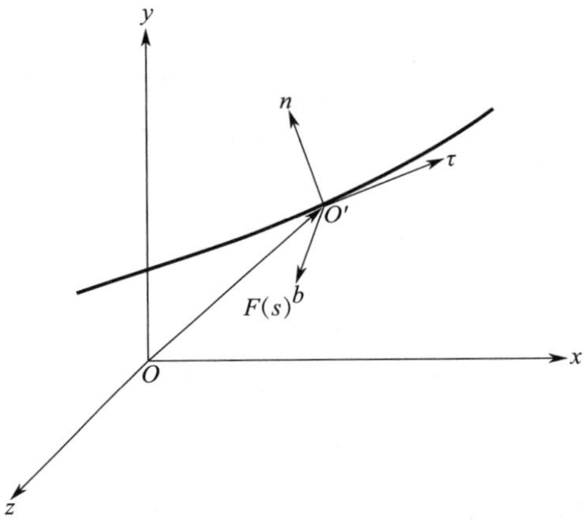

图 9-6 系泊缆坐标系

两种坐标系单位向量之间有如下关系：

$$\begin{cases} \boldsymbol{\tau} = \dfrac{\mathrm{d}x}{\mathrm{d}s}\boldsymbol{i} + \dfrac{\mathrm{d}y}{\mathrm{d}s}\boldsymbol{j} + \dfrac{\mathrm{d}z}{\mathrm{d}s}\boldsymbol{k} = \alpha_1\boldsymbol{i} + \alpha_2\boldsymbol{j} + \alpha_3\boldsymbol{k} \\ \boldsymbol{n} = \rho\left(\dfrac{\mathrm{d}^2x}{\mathrm{d}s^2}\boldsymbol{i} + \dfrac{\mathrm{d}^2y}{\mathrm{d}s^2}\boldsymbol{j} + \dfrac{\mathrm{d}^2z}{\mathrm{d}s^2}\boldsymbol{k}\right) = \beta_1\boldsymbol{i} + \beta_2\boldsymbol{j} + \beta_3\boldsymbol{k} \\ \boldsymbol{b} = \boldsymbol{\tau} \times \boldsymbol{n} = \gamma_1\boldsymbol{i} + \gamma_2\boldsymbol{j} + \gamma_3\boldsymbol{k} \end{cases} \tag{9-9}$$

式中：系泊缆局部曲率半径 $\rho=\left[\left(\frac{\mathrm{d}^2x}{\mathrm{d}s^2}\right)^2+\left(\frac{\mathrm{d}^2y}{\mathrm{d}s^2}\right)^2+\left(\frac{\mathrm{d}^2z}{\mathrm{d}s^2}\right)^2\right]^{-1/2}$。

9.3.2 系泊缆动力学方程

在海洋工程中，一般认为系泊缆索不能承受剪应力或弯矩的作用，沿系泊缆索轴向的应力只能为张力，这样便可将系泊缆索假定为完全挠性构件。如图 9-7 所示，任取系泊缆上的微元 ds 进行受力分析。系泊缆在流体中运动主要受到重力 W、浮力 F、系泊缆张力 T、惯性力 I、法向流体阻力 f_n 和切向流体阻力 f_τ。设 $\boldsymbol{v}_\mathrm{w}$ 和 $\boldsymbol{a}_\mathrm{w}$ 分别为水质点的速度矢量和加速度矢量；$\boldsymbol{v}_\mathrm{m}$ 和 $\boldsymbol{a}_\mathrm{m}$ 分别为系泊缆的速度矢量和加速度矢量；相对速度 $\boldsymbol{v}_\mathrm{r}=\boldsymbol{v}_\mathrm{w}-\boldsymbol{v}_\mathrm{m}$，相对加速度 $\boldsymbol{a}_\mathrm{r}=\boldsymbol{a}_\mathrm{w}-\boldsymbol{a}_\mathrm{m}$。

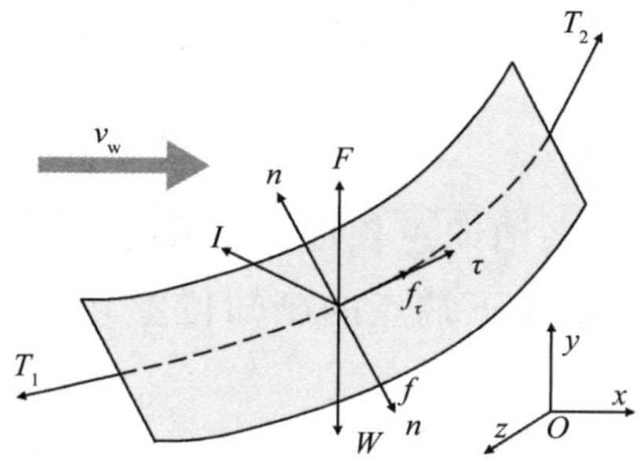

图 9-7 系泊缆微元受力分析

T 为系泊缆微元中点张力，系泊缆两端张力 T_1 和 T_2 可表示为

$$\begin{cases}\boldsymbol{T}_1=\left(T+\dfrac{\mathrm{d}T}{\mathrm{d}s}\dfrac{\mathrm{d}s}{2}\right)\left(\boldsymbol{\tau}+\dfrac{\mathrm{d}\boldsymbol{\tau}}{\mathrm{d}s}\dfrac{\mathrm{d}s}{2}\right)\\ \boldsymbol{T}_2=-\left(T-\dfrac{\mathrm{d}T}{\mathrm{d}s}\dfrac{\mathrm{d}s}{2}\right)\left(\boldsymbol{\tau}-\dfrac{\mathrm{d}\boldsymbol{\tau}}{\mathrm{d}s}\dfrac{\mathrm{d}s}{2}\right)\end{cases} \tag{9-10}$$

可得

$$\mathrm{d}\boldsymbol{T}=\boldsymbol{T}_1+\boldsymbol{T}_2=\left(\frac{\mathrm{d}T}{\mathrm{d}s}\boldsymbol{\tau}+\frac{T}{\rho}\boldsymbol{n}\right)\mathrm{d}s \tag{9-11}$$

根据系泊缆受力，得到系泊缆动力学方程：

$$f_n+f_\tau+(W-F)+\mathrm{d}T+I=0 \tag{9-12}$$

其中

法向流体阻力= $f_n\mathrm{d}s=0.5\rho_\mathrm{w}C_{\mathrm{D}n}D|v_n|v_n\mathrm{d}s$

切向流体阻力= $f_\tau\mathrm{d}s=0.5\rho_\mathrm{w}C_{\mathrm{D}\tau}\pi D|v_\tau|v_\tau\mathrm{d}s$

净重力= $(W-F)\mathrm{d}s=(\rho_\mathrm{m}-\rho_\mathrm{w})gA\mathrm{d}s$

惯性力= $I\mathrm{d}s=-\rho_\mathrm{m}A\mathrm{d}s a_\mathrm{m}+C_\mathrm{m}\rho_\mathrm{w}A\mathrm{d}s(a_\mathrm{w}-a_\mathrm{m})$

式中：ρ_w 和 ρ_m 分别为流体密度和系泊缆密度；A 为系泊缆横截面面积；ds 为系泊缆

微元；C_{Dn} 和 $C_{D\tau}$ 分别为法向阻力系数和切向阻力系数；C_m 为系泊缆附加质量系数。

可得系泊缆矢量微分形式的动力学方程：

$$(\rho_m + C_m\rho_w)Aa_m = C_m\rho_w Aa_w + (\rho_m - \rho_w)Ag + 0.5\rho_w C_{D\tau}\pi D|v_\tau|v_\tau + 0.5\rho_w C_{Dn}D|v_n|v_n + dT/ds \tag{9-13}$$

当缆索处于静平衡状态时，缆索加速度 $a_m = 0$，惯性力 $I = 0$，可得系泊缆索微分形式的静力方程：

$$(\rho_m - \rho_w)Ag + 0.5\rho_w C_{D\tau}\pi D|v_\tau|v_\tau + 0.5\rho_w C_{D\tau}D|v_n|v_n + dT/ds = 0 \tag{9-14}$$

系泊缆静力问题的边界条件为

$$\begin{cases} \boldsymbol{r}(s=l) = \boldsymbol{r}_{top} \\ \boldsymbol{r}(s=0) = \boldsymbol{r}_{bot} \end{cases} \tag{9-15}$$

系泊缆动力问题的边界条件为

$$\begin{cases} \boldsymbol{r}(s=l) = \boldsymbol{r}_{top} \\ \dot{\boldsymbol{r}}(s=l) = \dot{\boldsymbol{r}}_{top} \\ \boldsymbol{r}(s=0) = \boldsymbol{r}_{bot} \\ \dot{\boldsymbol{r}}(s=0) = \dot{\boldsymbol{r}}_{bot} \end{cases} \tag{9-16}$$

式中：s 为拉格朗日坐标；l 为系泊缆总长度；$\boldsymbol{r}_{top}$ 和 $\dot{\boldsymbol{r}}_{top}$ 分别为系泊缆上端点的已知位置和速度；$\boldsymbol{r}_{bot}$ 和 $\dot{\boldsymbol{r}}_{bot}$ 分别为系泊缆下端点的已知位置和速度。

9.4 海洋系泊系统动力响应分析

9.4.1 动力学方程求解

对系泊缆进行离散，采用虚位移原理推导系泊缆的动力控制方程：

$$\int_{^0V^0} \rho^{t+\Delta t}\ddot{u}_i\delta u_i d^0V + \int_{^0V^0} E_0 e_{11}\delta_0 e_{11} d^0V + \int_{^0V^0}^{t} S_{11}\delta_0\eta_{11} d^0V = {}^{t+\Delta t}W - \int_{^0V^0}^{t} S_{11}\delta_0 e_{11} d^0V \tag{9-17}$$

式中：$S_{11} = E_0^t\varepsilon_{11}$；$e_{11} = \dfrac{d^t x_i}{d^0 s}\dfrac{d^t u_i}{d^0 s}$；$\eta_{11} = \dfrac{1}{2}\dfrac{d^t u_i}{d^0 s}\dfrac{d^t u_i}{d^0 s}$；$E$ 为弹性模量；ρ 为系泊缆密度；$\ddot{u}_i$ 为加速度；S_{11} 为第二类皮奥拉-基尔霍夫（Piola-Kirchhoff）应力；e_{11} 和 η_{11} 分别为格林（Green）应变张量增量的线性项和二次项；W 为外力做的虚功；u_i 为增量位移；x_i 为坐标。

采用两节点和三节点等参索单元离散系泊缆，对于节点坐标有关系式：

$$^0x_i = \sum_{k=1}^{N} h_k(r)^0 x_i^k \tag{9-18}$$

$$^tu_i = \sum_{k=1}^{N} h_k(r)^t u_i^k \tag{9-19}$$

$$ {}^{t}x_i = {}^{0}x_i + {}^{t}u_i = \sum_{k=1}^{N} h_k(r)({}^{0}x_i^k + {}^{t}u_i^k) \tag{9-20} $$

式中：N 为等参索单元的节点总数；r 为等参索单元的自然坐标；$h_k(r)$为等参索单元的插值函数；${}^{0}x_i^k$ 和 ${}^{t}u_i^k$ 分别为节点 k 在时间 t 的 i 方向坐标分量和位移分量。

等参索单元插值函数表达式为

$$ \begin{cases} h_1(r) = (1-r)/2 \\ h_2(r) = (1+r)/2 \end{cases} \quad (N=2) \tag{9-21} $$

或

$$ \begin{cases} h_1(r) = -r(1-r)/2 \\ h_2(r) = r(1+r)/2 \quad (N=3) \\ h_3(r) = 1-r^2 \end{cases} \tag{9-22} $$

令

$$ \begin{cases} {}^{0}\boldsymbol{X}^{\mathrm{T}} = \left[{}^{0}x_1^1 \ {}^{0}x_2^1 \ {}^{0}x_3^1 \ {}^{0}x_1^2 \ {}^{0}x_2^2 \ {}^{0}x_3^2 \ {}^{0}x_1^3 \ {}^{0}x_2^3 \ {}^{0}x_3^3 \right] \\ {}^{0}\boldsymbol{U}^{\mathrm{T}} = \left[{}^{t}u_1^1 \ {}^{t}u_2^1 \ {}^{t}u_3^1 \ {}^{t}u_1^2 \ {}^{t}u_2^2 \ {}^{t}u_3^2 \ {}^{t}u_1^3 \ {}^{t}u_2^3 \ {}^{t}u_3^3 \right] \\ [H] = [h_1\boldsymbol{I}_3 \ h_2\boldsymbol{I}_3 \ h_3\boldsymbol{I}_3] \end{cases} \tag{9-23} $$

式中：$\boldsymbol{I}_3$ 为三阶单位矩阵，因而有矩阵表达式，即

$$ \begin{cases} {}^{0}\boldsymbol{x} = [H]{}^{0}\boldsymbol{X} \\ {}^{t}\boldsymbol{x} = [H]({}^{0}\boldsymbol{X} + {}^{t}\boldsymbol{U}) \end{cases} \tag{9-24} $$

根据系泊缆结构动力控制方程，有

$$ \begin{cases} {}_{0}e_{11} = {}^{t}\boldsymbol{X}^{\mathrm{T}}\left[H_{t_r}\right]^{\mathrm{T}}\left[H_{t_r}\right]^{t}\boldsymbol{U} / {}^{0}\boldsymbol{J}^2 \\ {}_{0}\eta_{11} = 0.5\left(\left[H_{t_r}\right]\boldsymbol{U} / {}^{0}\boldsymbol{J}\right)^{\mathrm{T}} / [H_r]\boldsymbol{U} / {}^{t}\boldsymbol{J} \\ \left[H_{t_r}\right] = \left[(\mathrm{d}h_1/\mathrm{d}r)\boldsymbol{I}_3, (\mathrm{d}h_2/\mathrm{d}r)\boldsymbol{I}_3, (\mathrm{d}h_3/\mathrm{d}r)\boldsymbol{I}_3\right] \\ 1/{}^{0}\boldsymbol{J} = \mathrm{d}r / {}^{0}\mathrm{d}l \end{cases} \tag{9-25} $$

从而有

$$ \begin{cases} \left[{}_{0}^{t}B_{\mathrm{L}}\right] = {}^{t}\boldsymbol{X}^{\mathrm{T}}\left[H_{t_r}\right]^{\mathrm{T}}\left[H_{t_r}\right] / {}^{0}\boldsymbol{J}^2 \\ \left[{}_{0}^{t}B_{\mathrm{NL}}\right] = \left[H_{t_r}\right] / {}^{0}\boldsymbol{J} \end{cases} \tag{9-26} $$

式中：$\left[{}_{0}^{t}B_{\mathrm{L}}\right]$ 和 $\left[{}_{0}^{t}B_{\mathrm{NL}}\right]$ 分别为线性和非线性应变-位移变化矩阵。

将式（9-24）和式（9-25）代入式（9-18），可得

$$ [M]^{(t+2t)}\ddot{\boldsymbol{U}} + ([{}_{0}^{t}K_{\mathrm{L}}] + [{}_{0}^{t}K_{\mathrm{NL}}])\boldsymbol{U} = {}^{(t+\Delta t)}\boldsymbol{R} - {}_{0}^{t}\boldsymbol{F} \tag{9-27} $$

其中

$$ [M] = \int_{-1}^{1} {}^{0}\rho^{0}A[H]^{\mathrm{T}}[H]^{0}\boldsymbol{J}\mathrm{d}r \tag{9-28} $$

$$ [{}_{0}^{t}K_{\mathrm{L}}] = \int_{-1}^{1} [{}_{0}^{t}B_{\mathrm{L}}]^{\mathrm{T}} E^{0}A[{}_{0}^{t}B_{\mathrm{L}}]^{0}\boldsymbol{J}\mathrm{d}r \tag{9-29} $$

$$ [{}_{0}^{t}K_{\mathrm{NL}}] = \int_{-1}^{1} [{}_{0}^{t}B_{\mathrm{NL}}]^{\mathrm{T}}{}_{0}^{t}S_{11}^{0}A[{}_{0}^{t}B_{\mathrm{NL}}]^{0}\boldsymbol{J}\mathrm{d}r \tag{9-30} $$

$$ {}_0^t\boldsymbol{F}=\int_{-1}^{1}[{}_0^tB_1]^{\mathrm{T}}{}_0^tS_{11}{}^0A^0\boldsymbol{J}\mathrm{d}r \tag{9-31} $$

$$ {}_0^tS_{11}=E\frac{1}{{}^0\boldsymbol{J}^2}({}^t\boldsymbol{X}^{\mathrm{T}}[H_{t_r}]^{\mathrm{T}}[H_{t_r}])^t\boldsymbol{U} \tag{9-32} $$

式中：$[M]$ 为缆索单元的质量矩阵；${}^0A$ 为缆索单元横截面面积；${}^0\boldsymbol{J}$ 为雅克比矩阵；$[H]$ 为插值形函数矩阵；$\left[{}_0^tK_{\mathrm{L}}\right]$ 和 $\left[{}_0^tK_{\mathrm{NL}}\right]$ 分别为线性和非线性应变增量刚度矩阵；$\left[{}_0^tB_{\mathrm{L}}\right]$ 和 $\left[{}_0^tB_{\mathrm{NL}}\right]$ 分别为线性和非线性应变-位移变换矩阵；${}^{(t+\Delta t)}\boldsymbol{R}$ 为时间 $t+\Delta t$ 的外加节点荷载向量，此向量也用于时间 t 的显示时间积分；${}_0^t\boldsymbol{F}$ 为与时间 t 的单元应力相应的节点力向量；${}^t\boldsymbol{X}$ 和 ${}^t\boldsymbol{U}$ 分别为节点坐标和位移向量；$\boldsymbol{U}$ 为节点位移增量向量。

9.4.2 系泊系统动力响应分析

系泊系统参数基于美国可再生能源实验室针对 OC3 项目提出的 5 MW Hywind Spar 浮式风机进行计算。表 9-1、表 9-2 和表 9-3 分别列出了 5 MW 风机、Spar 型浮式系统和系泊系统的主要参数，风机的整体结构如图 9-8 所示。

表 9-1　5 MW 风机主要参数

参数	数值
额定功率	5 MW
轴系传动效率	0.944
风轮半径	63 m
额定风速	11.4 m/s
额定转速	12.1 r/min
桨毂高度位置	90 m
风机重心高度	64 m
风机总质量	697 460 kg

表 9-2　Spar 型浮式系统主要参数

参数	数值
平台长度	130 m
平台质量	7 466 330 kg
重心距水面	78 m
吃水	120 m
工作水深	320 m

表 9-3　系泊系统主要参数

参数	数值
系泊缆数量	325
锚泊半径	853.87 m

续表

参数	数值
系泊缆直径	0.09 m
相邻缆夹角	120°
导缆器距水面	70 m
系泊缆长度	902.2 m
系泊缆重量	77.75 kg/m
抗拉刚度	38 424 000 N
抗扭刚度	644 125 N/rad
抗弯刚度	644 125 N/rad

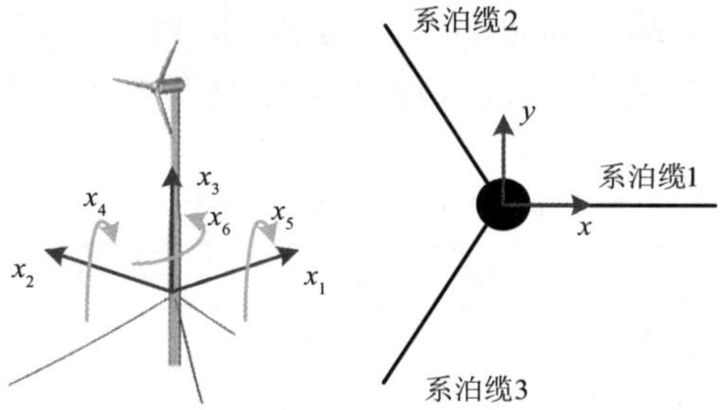

图 9-8　5 MW 的 OC3-Hywind Spar 浮式风机整体结构图

1. 系泊缆的静态位形

将每根系泊缆离散为 150 个单元，分别调整 3 根系泊缆的静态模型，结果如图 9-9 所示。系泊缆内张力等参数见表 9-4，该表的计算结果也将作为后续动力学分析的初值，以进行动态分析计算。

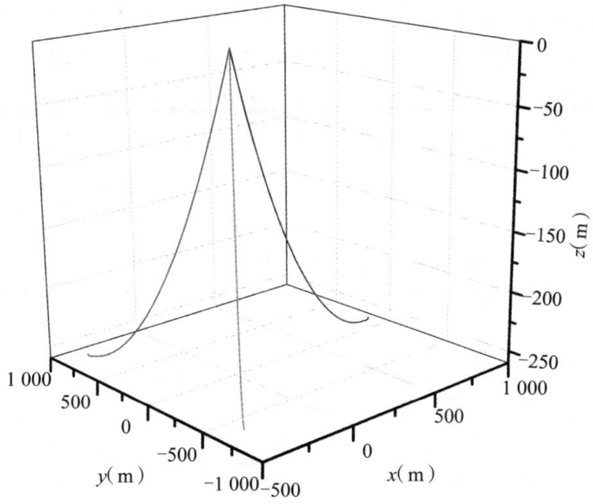

图 9-9　系泊系统静态位形计算结果

表 9-4　系泊缆主要参数

参数	顶端数值	锚端数值
张力	1 060.8 kN	885.0 kN
剪力	454.1 N	593.9 N
弯矩	0 kN·m	0 kN·m
与水平面夹角	31.06°	-0.62°
两端点距离	水平距离	垂直距离
	849.13 m	250.03 m

2. 系泊系统正常工作动力响应

根据动力计算方法对系泊缆进行动力分析，得到各时刻系泊缆内的载荷分布，各系泊缆内张力的统计结果见表 9-5，系泊缆张力及弯矩云图如图 9-10 所示。

表 9-5　发电工况系泊缆张力统计

参数	最大	最小	均值	标准差
1#系泊缆张力（kN）	920.90	822.68	870.23	17.06
2#系泊缆张力（kN）	1 596.56	1 215.06	1 397.34	69.67
3#系泊缆张力（kN）	1 593.40	1 211.11	1 394.96	70.03

可以看出，1#系泊缆的张力要小于其他两根系泊缆，从图 9-10 可以看出，无论在张力最大还是张力最小的时刻，1#系泊缆的张力要始终小于其余两根系泊缆的张力，且各系泊缆内的张力也呈现出随着深度的增加逐渐减小的趋势。各系泊缆内的张力、弯矩及扭矩的最值统计结果见表 9-6。与张力的幅值相比，系泊缆内的弯矩要明显小多个量级，这是由于系泊缆本身属于细长柔性构件，自身的抗弯刚度较小，所以易发生大变形弯曲。故与张力相比，结构内并不会产生较大的弯矩，但其对于系泊缆的安全，尤其是疲劳寿命的影响是不可忽视的，因此对于系泊缆的自身动力学性能分析是不可忽略的。而扭矩的结果表明，在正常作业过程中，系泊缆内不会发生显著的扭转现象。

表 9-6　系泊缆内力最大值与最小值

参数		1#	2#	3#
张力（kN）	最大值	942.33	1 596.56	1 593.40
	最小值	640.52	1 035.31	1 035.34
法向弯矩（kN·m）	最大值	0	0.66	0.66
	最小值	-1.04	0	0

续表

参数		1#	2#	3#
副法向弯矩（kN·m）	最大值	0.05	0.21	0
	最小值	-0.05	0	-0.20
扭矩（kN·m）	最大值	0	0	0
	最小值	0	0	0

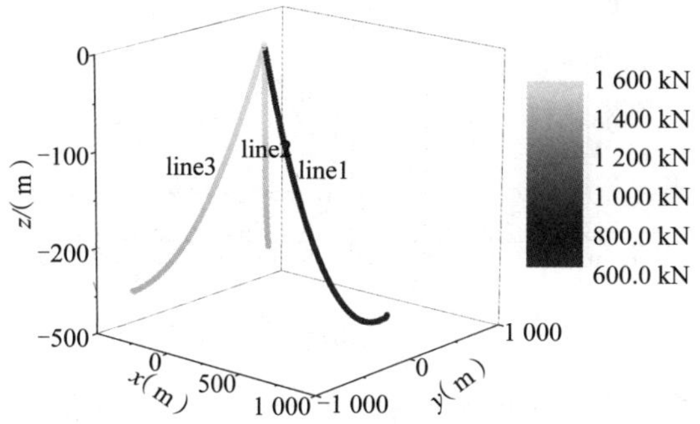

（a）T_1 时刻张力

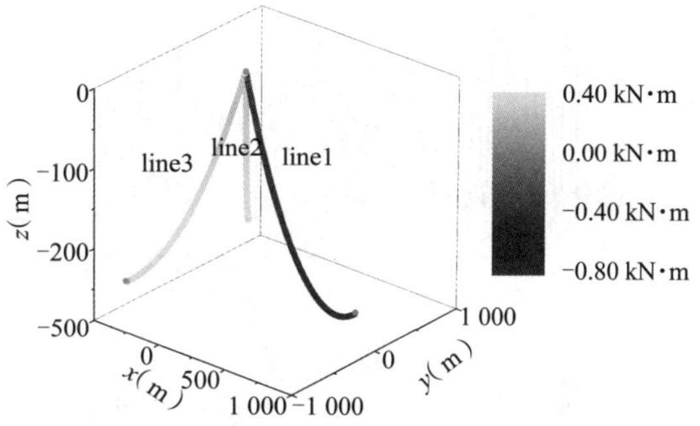

（b）T_1 时刻法向弯矩

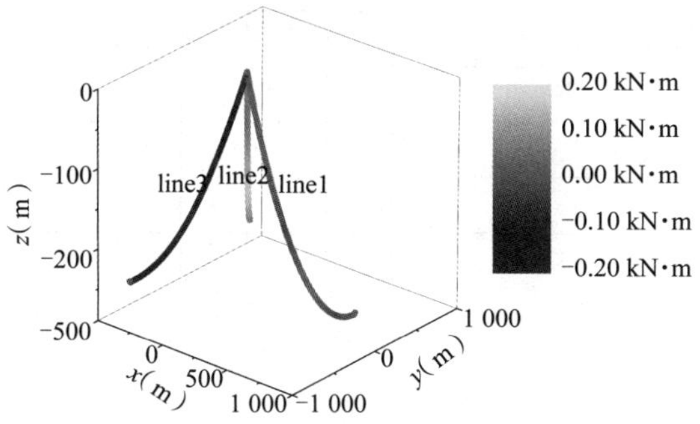

（c）T_1 时刻副法向弯矩

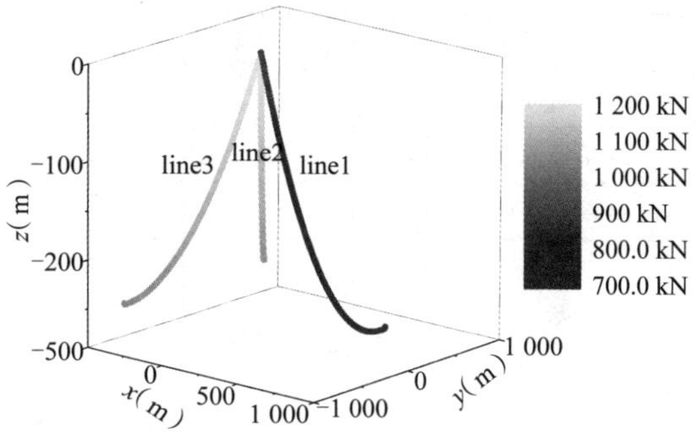

（d）T_2 时刻张力

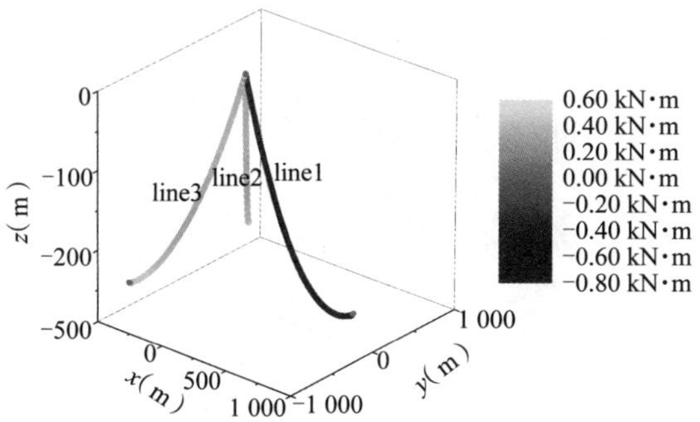

（e）T_2 时刻法向弯矩

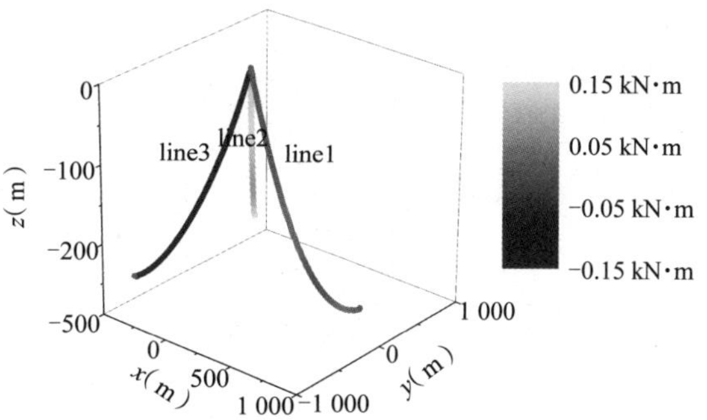

（f）T_2 时刻副法向弯矩

图 9-10　系泊缆张力及弯矩云图

3. 系泊系统极端工况动力响应

通过系泊缆发电工况的动力分析，可以看出 1#系泊缆的张力要小于其他两根系泊缆，且 2#及 3#系泊缆对称布置，因此以 2#系泊缆为主要分析对象，极端工况下 2#系泊缆张力的响应曲线如图 9-11 所示，各系泊缆张力的统计结果见表 9-7。

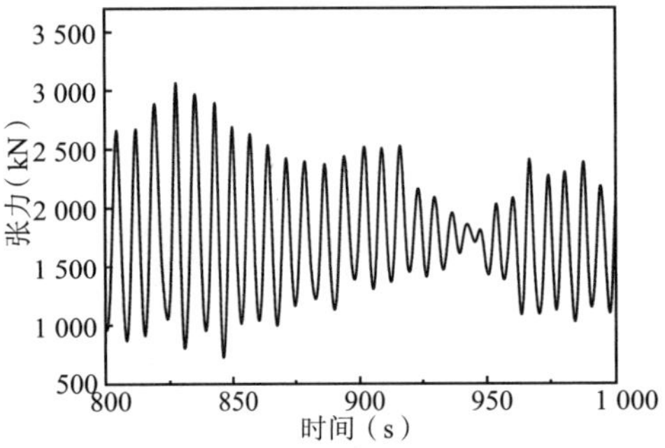

（a）时间历程

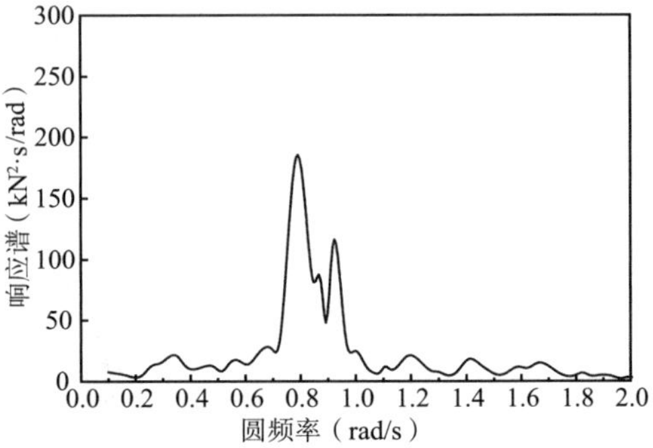

（b）响应谱

图 9-11　极限工况下 2#系泊缆张力响应曲线

表 9-7　极端工况下各系泊缆张力统计

参数	最大	最小	均值	标准差
1#系泊缆张力（kN）	965.34	739.64	818.40	34.65
2#系泊缆张力（kN）	3 062.66	717.83	1 686.69	379.38
3#系泊缆张力（kN）	3 062.65	717.82	1 686.69	379.38

Chapter 10

第十章
海洋管道结构动力学

10.1 海洋管道

管道运输是油气运输的主要方法之一，具有连续、快捷、安全、经济的特点。在海洋石油开采工程中，海洋管道将海上油气田、储油设施或陆上处理终端连接成一个有机的整体，使海上生产设施的各个环节通过管道形成相互关联、相互协调作业的生产操作系统。按照结构形式和边界条件，海洋管道可分为海洋立管和海底管道。

10.1.1 海洋立管

海洋立管是连接水面浮式装置和海底生产系统，并进行油气开采与传输的唯一途径。按照布置方式，海洋立管可分为钢悬链线立管、顶张紧立管、柔性立管和混合式立管。

（1）钢悬链线立管（Steel Catenary Riser，SCR）指仅依靠重力和浮力布置的钢质立管，其中在水下的形式与悬链线形状一致。钢悬链线立管经过十几年的发展，现已被成功应用于张力腿平台、Spar 平台、半潜式平台、浮式生产系统和浮式生产储运系统，工作水深已超过 3 000 m，成为深水开发的首选立管形式。2021 年，我国在 1 500 m 工作水深下完成了国内首根深水钢悬链线立管的安装，如图 10-1 所示。钢悬链线立管主要由悬垂段、触地段和拖地段三部分组成，图 10-2 所示为各段结构的详细示意图。

图 10-1 悬链线立管

（2）顶张紧立管（TOP Tensioned Riser，TTR）属于刚性立管，是深海立管的一种常见形式（图 10-3），一般用于钻井、完井或生产，可分为钻井立管和生产立管。顶张紧立管的优点主要包括直接连接于井口，直接连接于水面采油树，未来连接的弹性很大，适用于干采油树；缺点主要包括有限的钻井距离、超深水中较大的立管重力、较高的成本等。

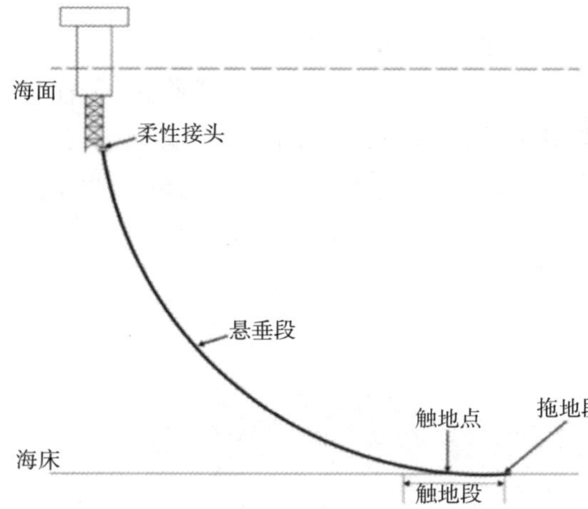

图 10-2　钢悬链线立管各段结构

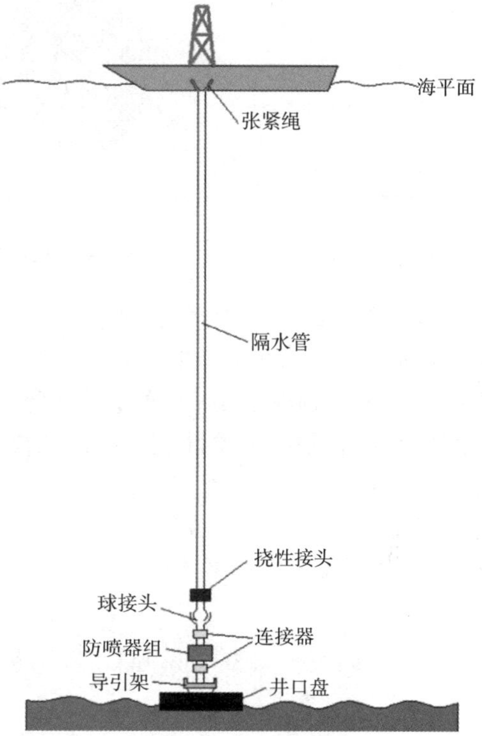

图 10-3　顶张紧立管

（3）柔性立管（Flexible Riser, FR）是带有一定弯曲刚度的多层组合管，这种结构通常表现出很强的顺应性。按照管道各层之间是否可滑动，柔性立管可分为粘结型及非粘结型。典型的粘结型柔性立管结构形式如图 10-4 所示，管道主要由内衬层、外保护层等橡胶层及结构增强层组成。非粘结型柔性立管主要由骨架层、内护套层、抗压铠装层、耐磨层、抗拉铠装层以及外护套层组成，规范中典型的非粘结柔性管道各层结构分布如图 10-5 所示。非粘结型柔性立管不需要用化学物质进行粘结，层与层之间允许相对滑动，承受载荷时各层之间允许存在相对位移，管道的抗弯曲能力也随之得到提高，因此非粘结型柔性立管能更好地适应海洋中的复杂环境。

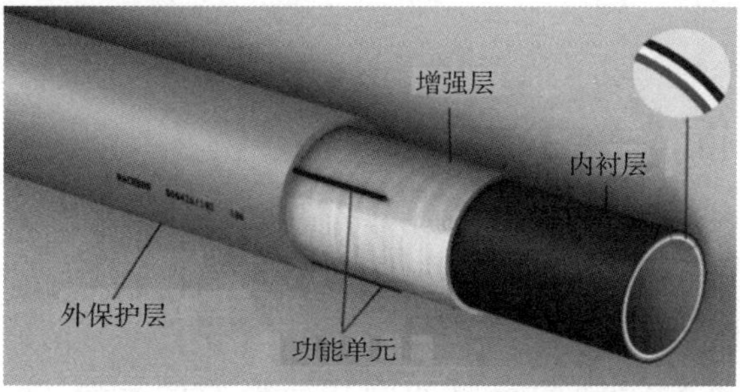

图 10-4　粘结型柔性立管结构形式

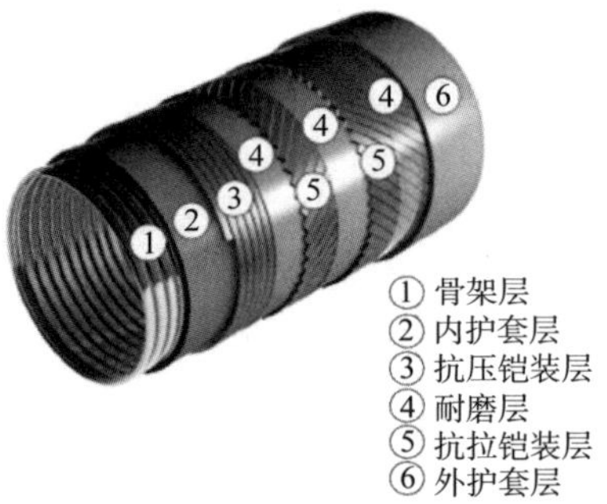

图 10-5　非粘结型柔性管道结构形式

(4)混合式立管由顶张紧立管和柔性跨接管组合而成,如图 10-6 所示。为了避免受水面设施运动的影响,顶张紧式立管的顶张力由浮筒提供,浮筒通过系泊装置锚固在海底。顶张紧立管通过柔性跨接管与水面设施连接。混合式立管具有诸多优点:立管具有足够的柔性,抗疲劳性能好;顶张紧立管部分可提供较高的强度;在安装浮式装置前可进行预安装,节约安装周期;立管与浮式装置运动解耦;可根据立管载荷将出油管隔离,回收时不影响其他出油管。混合式立管的缺点主要是硬件设施复杂、成本较高。

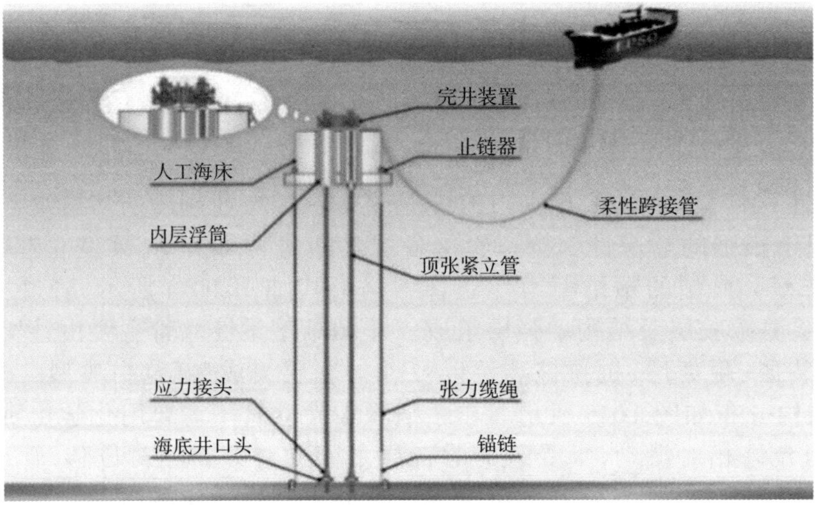

图 10-6　混合式立管

10.1.2　海底管道

海底管道用于油气在水下的集输或者直接将油气输送至陆上终端。施工条件、海底地形亦或海底洋流冲刷的影响,会导致海底管道出现悬跨。其中,管道悬跨的成因可分为以下四类(图 10-7):

(1)由于海流对海底泥沙的反复冲刷从而形成的悬跨;

(2)由于海底管道的突然爬升而形成的悬跨,如爬坡、上岸以及与海洋平台立管段的连接等因素;

(3)由于海床表面地形的不规则起伏导致海底管道形成的悬跨;

(4)海底管道在铺设和服役过程中,由于存在残余应力及内部输运油气压力不断变化等因素,使得管道发生局部屈曲变形,从而导致海底管道形成的悬跨。

海流流经海底管道的悬跨段时,会在结构后缘产生交替脱落的漩涡,诱发结构出现涡激振动现象,致使海底管道悬跨段需承受周期性的循环应力作用。随着流速的不断变化,当外界流场流经管道所产生的漩涡脱落频率接近或者整数倍于管道结构自身固有频率时,将会发生"锁定"现象,即结构的振动响应频率锁定于其固有频率或固有频率的整数倍,响应振幅出现一个大幅度增强趋势,短时间内便会使悬跨段的管道产生较大的疲劳损伤,导致其使用寿命远远低于其他非悬跨位置的管道寿命。海底管道的悬跨治理对于保障海底管道结构安全至关重要。

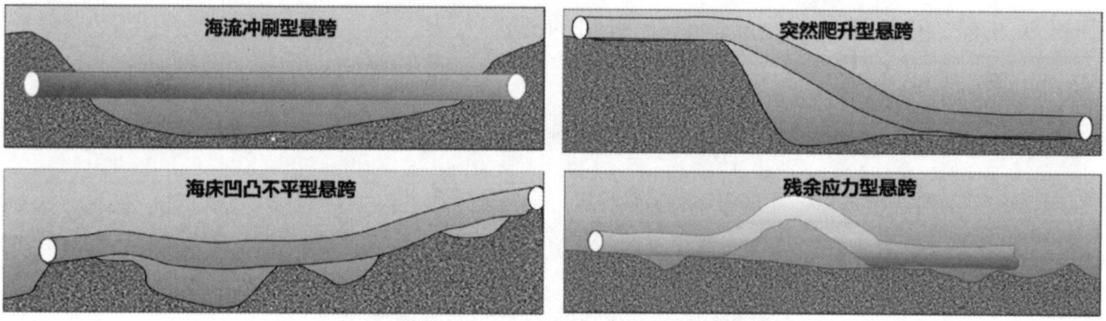

图 10-7 不同类型的海底悬跨管道

10.2 海洋管道载荷类型

10.2.1 波浪载荷

在海洋工程中,管道不可避免地受到波浪载荷的作用,管道受到的波浪载荷与其所处环境中的波浪形式有关。波浪理论体现了水波运动的基本规律和内在本质,在海洋结构载荷计算中被广泛应用。波浪理论主要分为线性波理论和非线性波理论。线性波理论假设其波浪的振幅足够小,以至于可忽略非线性部分来求解近似的速度势。但是,实际波浪的振幅有时能达到较大值,因此波浪自由面引发的非线性影响常被考虑。非线性波理论包括 Stokes 理论、流函数波浪理论、驻波理论和椭圆余弦波理论等。海洋管道通常符合小尺度构件的条件,通常应用莫里森方程计算波浪力,假设管道对波浪运动的作用可以忽略,认为波浪对管道的影响包括黏滞效应及附加质

量效应。单位长度的管道受到的水平波浪力可以表示为

$$dF=\frac{1}{2}\rho C_{D}D\left|v_{x}-\dot{x}\right|(v_{x}-\dot{x})dz+\rho C_{M}\frac{\pi D^{2}}{4}(\dot{v}_{x}-\ddot{x})dz+\rho\frac{\pi D^{2}}{4}\ddot{x}dz \tag{10-1}$$

莫里森方程把作用在柱体上的波浪力分成两个分量：一个是水质点运动的水平速度引起的作用力，即水平拖曳力；另一个是水质点运动的水平加速度引起的作用力，即水平惯性力。

10.2.2 海流载荷

在复杂的海洋环境中，海流对深海结构物的影响非常大。通常海流速度沿水深方向发生变化，如图 10-8 所示。海流的速度相对于波浪水质点的速度来说，其随时间 t 的变化通常是缓慢的，因此假定在海况一定的条件下，海流在速度和方向上随时间保持不变，即将海流看作定常水流，即海流对海洋立管上的作用力为拖曳力，应用莫里森方程，在水深为 z 处的立管上作用的海流力为

$$f_{D}=C_{D}\frac{\rho D}{2}U_{z}^{2} \tag{10-2}$$

式中：C_D 为拖曳力系数；U_z 为水深 z 处的海流流速；ρ 为海水密度；D 为立管外径。

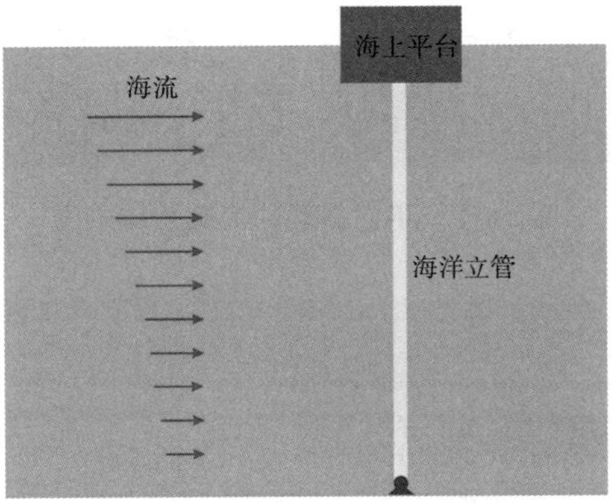

图 10-8　海流对海洋立管的作用

由式(10-2)可以得出作用在立管某一单元上的拖曳力 F_x：

$$F_{x}=\int_{l_1}^{l_2}f_{D}dz \tag{10-3}$$

在实际海况中，波浪作用与海水流作用通常是同时存在的，波浪在向前传播的过程中总会伴有海流的作用。海流与波浪之间的相互作用称为多普勒(Doppler)效应，该效应会对波浪参数产生影响，显著地影响波浪力，对海洋工程具有实际意义。现阶段，在对立管等海洋工程结构物的分析计算过程中，假设波浪和海流的速度矢量分别为 $\boldsymbol{U}$ 及 $\boldsymbol{U}_c$，波浪与海流联合作用在立管单位长度上的拖曳力可写为

$$\boldsymbol{f}=\frac{1}{2}C_{D}\rho D\left(\boldsymbol{U}+\boldsymbol{U}_{c}\right)\left|\boldsymbol{U}+\boldsymbol{U}_{c}\right| \tag{10-4}$$

通常海流流经管道时，管道后缘会出现交替的漩涡泄放，产生作用于管道的周期

性激振力，诱发管道的涡激振动。作用于管道的涡激升力可通过升力系数 C_L 表示为

$$f_L = C_L \frac{\rho D}{2} U_z^2 \tag{10-5}$$

10.2.3　重力与浮力

为了便于计算重力和浮力，进行以下假设和简化：管道内部的流体（内流）假设为无限弹性的细长柱体，其截面上各点的速度相同；立管不可伸长，单位长度质量为 m，则单位长度受到的重力为 $w=mg$（考虑内流质量），g 为重力加速度。浸没在深水中的海洋管道属于细长结构，重力始终竖直向下，流体施加在立管上的浮力 B 是流体静压作用在其表面的合力。一般采用有效重力和有效张力对细长结构进行分析和设计。根据阿基米德原理，单位长度管道所受的浮力为

$$B = \rho A_0 g \tag{10-6}$$

式中：ρ 为海水密度；$A_0=\frac{\pi}{4}D^2$ 为立管截面面积，其中 D 为立管外径。

将单位长度的重力和浮力相减得到有效重力（湿重）：

$$\bar{w} = w - B = \left(m - \rho\frac{\pi}{4}D^2\right)g \tag{10-7}$$

10.2.4　内流载荷

深海油气田的高温高压条件，会使立管内部流体的流场非常复杂，尤其是立管内的介质为石油和天然气的混合物。一般情况下，立管内部流体介质的影响可以忽略不计，但当内部流体介质的密度较大和流速较快时，内流的影响非常重要。内流将主要对管道产生三种额外的力，即向心力、科氏力和摩擦力。为了简化计算模型，假设内流均匀、无摩擦和不可压缩，为一个具有柔性的细长柱体。假定整个立管截面处内流速度为常数 U，这样内流对一个单位长度的立管微段的作用力为

$$\boldsymbol{F}_s = -m_f\left(\frac{\partial^2 \boldsymbol{r}}{\partial t^2} + 2\boldsymbol{U}\frac{\partial^2 \boldsymbol{r}}{\partial s \partial t} + \boldsymbol{U}^2\frac{\partial^2 \boldsymbol{r}}{\partial s^2}\right) \tag{10-8}$$

式中：m_f 为单位长度立管内流的质量；$m_f\frac{\partial^2 \boldsymbol{r}}{\partial t^2}$ 为内流产生的惯性力；$m_f\, 2\boldsymbol{U}\frac{\partial^2 \boldsymbol{r}}{\partial s \partial t}$ 为由于立管的转动产生的科氏力；$m_f\, \boldsymbol{U}^2\frac{\partial^2 \boldsymbol{r}}{\partial s^2}$ 为由内流产生的向心力。

则考虑内流的立管微段的平衡方程和内流的平衡方程分别为

$$\frac{\partial \boldsymbol{F}}{\partial s} + \boldsymbol{h} + \boldsymbol{w} = \boldsymbol{M}_1\frac{\partial^2 \boldsymbol{r}}{\partial t^2} + 2\boldsymbol{U}m_f\frac{\partial^2 \boldsymbol{r}}{\partial t \partial s} \tag{10-9}$$

$$-\boldsymbol{P}\cdot\frac{\partial \boldsymbol{r}}{\partial s} + m_f g\cdot\frac{\partial \boldsymbol{r}}{\partial s} = \left(m_f\frac{\partial^2 \boldsymbol{r}}{\partial t^2} + 2\boldsymbol{U}m_f\frac{\partial^2 \boldsymbol{r}}{\partial t \partial s}\right)\frac{\partial \boldsymbol{r}}{\partial s} \tag{10-10}$$

联立方程（10-9）和方程（10-10），得出有效张力的计算公式为

$$\boldsymbol{T}_{ei}=\left(EA\right)_i\frac{L_i-l_i}{l_i}\boldsymbol{\tau}_s^i+\boldsymbol{P}_{os}^i-\boldsymbol{P}_{is}^i-m_{f_i}U_i^2\boldsymbol{\tau}_s^i \tag{10-11}$$

10.2.5 轴向激励载荷

对于海洋管道中的立管来说，在没有遭受风浪流时，连接立管顶部的人工海床位于立管的正上方。在不考虑立管的倾斜角的情况下，此时立管垂直于海底，没有受到弯矩的作用。人工海床在波浪载荷作用下发生运动响应，产生了沿着海流方向的水平偏移，连接立管顶部的内层浮筒随着人工海床发生相应的水平位移，水平方向上的位移导致内层浮筒垂直方向上发生升沉运动，如图 10-9 所示。

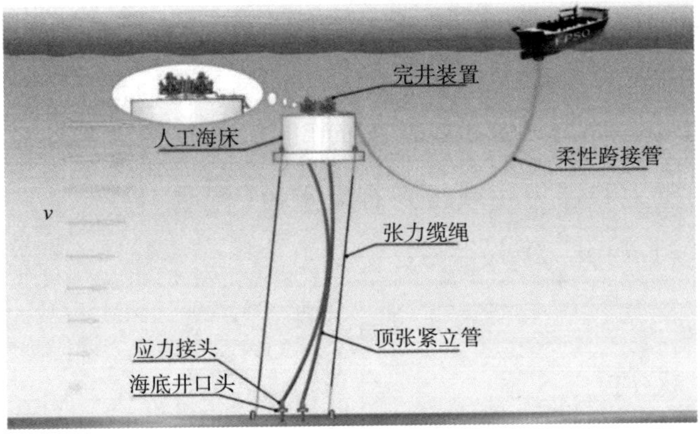

图 10-9　浮体对立管的激励作用

升沉运动引起立管轴向力发生时变，导致立管在水平方向发生参激振动。参激振动是一种特殊的振动形式，这种特殊在于参激振动的外激励不是以外力的形式施加于系统的，而是通过系统内部参数的周期性变化间接实现的。由于参数时变，参激振动系统为非自治系统。系统在参数激励下所产生的响应有时可能很微弱，但也可能出现剧烈的共振现象，这取决于参激振动系统的稳定性。描述参激振动的数学模型为周期变系数的常微分方程，因此对参数系统的研究归结于对变系数常微分方程组零解稳定性的研究。

在参数激励作用下，能够导致立管系统的不稳定性，由于发生参激共振的不稳定区域是一个连续的参量区间，所以避开参激共振比避开因受迫振动而产生的普通共振要困难得多。特别是对深海的海洋结构系统而言，随着水深的不断增加，所处的作业环境越加复杂，极易发生参激共振，引起管道破裂和流体泄漏，造成重大经济损失以及环境污染。立管属于多自由度振动系统，参数激励作用下立管横向振动方程是四阶周期性变系数偏微分方程，一般采用马修（Mathieu）方程经典理论对多自由度立管参激振动的稳定性进行分析。

$$\ddot{x}+(\delta+2\varepsilon\cos 2t)x=0 \tag{10-12}$$

10.2.6 土体载荷

无论采用何种铺设方式,海底管道都会受到海床土体的支撑,土体的性质会影响到土体边界的约束程度。管土接触边界不同,管道的固有频率和响应模态也不同。因此,管道的静态和动力分析准确与否的关键在于悬跨两端的边界处理是否合理,而边界条件的选取在很大程度上取决于管土作用。为了简化计算,工程中通常在不考虑管土相互作用的情况下,将海底管道底部泥面下的某点固定下来,但是计算结果的准确性和误差都较大。因此,研究海底管道运行机理时需要考虑管土相互作用。如今常用的管土模型主要有弹性地基梁模型、土壤弹簧模型和管土非线性接触模型等。

(1)弹性地基梁模型也称为管土固定联结模型,此模型假定土体与管道间的接触面粗糙,不产生相对位移。弹性地基梁模型在计算过程中假设管道与土壤永远没有分离现象,并且管道处于静态平衡的状态。

(2)土壤弹簧模型将土壤对管道的约束力等效为一系列的弹簧约束,约束力的大小主要通过弹簧的刚度来表示,管土的相互作用由管道横向、轴向和竖向三个非线性变形表示。此模型考虑了管道的轴向和横向变形,通常用于需要考虑管道膨胀、剪切和弯曲等特性的柔性管道。

(3)管土非线性接触模型指海底管道与海床之间的接触面并不是完全光滑的,管道的材料特性和土体的材料特性之间的巨大差异会导致非线性,即在某些应力条件下,可能会产生接触面的位移的一种模型。

10.3 海洋管道动力学模型构建

10.3.1 顶张紧立管建模

顶张紧立管属于长细比大的梁,其剪切变形与弯曲变形相比可以忽略不计,所以可以简化为欧拉-伯努利梁。根据欧拉-伯努利梁理论,立管在海水中受力变形时有如下假设:

(1)立管在发生弯曲变形后,截面仍与初始轴线垂直,且截面仍为平面;

(2)立管为均匀材料结构,材料的性质沿立管轴向均匀分布;

(3)立管受载变形时仅发生弯曲变形,沿外径方向无正应力产生;

(4)立管的横向变形远小于轴向长度,即工作水深。

立管在工程中用于传输海底油气至浮式平台以进行处理,立管上端连接浮体,下端连接海底井口。由于浮体受到波浪的影响会发生垂荡运动,而下端海底井口固定在海床上,因而立管上端可以进行轴线移动,而下部边界三个方向位移的自由度受到约束。考虑到海水流动引发的流体激励,建立如图 10-10 所示的单立管动力学模型。

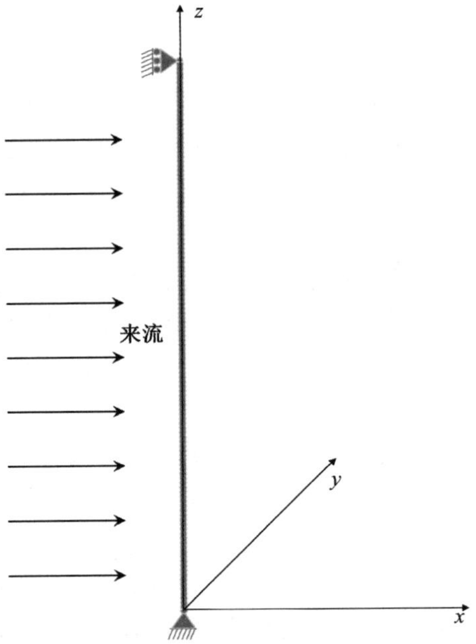

图 10-10　单立管动力学模型

在立管简支梁上选取任一微元，如图 10-11 所示，根据受力平衡原理可知

$$\left(\tau(z,t)+\frac{\partial\tau(z,t)}{\partial z}\mathrm{d}z\right)-\tau(z,t)-f(z,t)\mathrm{d}z+f_{\mathrm{I}}(z,t)\mathrm{d}z=0 \tag{10-13}$$

式中：$f(z,t)$ 为立管微元所受流体力；$f_{\mathrm{I}}(z,t)$ 为惯性力；$\tau(z,t)$ 为剪切力。

经过整理，可得

$$\frac{\partial\tau(z,t)}{\partial t}=f(z,t)-f_{\mathrm{I}}(z,t) \tag{10-14}$$

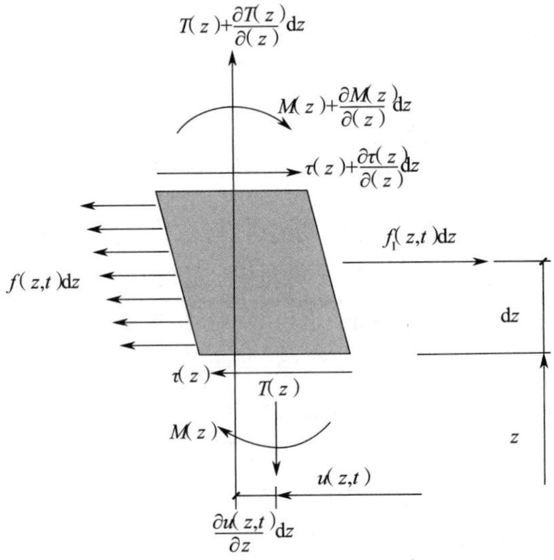

图 10-11　立管简支梁微元

式(10-14)中的惯性力可以表示为

$$f_{\mathrm{I}}(z,t)=m(z)\frac{\partial^2 u(z,t)}{\partial t^2} \tag{10-15}$$

式中:$m(z)$为单位立管质量,包括附加质量;$u(z,t)$为立管横流向位移。

根据力矩平衡原理:

$$-\left[M(z,t)+\frac{\partial M(z,t)}{\partial z}\mathrm{d}z\right]+\tau(z,t)\mathrm{d}z+T(z)\frac{\partial u(z,t)}{\partial t}\mathrm{d}z=0 \tag{10-16}$$

整理得到

$$\tau(z,t)=\frac{\partial M(z,t)}{\partial z}-T(z)\frac{\partial u(z,t)}{\partial z} \tag{10-17}$$

将式(10-17)两端对 z 求导,可得

$$\frac{\partial \tau(z,t)}{\partial z}=\frac{\partial^2 M(z,t)}{\partial z^2}-\frac{\partial}{\partial z}\left(T(z)\frac{\partial u(z,t)}{\partial z}\right) \tag{10-18}$$

将式(10-18)和式(10-15)代入式(10-14),并结合欧拉-伯努利梁理论,整理得到

$$EI\frac{\partial^4 u(z,t)}{\partial z^4}-\frac{\partial}{\partial z}\left(T(z)\frac{\partial u(z,t)}{\partial z}\right)+m(z)\frac{\partial^2 u(z,t)}{\partial t^2}=f(z,t) \tag{10-19}$$

式中:$u(z,t)$为立管横流向位移;$T(z)$可表示为

$$T(z)=T_{\mathrm{t}}-\omega_{\mathrm{s}}(L-z) \tag{10-20}$$

式中:T_{t} 为立管顶张力;L 为立管的整体长度;ω_{s} 为立管在水中的单位质量。

结合式(10-19)和式(10-20)即可得立管振动方程。

当海流流过立管时,在立管下游产生尾流和漩涡,周期发放的漩涡对立管产生垂直于流向的涡激升力,引起立管的涡激振动,涡激振动是立管发生破坏的关键因素之一。当流体流过管道体边缘时,流动压力会上升,在柱体的后面会产生尾流和漩涡,这种漩涡的出现具有周期性,而且在一定的条件下会形成流体与结构之间的耦合作用。漩涡的产生和发放会对柱体产生垂直于流向的周期性变化的升力 F_{L},F_{L} 的大小和方向均发生变化,从而使立管发生横向涡激振动(Cross-flow vibration);除此之外,漩涡的产生和发放还会对柱体产生顺流向的拖曳力 F_{D},F_{D} 只周期性地改变大小,但不改变方向,在拖曳力作用下,柱体发生顺流向涡激振动(In-line vibration)。

拖曳力 F_{D} 的周期为升力 F_{L} 周期的一半,即每一个单一漩涡的产生和泄放,便构成拖曳力 F_{D} 的一个周期。与升力 F_{L} 相比,脉动的拖曳力 F_{D} 在数值上要小很多(约比升力 F_{L} 小一个数量级),因此拖曳力产生的顺流向结构响应要比脉动升力产生的结构响应小很多。

流体尾部流态以及漩涡的产生和发放,同 Reynolds 数有关。Reynolds 数 Re 可表示为惯性力与黏性力之比:

$$Re=\frac{\rho UD}{\mu}=\frac{UD}{\nu} \tag{10-21}$$

式中:ρ 为流体密度;U 为来流速度;μ 和 ν 分别为动力黏性系数和运动黏性系数;D 为结构特征长度,对于立管来说就是外径。

Reynolds 数是描述流体流动特性的重要参数。当 $300 \leqslant Re \leqslant 3\times10^5$ 时，柱体后尾流区出现周期性交替漩涡，此时流场处于湍流状态，漩涡发放比较有规则，称为亚临界阶段。一般即研究这一阶段的涡激振动特性。对于升力频率或漩涡的发放频率 Ω_f，斯特劳哈尔（Strouhal）数 St 可以将边界层流动的内在特性与漩涡发放频率关联起来，无量纲参数 St 主要取决于物体剖面的形状和 Reynolds 数：

$$St=\frac{\Omega_f D}{U} \tag{10-22}$$

为了描述漩涡交替脱落形态的尾迹特征，在工程中借用 Van der Pol 方程的形式，用一个隐含流场变量来表示，并对应结构所受升力的变化。漩涡脱落产生的升力 F_L 常用无因次的升力系数 C_L 来表达：

$$F_L=\frac{1}{2}\rho D C_L U^2 \tag{10-23}$$

升力系数 C_L 所满足的动力学方程模型，称为升力振子模型。该模型认为，与漩涡泄放有关的升力的周期性变化是由于在分离后流体中存在的某一“振子”的作用而产生的，因此“升力振子模型”又称为“尾流振子模型”。

尾流振子模型是分析涡激振动的有效模型，这些模型通常不进行任何流场分析，方程的系数主要来源于模型实验或经验。通过相互独立的方式分别建立管道振子运动方程和流体振子运动方程，然后联立方程共同预报流体-弹性系统的动力响应。根据实验的结果和数据，要求所建立的尾流振子模型具有以下三个基本特性：

（1）当结构不动时，升力虽然也呈周期变化，但振幅相比很小，所以振子模型必然是自激且是自抑的；

（2）“振子”的“自振频率”必须与来流速度成正比，以便满足 Strouhal 关系式（10-22）；

（3）结构的运动应通过某种形式的强迫项与振子相耦联。

考虑立管与流体之间的流-固耦合影响，基于范德波尔（Van der Pol）方程描述漩涡的尾流特性：

$$\ddot{\eta}+\varepsilon\Omega_f(\eta^2-1)\dot{\eta}+\Omega_f^2\eta=F \tag{10-24}$$

式中：ε 为小参数，根据试验可确定 $\varepsilon=0.3$；η 为隐含流场变量，可定义为

$$\eta=2\frac{C_L}{C_{L0}} \tag{10-25}$$

式中：C_L 为流体对结构的瞬时升力系数；C_{L0} 为对应的结构静态横向升力系数，由式（10-22）可得漩涡发放频率 Ω_f；F 为立管振动对流体的反作用力，其与立管振动的加速度成正比，即

$$F=\frac{A}{D}\ddot{x} \tag{10-26}$$

式中：A 为结构对流体的耦合动力参数，由试验确定。

联立方程（10-19）和（10-24），并考虑到由漩涡发放产生的涡激升力和立管横向振动产生的流体拖曳力组成（莫里森方程中的阻尼力项），实际上外激励还应包括由于立管振动产生的附加惯性力（莫里森方程中的惯性力项），最终可得立管涡激振动

计算模型：

$$\begin{cases} EI\dfrac{\partial^4 x(z,t)}{\partial z^4}-\dfrac{\partial}{\partial z}\left[(T_z-wz)\cdot\dfrac{\partial x(z,t)}{\partial z}\right]+\bar{m}\dfrac{\partial^2 x(z,t)}{\partial t^2}=\dfrac{1}{4}\rho_n DC_{\mathrm{L0}}\eta U^2-\dfrac{1}{2}\rho_n DC_{\mathrm{D}}\,|\dot{x}|\,\dot{x} \\ \ddot{\eta}+\varepsilon\Omega_{\mathrm{f}}(\eta^2-1)\dot{\eta}+\Omega_{\mathrm{f}}^2\eta=\dfrac{A}{D}\ddot{x} \end{cases} \tag{10-27}$$

式中：T_{z} 为立管顶部张力；w 为立管单位长度的湿重；z 为立管轴向坐标。

10.3.2 钢悬链线立管建模

钢悬链线立管在海洋环境荷载的作用下会发生大位移及大转角的运动，其适用水深能达到几千米，属于海洋工程结构物中的细长柔性杆件，具有明显的几何非线性的特点（图 10-12）。除此之外，钢悬链线立管还会受到流体运动黏性力的非线性作用力，这些非线性因素导致钢悬链线立管设计分析要比顶张紧立管复杂得多。海洋工程中对于非线性的处理一般是采用线性化的简单处理。与顶张紧立管相比，钢悬链线立管具有极强的几何非线性特性，即大变形、大转角，经典的悬链线理论和小变形梁理论只能给出小挠度下的总静轮廓线和曲率，不能准确地分析大变形下的非线性动位移。因此，一般采用基于绝对坐标系的三维柔性杆力学模型，对三维海洋环境条件下的钢悬链线立管进行静力和动力响应研究。

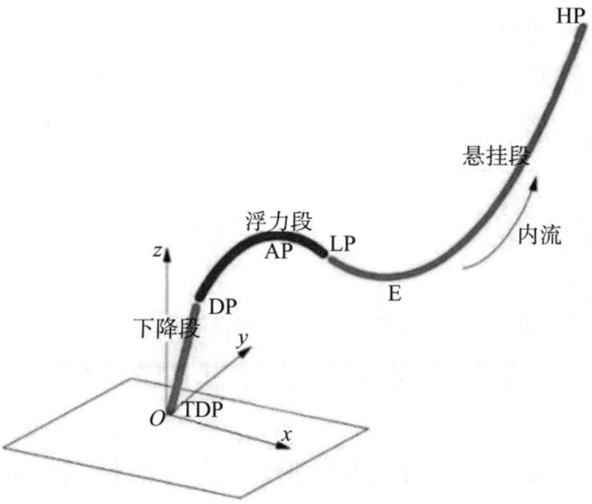

图 10-12 钢悬链线立管结构

杆的位形用其轴线位置表示，空间曲线 $\boldsymbol{r}(s,\ t)$代表杆的轴线位置，$\boldsymbol{r}(s,\ t)$是沿杆弧长 s 和时间 t 的函数。假设杆不可伸长（即杆的弧长 s 在变形前后不变），则此空间曲线上一点的单位切向量为 $\boldsymbol{r}'$，主法线方向是 $\boldsymbol{r}''$，副法线方向是 $\boldsymbol{r}'\times\boldsymbol{r}''$，其中（ ）$'$ 代表对弧长求导。杆上任一点的内力可用作用在轴线上的合力 $\boldsymbol{F}$ 和力矩（内力偶）$\boldsymbol{M}$ 表示，忽略转动惯量和剪切变形的影响，根据动量和动量矩守恒可得平衡方程：

$$\boldsymbol{F}'+\boldsymbol{q}=\rho\ddot{\boldsymbol{r}}(s,t) \tag{10-28}$$

$$\boldsymbol{M}'+\boldsymbol{r}'\times\boldsymbol{F}+\boldsymbol{m}=\boldsymbol{0} \tag{10-29}$$

式中：ρ 为杆单位长度的质量；$\boldsymbol{q}$ 为杆单位长度上施加的外力；$\boldsymbol{m}$ 为杆单位长度施加的外力矩；$(\ddot{\ })$ 代表对时间求二阶系数。

对于刚度轴对称的弹性杆，弯矩大小与曲率 $\boldsymbol{\kappa}=\boldsymbol{r}''$ 大小成正比，方向指向副法线方向，内力偶 $\boldsymbol{M}$ 可表示为

$$\boldsymbol{M}=\boldsymbol{r}'\times EI\boldsymbol{r}''+H\boldsymbol{r}' \tag{10-30}$$

式中：EI 为杆截面抗弯刚度；H 为杆截面扭矩。

将式（10-29）代入式（10-30），得到

$$\boldsymbol{r}'\times[(EI\boldsymbol{r}'')'+\boldsymbol{F}]+H'\boldsymbol{r}'+H\boldsymbol{r}''+\boldsymbol{m}=\boldsymbol{0} \tag{10-31}$$

考虑立管所处的海洋环境，可认为 $H=0$，$\boldsymbol{m}=\boldsymbol{0}$，并引入一标量函数 $\lambda(s,t)$ 使得

$$\left(EI\boldsymbol{r}''\right)'+\boldsymbol{F}=\lambda/\boldsymbol{r}' \tag{10-32}$$

式（10-32）两侧点乘 $\boldsymbol{r}'$ 可得

$$\lambda=\boldsymbol{F}\cdot\boldsymbol{r}'+\left(EI\boldsymbol{r}''\right)'\cdot\boldsymbol{r}' \tag{10-33}$$

将 $\boldsymbol{r}'\cdot\boldsymbol{r}''=(\boldsymbol{r}'\cdot\boldsymbol{r}'')'-\boldsymbol{r}''\cdot\boldsymbol{r}''=-\kappa^2$ 代入式（10-33），有

$$\lambda=T-EI\kappa^2 \tag{10-34}$$

式中：$T(s,t)=\boldsymbol{r}'\cdot\boldsymbol{F}$ 是杆的张力。

将式（10-32）代入式（10-28），可得到杆的振动方程：

$$-\left(EI\boldsymbol{r}''\right)''+\left(\lambda\boldsymbol{r}'\right)'+\boldsymbol{q}=\rho\ddot{\boldsymbol{r}} \tag{10-35}$$

如果认为杆可伸长且轴向应变 ε 为小量，则变形条件可近似为

$$\boldsymbol{r}'\cdot\boldsymbol{r}'=\left(1+\varepsilon\right)^2\approx1+2\varepsilon=1+2\frac{T}{EA} \tag{10-36}$$

或

$$\frac{1}{2}\left(\boldsymbol{r}'\cdot\boldsymbol{r}'-1\right)=\frac{T}{EA}\approx\frac{\lambda}{EA} \tag{10-37}$$

式中：EA 为杆的轴向抗拉刚度；λ 也称作拉格朗日乘子。

如已知初始条件、边界条件和外荷载 $\boldsymbol{q}$，由式（10-35）与式（10-37）就可以确定未知变量 $\boldsymbol{r}(s,t)$、$\lambda(s,t)$。

在海洋工程中，通常作用在细长结构物（立管、锚链等）上的外荷载包括其自身的重力、浮力、静水压力和水动力荷载，即有

$$\boldsymbol{q}=\boldsymbol{w}+\boldsymbol{F}^{\mathrm{B}}+\left(\boldsymbol{P}_{\mathrm{res}}\boldsymbol{r}'\right)'+\boldsymbol{F}^{\mathrm{d}} \tag{10-38}$$

式中：$\boldsymbol{w}$、$\boldsymbol{F}^{\mathrm{B}}$ 分别为单位长度重力和浮力；$\left(\boldsymbol{P}_{\mathrm{res}}\boldsymbol{r}'\right)'$ 为单位长度上的静水压力作用，$\boldsymbol{P}_{\mathrm{res}}=p_{\mathrm{o}}A_{\mathrm{o}}-p_{\mathrm{i}}A_{\mathrm{i}}$，$p_{\mathrm{o}}$ 和 p_{i} 分别为管外和管内压强，A_{o} 和 A_{i} 分别为立管外直径和内直径对应的截面面积；$\boldsymbol{F}^{\mathrm{d}}$ 为作用在单位长度上的水动力荷载，用针对倾斜管道体的莫里森方程计算，即

$$\boldsymbol{F}^{\mathrm{d}}=-C_{\mathrm{A}}\ddot{\boldsymbol{r}}_{\mathrm{n}}+\rho_{\mathrm{w}}\frac{\pi D^2}{4}\left(\dot{\boldsymbol{U}}+C_{\mathrm{A}}\dot{\boldsymbol{U}}_{\mathrm{n}}\right)+\frac{1}{2}C_{\mathrm{D}}\rho_{\mathrm{w}}D\left|\boldsymbol{U}_{\mathrm{n}}-\dot{\boldsymbol{r}}_{\mathrm{n}}\right|\left(\boldsymbol{U}_{\mathrm{n}}-\dot{\boldsymbol{r}}_{\mathrm{n}}\right)=-C_{\mathrm{A}}\ddot{\boldsymbol{r}}_{\mathrm{n}}+\overline{\boldsymbol{F}}^{\mathrm{d}}$$

（10-39）

式中：ρ_{w} 为海水密度；$C_{\mathrm{A}}=C_{\mathrm{a}}\rho_{\mathrm{w}}\dfrac{\pi D^2}{4}$ 为单位长度的附加质量；C_{A}、C_{D} 分别为法向附加质量系数和法向拖曳力系数；$\boldsymbol{U}_{\mathrm{n}}$、$\dot{\boldsymbol{U}}_{\mathrm{n}}$ 分别为内孤立波引起的水质点垂直于立管轴线方向（法向）的速度和加速度分量；$\dot{\boldsymbol{r}}_{\mathrm{n}}$、$\ddot{\boldsymbol{r}}_{\mathrm{n}}$ 分别为立管法向速度和加速度矢量。

设 $\boldsymbol{e}$ 为沿立管轴向的单位矢量，则法向流速矢量 $\boldsymbol{U}_{\mathrm{n}}$ 可表示为

$$\boldsymbol{U}_{\mathrm{n}}=\boldsymbol{e}\times(\boldsymbol{U}\times\boldsymbol{e})=\boldsymbol{U}-(\boldsymbol{U}\cdot\boldsymbol{e})\cdot\boldsymbol{e} \tag{10-40}$$

进一步可得到立管振动方程：

$$\rho\ddot{\boldsymbol{r}}+C_{\mathrm{A}}\ddot{\boldsymbol{r}}^{\mathrm{n}}+(EI\boldsymbol{r}'')''-(\bar{\lambda}\boldsymbol{r}')'=\overline{\boldsymbol{w}}+\overline{\boldsymbol{F}}^{\mathrm{d}} \tag{10-41}$$

式中：$\bar{\lambda}=T+P_{\mathrm{res}}-EI\kappa^2=T_{\mathrm{e}}-EI\kappa^2$；$T_{\mathrm{e}}=T+p_{\mathrm{o}}A_{\mathrm{o}}-p_{\mathrm{i}}A_{\mathrm{i}}$ 为立管的有效张力；$\overline{\boldsymbol{w}}=\boldsymbol{w}+\boldsymbol{F}^{\mathrm{B}}$ 为有效重力。

式（10-41）和伸长条件式（10-37）构成钢悬链线立管静力响应和动力响应分析的基本控制方程。值得注意的是，挠度较小时，式（10-41）退化为 TTR 的控制方程。结合尾流振子模型，即可计算钢悬链线立管的涡激振动。

10.3.3　管道内外流耦合建模

在海洋油气资源的开采中，管道不仅会受到外界流场对管道的激励作用，而且还会受到管内气液两相流对管道的激励作用。在外流与内流的联合作用下，管道的动力响应特性十分复杂。为了建立管道内外流耦合的理论模型，引入以下假设条件：管内流体为不可压缩流体，忽略管内压强的改变对流体密度的影响；管内流体的流动为平推流，流速在管道截面上保持一致，并在管道长度方向上保持一致。如图 10-13 所示，F_{T} 为管道顶端的轴向拉力，即预张力；ρ_{ex} 为外界流场的密度，其为恒定值；U_{ex} 为外界流场的速度；U_{in} 为管内流体的速度，管内流体的流速保持恒定；管道的外径和内径分别为 D_{ex} 和 D_{in}；管道总长度为 L。管道输送石油和天然气混合而成的气液两相流，管内流体的密度将随着时间和空间发生变化。为了描述管道的振动响应，在管道的底端建立笛卡尔直角坐标系 O-xyz。

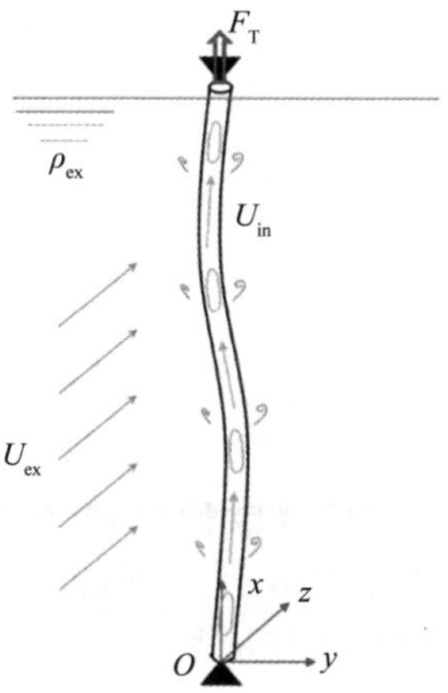

图 10-13　管道内外流联合作用

为了建立管道振动的理论模型，从图 10-13 中的管道上截取微段进行受力分析，如图 10-14 所示。将管道的微段拆分为管内流体单元和管道结构单元，管道微段的长度为 δx。管内流体单元受到上、下两端流体所产生的压力为 $A_{\mathrm{in}}(P+\dfrac{\partial P}{\partial x}\delta x)$ 和 $A_{\mathrm{in}}P$，

其中 P 为流体的压强，$\frac{\partial P}{\partial x}\delta x$ 为流体压强在微段上的增量。管壁对管内流体单元所产生的法向支持力为 $F_n\delta x$，切向摩擦力为 $F_t\delta x$。管内流体单元自身的重力为 $A_{in}\rho_{in}(x,t)g\delta x$。$\boldsymbol{i}$ 和 $\boldsymbol{j}$ 分别为 x 轴和 y 轴方向上的单位向量。F_{fx} 和 F_{fy} 分别为 x，y 方向的水动力。

管道结构单元受到上、下两端管道对其产生的拉力分别为 $F_T+\frac{\partial F_T}{\partial x}\delta x$ 和 F_T，剪切力分别为 $N+\frac{\partial N}{\partial x}\delta x$ 和 N，弯矩分别为 $M+\frac{\partial M}{\partial x}\delta x$ 和 M，其中 $\frac{\partial F_T}{\partial x}\delta x$、$\frac{\partial N}{\partial x}\delta x$ 和 $\frac{\partial M}{\partial x}\delta x$ 分别为拉力、剪力和弯矩在微段上的增量。管内流体对管道结构单元产生的法向压力为 $F_n\delta x$，切向摩擦力为 $F_n\delta x$。管道发生振动时，管道结构单元所产生的阻尼力为 $c_s\frac{\partial y}{\partial t}\delta x$，其中 c_s 为管道结构阻尼系数。管道结构单元自身的重力为 $A_s\rho_s g\delta x$，其中 A_s 为管道结构单元的横截面面积，ρ_s 为管道结构单元的材料密度，材料密度保持均匀恒定。

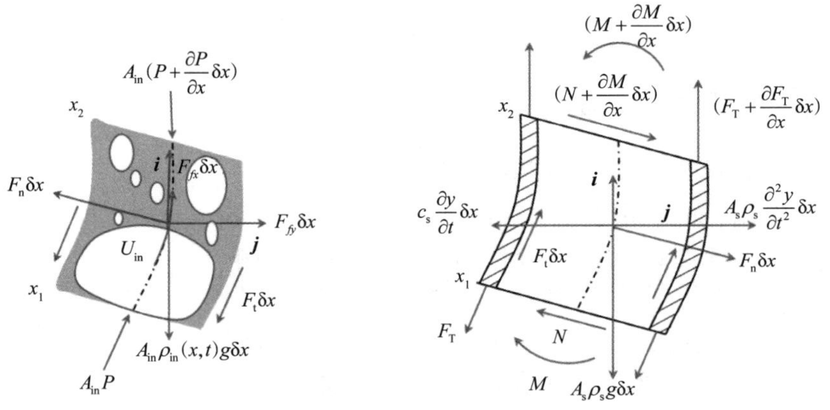

（a）管内流体单元　　（b）管道结构单元

图 10-14　管道微段的受力分析

对微段控制体内流体单元受到的合外力进行分析。根据动量定理可知，控制体内流体单元受到的合外力等于流体的动量变化率。在控制体内，流体单元的动量变化率可表示为

$$\sum \boldsymbol{F}=\frac{\mathrm{d}}{\mathrm{d}t}\iiint_{CV}\rho_{in}(x,t)\boldsymbol{U}\mathrm{d}V+$$
$$\iiint_{CS}\rho_{in}(x,t)\boldsymbol{U}(\boldsymbol{U}\cdot\boldsymbol{n})\mathrm{d}A+\iiint_{CV}\left[\frac{\mathrm{d}^2\boldsymbol{R}}{\mathrm{d}t^2}+2\boldsymbol{\Omega}\times\boldsymbol{U}+\boldsymbol{\Omega}\times(\boldsymbol{\Omega}\times\boldsymbol{r})+\frac{\mathrm{d}\boldsymbol{\Omega}}{\mathrm{d}t}\times\boldsymbol{r}\right]\rho_{in}(x,t)\mathrm{d}V \tag{10-42}$$

式中：$\boldsymbol{R}$ 和 $\boldsymbol{\Omega}$ 分别为控制体中心的位移和角速度；$\boldsymbol{r}$ 为到控制体中心的径向距离。

管内流体密度变化的数学模型为

$$\rho_{in}(x,t)=\bar{\rho}_{in}+\tilde{\rho}_{in}\exp[\mathrm{i}(kx-\omega t+\theta)] \tag{10-43}$$

将式(10-43)代入式(10-42)中，考虑流体密度变化的实部，忽略高阶项的影响，经过一系列的推导，可得

$$\sum \boldsymbol{F}=0\boldsymbol{i}+A_{\text{in}}[\bar{\rho}_{\text{in}}+\tilde{\rho}_{\text{in}}\cos(kx-\omega t+\theta)]\left[\frac{\partial}{\partial t}+U_{\text{in}}\frac{\partial}{\partial x}\right]^2 y\delta x\boldsymbol{j} \tag{10-44}$$

对管内流体单元的受力进行分析，流体单元在水平方向上的受力保持平衡：

$$-F_{\text{n}}-F_{\text{t}}\frac{\partial y}{\partial x}-A_{\text{in}}\frac{\partial}{\partial x}(P\frac{\partial y}{\partial x})=A_{\text{in}}[\bar{\rho}_{\text{in}}+\tilde{\rho}_{\text{in}}\cos(kx-\omega t+\theta)]\left(\frac{\partial}{\partial t}+U_{\text{in}}\frac{\partial}{\partial x}\right)^2 y \tag{10-45}$$

流体单元在竖直方向上的受力也保持平衡：

$$F_{\text{n}}\frac{\partial y}{\partial x}-F_{\text{t}}-A_{\text{in}}\frac{\partial P}{\partial x}-A_{\text{in}}[\bar{\rho}_{\text{in}}+\tilde{\rho}_{\text{in}}\cos(kx-\omega t+\theta)]g=0 \tag{10-46}$$

对管道结构单元的受力进行分析，管道结构单元在水平方向上的受力保持平衡：

$$\frac{\partial N}{\partial x}+\frac{\partial}{\partial x}(F_{\text{T}}\frac{\partial y}{\partial x})+F_{\text{t}}\frac{\partial y}{\partial x}+F_{\text{n}}-c_{\text{s}}\frac{\partial y}{\partial t}=A_{\text{s}}\rho_{\text{s}}\frac{\partial^2 y}{\partial t^2} \tag{10-47}$$

管道结构单元在竖直方向上的受力也保持平衡：

$$\frac{\partial F_{\text{T}}}{\partial x}+F_{\text{t}}-F_{\text{n}}\frac{\partial y}{\partial x}-A_{\text{s}}\rho_{\text{s}}g=0 \tag{10-48}$$

合并式(10-45)和式(10-47)，可得到

$$A_{\text{s}}\rho_{\text{s}}\frac{\partial^2 y}{\partial t^2}+A_{\text{in}}[\bar{\rho}_{\text{in}}+\tilde{\rho}_{\text{in}}\cos(kx-\omega t+\theta)]\left(\frac{\partial}{\partial t}+U_{\text{in}}\frac{\partial}{\partial x}\right)^2 y+$$

$$c_{\text{s}}\frac{\partial y}{\partial t}-\frac{\partial}{\partial x}\left[(F_{\text{T}}-A_{\text{in}}P)\frac{\partial y}{\partial x}\right]-\frac{\partial N}{\partial x}=0 \tag{10-49}$$

合并式(10-46)和式(10-48)，可得到

$$\frac{\partial(F_{\text{T}}-A_{\text{in}}P)}{\partial x}=A_{\text{in}}[\bar{\rho}_{\text{in}}+\tilde{\rho}_{\text{in}}\cos(kx-\omega t+\theta)]g+A_{\text{s}}\rho_{\text{s}}g \tag{10-50}$$

管道的总长度为 L，对式(10-50)在区间 $[x,L]$ 上进行积分，可得

$$F_{\text{T}}-A_{\text{m}}P=F_{\text{T},L}-A_{\text{m}}P_L(1-2\nu)-A_{\text{s}}\rho_{\text{s}}g(L-x)-$$

$$\{A_{\text{in}}\bar{\rho}_{\text{in}}g(L-x)+A_{\text{in}}\bar{\rho}_{\text{in}}g\frac{1}{k}[\sin(kL-\omega t+\theta)-\sin(kx-\omega t+\theta)]\} \tag{10-51}$$

式中：$F_{\text{T},L}$ 和 P_L 分别为管道顶端的拉力和管内流体的压强；ν 为管道结构材料的泊松比。

将式(10-51)代入式(10-49)，可得

$$A_{\text{s}}\rho_{\text{s}}\frac{\partial^2 y}{\partial t^2}+c_{\text{s}}\frac{\partial y}{\partial t}+A_{\text{in}}[\bar{\rho}_{\text{in}}+\tilde{\rho}_{\text{in}}\cos(kx-\omega t+\theta)]\left(\frac{\partial}{\partial t}+U_{\text{in}}\frac{\partial}{\partial x}\right)^2 y-$$

$$\frac{\partial}{\partial x}\Big[\Big[F_{\text{T},L}-A_{\text{m}}P_L(1-2\omega)-A_{\text{s}}\rho_{\text{s}}g(L-x)-\{A_{\text{m}}\bar{\rho}_{\text{in}}g(L-x)+$$

$$A_{\text{m}}\bar{\rho}_{\text{in}}g\frac{1}{k}[\sin(kL-\omega t+\theta)-\sin(kx-\omega t+\theta)]\}\Big]\frac{\partial y}{\partial x}\Big]-\frac{\partial N}{\partial x}=0 \tag{10-52}$$

根据剪力与弯矩的关系，进一步可得

$$A_{\text{s}}\rho_{\text{s}}\frac{\partial^2 y}{\partial t^2}+c_{\text{s}}\frac{\partial y}{\partial t}+A_{\text{in}}[\bar{\rho}_{\text{in}}+\tilde{\rho}_{\text{in}}\cos(kx-\omega t+\theta)]\left(\frac{\partial}{\partial t}+U_{\text{in}}\frac{\partial}{\partial c}\right)^2 y-$$

$$\frac{\partial}{\partial x}\left[[F_{\mathrm{T,L}}-A_{\mathrm{in}}P_L(1-2\nu)-A_{\mathrm{s}}\rho_{\mathrm{s}}g(L-x)-\{A_{\mathrm{in}}\bar{\rho}_{\mathrm{in}}g(L-x)+-\right.$$

$$\left.\frac{A_{\mathrm{in}}\bar{\rho}_{\mathrm{in}}g}{k}[\sin(kL-\omega t+\theta)-\sin(kx-\omega t+\theta)]\}]\frac{\partial y}{\partial x}\right]+EI\frac{\partial^4 y}{\partial x^4}=0 \tag{10-53}$$

考虑到外流在管道截面上外界流场所产生的水动力为

$$f_{\mathrm{ex}}=\frac{1}{2}\rho_{\mathrm{ex}}D_{\mathrm{ex}}\sqrt{U_{\mathrm{ex}}^2+\left(\frac{\partial y}{\partial t}\right)^2}\left(\frac{1}{2}C_{L0}qU_{\mathrm{ex}}-C_{\mathrm{D}}\frac{\partial y}{\partial t}\right) \tag{10-54}$$

式中：q 为无量纲涡激升力系数，采用尾流振子模型进行模拟，有

$$\frac{\partial^2 q}{\partial t^2}+\varepsilon_{\mathrm{w}}\omega_{\mathrm{s}}(q^2-1)\frac{\partial q}{\partial t}+\omega_{\mathrm{s}}^2 q=\frac{S_{\mathrm{w}}}{D_{\mathrm{ex}}}\frac{\partial^2 y}{\partial t^2} \tag{10-55}$$

将式（10-53）、式（10-54）和式（10-55）联立，可得

$$\begin{cases}A_{\mathrm{s}}\rho_{\mathrm{s}}\dfrac{\partial^2 y}{\partial t^2}+c_{\mathrm{s}}\dfrac{\partial y}{\partial t}+A_{\mathrm{in}}[\bar{\rho}_{\mathrm{in}}+\tilde{\rho}_{\mathrm{in}}\cos(kx-\omega t+\theta)]\left(\dfrac{\partial}{\partial t}+U_{\mathrm{in}}\dfrac{\partial}{\partial x}\right)^2 y-\\ \dfrac{\partial}{\partial x}\left[F_{\mathrm{T},L}-A_{\mathrm{in}}P_L(1-2\nu)-A_{\mathrm{s}}\rho_{\mathrm{s}}g(L-x)-\{A_{\mathrm{in}}\bar{\rho}_{\mathrm{in}}g(L-x)+-\right.\\ \left.\dfrac{A_{\mathrm{in}}\bar{\rho}_{\mathrm{in}}g}{k}[\sin(kL-\omega t+\theta)-\sin(kx-\omega t+\theta)]\}\dfrac{\partial y}{\partial x}\right]+EI\dfrac{\partial^4 y}{\partial x^4}\\ =\dfrac{1}{2}\rho_{\mathrm{ex}}D_{\mathrm{ex}}\sqrt{U_{\mathrm{ex}}^2+\left(\dfrac{\partial y}{\partial t}\right)^2}\left[\dfrac{1}{2}C_{L0}qU_{\mathrm{ex}}-C_D\dfrac{\partial y}{\partial t}\right]\\ \dfrac{\partial^2 q}{\partial t^2}+\varepsilon_{\mathrm{w}}\omega_{\mathrm{s}}(q^2-1)\dfrac{\partial q}{\partial t}+\omega_{\mathrm{s}}^2 q=\dfrac{S_{\mathrm{w}}}{D_{\mathrm{ex}}}\dfrac{\partial^2 y}{\partial t^2}\end{cases} \tag{10-56}$$

该式即管外流场和管内气液两相流流体密度变化联合作用下管道的振动方程。

10.3.4 海底悬跨管道建模

由于海底地势凹凸起伏不平和海底洋流对管道周围土体的冲刷掏空作用，海底油气运输管道容易出现悬跨现象，最常见、最容易出现的现象为单个悬跨管道。选取某海底单跨管道（图 10-15）进行理论建模分析，其中 L 为悬跨长度，V 为外界来流速度，u 为管内流体流速，灰色部分为支撑海底悬跨管道的海床土体。

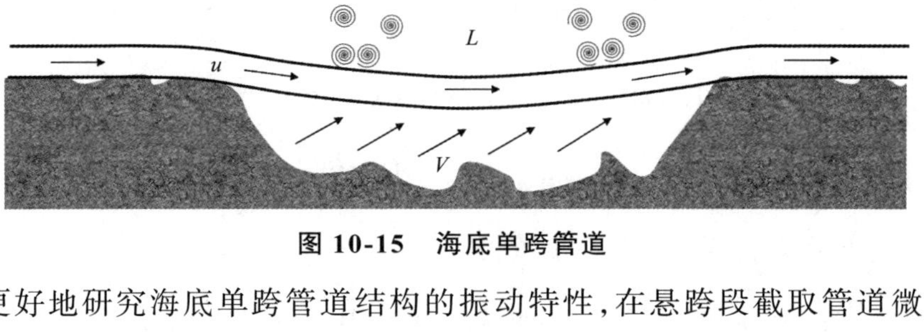

图 10-15　海底单跨管道

为了更好地研究海底单跨管道结构的振动特性，在悬跨段截取管道微段进行受

力分析，管道微段可拆分为管内流体微段和管道结构微段，如图 10-16 所示。

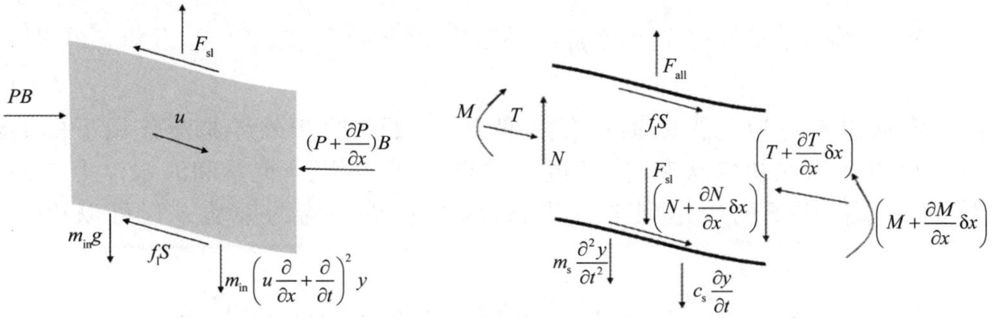

(a)管内流体单元　　(b)管道结构单元

图 10-16　管道微段受力分析

对管内流体单元进行受力分析，其在竖直方向上受力平衡：

$$F_{sl}\partial x - PB\left(-\frac{\partial y}{\partial x}\right) + B\left(P + \frac{\partial P}{\partial x}\delta x\right)\left(-\frac{\partial y}{\partial x}\right) - m_{in}g\delta x + f_l S\delta x\left(-\frac{\partial y}{\partial x}\right) -$$

$$m_{in}\left(u\frac{\partial}{\partial x} + \frac{\partial}{\partial t}\right)^2 y\partial x = 0 \tag{10-57}$$

式中：F_{sl} 为管道结构微段对管内流体单元的垂向作用力；δx 为微段长度；m_{in} 为管内流体单元的单位长度质量；P 为管内流体单元的液体压力；B 为管内流体单元的横截面面积；t 为时间参数；g 为重力加速度；f_l 为管道结构单元对管内流体单元的摩擦力；S 为管内流体单元与管道侧面的接触面积。

经过化简可以得到

$$F_{sl} - f_l S\frac{\partial y}{\partial x} = B\frac{\partial P}{\partial x}\frac{\partial y}{\partial x} + m_{in}g + m_{in}\left(u\frac{\partial}{\partial x} + \frac{\partial}{\partial t}\right)^2 y \tag{10-58}$$

同理，对管道结构单元进行受力分析，可以得到

$$F_{all}\delta x + N - \left(N + \frac{\partial N}{\partial x}\delta x\right) + T\left(-\frac{\partial y}{\partial x}\right) - \left(T + \frac{\partial T}{\partial x}\delta x\right)\left(-\frac{\partial y}{\partial x}\right) -$$

$$f_l S\delta x\left(-\frac{\partial y}{\partial x}\right) - F_{sl}\delta x - m_s\frac{\partial^2 y}{\partial t^2}\delta x - c_s\frac{\partial y}{\partial t}\delta x = 0 \tag{10-59}$$

式中：F_{all} 为外力作用，包括管道结构微段受到的浮力、重力和外界流场作用力；N 为剪力内力；T 为轴向拉力（正值为拉力，负值为压力）；f_l 为管内流体单元对管道结构单元的摩擦力；F_{sl} 为管内流体单元对管道结构单元的垂向作用力；m_s 为管道结构单元的单位长度质量；c_s 为管道结构的阻尼系数。

经化简可以得到

$$F_{all} + f_l S\frac{\partial y}{\partial x} - F_{sl} - m_s\frac{\partial^2 y}{\partial t^2} - c_s\frac{\partial y}{\partial t} - \frac{\partial N}{\partial x} + \frac{\partial T}{\partial x}\frac{\partial y}{\partial x} = 0 \tag{10-60}$$

进一步整理，消去管内流体单元与管道结构单元之间的相互作用力，可以得到

$$m_{in}\left(u\frac{\partial}{\partial x} + \frac{\partial}{\partial t}\right)^2 y + m_s\frac{\partial^2 y}{\partial t^2} + c_s\frac{\partial y}{\partial t} + \frac{\partial N}{\partial x} - \frac{\partial T}{\partial x}\frac{\partial y}{\partial x} + B\frac{\partial P}{\partial x}\frac{\partial y}{\partial x} = F_{all} - m_{in}g \tag{10-61}$$

结合力矩平衡关系和材料力学相关知识，可以得到

$$(m_s + m_{in})\frac{\partial^2 y}{\partial t^2} + c_s\frac{\partial y}{\partial t} + 2m_{in}u\frac{\partial^2 y}{\partial t\partial x} + (m_{in}u^2 + PB - T)\frac{\partial^2 y}{\partial x^2} + EI\frac{\partial^4 y}{\partial x^4} = F_{all} - m_{in}g \tag{10-62}$$

在对海底悬跨管道的涡激振动开展研究时，更关注于外界来流作用下的涡激振动响应。可以认为在初始状态时，管道结构自重、管内流体重量和海水浮力在两端海床土体的支撑作用下已经达到平衡状态，因此管道结构的振动方程可以进一步简化为

$$(m_s + m_{in})\frac{\partial^2 y}{\partial t^2} + c_s\frac{\partial y}{\partial t} + 2m_{in}u\frac{\partial^2 y}{\partial t\partial x} + (m_{in}u^2 + PB - T)\frac{\partial^2 y}{\partial x^2} + EI\frac{\partial^4 y}{\partial x^4} = F_w \tag{10-63}$$

式中：F_w 为管道结构受到的外界流场作用力。

海底单跨管道两端由海床土体支撑，其对管道的运动具有较强的约束作用。一般采用扭转弹簧和拉伸弹簧简化海床土体对海底单跨管道的约束作用，如图 10-17 所示。通过改变扭转弹簧和拉伸弹簧的弹性系数，可以模拟不同性质的海床土体对海底单跨管道涡激振动特性的影响。弹簧弹性系数取值越大，对单跨管道的约束条件越强烈，代表着越坚硬的海床土体；弹簧弹性系数取值越小，对单跨管道的约束条件越弱，代表着越柔软的海床土体。其中，k_{r1}，k_{r2} 和 k_{t1}，k_{t2} 分别表示单跨管道左端和右端海床土体对单跨管道约束的扭转弹簧弹性系数、拉伸弹簧弹性系数。在海底单跨管道的左端，海床土体对管道的约束条件有

$$\begin{cases} EI\dfrac{\partial^2 y}{\partial x^2} = k_{r1}\dfrac{\partial y}{\partial x} \\ EI\dfrac{\partial^3 y}{\partial x^3} - T\dfrac{\partial y}{\partial x} = -k_{t1}y \end{cases} \tag{10-64}$$

在海底单跨管道的右端，海床土体对管道的约束条件有

$$\begin{cases} EI\dfrac{\partial^2 y}{\partial x^2} = -k_{r2}\dfrac{\partial y}{\partial x} \\ EI\dfrac{\partial^3 y}{\partial x^3} - T\dfrac{\partial y}{\partial x} = k_{t2}y \end{cases} \tag{10-65}$$

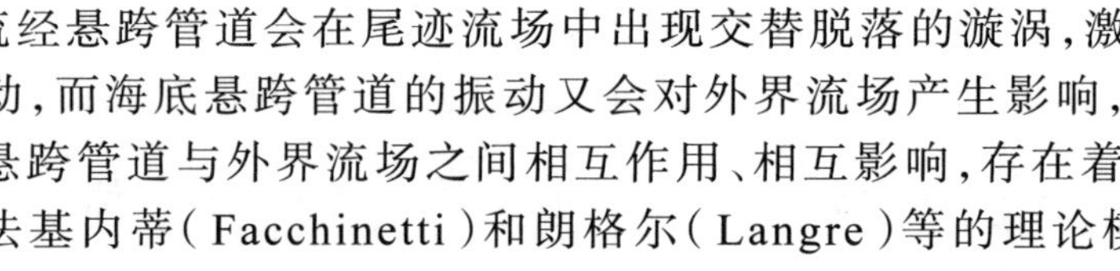

图 10-17　海底单跨管道简化模型

外界来流流经悬跨管道会在尾迹流场中出现交替脱落的漩涡，激发海底悬跨管道发生涡激振动，而海底悬跨管道的振动又会对外界流场产生影响，改变外界流场的流动特性。悬跨管道与外界流场之间相互作用、相互影响，存在着较强的耦合作用。一般根据法基内蒂（Facchinetti）和朗格尔（Langre）等的理论模型，对外界流

场对海底悬跨管道的作用进行如下简化，即外力项 F_w 为

$$F_w = \frac{1}{2}C_L\rho DV^2 - \frac{1}{2}C_D\rho DV\frac{\partial y}{\partial t} - \frac{\pi}{4}C_A\rho D^2\frac{\partial y^2}{\partial t^2} \tag{10-66}$$

式中：C_D 为均匀拖曳力系数；C_A 为附加质量系数。

利用管道结构振动的加速度项模拟管道对外界流场的作用，即式(10-66)中的外力项。综合式(10-63)、式(10-25)和式(10-66)可以得到海底单跨管道与外界流场耦合作用的控制方程组：

$$m\frac{\partial^2 y}{\partial t^2} + c\frac{\partial y}{\partial t} + 2m_{in}u\frac{\partial^2 y}{\partial t\partial x} + (m_{in}u^2 + PB - T)\frac{\partial^2 y}{\partial x^2} + EI\frac{\partial^4 y}{\partial x^4} = \frac{1}{4}C_{L0}\rho DV^2\cdot q \tag{10-67}$$

$$\frac{\partial^2 q}{\partial t^2} + \varepsilon\omega_s(q^2-1)\frac{\partial q}{\partial t} + \omega_s^2 q = \frac{A}{D}\frac{\partial^2 y}{\partial t^2} \tag{10-68}$$

式中：m 为单位长度总质量，包括管道结构质量 m_s、管内流体质量 m_{in} 和管外附加质量 m_a，即

$$m = m_s + m_{in} + m_a \tag{10-69}$$

其中，管外附加质量 m_a 为

$$m_a = C_a\frac{\pi}{4}\rho D^2 \tag{10-70}$$

在式(10-67)中，c 为总阻尼系数，包括管道结构阻尼和管外流场流体阻尼，即

$$c = c_s + c_w \tag{10-71}$$

其中，管道结构阻尼 c_s 为

$$c_s = 2m\omega_n\xi \tag{10-72}$$

式中：ω_n 为海底单跨管道结构的固有圆频率，ξ 为无量纲结构阻尼比。

管外流场流体阻尼 c_w 为

$$c_w = \frac{1}{2}C_D\rho DV \tag{10-73}$$

悬跨段响应特性受管土作用的影响，在分析管道振动特征时，需要考虑管土耦合效应，采用合理有效的土体模型。下面重点关注砂土工况下的管土作用，采用三种土体弹簧模型进行模拟，如图 10-18 所示。

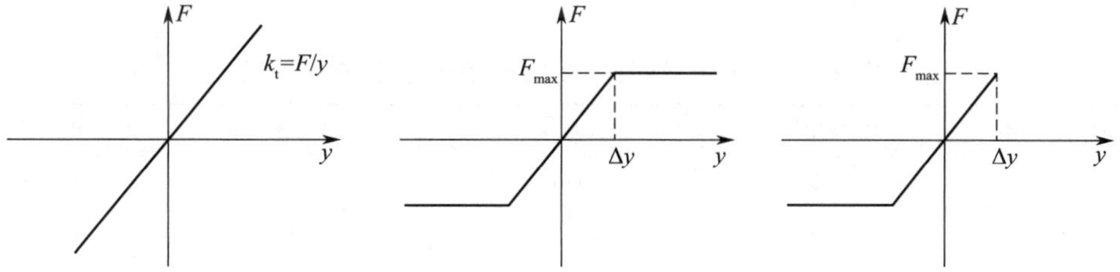

(a)线性土体弹簧模型　(b)理想塑性弹簧模型　(c)张力截断弹簧模型

图 10-18　土体弹簧模型

线性土体弹簧模型假设土体对管道的作用是线性的，管土段所受土体作用力与嵌入深度正相关，土体刚度 $k_t=F/y$ 始终不变，即一固定数值。理想塑性弹簧模型考

虑了土体的塑性形变,土体作用力存在最大值。在该模型中,初始土体弹簧表现为线性,超出极限位移后,土体抗力不再增加,保持最大值 F_{max},此时土体弹簧刚度随着位移 y 增大而变小,$k_t=F_{max}/y$。张力截断弹簧模型进一步模拟管土分离现象,当位移(正向)超出最大位移后,管道将与海床脱离,即管道与海床面没有接触,管土相互作用消失,土体刚度变为零。当管道再次回落,不考虑土体的滞回效应,线性阶段的土体刚度不发生变化。

三种模型的初始土体弹簧刚度相同,刚度计算方法参照 DNV-RP-F105 规范,根据土质选取不同的计算参数。横向土体弹簧刚度计算公式为

$$k_t = \frac{0.88G}{1-\nu} \tag{10-74}$$

式中:ν 为土体泊松比;G 为土体剪切模量。

砂土的剪切模量:

$$G = \frac{1\,955(2.97-e_s)^2}{1+e_s}\sqrt{\sigma_s} \tag{10-75}$$

黏土的剪切模量:

$$G = \frac{1\,300(3-e_s)^2}{1+e_s}\sqrt{\sigma_s}\cdot OCR^{k_s} \tag{10-76}$$

式中:e_s 为土体间隙比(孔隙率);OCR 为固结比;k_s 为参数(与黏土塑性指数相关);σ_s 为有效平均应力,且有

$$\sigma_s = \frac{1}{2}(1+K_0)B\gamma_{soil} + \frac{m_p}{3W}\left(1+\frac{L}{2L_{sh}}\right) \tag{10-77}$$

式中:K_0 为静态土压力系数(通常取 0.5,对于超固结的黏土,取值超过 1.0);γ_{soil} 为水下单位体积土体重量(容重);m_p 为水下单位长度管道的重量;L 为悬跨长度;L_{sh} 为单边跨肩的悬跨支撑长度;W 为管土接触面宽度。

$$B=\begin{cases}2\sqrt{(D-w)w} & w\leqslant 0.5D\\ D & w>0.5D\end{cases} \tag{10-78}$$

式中:D 为管道外径;w 为嵌入深度。

DNV 规范中给出的相关砂土参数取值见表 10-1。

表 10-1　DNV 规范中给出的相关砂土参数取值

土体种类	摩擦角 φ_s	容重 γ_{soil}	泊松比 ν	孔隙率 e_s
松砂	28°~30°	8.5~11.0	0.35	0.7~0.9
较密实砂土	30°~36°	9.0~12.5	0.35	0.5~0.8
密实砂土	36°~41°	10.0~13.5	0.35	0.4~0.6

用土体弹簧模型模拟管土耦合作用,忽略管内流体速度影响,建立如图 10-19 所示的两跨管道模型。其中,L_1,L_2 为悬跨段长度,L_{sh1},L_{sh2} 为跨肩管土耦合段长度,L_s 为跨间土体段长度,k_t 为土体弹簧刚度,T 为轴向拉力,管道直径为 D,弯曲刚度为 EI。

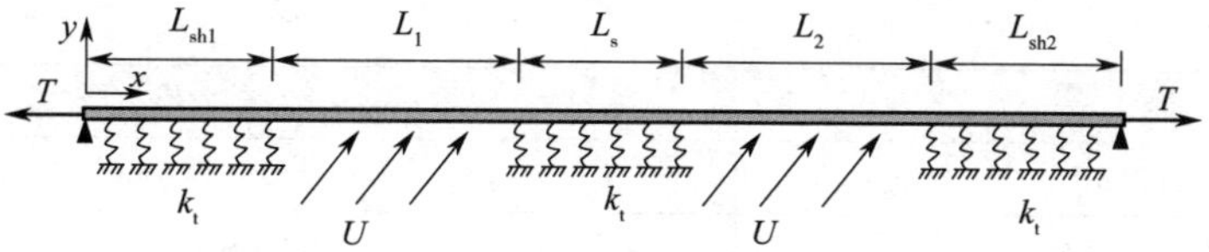

图 10-19 两跨管道模型示意图

根据欧拉-伯努利梁理论,以管道的左端作为直角坐标系原点,取管道轴线方向为 x 方向,管道的振动为沿 y 方向的横向振动,悬跨段的结构控制方程为

$$m\frac{\partial^2 y}{\partial t^2}+C\frac{\partial y}{\partial t}-T\frac{\partial^2 y}{\partial x^2}+EI\frac{\partial^4 y}{\partial x^4}=F_L \tag{10-79}$$

假设管土段不考虑外界流体作用,加入管土模型后的结构控制方程为

$$m\frac{\partial^2 y}{\partial t^2}+C\frac{\partial y}{\partial t}-T\frac{\partial^2 y}{\partial x^2}+EI\frac{\partial^4 y}{\partial x^4}+k_t y=0 \tag{10-80}$$

式中:y 为横流向结构位移;x 为轴向位移;t 为时间参数;m 为单位长度总质量,且有

$$m=\begin{cases} m_s+m_{in}+m_a & \text{悬跨段} \\ m_s+m_{in} & \text{管土段} \end{cases} \tag{10-81}$$

式中:m_s 为单位长度结构质量;m_{in} 为单位长度内流质量;$m_a=\pi\rho D^2C_a/4$ 为附加质量,其中 C_a 为附加质量系数,ρ 为流体密度。

C 为管道阻尼,且有

$$C=\begin{cases} C_s+C_w & \text{悬跨段} \\ C_s+C_{soil} & \text{管土段} \end{cases} \tag{10-82}$$

式中:C_s 为管道结构阻尼。$C_s=2m\omega_n\xi$,其中 ω_n 为结构固有圆频率;C_w 为水动力阻尼 $C_w=\rho DUC_D/2C_{soil}$ 为土体阻尼,其中 U 为管外均匀来流速度,ξ 为无量纲结构阻尼比,C_D 为拖曳力系数。

$F_L=\rho DU^2C_L/2$ 为漩涡脱落引起的涡激升力,其中 C_L 为升力系数。

10.4 海洋管道动力响应计算分析

10.4.1 立管涡激振动响应分析

立管参数来自英国 BP 石油公司的深水 Spar 平台,主要参数见表 10-2。外流设置为顶部流速为 0.5 m/s 的剪切流。

表 10-2 立管主要参数

参数	数值
长度L	1 500 m
外径D	0.304 8 m

续表

参数	数值
壁厚b	0.013 6 m
弹性模量E	2.1×10^{11} Pa
结构阻尼比ξ_s	0.003
材料密度ρ_s	7 850 kg/m^3
海水密度ρ_w	1 025 kg/m^3
内流密度ρ_f	800 kg/m^3
初始预张力T_c	1 662.7 kN

深海立管涡激振动预报模型体现了流固耦合的特性，由于拖曳力阻尼是非线性的，所以模态叠加法不再适用，应用有限差分法对方程在时间和空间上进行离散，以求解立管的振动响应。应用中心差分格式，将立管长度平均分为n份，得到n个计算单元和$1+n$个节点，计算单元长度为$l=n/L$，立管顶端的节点编号为0，第2个节点编号为1，依次递推到第$n+1$个节点编号为n。根据边界条件，顶端节点0和底端节点n的运动形式是已知的，于是得到关于时间t的各二阶常微分方程组节点x_i处的前四阶差分格式为

$$\begin{cases} f'(x_i)=\dfrac{f(x_{i+1})-f(x_{i-1})}{2l} \\ f''(x_i)=\dfrac{f(x_{i-1})-2f(x_i)+f(x_{i+1})}{l^2} \\ f'''(x)=\dfrac{3}{8l^3}[-f(x_{i-2})+2f(x_{i-1})-2f(x_{i+1})+f(x_{i+2})] \\ f''''(x_i)=\dfrac{f(x_{i-2})-4f(x_{i-1})+6f(x_i)-4f(x_{i+1})+f(x_{i+2})}{l^4} \end{cases} \tag{10-83}$$

将经过空间离散后的结构微分方程和尾流振子方程联立，可得方程组：

$$\begin{cases} m\dfrac{\partial^2 y(x_i)}{\partial t^2}=-C\dfrac{\partial y(x_i)}{\partial t}+\dfrac{1}{2}C_L\rho DU^2+T\dfrac{y(x_{i-1})-2y(x_i)+y(x_{i+1})}{l^2}- \\ \qquad EI\dfrac{y(x_{i-2})-4y(x_{i-1})+6y(x_i)-4y(x_{i+1})+y(x_{i+2})}{l^4} \\ \dfrac{\partial^2 q_{y(x_i)}}{\partial t^2}=-\varepsilon\omega_s\left(q_{y(x_i)}{}^2-1\right)\dfrac{\partial q_{y(x_i)}}{\partial t}-\omega_s{}^2 q_{y(x_i)}+\dfrac{A_y}{D}\dfrac{\partial^2 y}{\partial t^2} \end{cases} \tag{10-84}$$

得到各个节点的离散方程组后，利用四阶龙格-库塔法完成时域计算，迭代求解联立的管道振动方程和尾流振子方程，最终得到结构的响应情况。

图10-20所示为立管横流向振动位移均方根轴向分布情况。在选取的来流工况下，立管横流向振动模态为14阶。立管上部振动呈行波特征，最大位移均方根出现在$z/L=0.3$附近。立管底部振动呈显著的驻波特征，位移均方根也处于较高的水平。

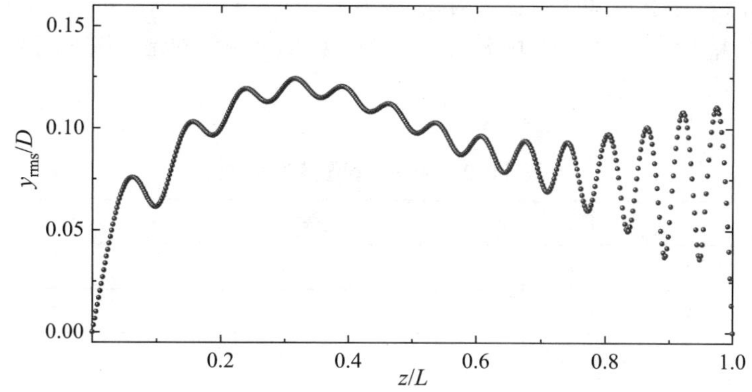

图 10-20　立管横流向振动位移均方根轴向分布图

图 10-21 所示为立管横流向振动位移云图和位移频谱图。从立管横流向振动位移云图中可明显观察到，立管上部振动的行波特征，行波传播方向为 z/L=0 至 z/L=1.0；立管底部，即 z/L=1.0 附近，振动呈显著的驻波特征，主要是行波传递至立管底端，在底端边界反射后，反射波与入射波叠加导致的。从立管横流向位移频谱图中可观察到，立管横流向振动存在若干个窄频成分，控制频率成分接近第 14 阶模态的固有频率，其他谐波成分较为接近控制频率，表明立管横流向振动的多模态特征，主控模态的相邻模态对振动仍具有显著贡献。立管振动的频谱特性不沿轴向发生显著变化。

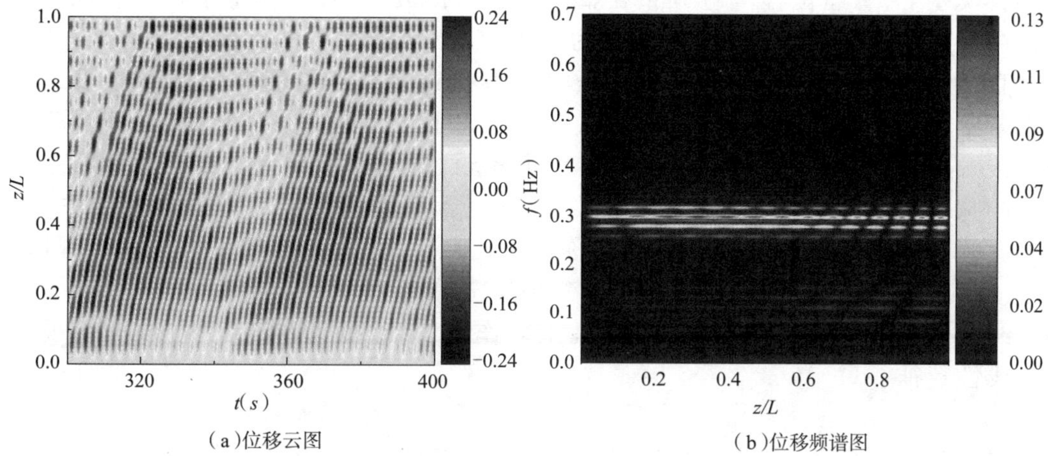

图 10-21　立管横流向振动的位移云图与位移频谱图

10.4.2　海底多跨管道响应分析

选择常见的两跨管道作为研究对象，基本参数见表 10-3。根据现有研究情况，当管土耦合段长度大于 60%的悬跨段长度后，管土段对振动的影响趋于稳定。因此，选取管土耦合段长度为 40 m，从而消除其影响。

海底悬跨管道涡激振动的控制方程涉及的因素较多，对其进行理论求解比较复杂。可采用四阶精度的龙格-库塔法对其进行数值求解，能够快速高效地得到涡激振动的运动响应。

表 10-3　两跨管道模型参数

物理量	数值
第一悬跨段长度L_1	60 m
第二悬跨段长度L_2	40 m
跨间管土段长度L_{sh}	18 m
管道外径D	0.426 m
管道内径d	0.325 m
管道弹性模量E	2.1×10^8 Pa
管道密度ρ_1	7 850 kg/m^3
管内流体密度ρ_2	908 kg/m^3
管道张力T	20 kN
土体刚度k_t	2.35×10^5 N/m

选取特定流速下各模型的管道振动状态进行对比，如图 10-22 所示。在三种土体弹簧模型下，管道位移响应分布在整体上较为接近，符合振动基本特征。悬跨段由于存在强烈的流固耦合作用，振动较为剧烈，位移显著大于两端跨肩；管土段受到土体的直接约束，振动位移相较于悬跨段量级较小，并且从跨肩部位向管土段远端位移逐渐变小。在理想塑性弹簧模型下，由于考虑了土体的非线性作用，悬跨段两端与跨肩接触部分存在塑性土体作用，土体约束较弱，振动幅值更大。在张力截断弹簧模型下的振动由于存在管土分离现象，位移较大后土体弹簧的约束作用会消失，因此管道振幅在正向和负向上分布并不对称。相比之下，正向的振幅更大一些，并且在跨肩管土接触部位由于直接受到管土分离影响，这种不对称现象更为明显。结果表明，在非线性管土模型下，管道受到非线性土体作用，导致振动状态发生改变，出现明显的非线性特征。

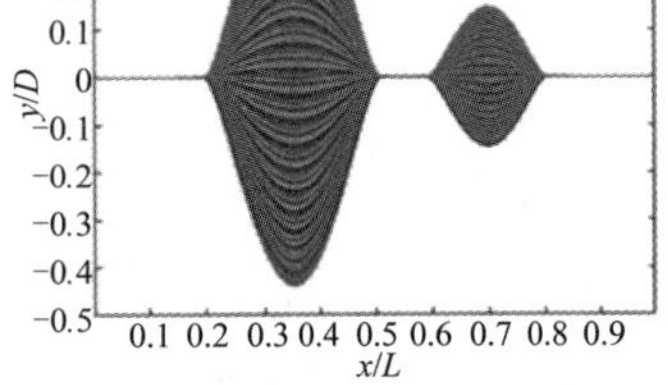

(a)线性土体弹簧模型

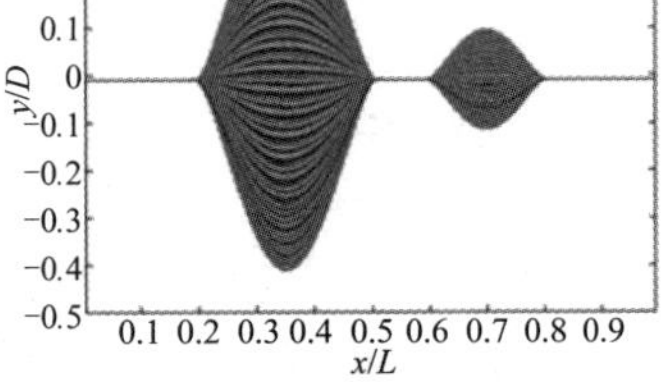

(b)理想塑性弹簧模型

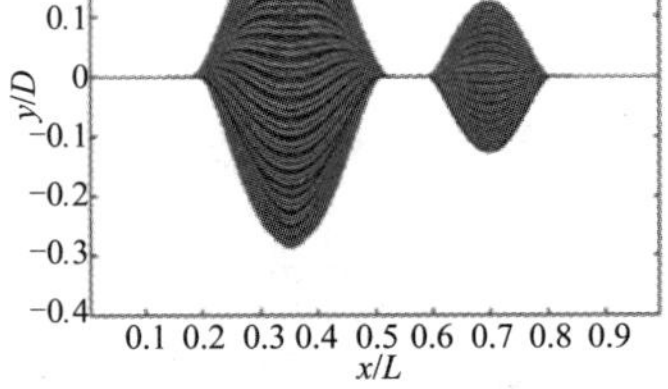

(c)张力截断弹簧模型

图 10-22　不同土体弹簧模型下的多跨管道振动状态图(U=0.13 m/s)

对三种土体弹簧模型下的各跨段无量纲最大位移幅值进行对比，如图 10-23 所示。在较小流速下，三种模型下悬跨段 L_1 的振动位移幅值均随着流速的增加而增大，直到流速 U=0.1 m/s 附近时达到第一个峰值；在 U=0.2 m/s 时，不同模型下的振动近乎同时激发二阶模态，位移幅值再次出现上升趋势。悬跨段 L_2 在选定流速范围内振动始终处于一阶模态，在 U=0.17 m/s 时振动幅值达到最大。当流速达到锁频区，对于每一个跨段，位移幅值较大时，非线性的两种弹簧模型下位移与线性土体弹簧的计算结果相比明显变小。在悬跨段 L_1，理想塑性弹簧模型最大位移幅值相比于线性土体弹簧模型减小了 10.09%，而张力截断弹簧模型减小了 40.37%。当振动进入二阶模态后，这一现象仍然存在，并且不同模型间位移幅值的差别依然明显，理想塑性弹簧模型最大位移幅值相比于线性土体弹簧模型减小了 23.34%，而张力截断弹簧模型减小了 49.63%。出现该现象的原因可能是非线性土体弹簧模型下的管土作用段受到非线性的土体作用，在振动过程中随着位置变化，土体作用不断变化，从而改变了管道瞬时的固有属性（固有频率等），影响管土段的振动状

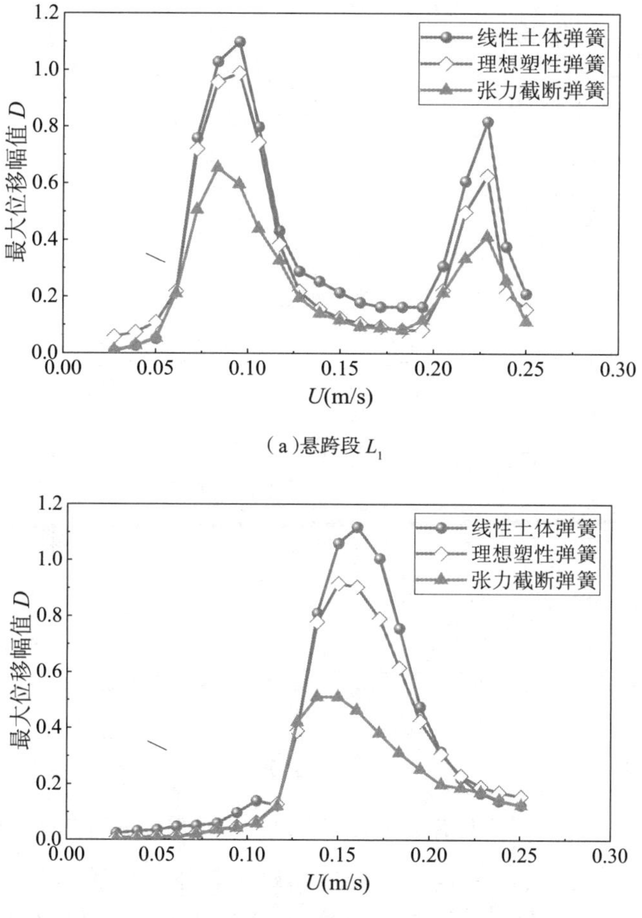

（a）悬跨段 L_1

（b）悬跨段 L_2

图 10-23　不同土体弹簧模型下各悬跨管段涡激振动位移幅值图

态，进而对悬跨段的涡激振动响应特性产生了显著影响。相比于理想塑性弹簧模型的塑性特征，张力截断弹簧模型下的振动在超出极限位移后会发生管土分离，使管道失去土体支撑，改变了边界约束条件，导致其非线性作用更加明显，对管道最大响应幅值影响也更大。可以看出，管土作用会对悬跨管道响应特性产生不可忽略的影响。

三种土体弹簧模型下的各悬跨管段响应频率如图 10-24 所示。可以看出，三种模型下的振动频率差别不明显，数值较为接近，并且随着流速增大整体呈上升趋势，且悬跨段 L_1 的响应频率相比于悬跨段 L_2 稍大一些。在悬跨段 L_1 中，各模型在 U=0.07 m/s 后进入锁频区，振动频率被锁定，保持在 0.58 Hz 左右，直到流速进一步增大，超过锁频区，振动频率才再一次随流速变化而增大。同样，在悬跨段 L_2 中也出现了锁频现象。

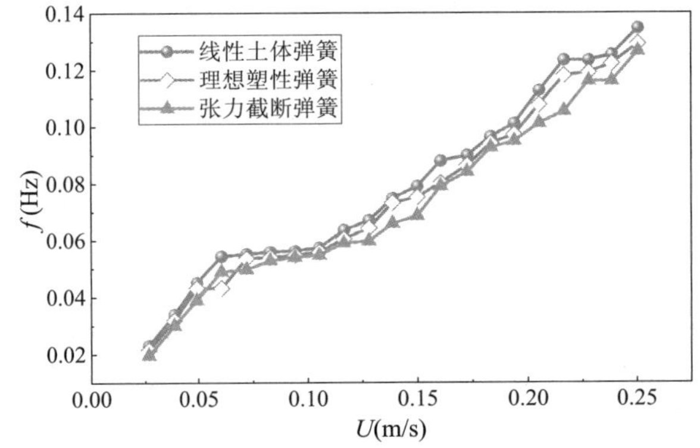

（a）悬跨段 L_1

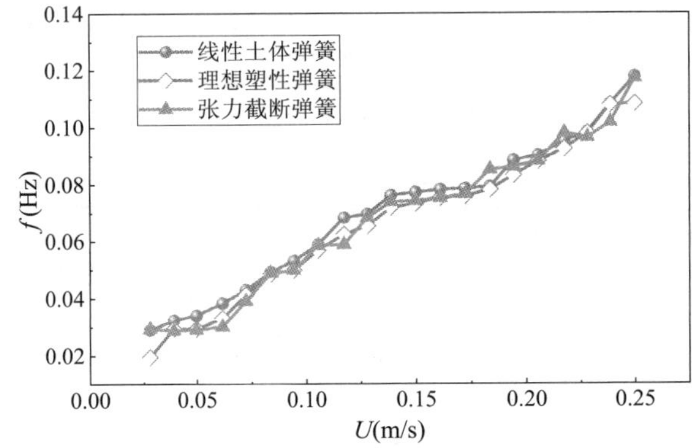

（b）悬跨段 L_2

图 10-24　不同土体弹簧模型下各悬跨管段涡激振动响应频率图

图 10-25 所示为 U=0.13 m/s 和 0.22 m/s 时三种土体弹簧模型下的局部应变展向分布。当 U=0.13 m/s 时，两个悬跨段振动状态都处于一阶模态，每个悬跨段的应变分布均存在三个峰值，分别出现在悬跨段中点位置处以及跨肩管土接触的部位，

并且跨肩处的应变幅值明显更大。其中，其中，线性土体弹簧模型的应变值大于理想塑性弹簧模型，而张力截断弹簧模型的应变值是三种模型中最小的，这与位移幅值的大小关系是相同的。当 U=0.22 m/s 时，悬跨段 L_1 振动由二阶模态主导，应变分布出现两个峰值，并且悬跨段 L_1 应变分布并不对称；在两个悬跨段下，线性土体弹簧模型的应变值最大，张力截断弹簧模型的应变值最小；在不同流速下，最大应变值都出现在跨肩管土接触部位附近。这是由于管土段受到土体约束，位移较小，而相邻的悬跨段位移幅值较大，所以在跨肩处悬跨段与管土段相接触的位置应变值较大。整体结果显示，管土作用会导致管道应变分布发生变化，并且不同模型下非线性程度不同，影响效果有所差异。

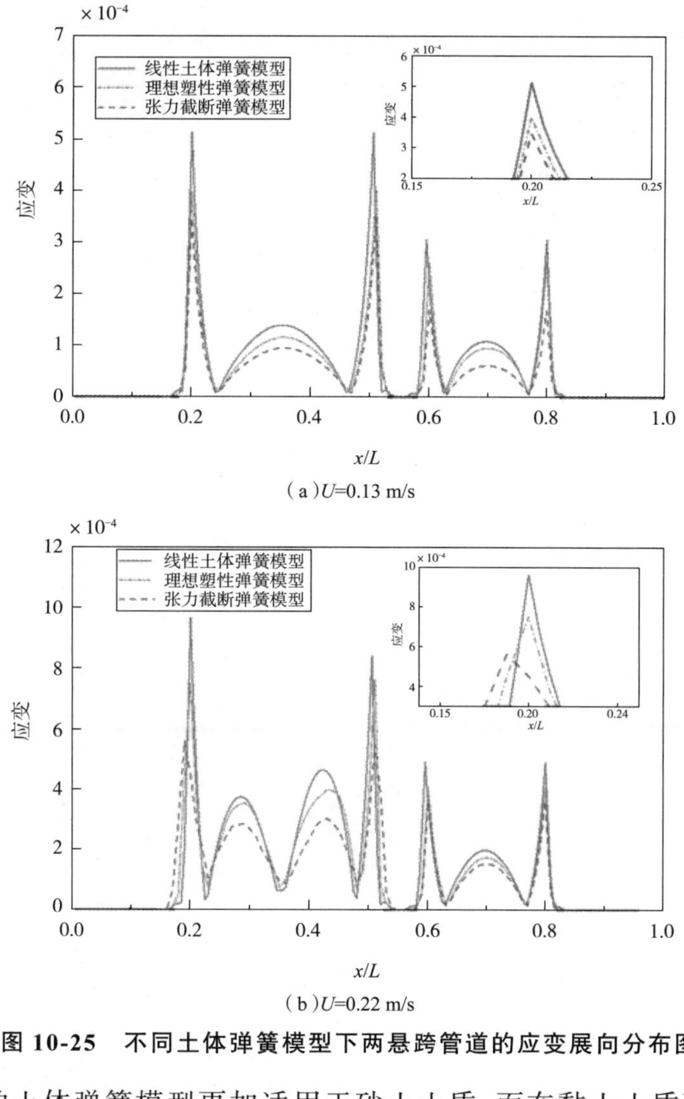

图 10-25　不同土体弹簧模型下两悬跨管道的应变展向分布图

由于选取的土体弹簧模型更加适用于砂土土质，而在黏土土质下适用性有待进一步研究。整体来看，线性土体弹簧模型不能很好地体现土体的非线性特征，适用于不考虑土体非线性作用的情况;理想塑性弹簧模型适用于考虑土体塑性形变的情况,此模型下的振动幅值和应变小于线性土体弹簧模型,大于张力截断弹簧模型;张力截断弹簧模型适用于考虑跨肩部位非线性振动状态的情况,此模型下的振动幅值和应变在三种模型中最小。

Chapter 11

第十一章

波浪能俘获装置结构动力学

11.1 波浪能俘获装置

近年来,全球能源需求显著增大,据估计 2040 年全球能源消耗将比 2010 年高出 30% 左右。有限的传统能源在不久的将来将很难满足需求,可再生能源的开发利用变得更加迫切。占地球面积约 71%的海洋是绿色能源的宝库,而波浪能在广袤的海洋中无处不在,被认为是最具前途的海洋能源之一。波浪能具有储能大、能量密度高、对环境影响小等优点。同时,海洋环境的复杂性和波浪属性(波高、周期和方向)在空间及时间上的高度可变性,也使得波浪能的获取面临诸多挑战。在世界各国研究人员的共同努力下,目前已经开发了多种形式的波浪能俘获装置。

11.1.1 波浪能发电装置发展

法国是最早开始研究波浪能发电技术的国家。1910 年,法国人布索·白拉塞克建造了一座气动式的波浪发电站,该电站可以为临海住宅提供充足的电力。1965 年,日本制造出了专供海上导航灯浮标使用的波浪能发电装置,实现了此类设备的首次商业化实践。紧随其后,各类波浪能发电装置被相继提出。20 世纪 70 年代,英国、挪威、瑞典等沿海国家也开始把目光投向蕴藏丰富的波浪能,发明出了衰减式、截止式和点吸收式等多种类型的波浪能发电装置。20 世纪 80 年代,波浪能发电装置进入商业化示范阶段。目前,美国、日本、英国等海洋大国的波浪能发电技术有着较大的领先优势。

20 世纪 70 年代,我国就开始进行波浪能发电技术研究,属于较早开始对波浪能发电技术进行研究的国家之一。1978 年,我国成功研制出了第一台空气涡轮波浪能发电浮筒,并在浙江省舟山群岛进行了发电试验。20 世纪 80 年代初,我国主要对振荡水柱式波浪能发电装置和摆式波浪能发电装置进行研究。1990 年,由中国科学院广州能源研究所研制的“鹰式一号”漂浮式波浪能发电装置在珠海市万山群岛海域成功实现发电,标志着我国海洋能发电技术取得了新突破。1996 年,我国 20 kW 岸式波能实验电站和 5 kW 波浪能发电船建造成功。2005 年,中国科学院广州能源研究所成功研建出 100 kW 岸式振荡水柱波浪电站。2008 年至今,我国波浪能发电的发展势头良好,波浪能发电技术已较为成熟。

11.1.2 波浪能发电装置分类

在波浪能的俘获过程中,通过与波浪内部的许多物理现象的相互作用,产生了不同的波浪能发电装置设计概念,这些概念还在不断地完善过程中,仍然没有统一的标准设计、性能水平或操作要求。按照能量的俘获方式,目前大部分波浪能发电装置可以归纳为振荡水柱式、越浪式和振荡体式三类。

1. 振荡水柱式波浪能发电装置

1991 年，欧洲委员会在葡萄牙的 Pico 岛和英国的 Islay 岛进行了固定式振荡水柱式装置的研究。葡萄牙 Pico 电站如图 11-1（a）所示，该电站建在海床上，紧邻垂直峭壁，额定功率为 400 kW。英国 LIM-PET 电站如图 11-1（b）所示，该电站建在一个岩石峭壁上的深坑中，配备了一个威尔斯涡轮，额定功率为 500 kW。2011 年投入使用的西班牙 Mutriku 电站也是固定式振荡水柱式装置较为典型的代表，如图 11-1（c）所示。同时，该电站也是世界上第一个与防波堤结合建造的波浪能发电站的典型代表。该电站结合的防波堤长度约为 440 m，防波堤内共设置有 16 个独立腔室，并配套使用了 16 个威尔斯涡轮，总输出功率为 300 kW。截至 2018 年 6 月，该电站总发电量达 1.6 GW·h。

（a）Pico 波浪能发电站　（b）LIM-PET 波浪能发电站　（c）Mutriku 波浪能发电站

图 11-1　振荡水柱式波浪能发电装置

图片来源：杨泽华，李猛，伍儒康，等. 振荡水柱波浪能发电技术研究进展[J]. 新能源进展，2023，11（4）：381-387.

2. 越浪式波浪能发电装置

1986 年，Norwave AS 公司在 MOWC 发电站附近建造了世界上第一个固定式越浪型波浪能发电装置，命名为 TAPCHAN，装机容量为 350 kW，如图 11-2（a）所示。该装置流道开口宽度为 60 m，长度约为 30 m，并逐渐变窄呈喇叭形状。与振荡水柱式波浪能发电装置类似，挪威建立了与防波堤相结合的固定式越浪式波浪能发电装置 SSG，装机容量为 50 kW，如图 11-2（b）所示。该装置设计了多级蓄水池，可以在不同的高度蓄水，能够更好地适应各种海况，还具有结构可靠、安装维护方便等优点。Wave Dragon 是丹麦开发的另一种漂浮式越浪式波浪能发电装置，如图 11-2（c）所示。该装置主体结构由双坡道和混凝土结构水池组成，坡道两侧设置弯曲反射器，可以有效增加斜坡结构前方的可用波浪功率。该装置在 Nissum Bredning 完成了 1∶4.5 比例样机海试，并在 2003 年成功连接到电网，单台装置在 24 kW/m 波浪条件下的发电量估计在 4 MW·h 左右。

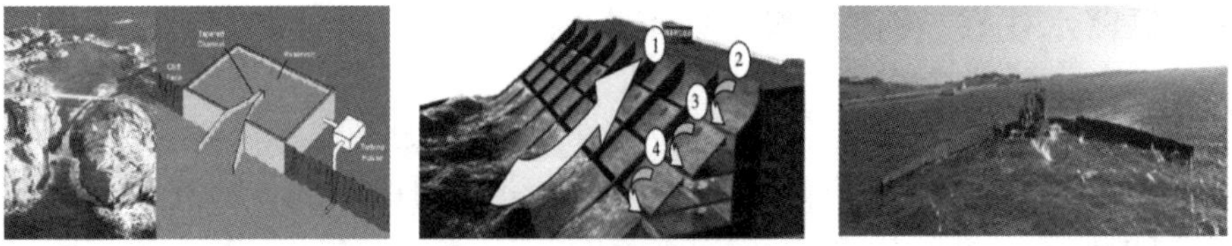

（a）TAPCHAN 波浪能发电装置　（b）SSG 波浪能发电装置　（c）Wave Dragon 波浪能发电装置

图 11-2　越浪式波浪能发电装置

图片来源：刘延俊，武爽，王登帅，等. 海洋波浪能发电装置研究进展[J]. 山东大学学报（工学版），2021，51（5）：63-75. DOI：10.6040/j.issn.1672-3961.0.2021.234.

3. 振荡体式波浪能发电装置

美国海洋动力技术公司在 2005 年开发了一种名为 PowerBuoy 的漂浮振荡体式波浪能发电装置，如图 11-3（a）所示。该装置内浮筒系泊在海床上，波浪的波动带动液压系统活塞垂向运动，从而带动发电机产生电能。丹麦的 Wavestar 波浪能发电装置基于单体点吸收式装置原理，将浮子阵列化，利用一组浮子在海上的振荡运动驱动液压传动系统发电，如图 11-3（b）所示。该装置具备风暴保护模式，所有发电设备安装在水面之上，在恶劣海况下，浮体可以抬升并远离海面，避免遭到破坏。Wavestar 已经在丹麦的西海岸成功测试，装机功率为 600 kW。

（a）PowerBuoy 波浪能发电装置　（b）Wavestar 波浪能发电装置

图 11-3　振荡体式波浪能发电装置图

图片来源：左新球. 四浮子振荡扑翼波浪能发电装置设计与研究[D]. 宜昌：三峡大学，2024. DOI：10.27270/d.cnki.gsxau.2023.000286.

11.1.3　波浪能发电装置结构特征

1. 振荡水柱式

振荡水柱式波浪能发电装置主体结构为中空气室，腔室共有两个开口，气室上部开口与空气连通，气室下部开口与水体连通，如图 11-4（a）所示。波浪向着气室移动，当波峰接近气室前壁时，水进入空箱，推动气室内水位上升，导致气室内气压增加，气室内空气通过开孔高流速排出；当波谷接近气室前壁时，水从气室排出，气室内水位下降，导致气室内气压降低，外面空气通过开孔高速进入气室，流出流进的气体将推动涡轮旋转，把波浪能转换为机械能。振荡水柱式波浪能发电装置结构简单，能量转换装置位于水面上方，不与海水接触，不易腐蚀，维护较为方便，但发电成本较高。

2. 越浪式

越浪式波浪能发电装置是一种俘能效率较高，适用于波浪密度较大场合的波浪能转换装置，此装置由斜坡、蓄水池及水轮机三部分组成，如图 11-4（b）所示。波浪在传播过程中遇到斜坡阻挡，沿斜坡爬升并进入蓄水池，蓄水池将不稳定的波浪能储存为稳定的势能，此为能量的一次转化过程；在内外水头差的作用下，蓄水池内的水流流动带动水轮机转动，从而带动发电机工作产生电能。越浪式波浪能发电装置更适用于波浪能密度较高的海域。

3. 振荡体式

振荡体式波浪能发电装置主要结构包括质量体和能量转换装置等，如图 11-4（c）所示。该装置结构简单、造价成本低、适应性强、可扩展性好，可通过优化俘获体的质量、形状、半径和吃水等参数，达到较高的俘获宽度比，技术开发难度低，目前研究最为广泛。其中，单浮体式又称点吸收式，是最简单的振荡体式波浪能发电装置。其外形通常设计为一个圆柱形浮体（振荡浮子），能够俘获来自多个方向的波浪能。双体式波浪能发电装置是在点吸收式的基础上发展起来的，在波浪作用下，两体之间的相对运动通过动力传输机构转化为电能。相比于双体式波浪能发电装置，点吸收式波浪能发电装置具有结构简单、响应速度较快、稳定性较好、适应性强以及占地面积较小等特点。

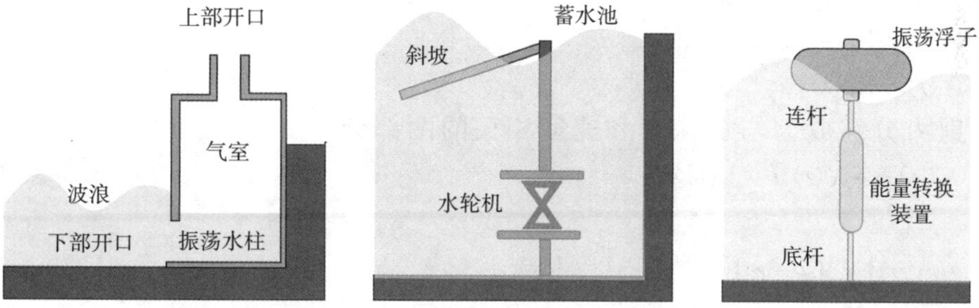

（a）振荡水柱式　　（b）越浪式　　（c）振荡体式

图 11-4　三种波浪能发电装置原理示意图

11.2　波浪能俘获装置的环境载荷

点吸收式波浪能发电装置隶属于振荡体式波浪能发电装置，主要利用振荡浮子在波浪力作用下的升沉运动俘获波浪能，具有结构灵活，体量较小，适应多种水深工作环境，不受波浪方向影响，易于和各种平台相结合的特点，目前在国内外已得到广泛研究与应用，因此下面以点吸式波浪能发电装置为例进行结构受力分析。

11.2.1 波浪作用力

点吸收式波浪能发电装置受到的波浪力 $F_E(t)$ 包括入射波产生的激励力 $F_I(t)$ 和绕射波产生的绕射力 $F_D(t)$ 两部分：

$$F_E(t)=F_I(t)+F_D(t) \tag{11-1}$$

求解入射波产生的激励力时，首先由入射波速度势的解析式和伯努利方程得到浮体表面的压力分布，然后在波浪能发电装置表面对压力积分。

$$\begin{cases} F_I(t)=\mathrm{Re}(f_I\mathrm{e}^{-\mathrm{i}\omega t}) \\ f_I=\mathrm{i}\rho\omega\iint_s \Phi_I n\mathrm{d}s \end{cases} \tag{11-2}$$

同理，如果获得了波浪能发电装置周围流场的绕射速度势，则可积分得到浮体绕射力：

$$\begin{cases} F_D(t)=\mathrm{Re}(f_D\mathrm{e}^{-\mathrm{i}\omega t}) \\ f_D=\mathrm{i}\rho\omega\iint_s \Phi_I n\mathrm{d}s \end{cases} \tag{11-3}$$

当获得了波浪能发电装置周围流场的辐射速度势时，则可积分得到浮体辐射力：

$$\begin{cases} F_R(t)=\mathrm{Re}(f_R\mathrm{e}^{-\mathrm{i}\omega t}) \\ f_R=\rho\omega^2\iint_s \Phi_R n\mathrm{d}s \end{cases} \tag{11-4}$$

波浪能发电装置运动的速度以及加速度分别为

$$\dot{X}(t)=\mathrm{Re}(-\mathrm{i}\omega x\mathrm{e}^{-\mathrm{i}\omega t}) \tag{11-5}$$

$$\ddot{X}(t)=\mathrm{Re}(\omega^2 x\mathrm{e}^{-\mathrm{i}\omega t}) \tag{11-6}$$

将辐射力分解成为与加速度和速度相关的两部分

$$F_R(t)=-\ddot{X}(t)\mu-\dot{X}(t)\lambda \tag{11-7}$$

其中

$$\mu=\rho\iint_s \mathrm{Re}(\Phi_R)n\mathrm{d}s \tag{11-8}$$

$$\lambda=\rho\omega\iint_s \mathrm{Im}(\Phi_R)n\mathrm{d}s \tag{11-9}$$

波浪能发电装置在波浪中受到的辐射力可以分解成两部分，即附加质量 μ 和辐射阻尼 λ。其中，附加质量 μ 与波浪能发电装置运动的加速度成正比；辐射阻尼 λ 与波浪能发电装置运动的速度成正比。

11.2.2 动力输出系统作用力

动力输出（PTO）系统包含做功缸、蓄能缸、压载和管路系统。浮子在波浪中垂荡运动,带动做功缸中的活塞运动,以将水池中的水泵入蓄能缸并抬升压载,从而完成波浪能的转化。目前,大多数计算是将 PTO 分解成线性阻尼作用力 F_p^L,即

$$F_p^L = -c^L \dot{X}(t) \qquad (11\text{-}10)$$

式中:c^L 为线性 PTO 阻尼系数。

也有很多学者将 PTO 分解成二次阻尼作用力,即

$$F_p^Q = -c^Q \dot{X}(t) | \dot{X}(t) | \qquad (11\text{-}11)$$

式中:c^Q 为二次 PTO 阻尼系数。

但是,工程实际中的 PTO 系统往往不是线性阻尼变化的,会呈现二次的甚至更为复杂的非线性阻尼变化规律。因此,引入非线性 PTO 阻尼系统,即

$$F_p = -c\dot{X}(t)| \dot{X}(t)|^{\alpha} \qquad (11\text{-}12)$$

式中:α 为速度指数,若 $\alpha=0$ 表示线性阻尼 PTO 作用力,$\alpha=1$ 表示二次阻尼 PTO 作用力;c 为 PTO 阻尼系数。

11.3　波浪能俘获装置动力学模型构建

点吸收式波浪能转换装置的工作原理是利用波浪能中浮子的往复运动推进动力输出(PTO)系统进行能量转换。如图 11-5 所示,在波浪能转换模块中,为了模拟点吸收式波浪能转换装置中的 PTO 系统,认为波浪能浮子除受到波浪力 $F_E(t)$ 和辐射力 $F_R(t)$ 以及静水恢复力 $F_K(t)$ 外,还受到 PTO 系统的作用力 $F_p(t)$。根据牛顿第二定律,其振动方程为

$$M\ddot{X}(t) = F_E(t) + F_R(t) + F_K(t) + F_p(t) \qquad (11\text{-}13)$$

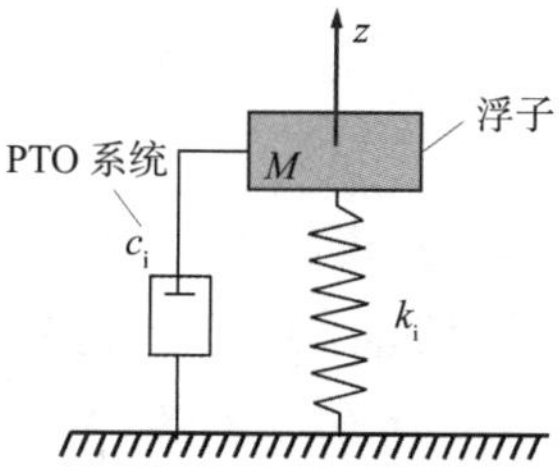

图 11-5　波浪能转换原理示意图

式中:M 为浮子质量。

静水恢复力 $F_K(t)$ 为

$$F_K(t) = kX(t) \qquad (11\text{-}14)$$

式中:k 为静水恢复力刚度。

11.4　波浪能俘获装置动力响应分析

11.4.1　波浪能俘获装置浮子动力响应

设浮子做垂荡运动的复数运动振幅为 X_0,浮子水线截面面积为 S_r,则

$$X(t)=\mathrm{Re}(X_0 e^{-i\omega t}) \tag{11-15}$$

浮子运动振幅为

$$X_0=\frac{F_E(t)}{[-(M+\mu)\omega^2-i\omega(c+\lambda)+\rho g S_r]} \tag{11-16}$$

当浮子在波浪上做垂荡运动时，浮子所吸收的波浪能等于装置阻尼力所做的功，因此系统的输出功率为

$$P=\frac{1}{2}\left|F_E(t)\right|^2\frac{c\omega^2}{\left[K-(M+\mu)\omega^2+\rho g S_r\right]^2+\omega^2(c+\lambda)^2} \tag{11-17}$$

令

$$\omega_0=\sqrt{\frac{\rho g S_r+K}{M+\mu}} \tag{11-18}$$

$$\beta_0=\frac{\lambda+c}{2(M+\mu)} \tag{11-19}$$

式中：ω_0 为波浪能俘获装置的固有频率，β_0 为阻尼因数，二者随入射波频率的变化而变化。

此时，系统的输出功率又可表示为

$$P_{abs}=\frac{\left|F_E(t)\right|^2 c}{2(c+\lambda_z)^2}\cdot\frac{1}{\left(\frac{\omega_0}{2\beta_0}\right)^2\left(\frac{\omega_0}{\omega}-\frac{\omega}{\omega_0}\right)^2+1} \tag{11-20}$$

由式（11-20）可知，c 若固定，当 $\omega=\omega_0$，即入射波的频率与装置的固有频率相等时，波浪能俘获装置的输出功率最大，此时装置与波浪实现了共振，可确定装置的弹性系数 K。若 K 固定，且 $\lambda<0$，则当 $c=-\lambda$ 时，波浪能俘获装置的输出功率最大（趋向于无穷大），实际计算表明，出现 $\lambda<0$ 的情况很少，所以外部黏性阻尼的设计不应以此为依据；若 $\lambda>0$，则当 $c=\lambda$ 时，波浪能俘获装置的输出功率最大。

系统的能量吸收效率用俘获宽度比计量。所谓俘获宽度比，即在浮子宽度内浮子吸收的波浪能与输入的波浪能的比值。浮子宽度内波浪输入功率计算表达式为

$$P_0=\rho g H^2\frac{\omega}{4k}\left[1+\frac{2kh}{\sinh\ 2kh}\right]D \tag{11-21}$$

式中：H 为波高；h 为水深；k 为波数；D 为浮子宽度。

此时，浮子的俘获宽度比为

$$\eta=\frac{P}{P_0}\times 100\%$$

波浪能俘获装置的设计应根据安装海域的波浪参数确定装置阻尼系数 c 和弹性系数 K，使得在入射波能谱的峰值点上，系统的固有频率接近该点的入射波频率。在此基础上，对浮子的形状和尺寸等几何参数进行优化，使浮子能够最大效率地吸收波浪的能量。

11.4.2　浮子动力响应分析计算

浮子作为液压浮子式波浪能俘获装置的一级能量转化机构，其形状和尺寸对波浪能的吸收有直接影响。针对锥形和球形两种形状的浮子进行优化分析，如图 11-6 所示。

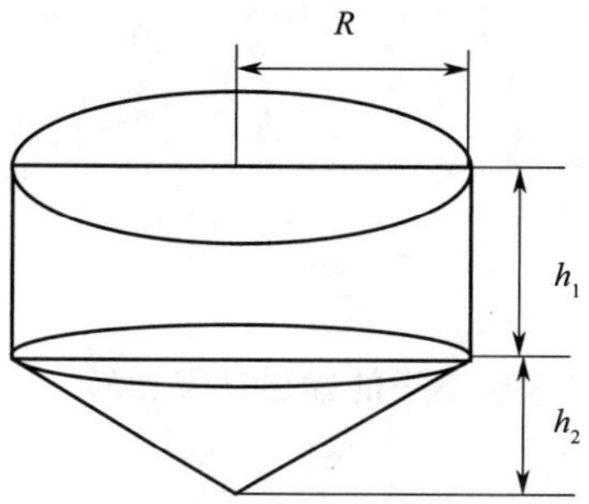

图 11-6　锥形浮子与球形浮子示意图

1. 不同浮子形状动力响应分析

根据渤海湾海况，入射波频率范围设定为 0.1~6 rad/s，波高设定为 1 m，工况设定见表 11-1，各工况下的锥形和球形浮子的输出功率、受力及固有频率比较如图 11-7 至图 11-12 所示。

表 11-1　不同浮子形状动力响应分析工况设定

工况	半径	h_1	h_2	质量（锥形）	质量（球形）
1	1 m	0.5 m	0.5 m	372 kg	461 kg
2	1 m	0.3 m	0.3 m	282 kg	360 kg
3	1.5 m	0.5 m	0.5 m	669 kg	850 kg
4	1.5 m	0.3 m	0.5 m	580 kg	761 kg

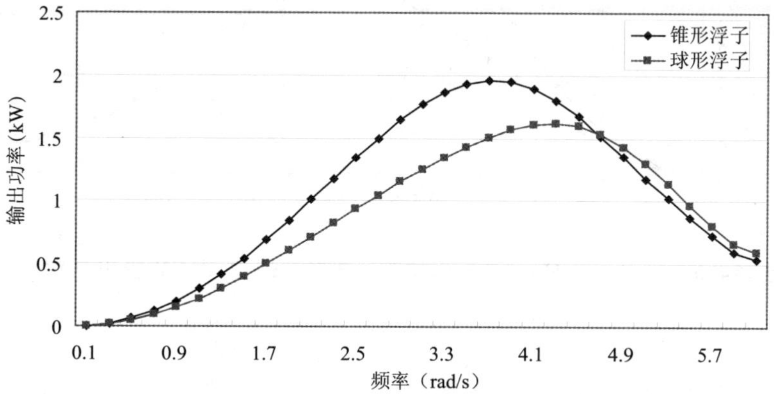

图 11-7　$r=1$ m, $H=0.5$ m, $h=0.5$ m **锥形与球形浮子的输出功率比较**

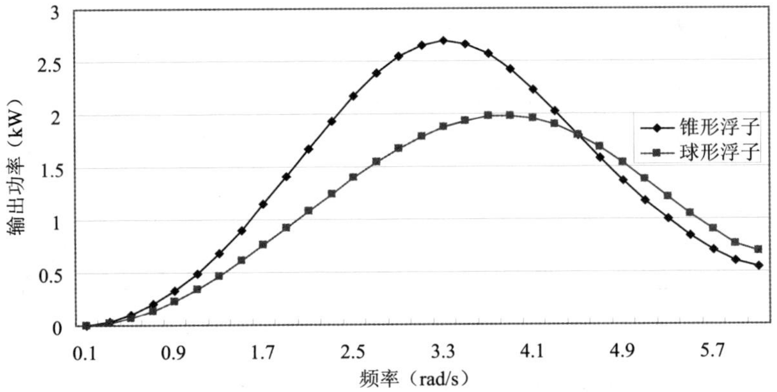

图 11-8 $r=1\text{ m}, H=0.3\text{ m}, h=0.3\text{ m}$ 锥形与球形浮子的输出功率比较

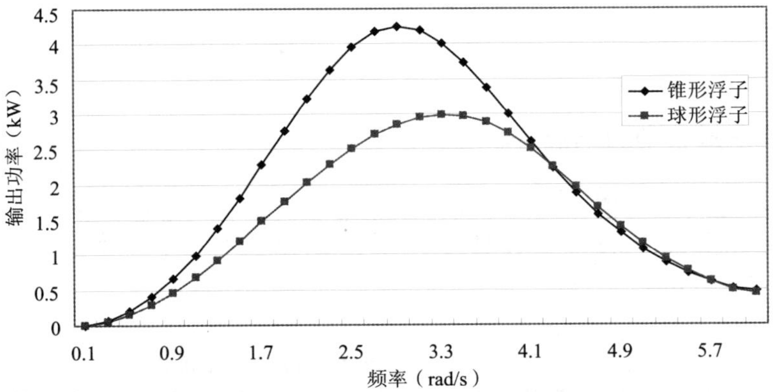

图 11-9 $r=1.5\text{ m}, H=0.5\text{ m}, h=0.5\text{ m}$ 锥形与球形浮子的输出功率比较

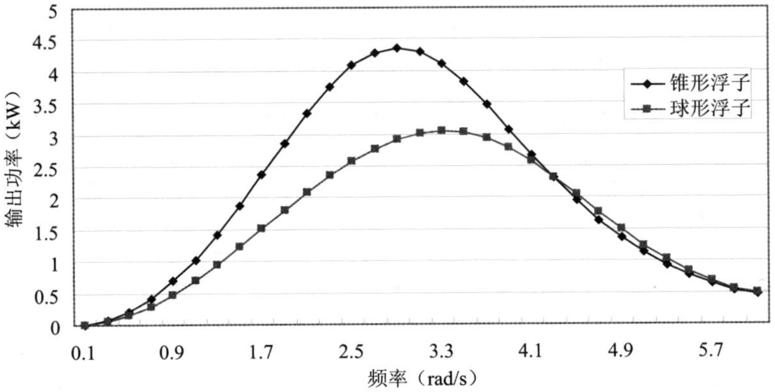

图 11-10 $r=1.5\text{ m}, H=0.3\text{ m}, h=0.5\text{ m}$ 锥形与球形浮子的输出功率比较

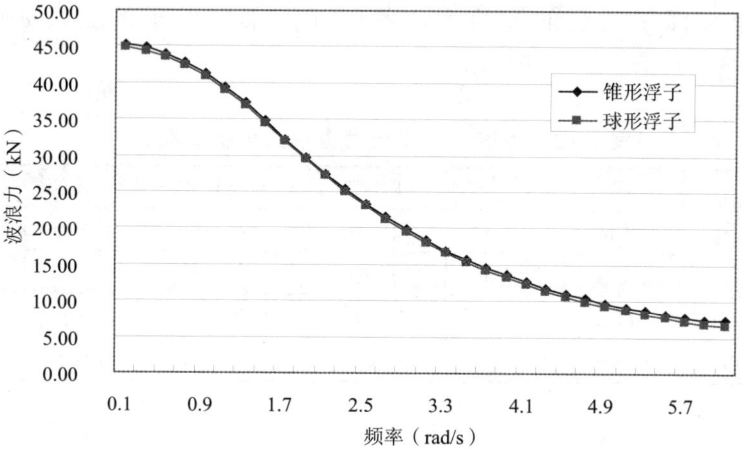

图 11-11　$r = 1.5$ m, $H = 0.5$ m, $h = 0.5$ m **锥形与球形浮子的波浪力比较图**

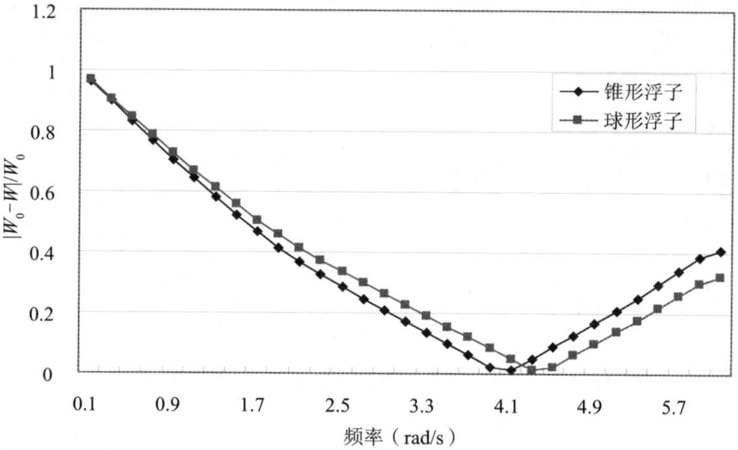

图 11-12　$r = 1.5$ m, $H = 0.5$ m, $h = 0.5$ m **锥形与球形浮子的固有频率相对差比较**

从图 11-7 至图 11-10 可以看出，对于相同尺寸的锥形浮子与球形浮子的输出功率，在入射波频率为 0.1~4.1 rad/s 范围内，锥形浮子的输出功率要高于球形浮子，最大可高出约 30%；在 4.1~6.0 rad/s 范围内，球形浮子的输出功率略高于锥形浮子。从图 11-11 可以看出，锥形浮子所受的波浪力略高于球形浮子，说明在 0.1~4.1 rad/s 范围内，锥形浮子的固有频率更接近于入射波频率，因此在这一范围内锥形浮子的输出功率要高于球形浮子。由于渤海海域有效波的频率范围为 1.05~2.09 rad/s，而且锥形浮子的质量要小，较相同尺寸的球形浮子而言能节省一定的材料，因此在浮子形状设计上选择锥形浮子。

2. 不同浮子半径动力响应分析

下面分析浮子半径对系统能量吸收率（俘获宽度比）的影响，工况设定见表 11-2，以比较分析浮子固有频率相对差、俘获宽度比以及垂向波浪力的变化情况。其中，水线面积指为分析垂向波浪力的变化，采用无因次的波浪力 $|F_1/F_2|$，其中 F_1 和 F_2

分别为两种半径俘子所受的波浪力。各工况下不同俘子的比较如图 11-13 至图 11-15 所示。

表 11-2　不同浮子半径动力响应分析工况设定

工况	半径	h_1	h_2	质量	水线面积	弹簧刚度	阻尼
1	1.5 m	0.5 m	0.3 m	625 kg	6.4 m^2	0 N/m	5 131 N·s/m
2	1 m	0.3 m	0.2 m	267 kg	3.14 m^2	0 N/m	1 664 N·s/m
3	0.5 m	0.15 m	0.1 m	33 kg	0.785 m^2	0 N/m	139 N·s/m
4	0.3 m	0.09 m	0.06 m	12 kg	0.282 6 m^2	0 N/m	21 N·s/m

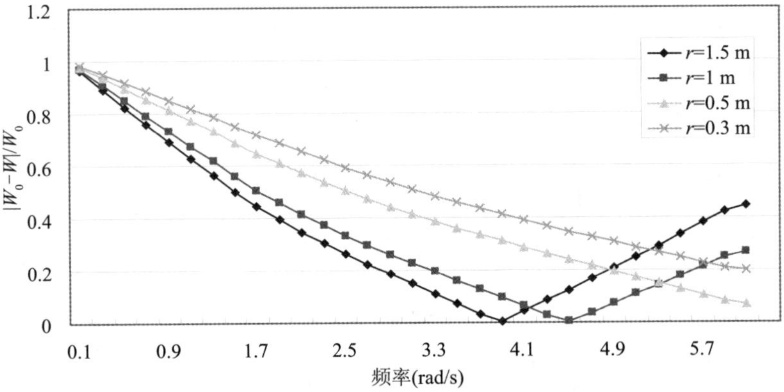

图 11-13　不同浮子半径下的固有频率相对差比较

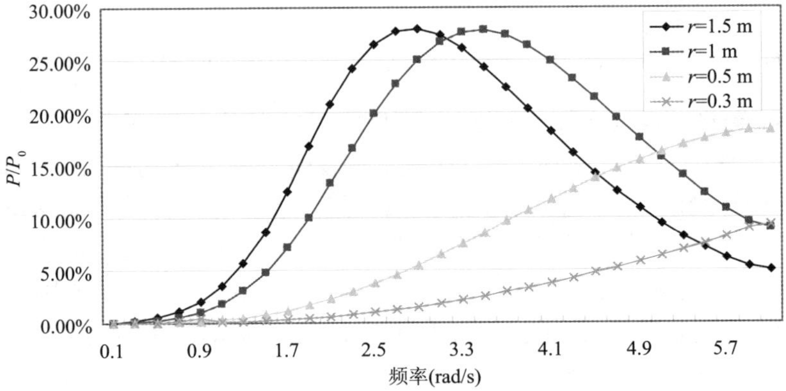

图 11-14　不同浮子半径下的俘获宽度比比较

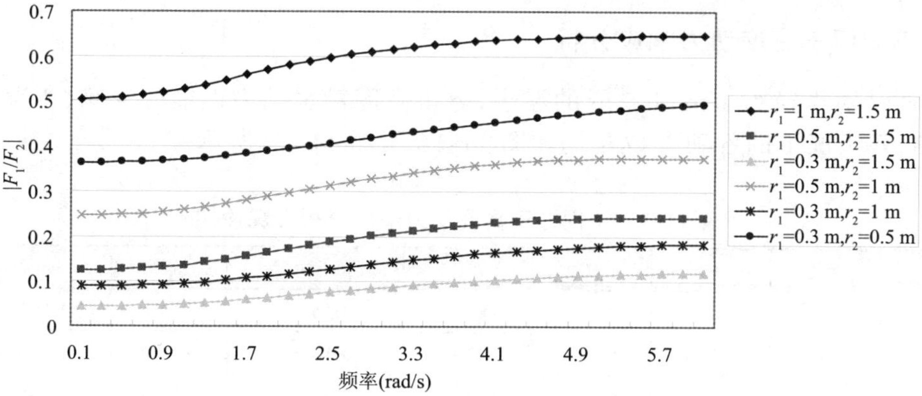

(a)不同半径

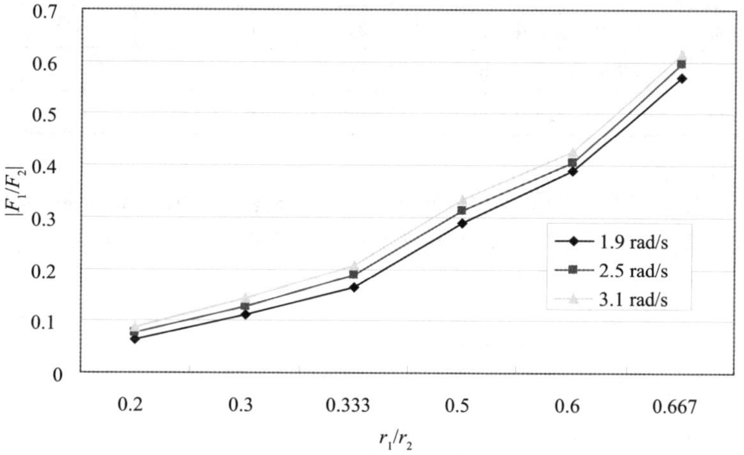

(b)不同频率

图 11-15　不同浮子半径和频率下的波浪力比较

由图 11-14 可知,在入射波频率为 0.1~4.7 rad/s 范围内,工况 1 和 2 的俘获宽度比高于工况 3 和 4,在 2.5~3.3 rad/s 范围内最高高出 4 倍左右,在 4.9~6.0 rad/s 范围内工况 3 和 4 的俘获宽度比要略高一些。由图 11-13 可知,在 0.1~4.7 rad/s 范围内,工况 3 和 4 的固有频率相对差高于工况 1 和 2,因此造成了俘获宽度比的变化趋势。工况 1 和 2 的固有频率相对差在 4.1 rad/s 附近出现拐点并接近于 0,相对应的俘获宽度比也在这附近出现峰值;而工况 3 和 4 的固有频率相对差在 0.1~6 rad/s 内一直单调递减,因此其俘获宽度比是单调递增的,在这一范围内没有出现最大值,其最大值点在 6 rad/s 之后。随着半径的减小,浮子其他尺寸按比例变化,系统的共振频率(即固有频率相对差接近于 0 的频率点)在变大,同时俘获宽度比的最大值点所对应的入射波频率也在变大。因此,在设计中可以优化浮子的半径来调节系统的共振频率,使其接近于安装海域的有效频率范围。

如图 11-15 所示,通过无因次波浪力变化规律比较可知,在各频率范围内,随着浮子半径的增加,波浪力的大小递增,分析三个频率上波浪力随浮子半径比的变化情况,曲线类似于一条抛物线。

3. 不同浮子高度动力响应分析

下面针对半径为 1 m、1.5 m 的浮子，分析高度对水动力性能的影响，工况设定见表 11-3，各工况下的各项参数对比如图 11-16 至图 11-20 所示。

表 11-3　不同浮子高度动力响应分析工况设定

工况	半径	h_1	h_2	质量	水线面积	弹簧刚度	阻尼
1	1 m	0.3 m	0.2 m	267 kg	3.14 m²	0 N/m	2 195 N·s/m
2	1 m	0.5 m	0.3 m	342 kg	3.14 m²	0 N/m	2 195 N·s/m
3	1 m	0.5 m	0.5 m	372 kg	2.46 m²	0 N/m	2 195 N·s/m
4	1 m	0.3 m	0.3 m	282 kg	2.88 m²	0 N/m	2 195 N·s/m
5	1.5 m	0.3 m	0.5 m	580 kg	4.34 m²	0 N/m	3 045 N·s/m
6	1.5 m	0.5 m	0.5 m	669 kg	4.77 m²	0 N/m	3 045 N·s/m
7	1.5 m	0.5 m	0.3 m	625 kg	6.4 m²	0 N/m	3 045 N·s/m

由图 11-16 和图 11-17 可知，工况 1 和 2 的波浪力较工况 3 和 4 高；输出功率在液压缸的弹性系数和阻尼相同的情况下相差不是很大，其中工况 3 的输出功率较其他三种情况低。

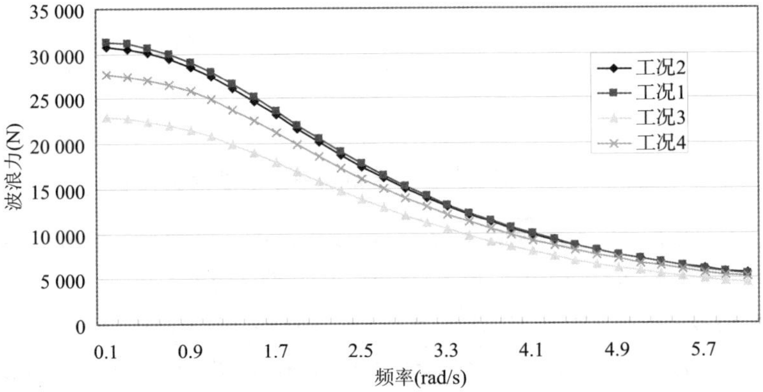

图 11-16　不同浮子高度波浪力比较

由图 11-19 和图 11-20 可知，工况 5、6 和 7 的波浪力和输出功率相差不大，其中工况 7 的波浪力大于工况 5 和 6，工况 6 又略高于工况 5。

综合以上两组情况可以看出，在一定范围内，当浮子半径相同时，h_1/h_2 越大，所受波浪力越大；当 h_1/h_2 相同时，h_1 与 h_2 的值越小，波浪力越大；当装置弹性系数和阻尼相同时，系统的输出功率受高度的影响较小，h_1/h_2 越大，输出功率越大。考虑到实际的能量损耗以及材料成本，h_1/h_2 可以设计得较大，而要将 h_1 与 h_2 的值设计得较小。

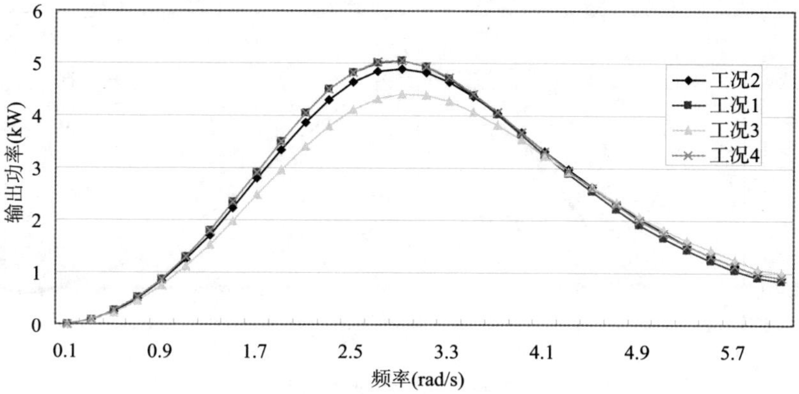

图 11-17　不同浮子高度下的输出功率比较

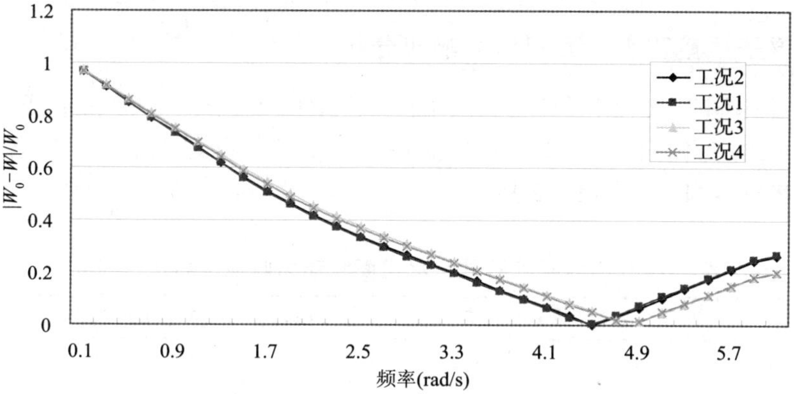

图 11-18　不同浮子高度下的固有频率相对差比较

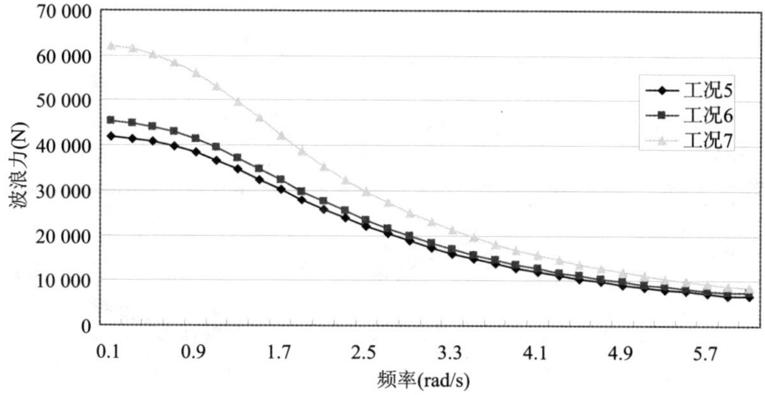

图 11-19　不同浮子高度下的波浪力比较

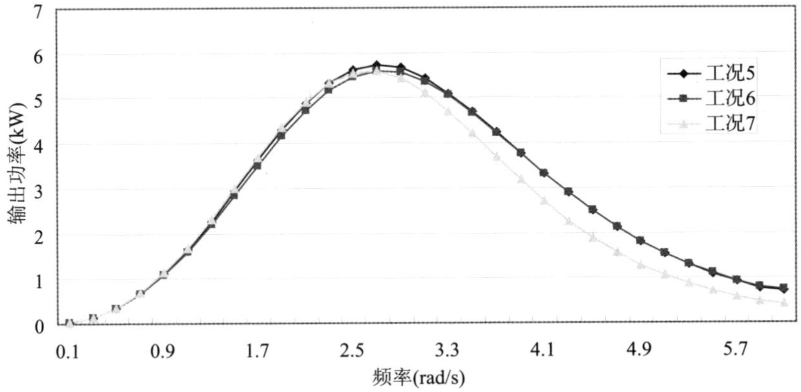

图 11-20　不同浮子高度下的输出功率比较

4. 不同浮子质量和水线面积动力响应分析

下面针对相同形状、相同外部尺寸的浮子，改变浮子的质量和水线面积，分析质量和水线面积的变化对系统水动力性能的影响，工况设定见表 11-4，各工况下的各参数对比如图 11-21 和图 11-22 所示。

表 11-4　不同浮子质量和水线面积动力响应分析工况设定

工况	半径	h_1	h_2	质量	水线面积	弹簧刚度	阻尼
1	1 m	0.5 m	0.3 m	342 kg	3.14 m^2	0 N/m	2 195 N·s/m
2	1 m	0.5 m	0.3 m	285 kg	2.9 m^2	0 N/m	2 195 N·s/m
3	1 m	0.5 m	0.3 m	300 kg	3.14 m^2	0 N/m	2 195 N·s/m

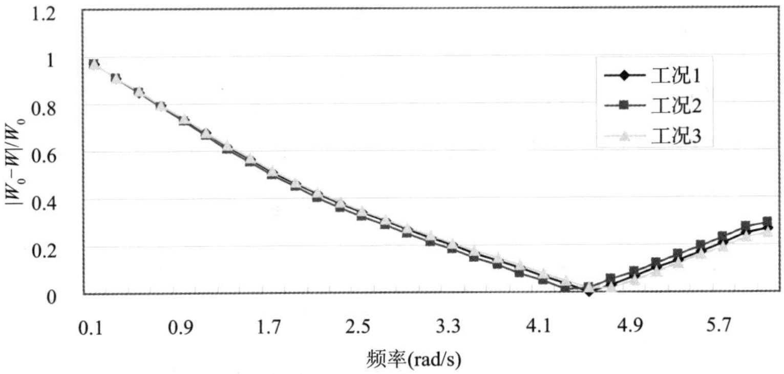

图 11-21　不同浮子质量和水线面积下的固有频率相对差比较

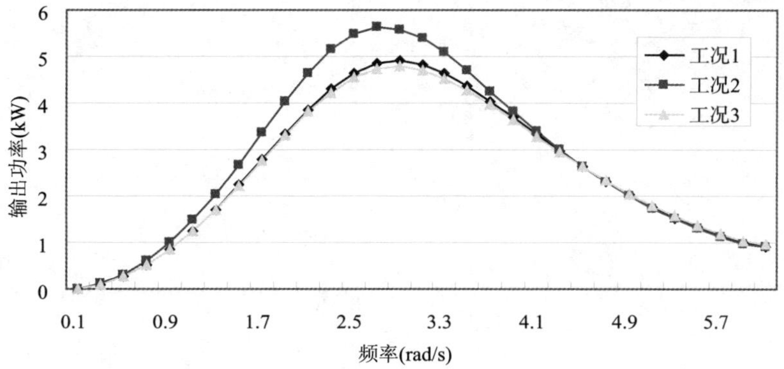

图 11-22 不同浮子质量和水线面积下的输出功率比较

计算三种不同质量的浮子,工况 1 和 3 的水线面积大于工况 2 的水线面积。工况 1 与 3 的水线面积相同,而工况 3 的质量较小,在入射波频率小于 4.5 rad/s 范围内,工况 3 的固有频率相对差比工况 1 略高,从而导致工况 3 的输出功率略低,但该影响非常微小。而当减轻浮子的质量,从而使得水线面积减小时,可以发现在入射波频率小于 4.5 rad/s 范围内,工况 2 的输出功率反而比工况 1 和 3 高很多。由此可以看出,当入射波频率在较低频率范围内时,浮子质量的减轻会使其输出功率略有减小,浮子水线面积的减小会使其输出功率有较大幅度的增加。

Chapter 12

第十二章

海洋风能领域结构动力学

12.1 海洋风力发电

在全球能源趋紧和节能减排的双重压力下，新型可再生能源备受青睐。我国风能储备丰富，陆上风电储能 253 GW，海上风电储能 750 GW。2020 年，我国风力发电（简称风电）机组装机容量为 71.67 GW，海上风电机组装机容量为 3.06 GW。截至 2023 年底，我国风电累计装机超过 19.5 万台，共计 474.6GW，其中，海上累计装机容量 37.7GW，占全部累计装机容量的 7.9%，海上风电发展前景巨大，是未来风电发展的核心。我国海上风电可发展区域主要集中在东部沿海地区，有效开发海上风能，发展风电技术，不仅可以满足东部用电需求，也会加快我国绿色能源开发利用的步伐。与陆上风电项目相比，海上风电项目的环境影响因素更为复杂，安装、运营、维修成本相对较高，但随着技术的成熟、规模的扩大，海上风电的成本将逐渐降低，发展空间更为广阔。

12.1.1 海洋风力发电的发展

与陆上风电机组相比，海上风电机组除具备重心高、承受的水平载荷和倾覆弯矩较大的特点外，由于水深的影响使得基础结构处在泥面以上部分的悬臂段更长、倾覆力矩更大。海上风电平台主要受到风载荷、波流载荷、冰载荷等多种不同环境载荷的共同作用，因此海上风电平台基础受到的水平力也较大。海上风电平台基础是整个海上风电机组的重要组成部分，不同的基础结构形式对平台安全有很大影响。

海上风电机组的基础形式大致可分为两大类：固定式海上风电机组和浮式海上风电机组。固定式海上风电机组基础主要适用于近海岸 0~60 m 水深的海域，而浮式海上风电机组基础主要适用于 100 m 以上水深海域，甚至更深的海域。海上风电机组中最为关键的部件是支撑结构，支撑结构设计按水深可分为浅水层（<30 m）、过渡层（30~60 m）、深水层（>60 m），如图 12-1 所示。在浅水层中，风电机组塔架用固定式底部基础牢牢地固定在海底上；在过渡层中，风电机组塔架仍与海底相连，由于附加的静水压力和水动力等原因，支撑结构变得更宽，以增加其刚度，典型的过渡层子结构设计为三脚架或桁架。由于水深的增加，基础结构材料需求量也随之增大，采用固定式基础结构无论是设计复杂性，还是制造和安装成本都变得不切实际；为了解决这一问题，根据海上石油和天然气工业的开发经验，浮动平台开始被应用于海上风电机组。

当下，固定式海上风电机组基础在全球范围内有广泛应用，尤其是在海底地貌相对平坦、海洋条件较为温和的近海地带抑或是欧洲的北海地区。这个类型的基础能有效承受风载、波浪冲击和海流等多种不同环境载荷的共同作用，且其建设和维护成本相比浮式基础更低。然而，随着科技的进步和海上风能资源的严重短缺，未来的发展趋势越来越倾向于深海地区的风电项目，这意味着浮式风电机组基础将会有更大的应用空间。浮式基础的优点在于它能在水深超过 60 m 的海域中使用,而这些深海区域拥有近乎无穷无尽的风能资源。另外,浮式基础更适应海洋环境变化,可以在大风、大浪、海底变化等复杂环境中保持良好的稳定性。

图 12-1　海上风电水深分布

图片来源:姚兴佳,王士荣,董丽萍. 风力发电技术讲座(一)风力发电机组(1)[J]. 可再生能源,2006(3):102-104.

12.1.2　海洋风力发电机的分类

1. 按照基础形式划分

1)固定式海上风电机组

Ⅰ. 重力式基础结构

重力式基础结构是 20 世纪 90 年代早期发展起来的,它是一种适合平均水深在 5~20 m 浅水海域的基础结构,如图 12-2(a)所示。重力式基础结构可以在岸上建造,最后吊装到工作海域,并在下端沉箱装入压载物(如沙子、水泥、岩石或铁矿石),因此重力式基础能提供足够的固定载荷。这一方案过去常被许多海上风力发电厂采用,但其主要局限性是成本随着水深的增加而迅速增加。

Ⅱ. 导管架基础结构

为了使过渡水域的海上风电机组的基础设施得到巩固,导管架基础结构概念应运而生,如图 12-2(b)所示。这一概念在石油和天然气行业已经使用数十年,其主要优势在于可以适应更深的海域(水深大于 80 m),主要限制是由于高昂的建设和安装成本。近年来,欧洲几家海上风力发电厂都采用了这种基础结构。

Ⅲ. 三脚架基础结构

三脚架基础结构是海上风电机组固定式结构中最后一种过渡性子结构,该系统是一个创新的概念,它由位于底部三脚架管架结构上的中心管组成,使用三个小的海底驱动桩把三脚架的每个脚连接到海底,如图 12-2(c)所示,该三脚架系统的主要优势是其较大的基础结构,这也使它具有较强的抵抗倾覆能力。

（a）重力式基础结构　（b）导管架基础结构　（c）三脚架基础结构

图 12-2　固定式海上风电机组

图片来源：尹迪．固定式海上风电基础结构动力分析[D]．天津：天津大学，2021.

2）浮式海上风电机组

目前，英国、挪威和美国等欧美国家无论是在浮式风电机组的理论方面，还是在工程应用方面都积累了丰富的经验，提出了多种概念机型，并制造安放了几种形式的样机。海上风电机组的浮式基础主要是从海上深水油气勘探平台改进而来的，大致可分为半潜式、Spar 型、张力腿式等。

Ⅰ．半潜式浮式基础

半潜式浮式基础是海上石油和天然气开采行业中已经存在的概念，半潜式结构依靠浮箱提供浮力来支撑水面上层结构。目前，各国开发的半潜式浮式风电机组基础通常由立柱和浮箱组成，如图 12-3 所示。当半潜式浮式基础处于漂浮状态时，因其有较大水线面面积、较小运动响应，从而能够保证浮式风电机组有较好的稳定性，目前在深水油气开采中应用较广；半潜式浮式基础的安装可以在陆地上进行，然后运至海上安装，也可以很容易地从一个工作海域牵引到另一个工作海域，并适应不同深度的海洋环境。该类浮式基础的特点是安装方便、稳定性较好、便于移动运输、适用深水作业等。

图 12-3　半潜式浮式基础

图片来源：尹迪．固定式海上风电基础结构动力分析[D]．天津：天津大学，2021.

Ⅱ．Spar 型浮式基础

Spar 型浮式基础是由海上油气平台中的 Spar 浮筒结构延伸而来的，浮式基础主体外观呈一个圆柱形结构，其主要作用是为上层结构提供浮力和固定系泊锚链；通过底部定压载舱使重心位于水面以下很深的位置，使其位于浮心之下，形成了犹如"不倒翁"的结构，平台具有较大的复原力臂以及惯性阻力，达到减小垂向激励力和降低平台在纵摇、横摇方向的运动响应幅值，以保证风电机组在水中的稳定性。Spar型浮式基础的主要优势具有良好的动态响应和稳定性；Spar平台造价低，便于拖航和安装，灵活性好，同时由于结构特点不适用于100 m以内水深。目前，挪威石油公司研究设计的Hywind浮式风电机组即采用单柱式Spar支撑结构，已在Scotland海域Pilot Park浮式风电场安装6台5 MW的机组，并在2017年10月17日投入使用，成为世界第一个商用浮式风电场。

Ⅲ.张力腿式浮式基础

张力腿平台（TLP）是一种垂直系泊的浮式基础结构，张力腿式浮式基础的设计浮力大于结构自身重力存在的剩余浮力，残余浮力不仅使张力腿绷紧，而且起到减轻重力的作用；由于张力腿产生的预张紧作用，使得平台系统近似于刚性在垂直方向上的运动（垂荡、横摇和纵摇）较小，水平方向上的运动（纵荡、横荡）是柔性的，保证了非常好的稳定性。TLP具有良好的波浪运动性能、适应各种恶劣环境等优点，目前研究开发的张力腿式浮式基础通常以较为经济的Mini-TLP海上石油开采平台为基础模型，与Spar型浮式基础相比，张力腿式浮式基础的平台尺寸较小，可以先行在地面上进行组装调试，这就避免了水上安装带来的各种难题，并减少了安装成本。

2.按照叶片形式分类

按照风轮旋转轴在空间的布置方向，可将风力发电机（简称风力机）分为水平轴风力机和垂直轴风力机两大类，如图12-4所示。

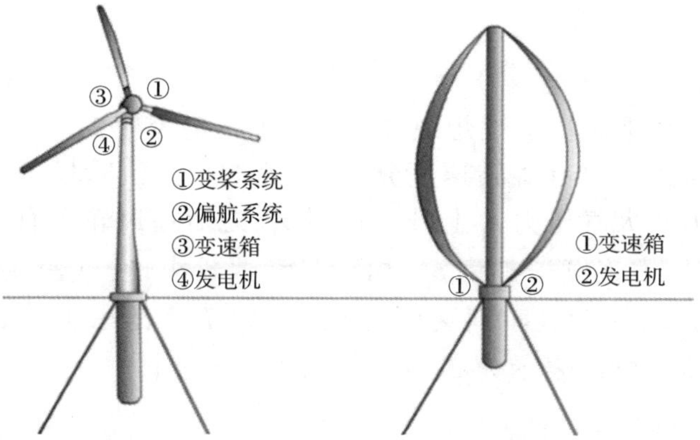

图12-4　水平轴风力机和垂直轴风力机示意图

图片来源：郭颖. 浮式螺旋型风力机气动特性及系统耦合动力性能研究[D]. 天津：天津大学，2022.

与垂直轴风力机相比，水平轴风力机在过去的30年中得到快速发展，目前占有绝大部分风电市场的份额。为了降低海上风电成本，需要增加风电机组的单机容量。然而，随着单机功率的增加，风力机的尺寸越来越大，水平轴风力机置于顶部的巨大传动系统造成了风电机组系统不稳定的风险。水平轴风力机大型化发展受到制约，特别是对于海上风电，波浪对风电机组的稳定性产生很大的影响。为了满足海上风电大型化发展的需求，垂直轴风力机开始受到更多关注。

12.2 海洋风力发电机的环境载荷

海上风电机组是由上部风力机、塔筒、浮式基础（或固定式基础）、系泊系统（桩基）组成的多学科耦合系统，长时间处在复杂的海洋环境中，承受风、浪和流等多种环境载荷。其中，风载荷主要作用于上部风力机，该部件包括叶片、机舱以及高耸柔性的塔筒等结构；波浪载荷和流载荷则主要作用于风电机组底部的浮动式基础或固定式基础。下面以浮动式风电机组为例，进行环境载荷的介绍。

12.2.1 气动力载荷

叶素-动量理论包括叶素理论和动量理论两部分。叶素理论将叶片沿展向离散为多个单元即叶素，每个叶素都可以当成二维翼形，且相互独立，由每个叶素的入流情况计算单个叶素的气动力载荷。动量理论则假定风在通过风轮平面时风速降低，动量减小是气流做功导致的，可以根据轴向和切向的动量损失计算得到叶片的诱导速度，而诱导速度会影响风轮平面的流场。因此，将叶素理论和动量理论相结合可以计算得出风轮所受的气动力载荷。

1. 动量理论

1）Betz 动量理论

贝茨（Betz）动量理论基于理想风轮假设，即假定风轮是一个可穿透的轮盘，流动过程没有摩擦，尾迹中没有旋转速度分量，简化的单元流管模型如图 12-5 所示，紧靠风轮的上游，压力从大气压力 p_1 上升变化到 p_a，之后在风轮上有一个不连续的压力降 Δp，在风轮下游压力连续增加到 p_2，由于马赫数较小，空气密度几乎不变，轴向速度由 v_1 连续下降到 v_2，风轮处轴向速度为 v。推力 T 是作用于风的流动方向的力产生于风轮上的压力降，可以表示为

$$T = A\left(p_{\mathrm{a}} - p_{\mathrm{b}}\right) \tag{12-1}$$

式中：A 为风轮的扫掠面积。

基于流动过程稳定、不可压缩、无摩擦和无外力的假定，由伯努利方程可以得到

$$\begin{aligned} p_1 + \frac{1}{2}\rho v_1^2 &= p_{\mathrm{a}} + \frac{1}{2}\rho v^2 \\ p_{\mathrm{b}} + \frac{1}{2}\rho v^2 &= p_2 + \frac{1}{2}\rho v_2^2 \end{aligned} \tag{12-2}$$

由式（12-2）基于 $p_1 = p_2$ 的假定，可得

$$\Delta p=\frac{1}{2}\rho\left(v_1^2-v_2^2\right) \tag{12-3}$$

此外，将一维动量方程用于图 12-5 所示的控制体，考虑风机轴向动量变化，可得

$$T=\rho vA(v_1-v_2) \tag{12-4}$$

将推力 T 按式（12-1）以风轮上的压力降代替，并采用式（12-3）中的压力降，可得

$$v=\frac{v_1+v_2}{2} \tag{12-5}$$

式（12-5）表明，风轮平面内的速度是风速 v_1 和尾流中最终速度 v_2 的算术平均值。

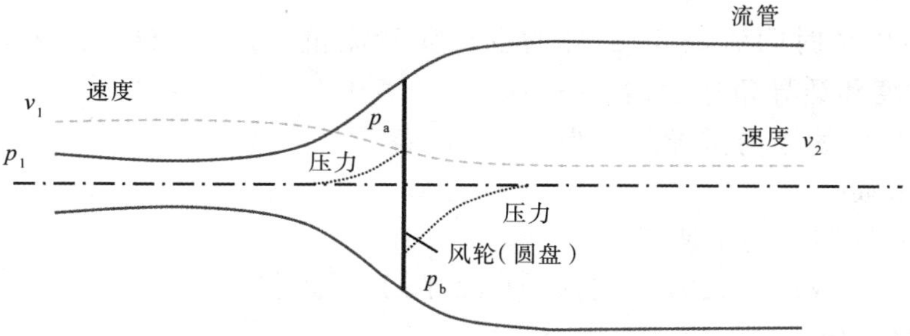

图 12-5　理想风轮示意图（动量理论）

轴向诱导因子的定义为 $a=(v_1-v)/v_1$，并与式（12-5）联立，可得

$$\begin{cases}v=(1-a)v_1\\v_2=(1-2a)v_1\end{cases} \tag{12-6}$$

关于功率 P，可表示为

$$P=\frac{1}{2}\rho vA(v_1^2-v_2^2) \tag{12-7}$$

将式（12-6）代入式（12-7）和式（12-4），可得

$$P=2\rho v_1^3a(1-a)^2A \tag{12-8}$$

$$T=2\rho v_1^2a(1-a)A \tag{12-9}$$

引入功率系数 C_P 和推力系数 C_T，并结合式（12-8）和式（12-9），得到

$$C_P=4a(1-a)^2 \tag{12-10}$$

$$C_T=4a(1-a) \tag{12-11}$$

将式（12-10）对 a 进行微分，得到

$$\frac{\mathrm{d}C_P}{\mathrm{d}a}=4(1-a)(1-3a) \tag{12-12}$$

2）风轮尾流旋转时的动量理论

对理想风轮而言，尾流中没有旋转；然而，在实际情况下，气流与风轮间的相对作用会使尾流发生与叶轮旋转反方向的旋转，若风轮处气流角速度很小，则一维动量方程依然适用。

由动量方程可得出 dr 圆环上的轴向力可表示为

$$\mathrm{d}T = \rho v \mathrm{d}A = 2\pi\rho v(v_1 - v_2) r\mathrm{d}r \tag{12-13}$$

式中：dA 为风轮平面 dr 圆环的面积。

将式（12-6）代入式（12-13），可得

$$\mathrm{d}T = 4\pi\rho v_1^2 ra(1-a)\mathrm{d}r \tag{12-14}$$

将式（12-14）沿径向积分，得到风轮轴向力为

$$T = \int \mathrm{d}T = 4\pi\rho v_1^2 \int_0^R a(1-a) r\mathrm{d}r \tag{12-15}$$

式中：R 为风轮半径。

采用动量矩守恒方程，作用于 dr 圆环上的扭矩可表示为

$$\mathrm{d}M = \mathrm{d}m(v_t r) = 2\pi\rho v\omega r^3 \mathrm{d}r \tag{12-16}$$

式中：d$\dot{m}$ 为单位时间流经 dr 圆环的空气质量流量；v_t 和 ω 分别为风轮直径 r 处的周向诱导速度和诱导角速度，且 $v_t = \omega r$。

定义尾流中的周向诱导因子为

$$a' = \omega/(2\Omega) \tag{12-17}$$

式中：Ω 为叶轮转动的角速度。

将式（12-6）和式（12-17）代入式（12-16）中，可得

$$\mathrm{d}M = 4\pi\rho\Omega v_1 a'(1-a) r^3 \mathrm{d}r \tag{12-18}$$

同理，将式（12-18）沿径向积分，可得整个风轮上的转矩为

$$M = \int \mathrm{d}M = 4\pi\rho\Omega v_1 \int_0^R a'(1-a) r^3 \mathrm{d}r \tag{12-19}$$

而风轮轴功率 P 为风轮转矩 M 和风轮角速度 Ω 的乘积，即

$$P = \int \mathrm{d}M = 4\pi\rho\Omega^2 v_1 \int_0^R a'(1-a) r^3 \mathrm{d}r \tag{12-20}$$

定义风轮的叶尖速比 $\lambda = R\Omega/v_1$，风轮扫掠面积为 $A = \pi R^2$，则

$$P = 0.5\rho A v_1^3 \frac{8\lambda^4}{R^4} \int_0^R a'(1-a) r^3 \mathrm{d}r \tag{12-21}$$

由风轮风能利用系数 $C_P = \dfrac{P}{0.5\rho A v_1^3}$，可得

$$C_P = \frac{8\lambda^4}{R^4} \int_0^R a'(1-a) r^3 \mathrm{d}r \tag{12-22}$$

2. 叶素理论

叶素理论将叶片沿展向离散为多个叶素单元，通过叶素的入流情况计算每个叶素的气动力载荷，并沿展向进行积分得到整个叶片的气动力载荷。

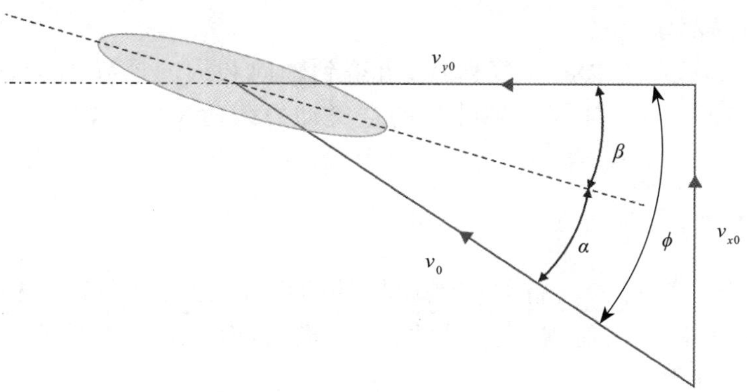

图 12-6　理想风轮示意图（叶素理论）

每个叶素上的入流速度 v_0 可以分解为分速度 v_{x0} 和分速度 v_{y0}，如图 12-6 所示。其中，入流角为 ϕ，而 α 和 β 分别为攻角和桨距角。设 a 和 a' 分别为轴向诱导因子和周向诱导因子，由风轮尾流旋转时的动量理论可知，考虑风轮尾流旋转时，叶素处的入流速度 v_0 可表示为

$$v_0=\sqrt{v_{x0}^2+v_{y0}^2}=\sqrt{(1-a)^2 v^2+(1+a')^2(\Omega r)^2} \tag{12-23}$$

而入流角 ϕ 和攻角 α 的计算公式为

$$\phi=\arctan\frac{v(1-a)}{\Omega r(1+a')} \tag{12-24}$$

$$\alpha=\phi-\beta$$

入流气流在叶片上产生的气动力载荷可以分解为转矩 M 和推力 T，其计算公式为

$$\begin{aligned}\mathrm{d}T&=0.5B\rho t v_0^2 C_\mathrm{N}\mathrm{d}r\\ \mathrm{d}M&=0.5B\rho t v_0^2 C_\mathrm{T} r\mathrm{d}r\end{aligned} \tag{12-25}$$

式中：B 为叶片数；t 为叶素剖面弦长；C_N 和 C_T 分别为叶轮平面的法向力系数和切向力系数。

3. 叶素-动量理论

计算叶片上各部分的局部载荷，必须计算风轮旋转面上的轴向和周向诱导因子 a 和 a'。联立式（12-14）和式（12-15），可得

$$a(1-a)=\frac{\sigma}{4}\frac{v_0^2}{v_1^2}C_\mathrm{N}$$

$$\sigma=\frac{Bt}{2\pi r} \tag{12-26}$$

$$\frac{a}{1-a}=\frac{\sigma C_\mathrm{N}}{4(\sin\phi)^2} \tag{12-27}$$

$$\frac{a'}{1+a'}=\frac{\sigma C_\mathrm{T}}{4\sin\phi\cos\phi} \tag{12-28}$$

式中：σ为叶轮的局部实度。

将式(12-27)和式(12-28)反复迭代，可得到轴向和周向诱导因子 a 和 a'，代入式(12-15)与式(12-19)可计算得到叶片的空气动力载荷。

12.2.2 水动力载荷

选取波浪载荷计算方法时，首先应考虑构件的尺寸，浮动式基础的桁架结构属于小尺寸构件，中间舱和压载舱属于大尺寸构件，进行波浪载荷计算时分别采用三维势流理论和莫里森方程。

1. 莫里森方程

在海洋工程中，相对尺度 $D/\lambda<0.2$ 的构件被定义为小尺度构件。对于 OC4 半潜式平台，其桁架结构的特征尺寸相对于波浪的波长来说非常小，可不考虑绕射效应和辐射效应。计算桁架结构波浪载荷采用的 Moriosn 方程为

$$f=f_{\mathrm{D}}+f_{\mathrm{I}}=\frac{\rho D}{2}(u-\dot{x})|u-\dot{x}|C_{\mathrm{D}}+\rho\frac{\pi D^2}{4}(C_{\mathrm{M}}\dot{u}-C_{\mathrm{A}}\ddot{x}) \tag{12-29}$$

式中：u、$\dot{u}$ 分别为水质点的速度和加速度；$\dot{x}$、$\ddot{x}$ 分别为桁架结构的速度和加速度；C_{A}，C_{D}，C_{M} 分别为附加质量系数、拖曳力系数和惯性力系数，计算时取 $C_{\mathrm{A}}=1$，$C_{\mathrm{D}}=1$，$C_{\mathrm{M}}=2$。

2. 三维势流理论

对于大型海洋结构，如中间舱和压载舱等大尺度构件，波浪与其相互作用时会产生显著的绕射效应和辐射效应。在这种情况下，莫里森方程不再适用。计算这些大尺度构件所受的波浪载荷，可以采用三维势流理论。在该理论中，波浪被视作理想流体的波动，而结构物与波浪的相互作用可以通过速度势(velocity potential)来描述，即

$$\begin{aligned}\varphi&=\kappa(\varphi_{\mathrm{I}}+\varphi_{\mathrm{D}}+\varphi_{\mathrm{R}})\\&=\mathrm{Re}\{[\varphi_{\mathrm{I}}{}^{(1)}(x,y,z)+\varphi_{\mathrm{D}}{}^{(1)}(x,y,z)+\varphi_{\mathrm{R}}{}^{(1)}(x,y,z)]\mathrm{e}^{\mathrm{i}\omega t}\}\end{aligned} \tag{12-30}$$

由 Airy 波理论求解一阶入射波速度势：

$$\varphi_{\mathrm{I}}{}^{(1)}=\mathrm{Re}\left[\frac{-\mathrm{i}gA}{\Omega}\cdot\frac{\cosh k(z+h)}{\cosh kh}\cdot\mathrm{e}^{\mathrm{i}(kx-\omega t+g)}\right] \tag{12-31}$$

具体势流理论见第二章。

在流体力学分析中，格林函数法是一种常用的方法，特别适用于求解带有边界条件的拉普拉斯方程。为了应用这一方法，首先对水下湿表面进行细致的离散化处理，通过单元节点的势函数来近似表达每个单元内部的速度势；然后基于这些单元节点速度势，可以构建一个线性方程组，并通过求解这个方程组得到各个节点的速度势值。一旦获得了这些节点的速度势，就可以利用线性化的伯努利方程，将速度势的结果代入其中，从而计算出作用在结构物上的波浪力。这一步骤是分析波浪与结构物

相互作用的关键,它提供了关于波浪对结构物影响的重要信息。

进一步,当得到了物体绕射和辐射的速度势后,可以通过对速度势进行偏微分运算,求得物体表面的一阶压强以及自由表面的高度变化。这些结果不仅有助于更深入地理解波浪与结构物之间的相互作用机制,还可以为工程设计和安全评估提供重要的参考依据。

求得物体绕射和辐射速度势后,对速度势进行偏微分可得到物体表面的一阶压强和自由表面高度:

$$p^{(1)}=-\rho\frac{\partial\varphi^{(1)}}{\partial t} \tag{12-32}$$

$$\zeta^{(1)}=-\frac{1}{g}\frac{\partial\varphi^{(1)}}{\partial t} \tag{12-33}$$

沿结构物湿表面分别进行积分,则可得到六个自由度的一阶波浪力(F_1, F_2, F_3, F_4, F_5, F_6):

$$F(t)_i=\begin{cases}\iint\limits_S pn_i\mathrm{d}S & (i=1,2,3)\\ \iint\limits_S p(r\times n)_i\,\mathrm{d}S & (i=4,5,6)\end{cases} \tag{12-34}$$

式中:S 为物体的湿表面面积。

12.2.3　塔柱风压载荷

对于浮式风电机组系统的上部结构,特别是细长圆柱形的塔柱,风载荷是主要的外部作用力之一,可以借鉴其沿高度积分的思路来计算风载荷产生的水平推力:

$$F_{\mathrm{Tower}}=\int_0^{H_{\mathrm{T}}}\frac{1}{2}\rho C_{\mathrm{D}}D_{\mathrm{T}}(V_{\infty_i}-V_{\mathrm{T}})\left|V_{\infty_i}-V_{\mathrm{T}}\right|\mathrm{d}z \tag{12-35}$$

式中:H_{T} 为塔柱高度;ρ 为空气密度;C_{D} 为拖曳力系数,取 0.7;V_{T} 为塔柱的运动速度;V_{∞_i} 为高度 z 处的水平风速。

12.2.4　系泊载荷

采用悬链线理论进行系泊载荷计算,得到浮式基础不同运动自由度上的恢复刚度。对于单段悬链线,满足以下方程:

$$S^*=\frac{V_{\mathrm{m}}-V_0}{w} \tag{12-36}$$

$$X=\frac{H_{\mathrm{m}}}{w}\left(\operatorname{arcsinh}\frac{V_{\mathrm{m}}}{H_{\mathrm{m}}}-\operatorname{arcsinh}\frac{V_0}{H_{\mathrm{m}}}\right)+\frac{H_{\mathrm{m}}(V_{\mathrm{m}}-V_0)}{wEA} \tag{12-37}$$

$$Z=\frac{H_{\mathrm{m}}}{w}\left(\sqrt{1+\left(\frac{V_{\mathrm{m}}}{H_{\mathrm{m}}}\right)^2}-\sqrt{1+\left(\frac{V_0}{H_{\mathrm{m}}}\right)^2}\right)+\frac{V_{\mathrm{m}}^2-V_0^2}{2wEA} \tag{12-38}$$

$$L=\frac{V_{\mathrm{m}}-V_{0}}{w}+\frac{H_{\mathrm{m}}^{2}}{2wEA}\left[\frac{V_{\mathrm{m}}}{H_{\mathrm{m}}}\sqrt{1+\left(\frac{V_{\mathrm{m}}}{H_{\mathrm{m}}}\right)^{2}}+\operatorname{arcsinh}\frac{V_{\mathrm{m}}}{H_{\mathrm{m}}}-\frac{V_{0}}{H_{\mathrm{m}}}\sqrt{1+\left(\frac{V_{0}}{H_{\mathrm{m}}}\right)^{2}}-\operatorname{arcsinh}\frac{V_{0}}{H_{\mathrm{m}}}\right] \tag{12-39}$$

式中：$S^{*}=S_{\mathrm{T}}-S_{0}$ 为悬垂部分缆绳的未拉伸长度，其中 S_{T} 为未拉伸缆绳总长，S_{0} 为缆绳处于海底部分的长度；L 为缆绳悬垂部分拉伸后长度；w 为缆绳湿重；E 为缆绳弹性模量；A 为缆绳横截面面积；H_{m}、V_{m} 分别为导缆孔处缆绳轴向张力的水平分量和垂直分量；V_{0} 为触地点处缆绳轴向张力的垂直分量；$X=x-x_{0}$，$Z=z-z_{0}$ 分别为拉伸后缆绳悬垂长度的水平分量和垂直分量。

在计算时，四个方程含有多个未知量，需要根据实际条件减少未知量，通常认为浮式结构物的水深不变，即 Z 为已知，且初始顶端倾角和底部零倾角已知，未拉伸缆绳总长已知，可以通过迭代的方法求解方程组，最终得到缆绳的位移——回复力曲线。

12.3 海洋风力发电机动力学模型构建

为了准确描述浮式风电机组系统的位形并分析其运动状态，需要定义一个合适的坐标系。选择垂直轴风力机作为研究目标设定三维坐标系，其中塔柱底部固定在平台上，叶片通过撑杆在距离顶端和底部 1/4 处被固结，且不发生相对运动。浮式螺旋型风电机组系统的坐标系如图 12-7 所示。

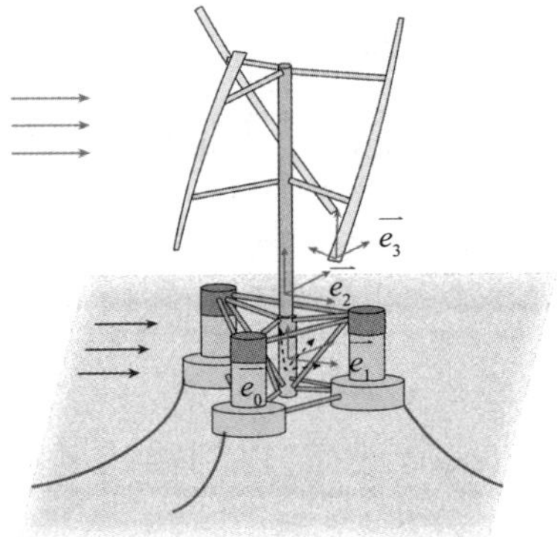

图 12-7　浮式螺旋型风电机组系统坐标系

（1）大地坐标系 $\vec{e_0}$：o_0-$x_0y_0z_0$，原点 o_0 为浮式风电机组系统在静水中保持静止状态时风电机组系统的质心处，x_0 与风浪来流方向平行，z_0 竖直向上。

（2）基础随体坐标系 $\vec{e_1}$：o_{p}-$x_{\mathrm{p}}y_{\mathrm{p}}z_{\mathrm{p}}$，原点 o_{p} 在风电机组系统的质心处，当浮式风电机组系统在静水中保持静止状态时与大地坐标系重合，并随基础运动。

（3）塔柱随体坐标系 $\vec{e_2}$：o_{t}-$x_{\mathrm{t}}y_{\mathrm{t}}z_{\mathrm{t}}$，原点 o_{t} 在塔柱底部与基础连接处。

（4）叶片随体坐标系 $\overrightarrow{e_{3_i}}$ ：$o_{b_i}-x_{b_i}y_{b_i}z_{b_i}$，$i$=1，2，3，表示叶片编号，原点 o_{b_i} 在每根叶片的根部处。

12.3.1　坐标系的建立

$\boldsymbol{e}_1^i$，$\boldsymbol{e}_2^i$，$\boldsymbol{e}_3^i$ 为坐标系 o_i-xyz 下平行于 x、y、z 轴的三个正交单位矢量，坐标系按右手法则建立，定义矢量基 $\boldsymbol{e}^i$ 为这三个正交单位矢量组成的矢量列阵，即

$$\boldsymbol{e}^i=[\boldsymbol{e}_1^i,\boldsymbol{e}_2^i,\boldsymbol{e}_3^i]^{\mathrm{T}} \tag{12-40}$$

显然，矢量基满足：

$$\boldsymbol{e}^i\cdot\boldsymbol{e}^{i^{\mathrm{T}}}=\boldsymbol{E}_3 \tag{12-41}$$

式中：$\boldsymbol{E}_3$ 为三阶单位矩阵。

对于空间上的任意矢量 $\boldsymbol{a}$，可以用坐标系 o_i-xyz 下的矢量基 $\boldsymbol{e}^i$ 和矢量 $\boldsymbol{a}$ 在该坐标系下的坐标列阵表示：

$$\boldsymbol{a}=\boldsymbol{e}^{i^{\mathrm{T}}}\cdot\boldsymbol{a}^i=\boldsymbol{a}^{i^{\mathrm{T}}}\cdot\boldsymbol{e}^i \tag{12-42}$$

其中，坐标列阵为

$$\boldsymbol{a}^i=[a_1^i,a_2^i,a_3^i]^{\mathrm{T}} \tag{12-43}$$

则对于用同一矢量基描述的矢量 $\boldsymbol{a}$，$\boldsymbol{b}$，满足下列运算关系：

$$\boldsymbol{a}\cdot\boldsymbol{b}=\boldsymbol{a}^{i^{\mathrm{T}}}\cdot\boldsymbol{b}^i \tag{12-44}$$

$$\boldsymbol{a}\times\boldsymbol{b}=\boldsymbol{e}^{i^{\mathrm{T}}}\cdot\tilde{\boldsymbol{a}}\cdot\boldsymbol{b}^i=-\boldsymbol{e}^{i^{\mathrm{T}}}\cdot\tilde{\boldsymbol{b}}\cdot\boldsymbol{a}^i \tag{12-45}$$

式中：$\tilde{\boldsymbol{a}}$，$\tilde{\boldsymbol{b}}$ 为矢量 $\boldsymbol{a}$，$\boldsymbol{b}$ 在坐标系 o_i-xyz 下的坐标方阵，定义为

$$\tilde{\boldsymbol{a}}=\begin{bmatrix}0 & -a_3^i & a_2^i\\ a_3^i & 0 & -a_1^i\\ -a_2^i & a_1^i & 0\end{bmatrix} \tag{12-46}$$

对于同一个矢量 $\boldsymbol{a}$，可以表示在不同坐标系下，对于任意两个不同坐标系下的矢量基 $\boldsymbol{e}^i$，$\boldsymbol{e}^j$，可以将矢量 a 写成以下形式：

$$\boldsymbol{a}=\boldsymbol{e}^{i^{\mathrm{T}}}\cdot\boldsymbol{a}^i=\boldsymbol{e}^{j^{\mathrm{T}}}\cdot\boldsymbol{a}^j \tag{12-47}$$

将式（12-47）左乘 $\boldsymbol{e}^i$，根据式（12-41），可以得到

$$\boldsymbol{a}^i=\boldsymbol{e}^i\cdot\boldsymbol{e}^{j^{\mathrm{T}}}\cdot\boldsymbol{a}^j \tag{12-48}$$

定义方向余弦矩阵：

$$\boldsymbol{A}^{ij}=\boldsymbol{e}^i\cdot\boldsymbol{e}^{j^{\mathrm{T}}}=\begin{bmatrix}e_1^i\cdot e_1^j & e_1^i\cdot e_2^j & e_1^i\cdot e_3^j\\ e_2^i\cdot e_1^j & e_2^i\cdot e_2^j & e_2^i\cdot e_3^j\\ e_3^i\cdot e_1^j & e_3^i\cdot e_2^j & e_3^i\cdot e_3^j\end{bmatrix} \tag{12-49}$$

方向余弦矩阵 $\boldsymbol{A}^{ij}$ 中的元素均为两个单位向量的乘积形式，结果即这两个向量之间的夹角余弦值，且 $\boldsymbol{A}^{ij}$ 满足以下运算关系：

$$\boldsymbol{A}^{ij}=\boldsymbol{E}_3 \tag{12-50}$$

$$\boldsymbol{e}^i=\boldsymbol{A}^{ij}\cdot\boldsymbol{e}^j \tag{12-51}$$

$$\boldsymbol{a}^i=\boldsymbol{A}^{ij}\cdot\boldsymbol{a}^j \tag{12-52}$$

$$A^{ij}\cdot A^{jk}=A^{ik} \tag{12-53}$$

$$(A^{ij})^{\mathrm{T}}=(A^{ij})^{-1}=A^{ji} \tag{12-54}$$

12.3.2 广义坐标定义及位置关系推导

在推导系统位置关系时,用到的参数定义如下:$\boldsymbol{\rho}_{\mathrm{t}}$ 表示塔柱上任一点的位置矢量;$\boldsymbol{U}_{\mathrm{t}}$ 表示塔柱上任一点的变形矢量;$\boldsymbol{\rho}_{\mathrm{b}}$ 表示叶片上任一点的位置矢量;$\boldsymbol{U}_{\mathrm{b}}$ 表示叶片上任一点的变形矢量。

对于本章中的浮式风电机组系统,广义坐标可表示为

$$\boldsymbol{\Pi}=\begin{bmatrix}\tilde{\boldsymbol{r}}^{\mathrm{T}} & \tilde{\boldsymbol{\theta}}^{\mathrm{T}} & \boldsymbol{q}_{\mathrm{t}}^{\mathrm{T}} & \boldsymbol{q}_{\mathrm{b}}^{\mathrm{T}} & \boldsymbol{q}_{x}^{\mathrm{T}} & \boldsymbol{q}_{y}^{\mathrm{T}} & \boldsymbol{q}_{z}^{\mathrm{T}} & \boldsymbol{q}_{d}^{\mathrm{T}}\end{bmatrix}^{\mathrm{T}}_{(f\times 1)} \tag{12-55}$$

式中:$\tilde{\boldsymbol{r}}$ 为基础的平动自由度列阵;$\tilde{\boldsymbol{\theta}}$ 为刚体的转动自由度列阵;$\boldsymbol{q}_{\mathrm{t}}$ 与 $\boldsymbol{q}_{\mathrm{b}}$ 分别为描述塔柱与叶片变形的广义坐标;$\boldsymbol{q}_x$,$\boldsymbol{q}_y$,$\boldsymbol{q}_z$ 分别为塔柱三个方向变形的模态主坐标列阵;$\boldsymbol{q}_d=\begin{bmatrix}q_1 & q_2 & \cdots & q_{5n}\end{bmatrix}$ 为描述叶片单元变形的节点坐标列阵,其中 n 为节点数;f 为广义坐标的个数。

$$\tilde{\boldsymbol{r}}^{\mathrm{T}}=[x_1 \quad x_2 \quad x_3]^{\mathrm{T}} \tag{12-56}$$

$$\tilde{\boldsymbol{\theta}}^{\mathrm{T}}=\begin{bmatrix}x_4 & x_5 & x_6\end{bmatrix}^{\mathrm{T}} \tag{12-57}$$

式中:$x_1\sim x_6$ 分别为浮式基础六自由度运动位移。

大地坐标系到基础随体坐标系的转换矩阵为

$$\boldsymbol{T}_{\mathrm{op}}=\begin{bmatrix}cx_5cx_6 & -cx_5sx_6 & sx_5\\ sx_4sx_5cx_6+c\alpha sx_6 & -sx_4sx_5sx_6+c\alpha cx_6 & -sx_4cx_5\\ -cx_4sx_5cx_6+s\alpha sx_6 & cx_4sx_5sx_6+s\alpha cx_6 & cx_4cx_5\end{bmatrix} \tag{12-58}$$

式中:s 表示正弦函数运算符 sin;c 表示余弦函数运算符 cos。

基础随体坐标系到塔柱随体坐标系的转换矩阵为

$$\boldsymbol{T}_{\mathrm{pt}}=\begin{bmatrix}1 & 0 & 0\\ 0 & 1 & 0\\ 0 & 0 & 1\end{bmatrix} \tag{12-59}$$

塔柱随体坐标系到叶片随体坐标系的转换矩阵为

$$\boldsymbol{T}_{\mathrm{tb}}=\begin{bmatrix}\sin(\theta+\psi) & -\cos(\theta+\psi) & 0\\ \cos(\theta+\psi) & \sin(\theta+\psi) & 0\\ 0 & 0 & 1\end{bmatrix} \tag{12-60}$$

对于浮式基础,质心的位移、速度、加速度矢量可以通过矢量基和坐标标量列阵表示为

$$\boldsymbol{r}_0=\boldsymbol{e}^{0^{\mathrm{T}}}\cdot\tilde{\boldsymbol{r}} \tag{12-61}$$

$$\dot{\boldsymbol{r}}_0=\boldsymbol{e}^{0^{\mathrm{T}}}\cdot\dot{\tilde{\boldsymbol{r}}} \tag{12-62}$$

$$\ddot{\boldsymbol{r}}_0=\boldsymbol{e}^{0^{\mathrm{T}}}\cdot\ddot{\tilde{\boldsymbol{r}}} \tag{12-63}$$

浮式基础的转动角速度、角加速度可表示为

$$\boldsymbol{\omega}=\boldsymbol{e}^{p^{\mathrm{T}}}\cdot\begin{bmatrix}\dot{x}_4\\ \dot{x}_5\\ \dot{x}_6\end{bmatrix}=\boldsymbol{e}^{p^{\mathrm{T}}}\cdot\dot{\boldsymbol{\theta}} \tag{12-64}$$

$$\dot{\boldsymbol{\omega}}=\boldsymbol{e}^{p^{\mathrm{T}}}\cdot\begin{bmatrix}\ddot{x}_4\\ \ddot{x}_5\\ \ddot{x}_6\end{bmatrix}=\boldsymbol{e}^{p^{\mathrm{T}}}\cdot\ddot{\boldsymbol{\theta}} \tag{12-65}$$

塔柱上任意一点的速度、加速度可表示为

$$\dot{\boldsymbol{r}}_{\mathrm{t}}=\dot{\boldsymbol{r}}_0+\boldsymbol{\omega}\times(\boldsymbol{\rho}_{\mathrm{t}}+\boldsymbol{U}_{\mathrm{t}})+\bar{\boldsymbol{U}}_{\mathrm{t}} \tag{12-66}$$

$$\ddot{\boldsymbol{r}}_{\mathrm{t}}=\ddot{\boldsymbol{r}}_0+\dot{\boldsymbol{\omega}}\times(\boldsymbol{\rho}_{\mathrm{t}}+\boldsymbol{U}_{\mathrm{t}})+2\boldsymbol{\omega}\times\bar{\boldsymbol{U}}_{\mathrm{t}}+\boldsymbol{\omega}\times[\boldsymbol{\omega}\times(\boldsymbol{\rho}_{\mathrm{t}}+\boldsymbol{U}_{\mathrm{t}})]+\bar{\bar{\boldsymbol{U}}}_{\mathrm{t}} \tag{12-67}$$

叶片上任意一点的速度、加速度可表示为

$$\dot{\boldsymbol{r}}_{\mathrm{b}}=\dot{\boldsymbol{r}}_{\mathrm{ob}}+(\boldsymbol{\omega}+\boldsymbol{\omega}_{\mathrm{b}})\times(\boldsymbol{\rho}_{\mathrm{b}}+\boldsymbol{U}_{\mathrm{b}})+\bar{\boldsymbol{U}}_{\mathrm{b}} \tag{12-68}$$

$$\begin{aligned}\ddot{\boldsymbol{r}}_{\mathrm{b}}=&\ddot{\boldsymbol{r}}_{\mathrm{ob}}+(\dot{\boldsymbol{\omega}}+\dot{\boldsymbol{\omega}}_{\mathrm{b}})\times(\boldsymbol{\rho}_{\mathrm{b}}+\boldsymbol{U}_{\mathrm{b}})+2(\boldsymbol{\omega}+\boldsymbol{\omega}_{\mathrm{b}})\times\bar{\boldsymbol{U}}_{\mathrm{b}}+\\&(\boldsymbol{\omega}+\boldsymbol{\omega}_{\mathrm{b}})\times[(\boldsymbol{\omega}+\boldsymbol{\omega}_{\mathrm{b}})\times(\boldsymbol{\rho}_{\mathrm{b}}+\boldsymbol{U}_{\mathrm{b}})]+\bar{\bar{\boldsymbol{U}}}_{\mathrm{b}}\end{aligned} \tag{12-69}$$

在浮式风电机组系统的动力学分析中，由于系统结构复杂，不同部分（如基础、塔柱、叶片）的运动和受力通常需要在不同的矢量基（或坐标系）下描述。为了进行统一的动力学分析，需要将这些矢量通过转换矩阵转换到在同一组矢量基（或坐标系）下表示，从而将矢量的运算转化为坐标标量列阵的矩阵运算。将水动力、气动力、系泊力等外激励载荷与结构自身重力作为外力（矩）代入基础、塔柱、叶片广义主动力中，基于多体系统凯恩（Kane）方法，组装得到矩阵形式的完整 Kane 动力学方程：

$$\boldsymbol{F}^{(\mathrm{p})}+\boldsymbol{F}^{*(\mathrm{p})}+\boldsymbol{F}^{(\mathrm{t})}+\boldsymbol{F}^{*(\mathrm{t})}+\boldsymbol{F}^{(\mathrm{b})}+\boldsymbol{F}^{*(\mathrm{b})}=0 \tag{12-70}$$

式中：$\boldsymbol{F}^{(\mathrm{p})}$，$\boldsymbol{F}^{*(\mathrm{p})}$分别为基础的广义惯性力与广义主动力；$\boldsymbol{F}^{(\mathrm{t})}$，$\boldsymbol{F}^{*(\mathrm{t})}$分别为塔柱的广义惯性力与广义主动力；$\boldsymbol{F}^{(\mathrm{b})}$，$\boldsymbol{F}^{*(\mathrm{b})}$分别为叶片的广义惯性力与广义主动力。

12.4　海洋风力发电机动力响应分析

下面以 5 MW 螺旋型风电机组为例进行介绍，其风力机的参数见表 12-1。采用恒定转速的假设，忽略机舱传动系统与控制装置对结构动力学特性的影响，将这些部分的质量视为浮式基础的压载。三根系泊缆预张力见表 12-2。

表 12-1　风力机参数

参数	数值
叶片高度（m）	80
叶片半径（m）	39
弦长（m）	2.7

续表

参数	数值
翼型	NACA0018
螺旋扭曲角(°)	120
额定转速(r/min)	10.31
额定风速(m/s)	14
桨距角(°)	0
撑杆位置	0.25H、0.75H

表 12-2　三根系泊缆预张力校准

系泊缆	计算结果(kN)
1 号缆	1 113.4
2 号缆	1 113.5
3 号缆	1 113.5

12.4.1　风载荷单独作用

为了准确模拟实际情况,需要将理想状态下的气动转矩乘以一个损耗因子 η,这里假设 η=0.81。这个损耗因子考虑了传动效率、轴承摩擦等多种因素,使得计算结果更加贴近实际。

对于浮式螺旋型风电机组来说,风载荷主要影响系统的响应平衡位置。当风载荷单独作用时,它会导致风电机组在纵荡(即沿风浪方向的位移)和纵摇(即风力机绕其垂直轴的旋转)方向上产生明显的动态响应。同时,风载荷也会影响系泊缆的张力。图 12-8 所示为风载荷单独作用时纵荡、纵摇以及系泊缆张力均值的变化。

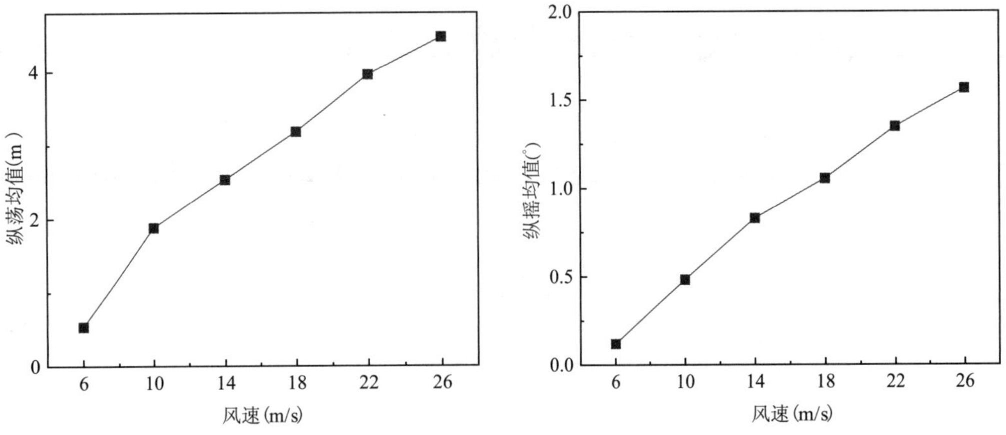

(a)纵荡　　(b)纵摇

图 12-8　风载荷单独作用时浮式基础运动与系泊缆张力

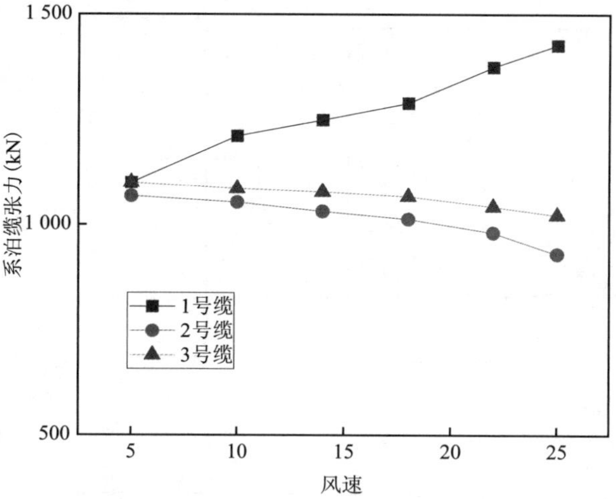

(c)系泊缆张力

图 12-8　风载荷单独作用时浮式基础运动与系泊缆张力(续)

12.4.2　风与规则波联合作用

选取规则波参数见表 12-3,风为风速 14 m/s 的定常风,计算风与规则波联合作用下的浮式螺旋型风电机组系统响应。图 12-9 所示为浮式基础运动和系泊缆张力的均值结果。

表 12-3　规则波参数

波高(m)	波浪周期(s)
4	9.19
	12.02
	14.85
	16.26

在综合考虑风浪联合作用对浮式风电机组的影响时,纵荡响应的均值对比效果相较于风载荷单独作用有显著的改善。这一改善主要归因于波浪载荷对系统动态行为的影响,它实际上削弱了由气动力载荷差异引起的纵荡平衡位置的差异。

因此,在评估浮式风电机组的性能时,需要充分考虑风浪联合作用的影响。通过合理的模型设计和数值计算方法,可以更准确地预测风电机组在实际海况下的动态响应和性能表现,为风电机组的设计和优化提供有力的支持。

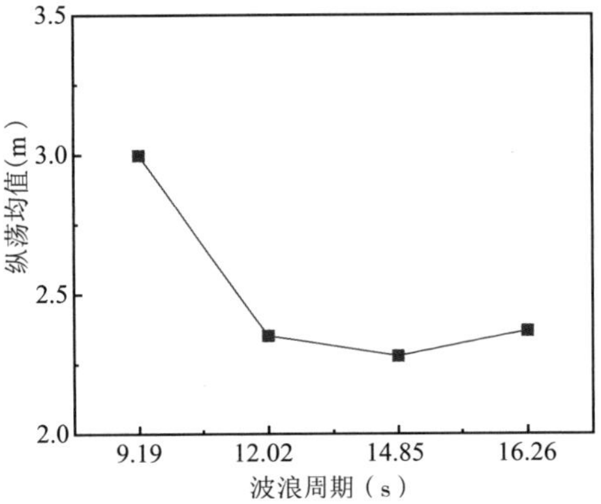

（a）纵荡

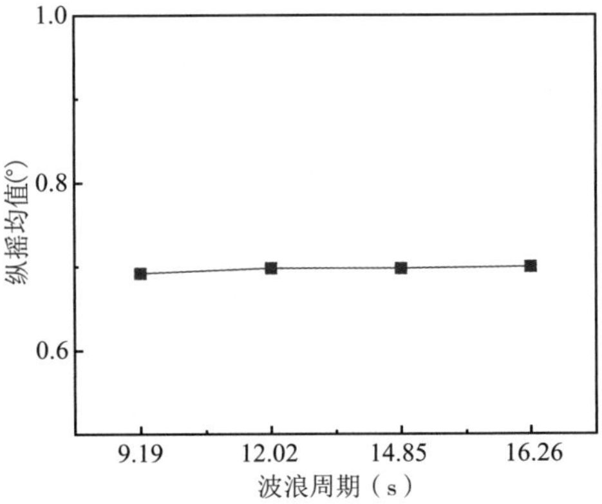

（b）纵摇

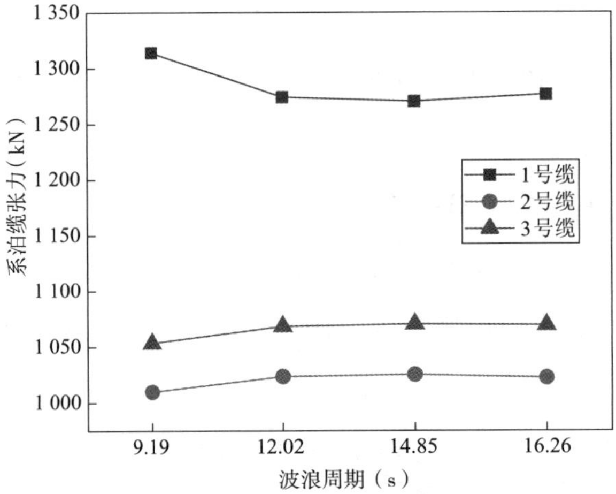

（c）系泊缆张力

图 12-9　风和规则波联合作用下浮式基础运动和系泊缆张力

Chapter 13

第十三章

深海采矿系统结构动力学

13.1 深海采矿系统

深海蕴藏着极为丰富的稀有金属矿物资源，其中包括多金属结核、多金属硫化物和富钴结壳，以及天然气水合物和生物基因资源等具有商业开发前景的资源。目前主要存在四种典型的深海采矿系统：拖斗式采矿系统、连续链斗式采矿系统、穿梭艇式采矿系统和管道提升式采矿系统。

13.1.1 拖斗式采矿系统

拖斗式采矿系统有单斗式采矿系统和双斗式采矿系统两种，该类系统由水面工作母船、铲斗和连接铲斗与船的拖缆组成，如图 13-1 所示。虽然单斗式采矿系统简单、成本低，但单铲斗采矿效率极低。考虑到单斗式采矿系统的局限性，双斗式采矿系统继而被提出，双斗式采矿系统采用双铲斗，一个接一个地上下移动，采用“Z”形航行路线，有效避免了拖曳过程中两个铲斗的相互缠绕，采矿效率可达到单斗式采矿系统的两倍。但海上试验表明，该采矿系统无法跟踪预定的采矿路径、可操作性差、不能连续开采、效率低、难以实现商业价值。

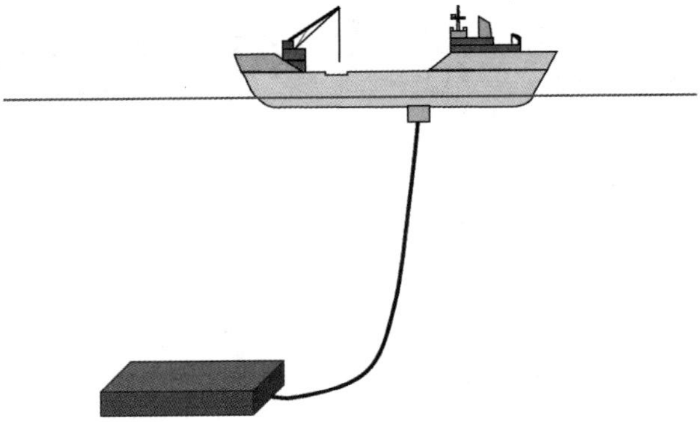

图 13-1　拖斗式采矿系统示意图

13.1.2 连续链斗式采矿系统

为了实现连续开采，日本提出了连续链斗式采矿系统，该系统采用了与拖斗式采矿系统相似的原理，主要包括水面工作母船、铲斗、缆绳和绳索驱动装置等子系统。图 13-2 所示为单船连续链斗式采矿系统，此系统无限循环的流动形式实现了对海底矿产资源的连续采集。虽然连续链斗式采矿系统方法简单、采集连续性高，但铲斗在海底的运动轨迹和采集情况不能得到有效控制，活动范围有限，采集覆盖率低，容易发生重复开采,且开采过程中矿砂易发生泄漏、沉积物扩散,使采矿效率低下,并对海洋生态环境造成破坏。这种方法在 20 世纪 70 年代末被淘汰。

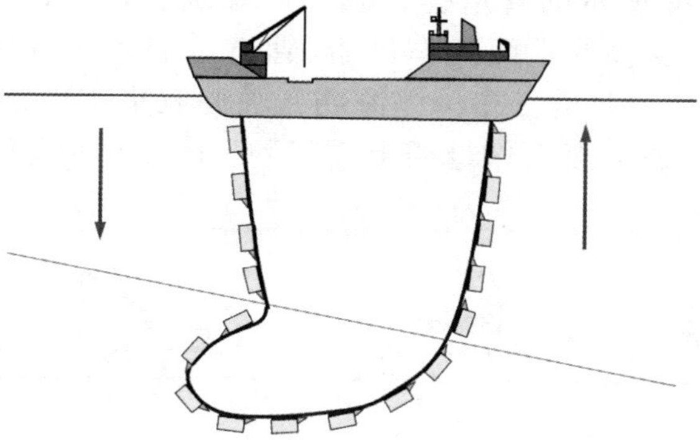

图 13-2　连续链斗式采矿系统示意图

13.1.3　穿梭艇式采矿系统

为了提高采矿系统的灵活性和机动性,法国在 20 世纪 70 年代初期提出了穿梭艇式采矿系统,如图 13-3 所示。该系统工作过程:首先根据水面工作母船的指示使穿梭艇携带足够的压舱物潜入海底;再将采矿车采集到的矿物转移到储存仓中,当储存仓装满矿物质后,释放穿梭艇内的压载物;最后在推进器的作用下浮至海面,在水面工作母船的卸矿平台上卸载矿物。该系统的优点是机动性强、灵活性好。目前的科学技术水平和设备很难支撑穿梭艇长时间运作,系统在电力方面也有较大的缺陷。虽然现在的技术无法解决动力、续航等问题,但相信随着科学技术的进步和人们在深海采矿领域的不断探索,这些问题将在未来得到解决。

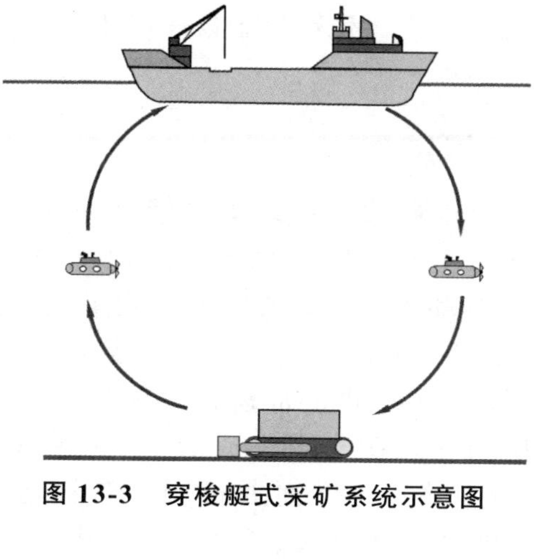

图 13-3　穿梭艇式采矿系统示意图

13.1.4 管道提升式采矿系统

近年来，如图13-4所示的管道提升式采矿系统被认为是工业实践中最有影响力的系统。该系统主要包括水面工作母船、管道运输系统、深海采矿车三个部分。在作业时，深海采矿车主要负责在深海海底行驶并收集矿物，通过提升装置将收集到的矿物沉积物运输到水面工作母船上，最后船上的各种设施对矿物进行分类和处理。

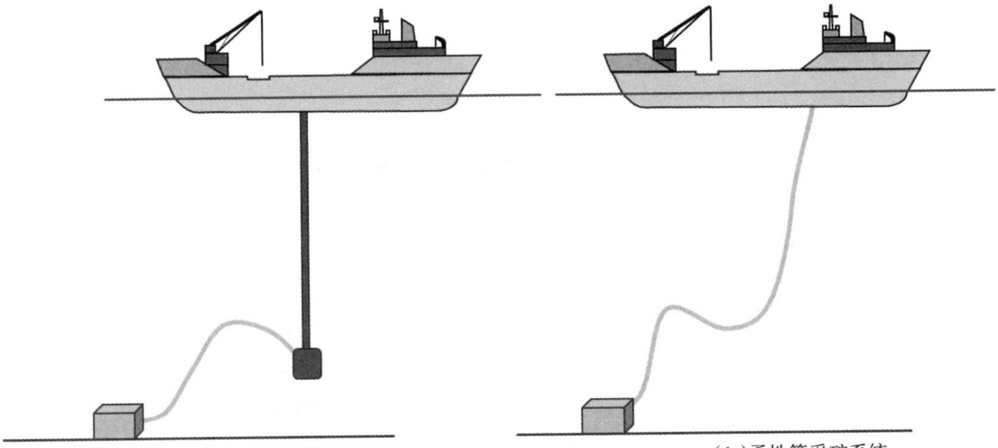

(a)刚性管采矿系统　　(b)柔性管采矿系统

图13-4　管道提升式采矿系统示意图

管道提升式采矿系统根据提升方式可分为泵升式采矿系统、水力提升式采矿系统、气力提升式采矿系统和轻介质采矿系统。水力提升系统的主要原理是通过高压水泵提供动力，将从深海海底采集到的矿物原料颗粒和海水一起提升到水面工作母船内；气力提升系统的原理则是通过水面工作母船上的高压气泵，将高压气流输入深海采矿立管内部，形成高速向上的多相流混合流体，并将矿浆提升到水面工作母船内。

1. 刚性管采矿系统

目前世界上先进的深海采矿输运系统主要借鉴深海石油工程的油气立管输运技术，立管通常以刚性管为主。刚性管采矿系统由水面工作母船、数千米长的刚性管、几百米长的柔性管、中继仓、多个扬矿泵和收集单元组成。如图13-4(a)所示，刚性管上安装多台输送泵，柔性管上布置一定数量的浮力材料改变结构形状，以维持收集作业过程中采矿系统的正常运行。刚性管采矿系统的运行机理是采矿车在海底采集矿物，矿物在采矿车内完成清洗、脱泥、破碎等工序后，通过柔性管被输送到刚性管末端的中继仓，继而通过刚性管输送到水面工作母船上。然而，该系统的规模巨大，刚性管直径大、长度长，使其运输铺设和回收非常困难。由于海洋环境对金属腐蚀性很强，金属管线腐蚀问题日益突出，包括严重降低钢管强度和寿命，严重影响采矿船存储、安装布放、在位应用、回收等多个环节的安全可靠性，进而导致事故的发生，造成巨大人员、财产损失，严重制约我国的深海矿物资源开发。

2. 柔性管采矿系统

发达国家早已运用深海柔性管技术来应对传统刚性管在深海油气开发过程中遇到的工程难题和技术挑战。与传统刚性管采矿系统不同的是，柔性管采矿系统的工作过程得到较大的简化，采集到的矿物在采矿车内进行一系列加工后，矿物混合流通过一整条软管直接被输送到水面工作母船。如图 13-4（b）所示，柔性管上设置一定数量的浮力筒，防止柔性管在收集作业时拖地，且能够一定程度地缓冲水面工作母船和海底采矿车运动时对柔性管造成的力学影响，保证整个采矿系统正常运行。除输送矿物混合流外，海底采矿车采集作业所需的能量和控制信号也通过柔性管从水面工作母船传输到海底采矿车。与刚性管采石系统相比，柔性管采石系统具有巨大的商业应用潜力，但对输送设备要求较高，将矿物从几千米深的海底提升到海面，需要考虑海洋环境下的高压、洋流、腐蚀、涡激振动、复杂的海面条件以及管体的结构设计等问题。因此，如何研制出性能优良、安全稳定的深海柔性管是整个深海矿物资源开发系统的关键。

13.2　提升刚性管结构动力学模型构建

输送刚性管在整个采矿系统中起着承上启下的作用，硬管上端与母船连接，负责矿浆的上下传送，刚性管下端紧连中继仓，不仅需要特种合金的支持，还需要极度可靠的结构稳定性。目前，国内外多位学者针对输送刚性管提出了多个力学问题，主要有：扬矿刚性管自身超长的几何尺度所带来的稳定性问题；输送刚性管在开采深度变化过程中的力学响应；深海压强差、刚性管外部的海况条件等外部激励对输送刚性管造成的形变与动力响应等。

13.2.1　刚性管振动固有特性分析

管道流固耦合动力学计算简图如图 13-5 所示。

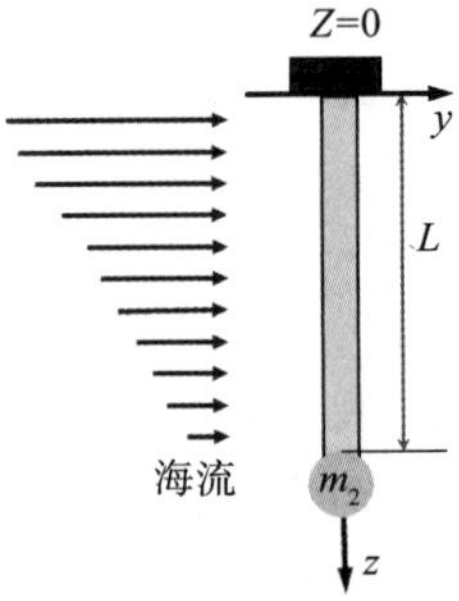

图 13-5 管道流固耦合动力学计算简图

假定计算流体为无黏、无旋、有势的理想流体，则对于结构物所处流场存在速度势函数，满足拉普拉斯方程，即

$$\frac{\partial^2\Phi}{\partial^2 r}+\frac{1}{r}\frac{\partial\Phi}{\partial r}+\frac{1}{r^2}\frac{\partial^2\Phi}{\partial^2\theta}+\frac{\partial^2\Phi}{\partial^2 z}=0 \tag{13-1}$$

式中：$\Phi(r,\theta,z,t)$为流体速度势函数；r、θ为管道截面的极坐标。

$\Phi(r,\theta,z,t)$满足以下边界条件。

（1）在固定界面上，有

$$\frac{\partial\Phi}{\partial z}=0\quad(z=0) \tag{13-2}$$

（2）不考虑重力的影响，在液体表面，有

$$\Phi(r,\theta,z,t)=0\quad(z=0) \tag{13-3}$$

（3）在流场无穷远边界处，有

$$\Phi(r,\theta,z,t)=0\quad(r\to\infty) \tag{13-4}$$

（4）当 $\theta=0$ 时，有

$$\frac{\partial\Phi(r,0,z,t)}{\partial\theta}=\frac{\partial\Phi(r,\pi,z,t)}{\partial\theta}=0 \tag{13-5}$$

在流固耦合面上，管道的振动速度与流体的振动速度相同，有

$$\frac{\partial\Phi}{\partial r}=u'_{\theta=0}(z,t)\cos\theta \tag{13-6}$$

式中：$u'_{\theta=0}(z,t)$为管道来流方向速度，有

$$u'_{\theta=0}(z,t)=U(z)\frac{\mathrm{d}T}{\mathrm{d}t} \tag{13-7}$$

式中：$U(z)$为管道在海水中的振型函数。

将边界条件式（13-2）至式（13-5）代入式（13-1），可得

$$\Phi(r,\theta,z,t)=\frac{-2\omega\cos\theta}{L}\frac{\mathrm{d}T}{\mathrm{d}t}\sum_{i=1}^{\infty}\frac{J_1(\lambda_i r)\cos(\lambda_i z)}{\lambda_i J'(\lambda_i r_0)}\times\int_0^L U(\delta)\cos(\lambda_i\delta)\mathrm{d}\delta \tag{13-8}$$

式中：ω为管道在海水中的固有频率。

$P(r,\theta,z,t)$为流体动水压力，且

$$P(r,\theta,z,t)=-\rho_i\frac{\partial\Phi}{\partial t} \tag{13-9}$$

在流固耦合面上，有 $r=r_0$，且

$$P(r,\theta,z,t)=\frac{-2\rho_l\omega^2\cos\theta}{L}\frac{\mathrm{d}T}{\mathrm{d}t}\sum_{i=1}^{\infty}\frac{J_1(\lambda_i r)\cos(\lambda_i z)}{\lambda_i J'(\lambda_i r_0)}\times\int_0^L U(\delta)\cos(\lambda_i\delta)\mathrm{d}\delta \tag{13-10}$$

只考虑管道在海水中做自由振动，所有变量都按正弦方式随时间变化，因此可以在方程中将有关时间的因子消去。

中继仓外形尺寸相对数千米长的扬矿硬管较小，只考虑其质量对扬矿硬管的影响，因此管道在水中的振动方程为

$$EI\frac{\partial^4 u(z,t)}{\partial^4 z}+m_1\frac{\partial^2 u(z,t)}{\partial^2 t}+m_2\frac{\partial^2 u(z,t)}{\partial^2 t}+P(r,\theta,z,t)=0 \tag{13-11}$$

将式(13-7)、式(13-10)代入式(13-11)，可得

$$\frac{\partial^4 U(z)}{\partial^4 z}+\frac{(m_1+m_2)\omega^2}{EI}U(z)+\frac{2\rho_1\omega^2\cos\theta}{L}\times\sum_{i=1}^{\infty}\frac{J_1(\lambda_i r)\cos(\lambda_i z)}{\lambda_i J_1'(\lambda_i r_0)}\int_0^L U(\delta)\cos(\lambda_i\delta)\mathrm{d}\delta=0 \tag{13-12}$$

式中：m_1 为管道质量；m_2 为管道自由端集中质量；ρ_1 为流体密度；EI 为管道抗弯刚度，令

$$m_1+m_2=M \tag{13-13}$$

$$M^*=\frac{2\rho_1\cos\theta}{LU(z)}\sum_{i=1}^{\infty}\frac{J_1(\lambda_i r)\cos(\lambda_i z)}{\lambda_i J_1'(\lambda_i r_0)}\times\int_0^L U(\delta)\cos(\lambda_i\delta)\mathrm{d}\delta \tag{13-14}$$

则可将式(13-12)写成

$$EI\frac{\partial^4 U(z)}{\partial^4 z}+\omega^2(M+M^*)U(z)=0 \tag{13-15}$$

式中：M^*为流体附加质量。

因此，扬矿系统输送管道在海洋中自由振动的湿模态，可以看作管道自身及其周边流体动水压力附加到管道上产生的振动。求解(13-12)式，可得

$$\begin{aligned}U(z)=&\Big|D_1\alpha(kz)+D_2\beta(kz)+D_3\gamma(kz)+D_4\varepsilon(kz)+\\&\sum_{i=1}^{\infty}G_i\left\{D_1\alpha_i(kz)+D_2\beta_i(kz)+D_3\left[\gamma_i(kz)+\frac{k^3}{\lambda_i^4-k^4}\right]+D_4\left[\varepsilon_i(kz)-\frac{k\lambda_i^2}{\lambda_i^4-k^4}\right]\right\}\cos(\lambda_i z)\end{aligned} \tag{13-16}$$

其中

$$\begin{cases}\alpha(kz)=\dfrac{\cosh kz+\cos kz}{2}\\ \beta(kz)=\dfrac{\cosh kz-\cos kz}{2}\\ \gamma(kz)=\dfrac{\sinh kz-\sin kz}{2}\\ \varepsilon(kz)=\dfrac{\sinh kz+\sin kz}{2}\end{cases} \tag{13-17}$$

$$\begin{cases}\alpha_i(kz)=\dfrac{\lambda_i\sin(\lambda_iL)\left[\dfrac{\cosh kz}{k^2+\lambda_i^2}-\dfrac{\cos kz}{k^2-\lambda_i^2}\right]}{2}\\ \beta_i(kz)=\dfrac{\lambda_i\sin(\lambda_iL)\left[\dfrac{\cosh kz}{k^2+\lambda_i^2}+\dfrac{\cos kz}{k^2-\lambda_i^2}\right]}{2}\\ \gamma_i(kz)=\dfrac{\lambda_i\sin(\lambda_iL)\left[\dfrac{\sinh kz}{k^2+\lambda_i^2}+\dfrac{\sin kz}{k^2-\lambda_i^2}\right]}{2}\\ \varepsilon_i(kz)=\dfrac{\lambda_i\sin(\lambda_iL)\left[\dfrac{\sinh kz}{k^2+\lambda_i^2}-\dfrac{\sin kz}{k^2-\lambda_i^2}\right]}{2}\end{cases} \tag{13-18}$$

$$G_i=\frac{-2\rho_1\pi r_0\omega^2}{L\left[\lambda_i\left(EI\lambda_i^4-M\right)\omega^2\dfrac{J_1(\lambda_ir_0)}{J(\lambda_ir_0)}+\rho_1\pi r_0\omega^2\right]} \tag{13-19}$$

$$k^4=\frac{M\omega^2}{EI} \tag{13-20}$$

利用振动方程式（13-7）、式（13-14）和式（13-16），结合表 13-1 不同约束条件下管道的边界条件，即可求其固有频率和振型。其中，铰接约束的形式采用球铰接。

表 13-1　不同约束条件下管道边界条件

约束	铰接约束	弹性约束
约束端	$u(0,t)=0,EI\dfrac{\partial^2u(0,t)}{\partial^2z}=0$	$\dfrac{\partial u(0,t)}{\partial z}=0,\dfrac{\partial}{\partial z}\left[EI\dfrac{\partial^2u(0,t)}{\partial^2z}\right]=-ku(0,t)$
自由端	$EI\dfrac{\partial^2u(L,t)}{\partial z^2}=0,\dfrac{\partial}{\partial z}\left[EI\dfrac{\partial^2u(L,t)}{\partial z^2}\right]=0$	$EI\dfrac{\partial^2u(L,t)}{\partial^2z}=0,\dfrac{\partial}{\partial z}\left[EI\dfrac{\partial^2u(L,t)}{\partial^2z}\right]=0$

以管道顶端球铰接为例，对式（13-16）求导，并将边界条件代入，可得

$$\begin{cases}D_1k_{11}+D_2k_{12}+D_3k_{13}+D_4k_{14}=0\\ D_1k_{21}+D_2k_{22}+D_3k_{23}+D_4k_{24}=0\\ D_1k_{31}+D_2k_{32}+D_3k_{33}+D_4k_{34}=0\\ D_4=0\end{cases} \tag{13-21}$$

其中，刚度系数组成的行列式为

$$\begin{vmatrix} k_{11}=1+\sum_{i=1}^{\infty}G_i\dfrac{\lambda_i^3\sin\lambda_i L}{k^4-\lambda_i^4} & k_{12}=1+\sum_{i=1}^{\infty}G_i\dfrac{\lambda_i k^2\sin\lambda_i L}{k^4-\lambda_i^4} & k_{13}=\sum_{i=1}^{\infty}G_i\dfrac{-k^3}{k^4-\lambda_i^4} \\ k_{21}=\alpha(kL)-\sum_{i=1}^{\infty}G_i\alpha_i(kL)\cos\lambda_i L & k_{22}=\alpha(kL)-\sum_{i=1}^{\infty}G_i\beta_i\cos\lambda_i L & k_{23}=\varepsilon(kL)-\sum_{i=1}^{\infty}G_i\gamma_i\cos\lambda_i L \\ k_{31}=\varepsilon(kL)+2\sum_{i=1}^{\infty}G_i\varepsilon_i(kL)\sin\lambda_i L & k_{32}=\gamma(kL)+2\sum_{i=1}^{\infty}G_i\gamma_i(kL)\sin\lambda_i L & k_{33}=\alpha(kL)+\sum_{i=1}^{\infty}G_i\alpha_i\cos\lambda_i L \end{vmatrix} \tag{13-22}$$

令行列式（13-22）为 0 并求解，行列式中只包含未知数 k，因此可以求出输送管道在海洋环境中的固有频率。将 k 代入式（13-21）即可求出 D_i 的值。将 k 和 D_i 的值代入式（13-16），即可求出输送管道在深海环境中自由振动的振型。

13.2.2 刚性管受力分析

扬矿刚性管在作业过程中会受到多种复杂载荷的耦合作用，这些作用力包括扬矿刚性管自身重力 G_{Y}、内部流体重力 G_{L}、海水浮力 F_{F}、母船的拖曳力 F_{t}、海洋波浪力 F_{B}、海洋海流力 F_{H} 和顶端张力 T_{top} 等。扬矿刚性管在深海采矿系统作业过程中的受力示意图如图 13-6 所示。在进行扬矿刚性管力学行为分析时，不考虑母船拖曳力对扬矿刚性管的影响。假设母船静止不动，即 $F_{\mathrm{t}}=0$。刚性管系统上端与母船的升沉补偿系统相连接，扬矿刚性管可以通过升沉补偿系统尽可能地保持与海平面垂直，建模时可假设刚性管垂直于海平面。

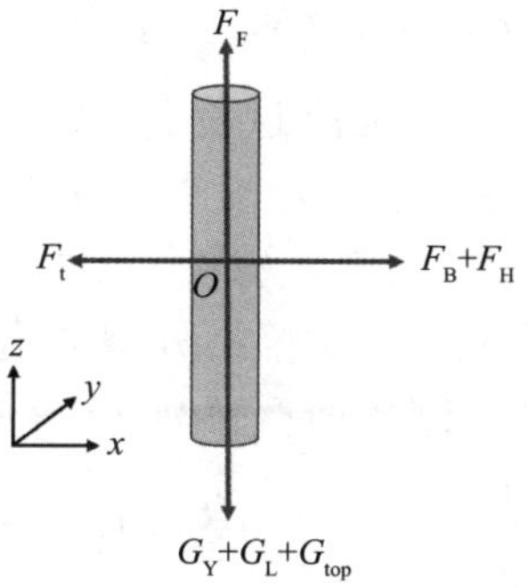

图 13-6 深海采矿系统中扬矿刚性管受力示意图

扬矿刚性管自身重力为

$$G_{\mathrm{Y}}=\frac{\pi}{4}\rho_{\mathrm{Y}}g(D_0^2-D_1^2)L \tag{13-23}$$

内部流体重力为

$$G_{\mathrm{L}}=\frac{\pi}{4}\rho_1 g D_{\mathrm{i}}^2 L \tag{13-24}$$

海水浮力为

$$F_F = \frac{\pi}{4}\rho_H g D_o^2 L \tag{13-25}$$

式中：ρ_Y，ρ_L 和 ρ_H 分别为扬矿刚性管的密度、内部流体的密度以及海水的密度；D_o 和 D_i 分别为扬矿刚性管的外径和内径；L 为扬矿刚性管的总长度。

扬矿刚性管的直径相比于海流的波长很小，满足小直径刚体的条件，采用莫里森方程计算其所受海流力。波浪对扬矿刚性管的作用力包括由波浪运动速度 u_{zB} 产生的拖曳力 F_{dB} 以及由波浪运动加速度产生的惯性力 F_{aB}。长度为 dz 的扬矿刚性管所受拖曳力为

$$\mathrm{d}F_{dB} = \frac{1}{2}\rho C_D D_o u_{zB}|u_{zB}|\mathrm{d}z \tag{13-26}$$

式中：ρ 为海水密度；C_D 为拖曳力系数；u_{zB} 为距海面 z 处的波浪运动速度。

长度为 dz 的扬矿刚性管所受惯性力为

$$\mathrm{d}F_{aB} = m\dot{u}_{zB}(1+C_M)\mathrm{d}z \tag{13-27}$$

式中：m 为与长度为 dz 的扬矿刚性管等体积的海水质量，$m=\frac{1}{4}\rho\pi D_o^2\mathrm{d}z$；$\dot{u}_{zB}$ 为距海面 z 处的波浪运动的加速度；C_M 为惯性附加阻力系数。

则长度为 dz 的扬矿刚性管所受波浪作用力为

$$\mathrm{d}F_B(z,t) = \mathrm{d}F_{dB} + \mathrm{d}F_{aB} = \frac{1}{2}\rho C_D D_o u_{zB}|u_{zB}|\mathrm{d}z + \frac{1}{4}\rho\pi D_o^2(1+C_M)\dot{u}_{zB}\mathrm{d}z \tag{13-28}$$

根据无限水深中线性波理论以及我国深海采矿 1 km 海试系统工作区域海况，得到波浪运动速度 u_{zB} 和波浪运动加速度 $\dot{u}_{zB}$，代入式(13-28)可求得距海面 z 处扬矿刚性管单位长度所受的波浪作用力。

海流流经水下设备时，会在其周围形成边界层。在边界层内部，海流会加速流动，加重摩擦力的作用效果，对物体作用很大的横向摩擦力。这个横向摩擦力在流动方向上的投影即摩擦拖曳力 F_f。海流流过物体后，会在其后面产生很大的尾流，进而形成压力差，其方向是从前到后，也就是沿着海流流动的方向。这种压力差作用在水下设备表面会形成法向压力，其在流动方向上的投影即压差拖曳力 F_p。

F_f 和 F_p 与边界层内流体的流态、边界层分离点位置、水下设备外形及表面粗糙度等因素有关。长度为 dz 的水下设备所受的海流力为

$$\mathrm{d}F_H(z,t) = \mathrm{d}F_{fY} + \mathrm{d}F_{pY} = \frac{1}{2}\rho D u_{zY}|u_{zY}|[C_{D1} + C_{D2}\cos(2\pi f't)]\mathrm{d}z \tag{13-29}$$

式中：C_{D1} 和 C_{D2} 分别为摩擦拖曳力系数和压差拖曳力系数。

令 $C_D=C_{D1}+C_{D2}\cos(2\pi f' t)$，则有

$$\mathrm{d}F_H(z,t) = \frac{1}{2}\rho C_D D_o u_{zY}|u_{zY}|\mathrm{d}z \tag{13-30}$$

假设波浪和海流的速度矢量分别为 $\boldsymbol{U}_{zB}$ 和 $\boldsymbol{U}_{zY}$，两个速度矢量间的夹角为 β，波浪运动分析为沿 x 正方向，则距海面深度为 z 处、长度为 dz 的柱体所受到的波流联合作用力为

$$\mathrm{d}F_x = \frac{1}{2}\rho C_D D_o(u_{zB} + u_{zY}\cos\beta)|\boldsymbol{U}_{zB} + \boldsymbol{U}_{zY}|\mathrm{d}z + \frac{1}{4}\pi D_o^2\rho C_m\dot{u}_{zB}\mathrm{d}z \tag{13-31}$$

$$dF_y = \frac{1}{2}\rho C_D D_o u_{zY} \sin\beta \,|\boldsymbol{U}_{zB} + \boldsymbol{U}_{zY}|\, dz \tag{13-32}$$

其中

$$|\boldsymbol{U}_{zB} + \boldsymbol{U}_{zY}| = \sqrt{(u_{zB} + u_{zY}\cos\beta)^2 + (u_{zY}\sin\beta)^2}$$

假设波浪与海流的运动方向一致,则距海面深度为 z 处、长度为 dz 的柱体所受到的波流力为

$$dF_x = \frac{1}{2}\rho C_D D_o (u_{zB} + u_{zY})\left|u_{zB} + u_{zY}\right| dz + \frac{1}{4}\pi D_o^2 \rho C_m \dot{u}_{zB} dz \tag{13-33}$$

13.2.3 扬矿刚性管的流固耦合数学模型

在整个深海采矿系统工作过程中,扬矿子系统内输运的流体为固液两相流。在分析内、外流体与扬矿刚性管的流固耦合作业时,为了更真实地反映实际工况,假定流体为不可压缩且具有黏性的宾汉流体。流固耦合系统由流体区域和固体区域共同组成,采用位移-压力的关系描述内、外流体与扬矿刚性管的流固耦合效应,即固体采用位移作为传递变量,流体采用压力作为传递变量。在流固耦合分析中,为了传递位移变量,流体耦合面上的节点必须映射到固体耦合面的单元上;为了传递压力变量,固体耦合面上的节点必须映射到流体耦合面的单元上。

扬矿刚性管为线弹性材料,采用不可压缩宾汉流体的 Navier-Stokes 方程作为流体运动的控制方程:

$$\nabla \dot{u}_f = 0 \tag{13-34}$$

$$\frac{\partial \dot{u}_f}{\partial t} + (\dot{u}_f \cdot \nabla)\dot{u}_f = f_f - \frac{1}{\rho_f}\nabla p_f + \mu \nabla^2 \dot{u}_f \tag{13-35}$$

$$\tau = -p\delta + \tau_0 + 2\mu\varepsilon \tag{13-36}$$

式中:u_f 和 $\dot{u}_f$ 分别为流体的位移和速度;f_f,ρ_f,p_f 和 μ 分别为单位质量流体力、流体密度、流体压力和黏性系数;∇ 为哈密顿算子;∇^2 为拉普拉斯算子;τ 为流体剪切应力;τ_0 为流体屈服应力;ε 为流体剪切应变;δ 为克罗内克(Kronecker)运算符号。

固体控制方程可以由牛顿第二定律导出:

$$M\ddot{u}_s + C\dot{u}_s + Ku_s = R_t + R_0 \tag{13-37}$$

式中:$\dot{u}_s$ 和 $\ddot{u}_s$ 分别为刚性管运动的速度和加速度;M,C 和 K 分别为刚性管的质量、阻尼和刚度;R_t 为流体的压力;R_0 为刚性管受到的除流体压力以外的常载荷。

在流体与固体的耦合面上,流体、固体单元具有相同位移和速度的边界条件:

$$\dot{u}_f(t) = \dot{u}_s(t) \tag{13-38}$$

$$u_f(t) = u_s(t) \tag{13-39}$$

式中:$u_f(t)$ 和 $u_s(t)$ 分别为流体和刚性管的位移。

采用直接耦合解法求解流固耦合问题,通过把流体、固体控制方程耦合到同一个方程中求解,即对方程(13-34)至方程(13-39)进行有限元离散并联合求解,可得到扬矿刚性管在流固耦合作用过程中受到的应力和产生的位移。

13.3 扬矿柔性管流固耦合动力学模型构建

在海洋矿产资源管道输运过程中和海洋复杂的环境下，既要保证深海扬矿系统工作的安全性、稳定性，又要保证工作的连续性、高效性。扬矿管线系统对整个采矿系统的整体联动性能影响很大，不稳定安全的扬矿系统可能导致整个采矿系统不能高效工作，甚至发生安全事故。所以，开展深海采矿扬矿柔性管系统流固耦合力学行为快速分析研究，以降低其对扬矿柔性管的破坏，从而保证采矿系统的正常工作，具有十分重要的战略意义。

13.3.1 流体运动分析

在深海采矿系统中，一般经常用欧拉方法和拉格朗日方法来进行具体的流体运动分析。因为欧拉方法能够在任意时刻对整个深海洋流场域的参数进行分布描述，但是拉格朗日方法却不能，它仅能从某个时间节点去定位每个粒子的行为轨迹。据此，针对深海采矿系统的流固耦合问题可以在刚性管、柔性管等整个输送系统采取物理学中的动量方程和能量守恒方程来分析。因为深海采矿的对象是矿产资源，而且大多数呈现固体和液体相互交互的浑浊物体（矿浆），所以在分析中一般对这些物体状态的描述都暂定为不能够被压缩。

内部矿浆的连续方程为

$$\frac{\partial\rho_f}{\partial t}+v_f\frac{\partial\rho_f}{\partial z}+v_r\frac{\partial\rho_f}{\partial r}+\rho_f\frac{\partial v_f}{\partial z}+\frac{\partial\rho_f}{r}\frac{\partial}{\partial r}(rv_r)=0 \tag{13-40}$$

内部矿浆的径向运动方程为

$$\rho_f\frac{\rho v_f}{\partial t}+v_f\rho_f\frac{\partial v_r}{\partial z}+v_r\rho_f\frac{\partial v_r}{\partial r}+\frac{\partial\rho}{\partial r}=f_r \tag{13-41}$$

内部矿浆的轴向运动方程为

$$\rho_f\frac{\rho v_f}{\partial t}+v_f\rho_f\frac{\partial v_f}{\partial z}+v_r\rho_f\frac{\partial v_f}{\partial r}+\frac{\partial\rho}{\partial z}=f_z \tag{13-42}$$

式中：v_r 为流体径向速度；v_f 为流体轴向速度；f_z 为软管轴线方向流体质量力的分量；f_r 为软管直径方向流体质量力的分量；r 为直径方向软管的坐标；z 为轴线方向软管的坐标；t 为时间。

根据 Stokes 假设，由于地球自转产生的惯性力和加速度产生的惯性力可以忽略，则处在弯曲状态下的输送软管，质量力在轴线方向的分量为 $f_z=p_f g\sin\alpha$，其中 α 为软管受弯角度。为方便分析，暂时假设软管水平放置，得出 $f_r=f_z=0$，由 Stokes 方程，式（13-40）至式（13-42）可简化为

$$\frac{\partial\rho_f}{\partial t}+\rho_f\frac{\partial v_f}{\partial z}+\frac{\partial\rho_f}{r}\frac{\partial}{\partial r}(rv_r)=0 \tag{13-43}$$

$$\rho_f\frac{\partial v_r}{\partial t}+\frac{\partial \rho}{\partial r}=0 \tag{13-44}$$

$$\rho_f\frac{\partial v_f}{\partial t}+\frac{\partial \rho}{\partial z}=0 \tag{13-45}$$

13.3.2　固体运动分析

研究表明，柔性管直径与弹性波波长（即海浪波长）之比很小时，柔性管剪切变形、轴向弯曲变形和柔性管横截面上旋转变形对结构运动产生的影响非常小，几乎可以忽略，因此得到如下扬矿输送柔性管三维运动方程。

轴向运动方程：

$$\rho_{\mathrm{p}}\frac{\partial \dot{u}_z}{\partial t}+\rho_{\mathrm{p}}\dot{u}_z\frac{\partial \dot{u}_z}{\partial z}+\rho_{\mathrm{p}}\dot{u}_r\frac{\partial \dot{u}_z}{\partial r}=f_z'+\frac{\partial \sigma_z}{\partial z}+\frac{1}{r}\frac{\partial (r\tau_{rz})}{\partial r} \tag{13-46}$$

径向运动方程：

$$\rho_{\mathrm{p}}\frac{\partial \dot{u}_r}{\partial t}+\rho_{\mathrm{p}}\dot{u}_z\frac{\partial \dot{u}_r}{\partial z}+\rho_{\mathrm{p}}\dot{u}_r\frac{\partial \dot{u}_r}{\partial r}=f_r'+\frac{\partial \tau_{rz}}{\partial z}+\frac{1}{r}\frac{\partial (r\sigma_r)}{\partial r}-\frac{\sigma_\theta}{r} \tag{13-47}$$

式中：$\dot{u}_r$ 为柔性管径向运动速度；$\dot{u}_z$ 为柔性管轴向运动速度；ρ_{p} 为柔性管材料密度；σ_r 为柔性管的径向应力；σ_θ 为柔性管的环向应力；σ_z 为柔性管的轴向应力；τ_{rz} 为柔性管的剪应力；f_z' 为柔性管的轴线方向体积力的分量；f_r' 为柔性管的直径方向体积力的分量。

基于相似原理，假设扬矿输送柔性管运动与流体运动一致，输送柔性管放置在水平方向上，但不考虑方程组中的速度项变化，即 $f_z'=f_r'=0$，此时式（13-46）和式（13-47）可简化为

$$\rho_{\mathrm{p}}\frac{\partial \dot{u}_z}{\partial t}=\frac{\partial \sigma_z}{\partial z}+\frac{1}{r}\frac{\partial (r\tau_{rz})}{\partial r} \tag{13-48}$$

$$\rho_{\mathrm{p}}\frac{\partial \dot{u}_r}{\partial t}=\frac{\partial \tau_{rz}}{\partial z}+\frac{1}{r}\frac{\partial (r\sigma_r)}{\partial r}-\frac{\sigma_\theta}{r} \tag{13-49}$$

13.3.3　外流作用下耦合动力学分析

假设扬矿输送柔性管外部流体为定黏度系数、定密度，并且不可压缩的稳态流体，扬矿输送柔性管采用线弹性材料，外部流体和输送软管在流-固耦合面上的速度、位移等条件都是一致的，因此建立外部流体与输送柔性管组成的速度、位移和力的平衡方程组。流体运动总控制方程为

$$\begin{cases}\frac{\partial u_x}{\partial t}+u_x\frac{\partial u_x}{\partial x}+u_y\frac{\partial u_x}{\partial y}+u_z\frac{\partial u_x}{\partial z}=f_x-\frac{1}{\rho}\frac{\partial p}{\partial x}+\mu\left(\frac{\partial^2 u_x}{\partial x^2}+\frac{\partial^2 u_x}{\partial y^2}+\frac{\partial^2 u_x}{\partial z^2}\right)\\ \frac{\partial u_y}{\partial t}+u_x\frac{\partial u_y}{\partial x}+u_y\frac{\partial u_y}{\partial y}+u_z\frac{\partial u_y}{\partial z}=f_y-\frac{1}{\rho}\frac{\partial p}{\partial y}+\mu\left(\frac{\partial^2 u_y}{\partial x^2}+\frac{\partial^2 u_y}{\partial y^2}+\frac{\partial^2 u_y}{\partial z^2}\right)\\ \frac{\partial u_z}{\partial t}+u_x\frac{\partial u_z}{\partial x}+u_y\frac{\partial u_z}{\partial y}+u_z\frac{\partial u_z}{\partial z}=f_z-\frac{1}{\rho}\frac{\partial p}{\partial z}+\mu\left(\frac{\partial^2 u_z}{\partial x^2}+\frac{\partial^2 u_z}{\partial y^2}+\frac{\partial^2 u_z}{\partial z^2}\right)\end{cases} \tag{13-50}$$

轴向矢量运动为

$$\rho\left[\frac{\partial \boldsymbol{u}_1}{\partial t}+\boldsymbol{u}_1\cdot\nabla\boldsymbol{u}_1\right]=\rho f_1-\nabla p_1+\mu\nabla^2\boldsymbol{u}_1 \tag{13-51}$$

式中：ρ 为外部流体密度；$\boldsymbol{u}_1$ 为外部流体速度矢量；p_1 为外部流体压力；μ 为外部流体动力黏性系数；f_1 为单位质量流体力。

连续方程为

$$\nabla\cdot\boldsymbol{u}_1=0 \tag{13-52}$$

本构关系为

$$\tau=-p\boldsymbol{I}+2\mu\boldsymbol{S} \tag{13-53}$$

式中：p 为外部流体的静水压力，即压强；$\boldsymbol{S}$ 为外部流体变形率矩阵；μ 为外部流体动黏性系数；$\boldsymbol{I}$ 为外部流体的单位矩阵。

柔性管平衡方程为

$$\boldsymbol{M}\ddot{u}_g+\boldsymbol{C}\dot{u}_g+\boldsymbol{K}u_g=\sum F \tag{13-54}$$

式中：$\boldsymbol{M}$ 为柔性管的质量矩阵；$\boldsymbol{K}$ 为柔性管的刚度矩阵；$\boldsymbol{C}$ 为柔性管的阻尼矩阵；$\ddot{u}_g$ 为柔性管的加速度；u_g 为柔性管的位移；$\dot{u}_g$ 为柔性管的速度；$\sum F$ 为柔性管受到的总合力（包括海水的浮力、海流的阻力、软管的重力等）。

在外部流体和输送柔性管的外壁交界的流固耦合交界面上，两者速度和位移满足条件：

$$\dot{u}_1(t)=\dot{u}_g(t) \tag{13-55}$$

$$u_1(t)=u_g(t) \tag{13-56}$$

式中：$u_1(t)$ 与 $u_g(t)$ 分别为外部流体和扬矿输送柔性管的位移。

联立式（13-50）与（13-56）求解，可得到扬矿输送软管相应的应力和位移。

13.3.4 内流作用下耦合动力学分析

假设扬矿输送柔性管取用线弹性材料，柔性管的内部流体视为不可压缩的黏性流体，满足质量守恒与动量守恒定律。因此，扬矿输送柔性管质量方程和动量方程如下：

$$\frac{\partial v}{\partial t}+g\frac{\partial H}{\partial z}+\frac{fv_r|v_r|}{2D}=0 \tag{13-57}$$

$$\frac{1}{C_{\mathrm{f}}^2}\frac{\partial H}{\partial t}+\frac{1}{g}\frac{\partial v}{\partial t}-\frac{2\nu}{(g)E}\frac{\partial \sigma_z}{\partial t}=0 \tag{13-58}$$

式中：v 为柔性管的内流速度；H 为柔性管的内流体落差的高度；D 为柔性管的内径；ν 为柔性管的泊松比；V_r 为柔性管壁面沿软管轴线方向的速度；E 为柔性管的弹性模量；C_{f} 为柔性管内流冲击压力引起的速度。

内部流体从扬矿输送柔性管流过时，柔性管不仅受到流体的作用，本身的结构也会产生运动，管道运动学方程组分为横向、侧向和轴向三个方向，分别为

$$EI_{\mathrm{t}}\frac{\partial^4 u_y}{\partial z^4}+(\rho_{\mathrm{t}}A_{\mathrm{t}}+\rho_{\mathrm{f}}A_{\mathrm{f}})\frac{\partial^2 u_y}{\partial t^2}=0 \tag{13-59}$$

$$EI_{\mathrm{t}}\frac{\partial^4 u_x}{\partial z^4}+(\rho_{\mathrm{t}}A_{\mathrm{t}}+\rho_{\mathrm{f}}A_{\mathrm{f}})\frac{\partial^2 u_x}{\partial t^2}=-(\rho_{\mathrm{t}}A_{\mathrm{t}}+\rho_{\mathrm{f}}A_{\mathrm{f}})g\cos\gamma \tag{13-60}$$

$$\rho_{\mathrm{t}}A_{\mathrm{t}}\frac{\partial^2 u_z}{\partial t^2}-EA_{\mathrm{t}}\frac{\partial^2 u_z}{\partial z^2}=\frac{\nu DA_{\mathrm{t}}}{2D}\frac{\partial P}{\partial z}+\frac{\rho_{\mathrm{f}}A_{\mathrm{f}}fv_r|v_r|}{2D}+\rho_{\mathrm{t}}A_{\mathrm{t}}g\sin\gamma \tag{13-61}$$

式中：ρ_{f} 为柔性管内流密度；ρ_{t} 为柔性管的材料密度；A_{t} 为柔性管壁横截面面积；I_{t} 为转动惯量；P 为流体压力；A_{f} 为过水断面的面积；γ 为管道倾斜角度。

式(13-46)和(13-47)属于泊松耦合方程，式(13-59)和式(13-60)为摩擦耦合方程，通过求解上述两组方程，可计算得到柔性管在内部流体作用下的位移和应力。

13.4　输运系统动力响应计算分析

13.4.1　提升刚性管动力响应分析

下面以 900 m 长提升刚性管为例进行动力响应计算分析，基本参数见表 13-2。

表 13-2　提升刚性管参数

参数	数值
长度 L	900 m
外径 D	0.219 08 m
壁厚 b	0.002 7 m
弹性模量 E	2.1×10^{11} Pa
结构泊松比	0.3
材料密度 ρ_{s}	7 850 kg/m^3
海水密度 ρ_{w}	1 025 kg/m^3
中继仓质量	5~500 t
结核质量	7.2 t

续表

参数	数值
提升泵质量	6.08 t
拖航速度	0.2~0.6 m/s

图 13-7 所示为内部流体密度对提升刚性管最大位移的影响。可以发现,内流是作业状态下影响刚性管横向位移的一个重要因素,考虑内流后刚性管横向位移减小,其底端最大横向位移随着内流密度的增大而有所减小。

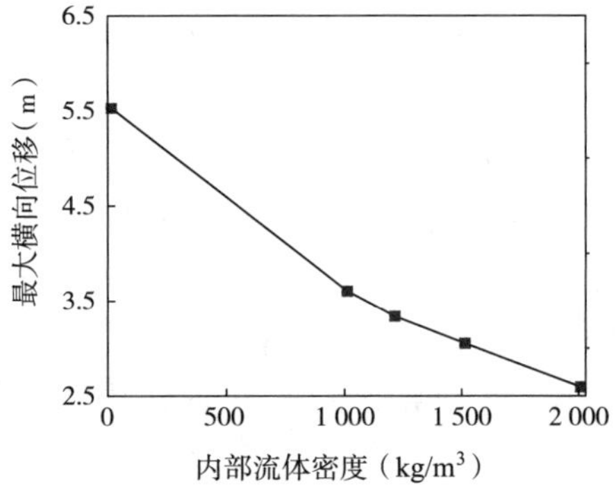

图 13-7 刚性管最大位移与内流密度的关系图

图 13-8 所示为中继仓质量对提升刚性管最大位移的影响。可以发现,中继仓的质量对刚性管横向位移有很大影响,中继仓质量越大,扬矿刚性管横向位移越小,并呈现出非线性。当然,中继仓质量的增大,对扬矿刚性管的强度影响是不利的,在采矿系统的设计过程中需要综合考虑各方面的因素。

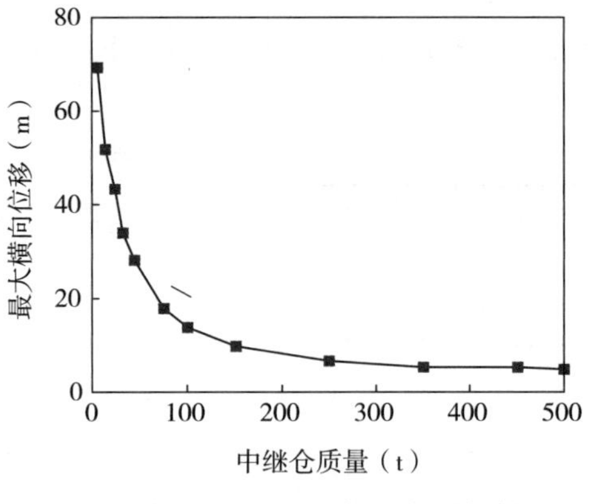

图 13-8 硬管最大位移与中继仓质量的关系图

图 13-9 所示为内流密度对提升刚性管最大等效应力的影响。可以发现,内流是作业状态下影响扬矿刚性管应力的一个重要因素,考虑内流后刚性管最大等效应力增大,刚性管顶端最大等效应力随着内流密度的增大而增大。

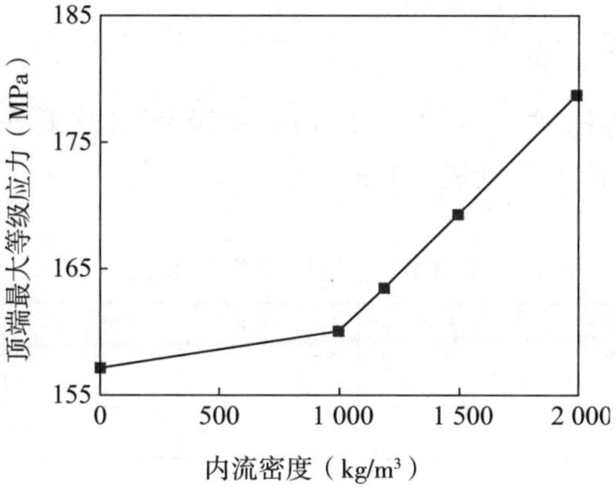

图 13-9　刚性管顶端最大等效应力与内流密度的关系图

图 13-10 所示为中继仓质量对提升刚性管最大等效应力的影响。可以发现，中继仓的质量对等效应力有很大影响，中继仓质量越大，扬矿刚性管顶端等效应力先减小后增大，当在中继仓质量较小时，拖航状态下产生的拖曳力起主要因素，此时增加中继仓的质量能有效减少拖曳力的作用，从而起到减少等效应力的作用。但是，随着中继仓的质量进一步增大，此时中继仓的质量起主要因素，随着质量的增加，顶端最大等效应力也增加。

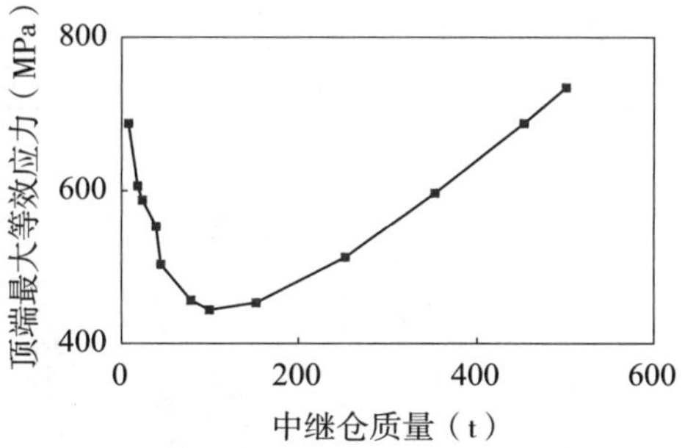

图 13-10　刚性管顶端最大等效应力与中继仓质量的关系图

图 13-11 所示为拖航速度对提升刚性管最大等效应力的影响。可以发现，刚性管最大等效应力随拖航速度增大显著提升，当拖航速度过大时，由于应力太大，采矿系统无法正常工作，应该控制拖航速度在一定范围内不能过大。

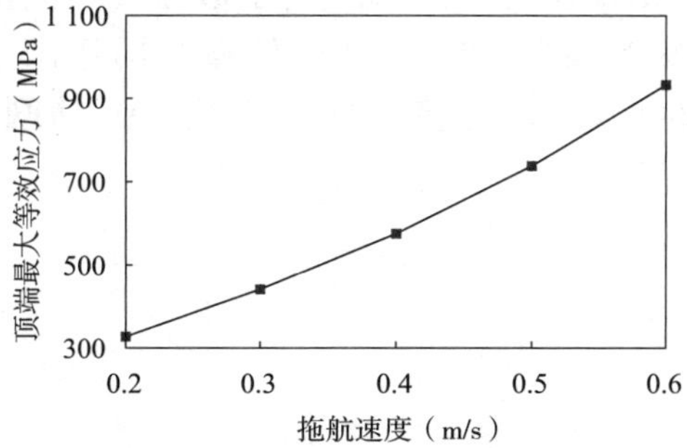

图 13-11　刚性管顶端最大等效应力与拖航速度的关系图

13.4.2 扬矿软管

下面以 100 m 长的扬矿柔性管在 1 000 m 深海工况下作业过程为例，分析扬矿柔性管的动力响应，基本参数见表 13-3。

表 13-3 扬矿柔性管参数

参数	数值
长度 L	100 m
外径 D	0.205 m
内径	0.15 m
弹性模量 E	40 GPa

在深海采矿系统中，集矿机在远离中继仓作业过程中，扬矿柔性管在不同的几何位置单拱构形下有不同的弯曲度，几何位置的变化引发柔性管曲率的变化，柔性管局部刚度也因此而变化，柔性管动力学响应随之变化。在实际工程中，采用在柔性管特定位置布置浮力球的方式来形成特定构形，柔性管两端固定约束。柔性管在流域中的空间状态和位置如图 13-12 所示。

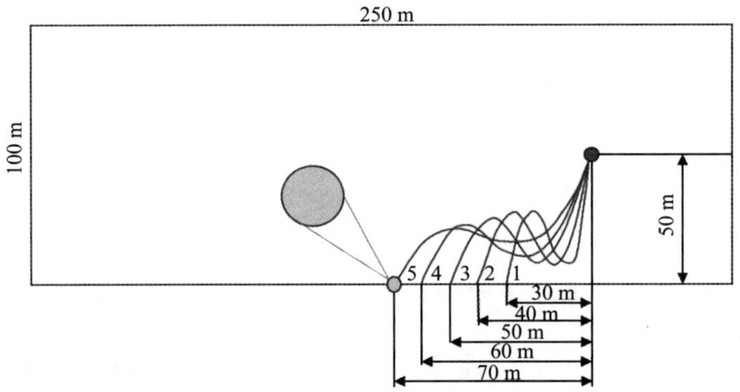

图 13-12 柔性管不同的位置图

假定海洋来流的方向沿 x 负方向为稳定平流方向，外流流速取 0.15 m/s，内流流速取 4 m/s，以位置 2 为参考构形，在给定内、外流共同作用下进行计算，得到结果如图 13-13 所示。扬矿柔性管在内、外流共同的作用下振动剧烈，随着时间的延长，逐渐衰减趋于稳定状态。

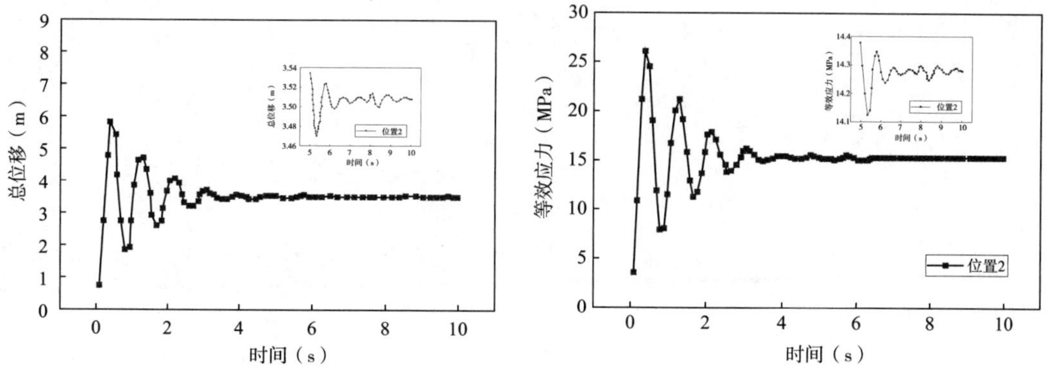

（a）总位移　　（b）等效应力

图 13-13　柔性管位移和应力时程曲线图

扬矿柔性管采用多种复合材料合成，不仅需要考虑振动位移，同时需要考虑应力的破坏和应变状态，等效应力，应变最大值如图 13-14 所示。应力最大值的点均出现在柔性管入口端附近，应力时程曲线呈现出衰减性周期波动，最终趋于稳定，随着集矿机远离中继仓作业，在作业过程中几何位置的增加，使得柔性管曲率半径增加，随之应力变化幅度增加，振幅减小并逐渐趋于稳定。在位置 5 时，最大等效应力为 47.297 5 MPa，与同工况下位置 1 相比，应力水平增加，柔性管的应变随着距离的增大而增大。

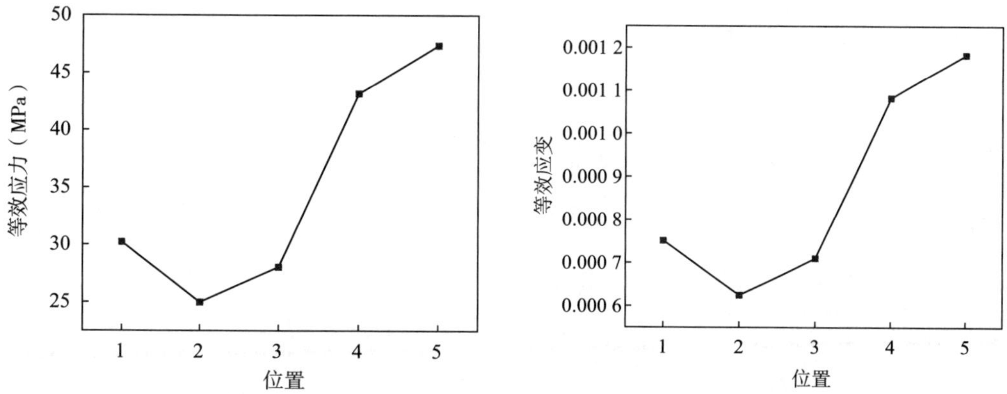

（a）等效应力　　（b）等效应变

图 13-14　柔性管最大等效应力和最大等效应变图

Chapter 14

第十四章 新型跨海交通构筑物结构动力学

14.1 新型跨海交通构筑物

悬浮隧道(Submerged Floating Tunnel, SFT)是一种用于跨越海峡、海湾、湖泊及其他水道的新型结构形式,适用于所有需在水中穿行的交通运输工具,可通行火车、汽车、小型机动车和行人,还可作为穿行各种管道和电缆的服务隧道,其概念示意图如图 14-1 所示。在深海等特殊水域地区,悬浮隧道相比传统跨海结构具有受海底地质影响小、抵御自然灾害和战争破坏能力强等特点,而且具有相当高的性价比。

图 14-1 悬浮隧道概念示意图

图片来源:http://www.cnr.cn/fj/fjgd/20220929/t20220929_526023019.shtml

早在 150 年前甚至更早的时间,悬浮隧道的概念就被提出来了。1860 年,土耳其铁路工程师普列奥尔特(S.Preault)提出了跨越博斯普鲁斯的水下铁路方案,隧道长 150 m,位于水面以下 20 m,支撑在桩上。1872 年,安德森(Anderson)发表了一个水下隧道改进方案专利,如图 14-2(a)所示。1950 年,安德鲁(Andrew)展示了位于华盛顿西雅图水深 250 m 的普吉湾的悬浮隧道初步设计方案,如图 14-2(b)所示。1968 年,特维特(Tveit)提出了一种锚索式支撑形式的悬浮隧道方案,隧道管体采用混凝土制造,未设置伸缩缝。1969 年,Tveit 提出了两种新型的悬浮隧道管体设计方案,一种为下弓形,另一种为水平弓形,两种设计方案的悬浮隧道均为锚索支撑式。1972 年,挪威悬浮隧道研究小组发表的研究成果表明,悬浮隧道适用于宽度为 1 200~1 400 m 的峡湾。1982 年, Tveit 设计了一条悬浮隧道,管体材料为混凝土,为了降低造价和减少温度变化产生的应力,隧道内路面下的大部分混凝土由砂砾代替。此后, Tveit 还提出了一种跨度为 1 750 m 的自由支撑式悬浮隧道方案。1987—1988 年,挪威 Högsfjord 峡湾工程研究院提出了一些悬浮隧道设计构想,分别为四组竖向锚索支撑混凝土隧道、六浮筒固定支撑混凝土隧道、十浮筒固定支撑钢壳隧道和三浮筒固定支撑混凝土隧道。1986 年,针对意大利 Messina 海峡悬浮隧道的设计方案研究结果表明,隧道管体至少放置在水下 30 m 才不会影响船舶通行,该研究在 1989 年被国际海洋组织会议认可。1988—1992 年,意大利阿基米德桥公司和 PDA 研究工作室提出了几种典型管体截面形状的悬浮隧道方案。20 世纪 90 年代初,瑞士联邦铁路局设计了一条位于 Vico Olivella 和 Brusino-Arsizio 之间的悬浮隧道,相邻隧道间距离约为 1 055 m。该隧道为 5 跨的混凝土墩柱型悬浮隧道,单跨长 186 m,隧道管体横截面形状为圆形,内径为 10.6 m,壁厚为 85 cm,墩柱附近壁厚为 150 cm。

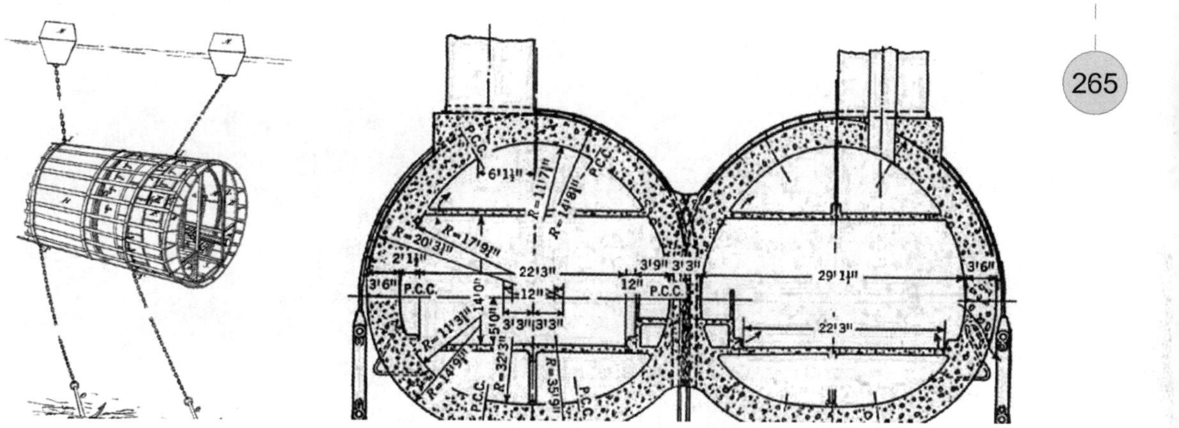

(a)1872 年,悬浮隧道设计专利　　(b)1950 年,悬浮隧道设计方案

图 14-2　早期悬浮隧道设计方案

图片来源:中交悬浮隧道结构与设计方法研究攻关组. 悬浮隧道工程技术研究导论[M]. 北京:科学出版社, 2019.

1999 年,我国针对金塘海峡提出了悬浮隧道方案,隧道长度为 2 900 m 左右。2018 年,中交悬浮隧道工程技术联合研究组联合国内外多家科研机构与院校,首次在水池中进行悬浮隧道整体结构行为机理研究物理模型试验。2022 年,招商局重庆交通科研设计院着手开展内陆人行悬浮隧道的设计与建设工作,并计划于 2024 年在重庆建成世界首例可供人通行的悬浮隧道实例。

截至 2024 年 5 月,悬浮隧道设计方案主要有四种支撑形式:桥墩型、浮筒型、锚索型以及自由型,如图 14-3 所示。四种不同支撑形式悬浮隧道对比见表 14-1。

表 14-1　四种不同支撑形式悬浮隧道对比

支撑形式	优点	缺点	适用范围
桥墩型	最稳定的隧道固定方案,形式简单,传力明确,应用相对成熟	很难在水深的地方应用,否则施工难度增加且不经济,需要良好的土质条件	水深不大的跨越通道
浮筒型	可以排除深度的影响	浮筒固定易受风、波浪、水流和水面船只影响,安全性存在问题	水流平缓,波浪、浮冰较少,通航量较少的水道

续表

支撑形式	优点	缺点	适用范围
锚索型	较为安全和稳定的固定方案,结构形式灵活,可在深度变化很大的复杂海域修建	依旧受水深影响,受到涡激振动的影响,锚索易发生疲劳损坏	水流湍急,更恶劣的海况
自由型	可以排除深度的影响,形式简单、规模较小、用料节省	严重受长度限制的方案,建造不容易,受外界环境影响大,对环境需求苛刻	一般很少考虑

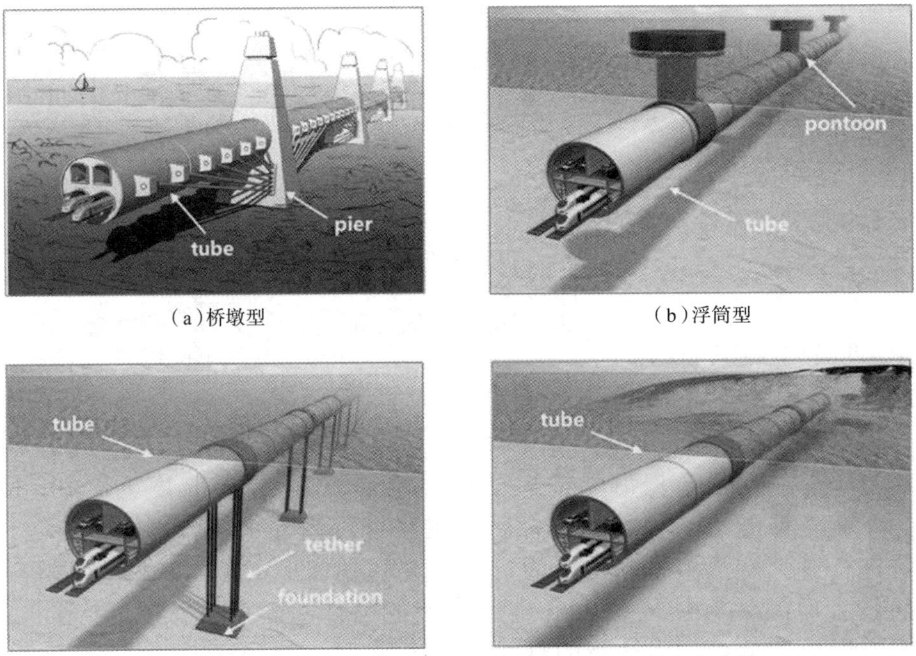

(a)桥墩型　(b)浮筒型

(c)锚索型　(d)自由型

图 14-3　四种类型的悬浮隧道示意图

图片来源: Xu W, Ma Y, Liu G, et al. A review of research on tether-type submerged floating tunnels[J]. Applied Ocean Research, 2023,134:103525.

工程界和学术界对悬浮隧道进行了广泛的研究,包括基础研究以及详细设计和施工标准的开发。然而,截至 2024 年 5 月尚未建造出悬浮隧道。在悬浮隧道的设计和建设中存在关键的技术困难,阻碍了其在工程领域的广泛应用。这些困难包括:如何设计悬浮隧道;悬浮隧道在波浪、水流和地震等环境载荷下的行为;悬浮隧道对交通和爆炸性载荷的响应;环境和操作载荷是否能够破坏悬浮隧道,以及如何保护悬浮隧道免受损害。

14.2　悬浮隧道结构特点与受力

锚索型悬浮隧道结构形式灵活,可在深度变化很大的复杂海域修建,具有更好的工程应用潜力。下面以锚索型悬浮隧道为例,介绍悬浮隧道的结构动力学分析方法。

14.2.1　锚索型悬浮隧道的结构特点

锚索型悬浮隧道由隧道管体、锚链和固定基础等组成。其设计原理是在设计中调整管体断面使结构的整体密度小于水的密度,在重力和浮力的共同作用下悬浮隧道整体处于上浮状态,隧道管体的固定通过锚索与海床的基础连接实现,如图 14-4 所示。锚固基础通常置于海床上,通过缆索与悬浮隧道管体相连,约束管体在环境载荷下的运动响应。根据锚固基础与海床面接触形式的不同,可以将锚固基础简单分为表面重力锚和嵌入锚。缆索多选用钢丝绳连接锚固基础和管体结构。隧道管体由多个管段通过中间接头进行连接,在岸端有接岸接头把管体和岸边陆地相连接。管体截面可设计成多种形状,如圆形、八边形等,各种截面形状管体的水动力性能是不同的。

图 14-4　锚索型悬浮隧道示意图

图片来源:https://news.sina.com.cn/s/2003-12-09/16211298452 s.shtml;https://inews.gtimg.com/newsapp_bt/0/8034217281/0.jpg

14.2.2　锚索型悬浮隧道的受力

锚索型悬浮隧道在海洋环境中受到多种载荷,锚索和管体组成的系统整体会受到波浪、海流等常规环境载荷。此外,还可能受到地震、落物冲击以及内波等极端载荷。隧道管体除受到环境载荷外,还受到锚索的拉力。可选用第二章介绍的相关理论方法来计算作用于管体和锚索的波浪力和海流力。如锚索为小尺度结构物,其承受的波浪载荷可选用莫里森方程进行计算;管体为大尺度结构物,可选用势流理论计算作用于其上的波浪载荷，海流力则根据绕流理论进行计算，详细内容见第二章。计算流体力学（Computational Fluid Dynamics，CFD）方法已经被广泛地应用于分析海洋结构物在波浪和海流等环境载荷作用下的动力学响应。其对流体运动的控制方程——Navier-Stokes 方程进行离散求解，可以准确地获得流场中每一时刻结构物表面的压力，沿着结构物表面进行压力积分即可获得作用于结构物上的流体力和力矩：

$$f_{\text{fluid}}=\sum f p_f a_f-\sum f \tau_f a_f \tag{14-1}$$

$$n_{\text{fluid}}=\sum f\left[r_f\times\left(p_f a_f\right)\right]-\sum f\left[r_f\times\left(\tau_f a_f\right)\right] \tag{14-2}$$

式中：p_f 和 τ_f 分别为作用于面 f 上的压力和剪切应力；a_f 为面 f 的面积矢量；r_f 为体质心到面 f 中心的距离矢量。

因此，CFD 方法可以综合考虑作用于结构物上的各种流体载荷，锚链上的系泊力可根据悬链线理论进行计算。

14.3 悬浮隧道动力学方程构建

悬浮隧道平移运动方程为

$$m\frac{\mathrm{d}v}{\mathrm{d}t}=F \tag{14-3}$$

式中：m 为悬浮隧道质量；F 为作用于其上的合力；v 为质心的速度。

$$F=f_{\mathrm{r}}\sum f+\sum f_{\mathrm{c}} \tag{14-4}$$

式中：f_{c} 为由多体约束或接头产生的外力；f 为所有其他力，如流体力、重力；f_{r} 为时间跃升函数，且有

$$f_{\mathrm{r}}=\begin{cases}0 & t<t_{\mathrm{s}}\\ \dfrac{t-t_{\mathrm{s}}}{t_{\mathrm{r}}} & t_{\mathrm{s}}\leqslant t\leqslant t_{\mathrm{s}}+t_{\mathrm{r}}\\ 1 & t\geqslant t_{\mathrm{s}}+t_{\mathrm{r}}\end{cases} \tag{14-5}$$

建立悬浮隧道旋转运动方程：

$$\boldsymbol{M}\frac{\mathrm{d}\omega}{\mathrm{d}t}+\omega\times\boldsymbol{M}\omega=N \tag{14-6}$$

式中：$\boldsymbol{M}$ 为惯性矩张量；ω 为悬浮隧道旋转运动的角速度；N 为作用于体的合力矩。

$$N=f_{\mathrm{r}}\sum n+\sum n_c \tag{14-7}$$

式中：n_{c} 为由约束或接头产生的外力矩；n 为流体力矩。

惯性矩张量可展开为

$$\boldsymbol{M}=\begin{pmatrix}M_{xx} & M_{xy} & M_{xz}\\ M_{xy} & M_{yy} & M_{yz}\\ M_{xz} & M_{yz} & M_{zz}\end{pmatrix} \tag{14-8}$$

14.4　波流耦合作用下悬浮隧道动力响应分析

下面采用 CFD 方法介绍波流耦合作用下悬浮隧道动力响应，以 StarCCM⁺为例。

基于有限体积法对流体域进行空间离散，在离散的控制体内，流体流动的控制方程被转化为代数方程，结合边界条件和初始条件对代数方程进行迭代求解，可得到实际流动问题的数值解。不考虑水的可压缩性，流体流动的控制方程采用时均化的连续性方程和雷诺方程（RANS）：

$$\frac{\partial \overline{u_i}}{\partial x_i}=0 \tag{14-9}$$

$$\rho\left[\frac{\partial \overline{u_i}}{\partial t}+\frac{\partial\left(\overline{u_i u_j}\right)}{\partial x_j}\right]=-\frac{\partial \overline{p}}{\partial x_i}+\mu\nabla^2\overline{u_i}+\frac{\partial}{\partial x_j}\left(-\rho\overline{u_i' u_j'}\right)+\overline{\rho g_i} \tag{14-10}$$

式中：$\overline{u_i}$ 为速度的时均值；$\overline{p}$ 为压力的时均值；μ 为流体的动力学黏度；ρ 为流体的密度；$\overline{\rho g_i}$ 为体积力的平均值；g_i 为重力加速度；$-\rho\overline{u_i' u_j'}$ 为雷诺应力项，它是一个二阶张量。

因为式（14-10）中出现了雷诺应力项，使得流体运动的控制方程不封闭，选择 k-ε 湍流模型作为补充方程建立雷诺应力和平均速度之间的关系，从而使得式（14-9）和式（14-10）变得封闭可求解。

使用欧拉多相流模型建立空气相和水相，VOF 方法捕捉两相的交接面。计算域左侧和右侧边界设定为"速度入口"边界，该边界条件可模拟出真实物理推板造波过程，基于深水条件下斯托克斯波理论指定波浪参数，并指定波浪传播方向为从左侧传向右侧，底部边界为壁面，顶部边界为"压力出口"边界，前后侧面设置为"对称平面"，该边界条件使得平面法向速度梯度为零，从而使模拟问题转化为二维问题。同时，对"速度入口"边界使用"wave force"选项消波，并设定"wave force length"为 2 倍的波长，该消波方法允许选择更小的计算域尺寸，从而提高计算效率，边界条件和计算域尺寸的选取如图 14-5（a）所示。

基于"切割体网格"对流体计算域进行剖分，由于 SFT 存在大幅度刚体运动，选用重叠网格法离散 SFT 周围计算域，为了保证网格插值的准确性，背景区域网格尺寸和重叠区域网格尺寸大小应接近。在自由液面附近，波浪与结构物存在较显著的相互作用，因此自由液面附近区域的网格需要细化，细化网格的标准是单位波长应划分为 80 个网格，单位波高应划分为 20 个网格。由于流体存在黏性，SFT 表面存在一定厚度的边界层，在边界层内速度梯度较大，剪应力大小不可忽略。因此，对 SFT 表面使用"棱柱层网格"进行划分，以准确计算黏性剪切力，图 14-5（b）所示为垂直于 y 轴的截面上的网格划分。StarTARCCM⁺中的"DFBI"模块可以求解 SFT 的受力和运动，同时应用该模块下的"悬链线"选项可以建立 SFT 的管体和锚链构

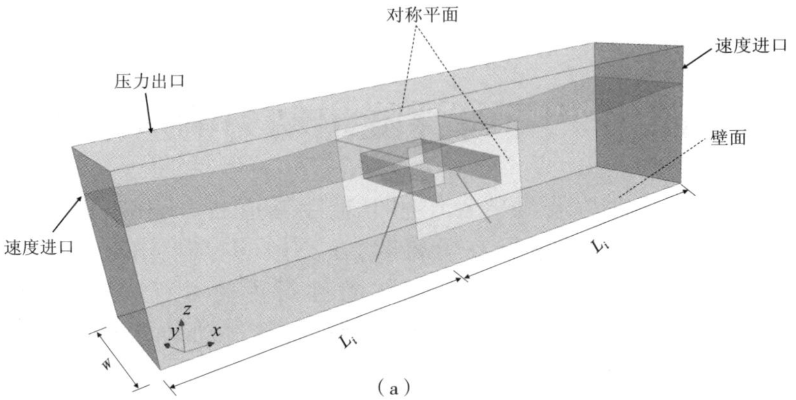

（a）

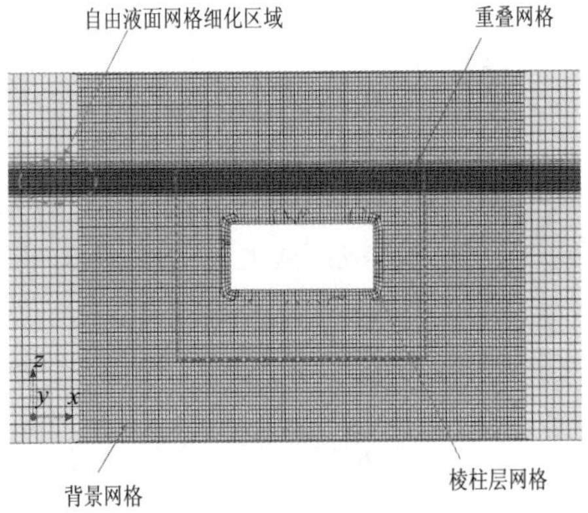

（b）

图 14-5　边界条件设定和网格划分图

成系统的数值计算模型。选用悬链线模型对锚链进行建模，悬链线悬挂在两个端点之间，承受重力场导致的自身重量。在局部笛卡尔坐标系中，悬链线的形状可由参数方程组给定：

$$\begin{cases} x = au + b\sinh u + \alpha \quad (u_1 \leqslant u \leqslant u_2) \\ y = a\cosh u + \dfrac{b}{2}\sinh^2 u + \beta \end{cases} \tag{14-11}$$

式中：$a = \dfrac{c}{\lambda_0 g}$，$b = \dfrac{ca}{DL_{\mathrm{eq}}}$，$c = \dfrac{\lambda_0 L_{\mathrm{eq}} g}{\sinh u_2 - \sinh u_1}$，其中 g 为重力加速度，λ_0 和 L_{eq} 分别为无力条件下悬链线的单位长度质量和松弛长度，D 为悬链线刚度；α 和 β 为积分常数，取决于两个端点的位置和悬链线的总质量。

曲线参数 u 与悬链线曲线倾角 ϕ 的关系为

$$\tan\phi = \sinh u \tag{14-12}$$

参数值 u_1 和 u_2 表示悬链线端点 p_1 和 p_2 在参数空间中的位置。作用于悬链线两个端点的力 f_1 和 f_2 分别沿着参数值 u_1 和 u_2 处的悬链线曲线的局部切线矢量方向，且有

$$\begin{cases} f_{1,x} = c \\ f_{1,y} = c\sinh u_1 \end{cases} \tag{14-13}$$

$$\begin{cases} f_{2,x} = -c \\ f_{2,y} = -c\sinh u_2 \end{cases} \tag{14-14}$$

这些力和生成的悬链线曲线如图 14-6 所示。

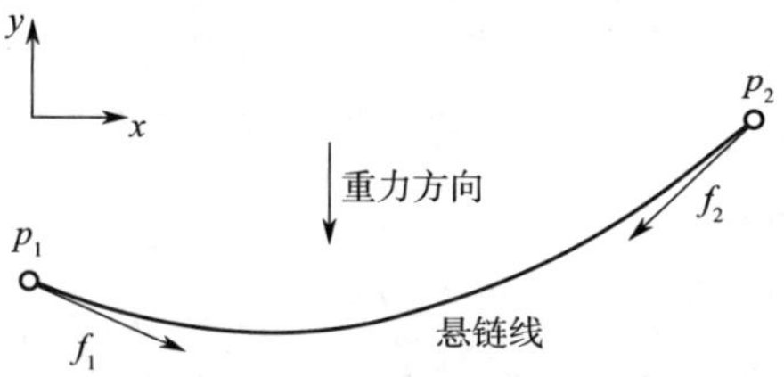

图 14-6　悬链线曲线示意图

设置粗、中、细三套网格，基础尺寸分别为 0.226 m、0.16 m 和 0.113 m，对应网格数量分别为 28 万、79 万和 237 万。对比发现，细网格计算得到的无量纲横荡幅值（δ_x/H_i）、无量纲垂荡幅值（δ_z/H_i）和无量纲纵摇幅值（$\alpha B/(2H_i)$）均更大且更加接近试验值。细网格和中等网格计算得到的 δ_x/H_i，δ_z/H_i 和 $\alpha B/(2H_i)$ 之间的偏差分别为 2.6%、9.5%和 6.5%，见表 14-2。可见，在中等网格基础上进一步细化网格，仅对 δ_z/H_i 有较大影响，而中等网格尺寸计算所得 δ_z/H_i 与试验值误差已较小，综合考虑计算精度和效率，选用中等网格尺寸为标准进行网格划分。

表 14-2　不同网格尺寸的计算结果

网格质量	网格数	δ_z/H_i	$\alpha B/(2H_i)$	δ_x/H_i
粗网格	28 万	0.038	0.289	0.341
中等网格	79 万	0.042	0.294	0.345
细网格	237 万	0.046	0.313	0.354

分析 SFT 在波浪载荷单独作用下和波流耦合作用下的响应。

14.4.1　规则波作用下的 SFT 运动响应

波浪载荷参数见表 14-3。如图 14-7 和图 14-8 所示，当波高增大时，a_x，a_z，F_{off}，F_{on} 和 δ_z/H_i 等的最大值均显著增大，当波高从 0.046 m 增大到 0.138 m，δ_z/H_i 的最大值从 0.075 增大到 0.284，增大近 3 倍，且各响应的时历曲线的非线性特征增大。当波高改变时，无量纲横荡幅值 δ_x/H_i 无显著变化，无量纲纵摇幅值 $\alpha B/(2H_i)$ 的最大值则随波高先增大后减小。

表 14-3　波浪载荷参数

d(m)	H_i(m)	L_i(m)	H_i/L_i	d_s(m)	β(°)
0.9	0.046	1.575	0.029	0.102	60
0.9	0.092	1.575	0.058	0.102	60
0.9	0.138	1.575	0.088	0.102	60

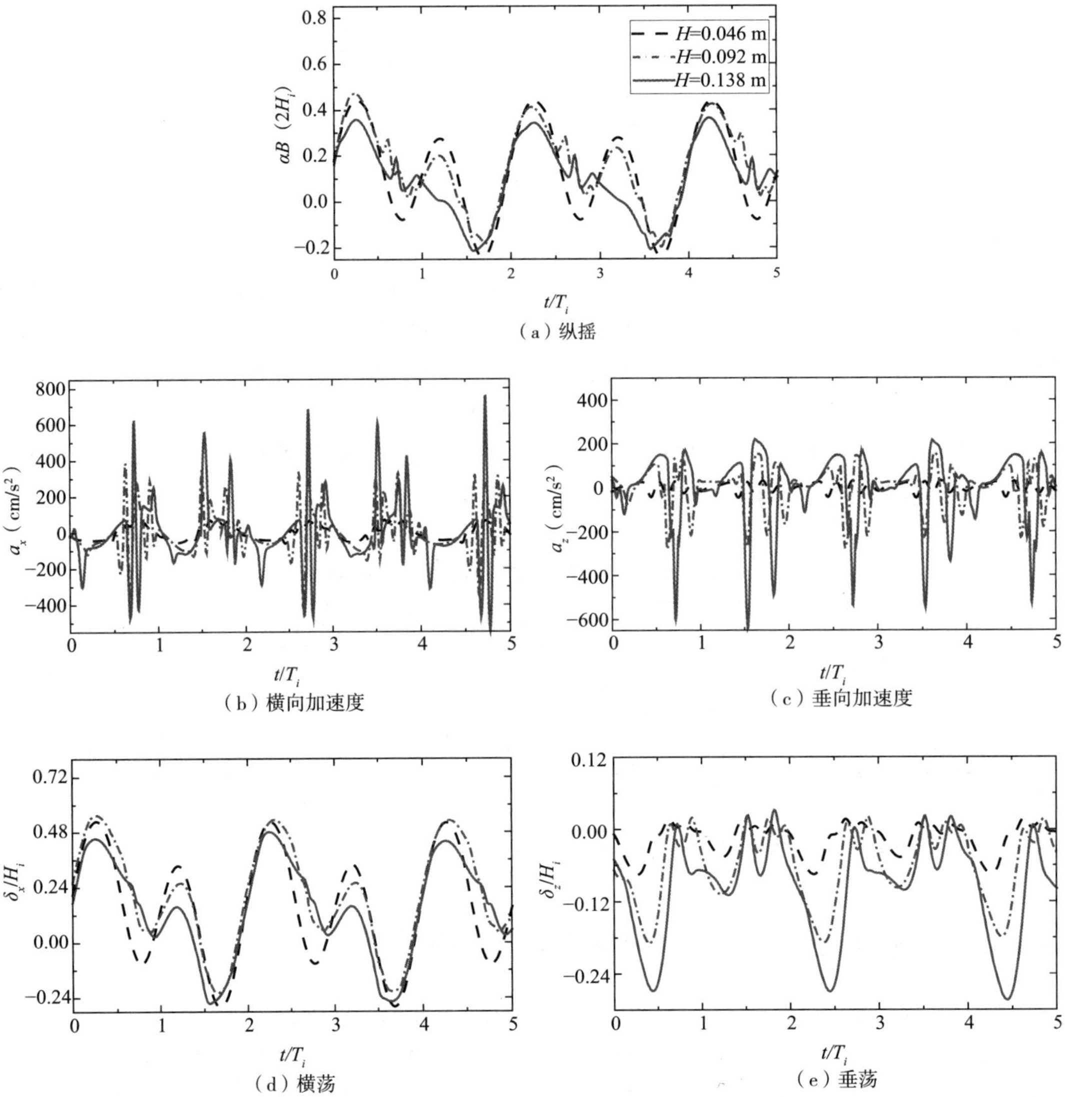

（a）纵摇

（b）横向加速度

（c）垂向加速度

（d）横荡

（e）垂荡

图 14-7　波浪载荷下 SFT 的动力响应时历曲线

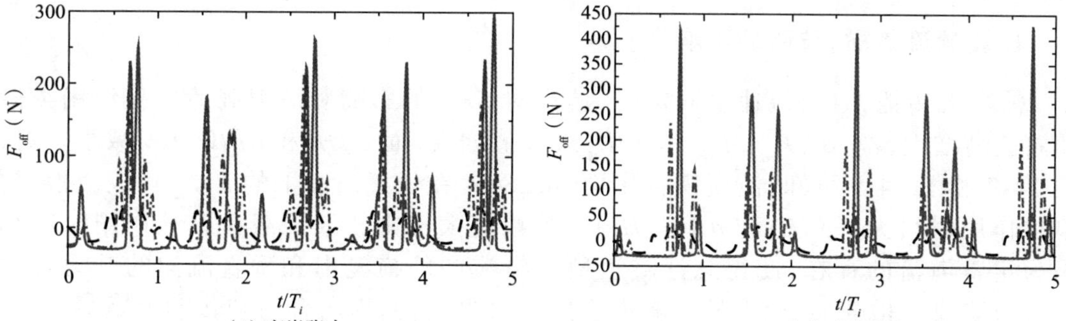

（f）离岸张力　　（g）向岸张力

图 14-7　波浪载荷下 SFT 的动力响应时历曲线（续）

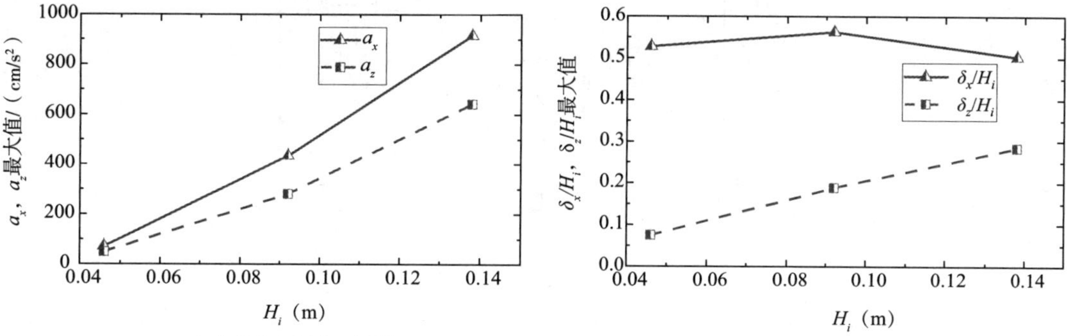

（a）横向与垂向加速度　　（b）横荡，垂荡

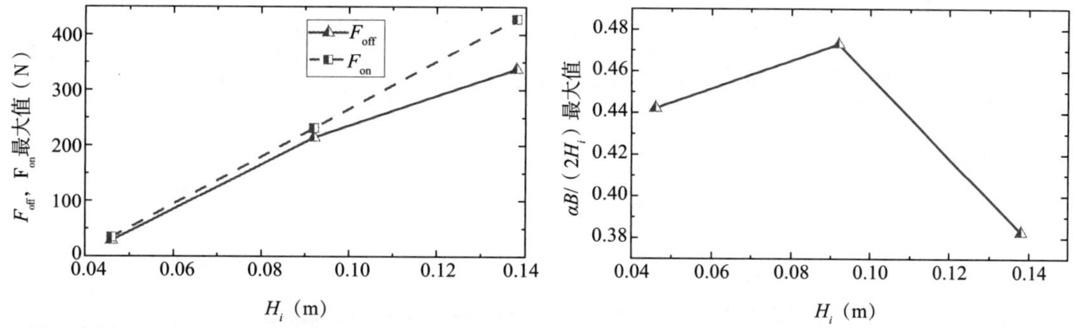

（c）离岸与向岸张力　　（d）纵摇

图 14-8　SFT 各响应最大值随波高的变化规律

14.4.2　波流耦合下的 SFT 运动响应

波浪载荷参数不变，同时存在来流条件，分析波高的影响时海流速度固定为 0.175 m/s，分析海流速度的影响时波高则固定为 0.092 m，最后固定波高和海流速度分别为 0.092 m 和 0.175 m/s，分析波浪和海流传播方向不同时 SFT 的响应特征。

1. 波顺流传播,波高的影响

波顺流传播,且海流速度固定时,波高对 SFT 的影响和波浪载荷单独作用类似,随着波高增大,a_x,a_z,F_{off},F_{on} 和 δ_z/H_i 最大值增大,而 δ_x/H_i 和 $\alpha B/(2H_i)$减小。对比图 14-7 和图 14-9 可知,波流耦合作用时, SFT 在任意波高下的 δ_z/H_i 均较波浪载荷单独作用时增大, δ_x/H_i 和 $\alpha B/(2H_i)$振动幅值大小则较波浪载荷单独作用时减小。因为定常海流的存在,使得悬浮隧道遭受沿流向的拖曳力和垂直流向的升力,这两个力与波浪力相叠加,使得悬浮隧道垂向合力更大,而横向合力和转动力矩减小。

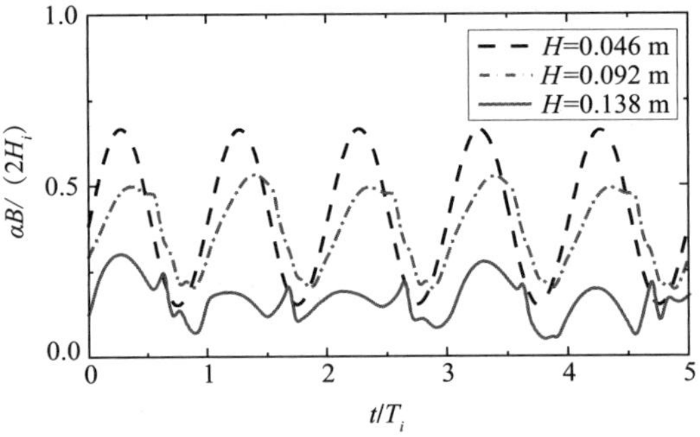

(a) 纵摇

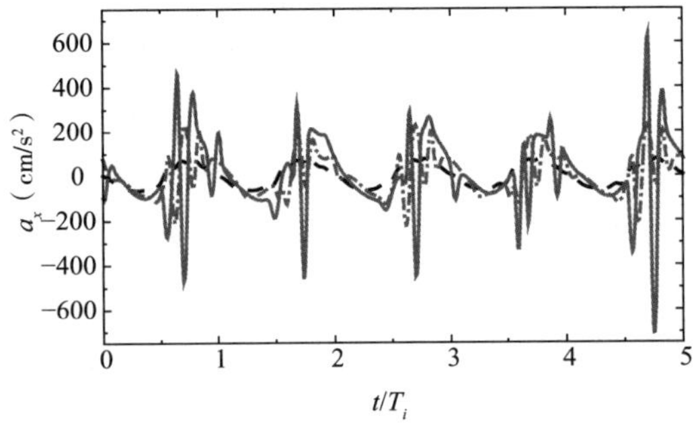

(b) 横向加速度

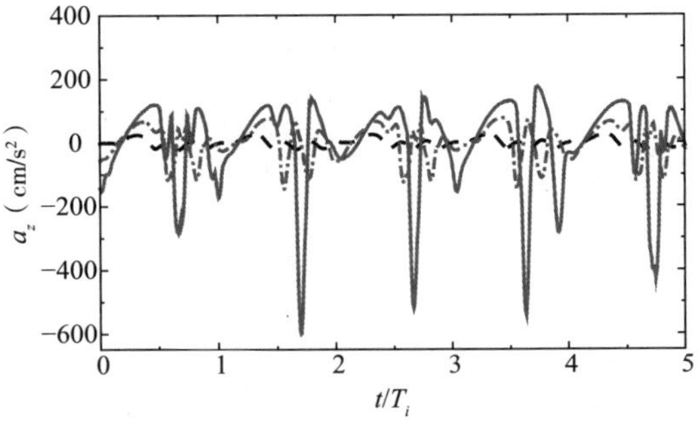

(c) 垂向加速度

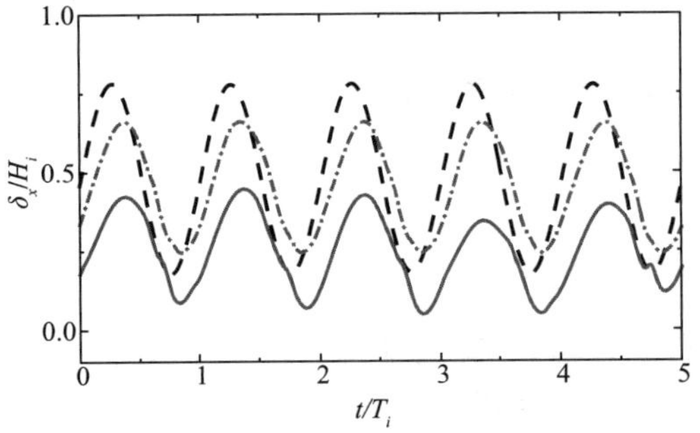

(d) 横荡

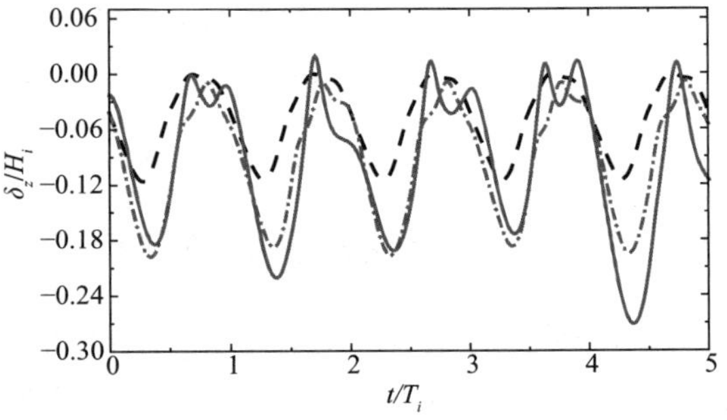

(e) 垂荡

图 14-9 波流同向,不同波高下响应时历曲线

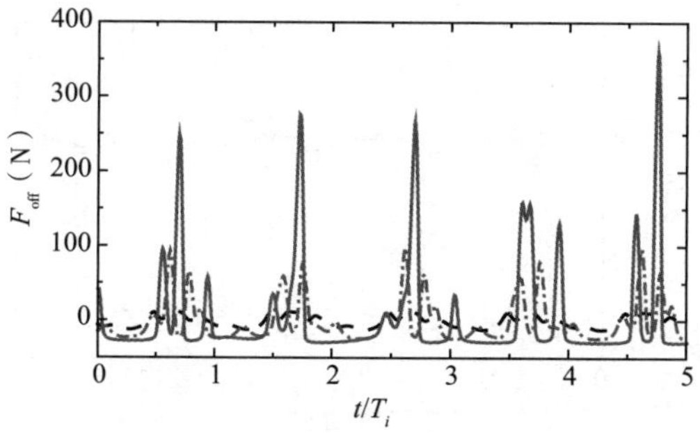

（f）离岸张力

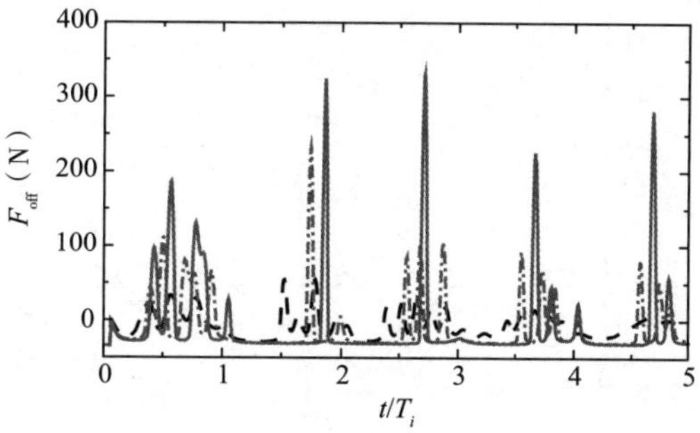

（g）向岸张力

图 14-9 波流同向，不同波高下响应时历曲线（续）

2. 波顺流传播，海流速度的影响

波顺流传播，当海流速度从 v=0.088 m/s 增大到 0.349 m/s 时，SFT 的 a_x，a_z，F_{on} 和 F_{off} 最大值均显著减小。当海流速度 v=0.349 m/s 时，迎着流向的锚链始终受力，而另一侧锚链完全处于松弛状态，无张力。此时，悬浮隧道的纵摇运动周期和幅值主要受漩涡脱落周期力控制，可以发现海流速度较大时，由漩涡脱落引起作用于悬浮隧道表面升力足以使其垂荡和纵摇运动有相当的幅值，而较小的阻力也使得横荡运动幅值较小，如图 14-10 所示。

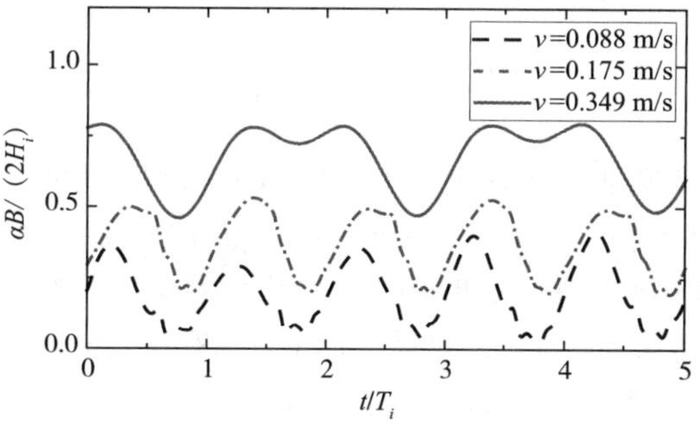

（a）纵摇

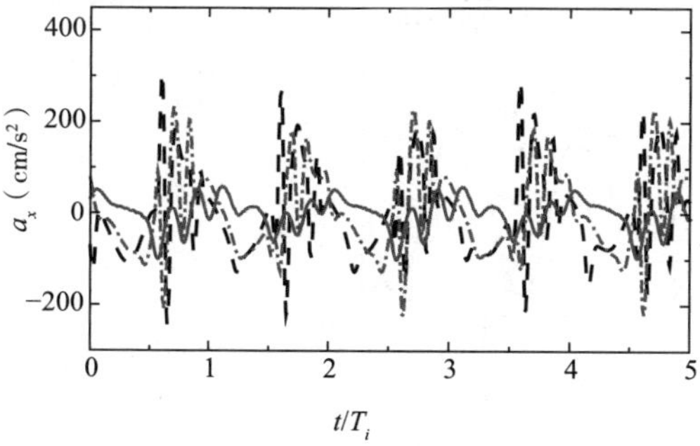

（b）横向加速度

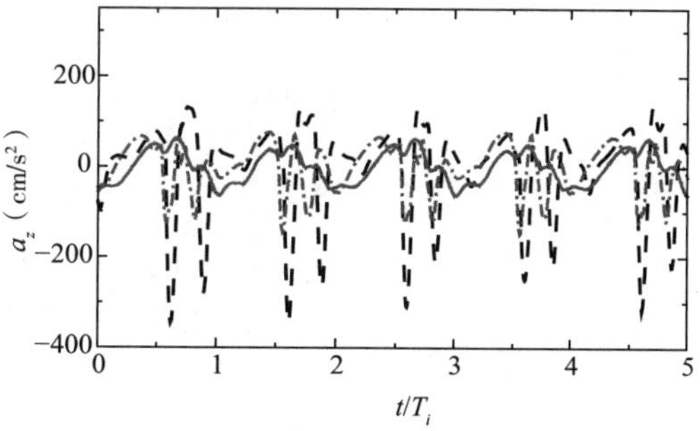

（c）垂向加速度

图 14-10 波流同向，不同来流速度下响应时历曲线

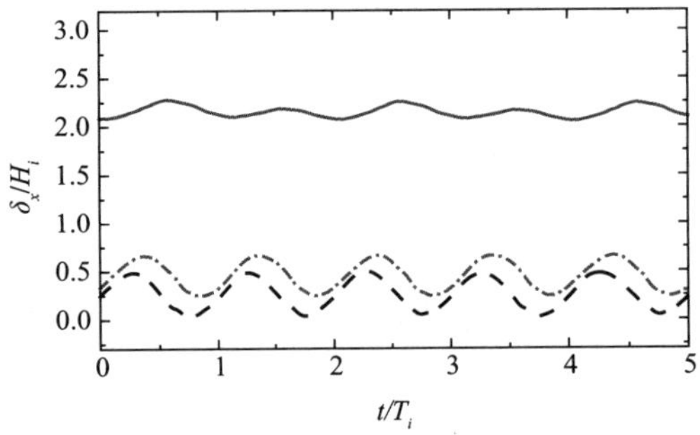

（d）横荡

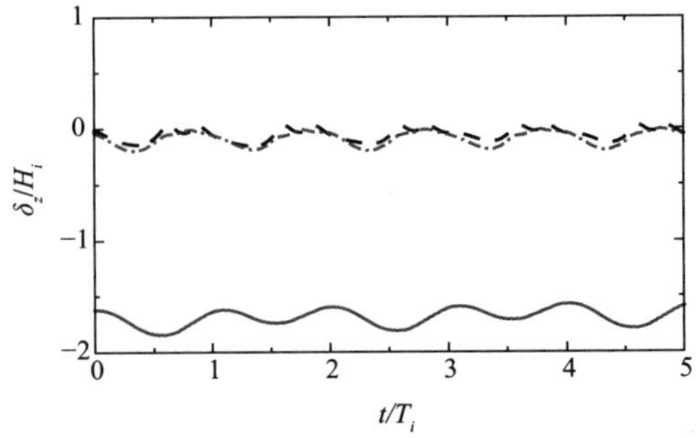

（e）垂荡

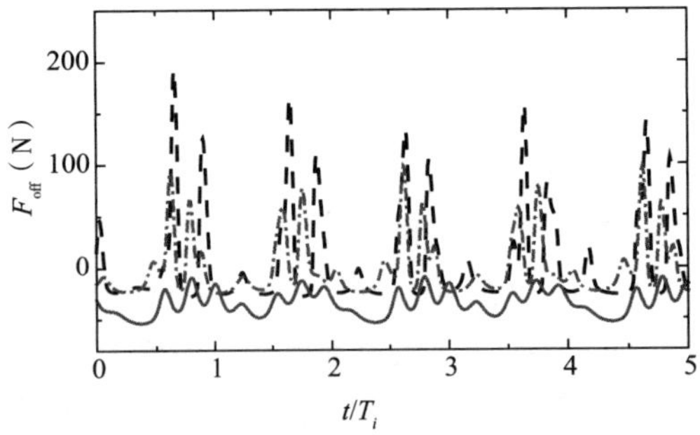

（f）离岸张力

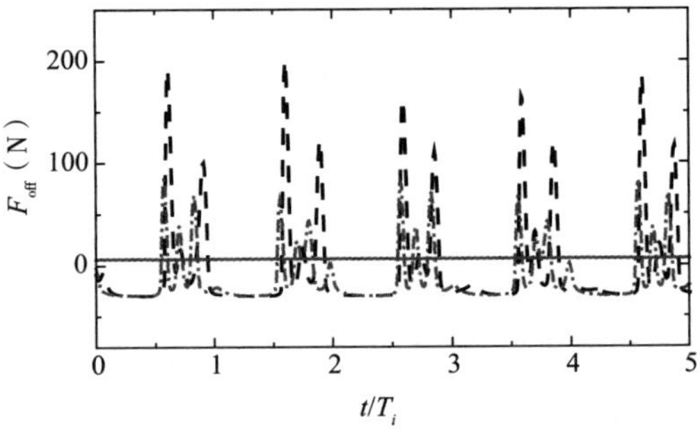

（g）向岸张力

图 14-10　波流同向，不同来流速度下响应时历曲线（续）

3. 波逆流传播

由图 14-13 可知，波流同向（θ=0°）和反向（θ=180°）时，对于固定波高和海流速度，波逆流传播时，SFT 的 a_x，a_z，F_{on} 和 F_{off} 的最大值均显著增大；相比波顺流传播时分别增大约 27.6%、130%、36%和 89%；无量纲横荡幅值 δ_x/H_i 和无量纲纵摇幅值 $\alpha B/(2H_i)$ 相比波顺流传播时则分别增大约 66.2%和 82.6%。然而，SFT 的无量纲垂荡运动 δ_z/H_i 最大值却显著减小，减小约 39.4%。

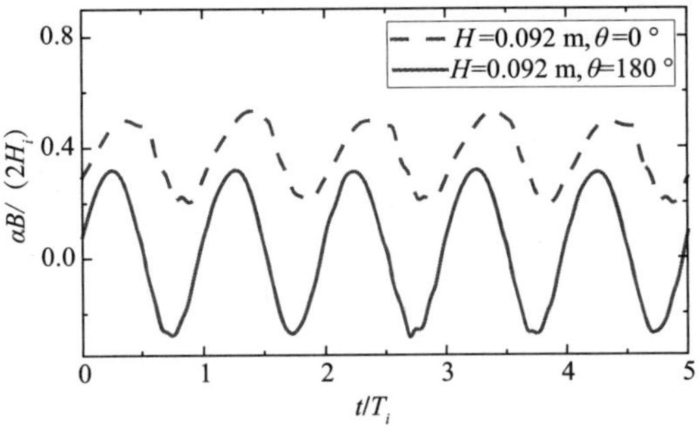

（a）纵摇

图 14-11　波流同向和反向时 SFT 动力响应的对比

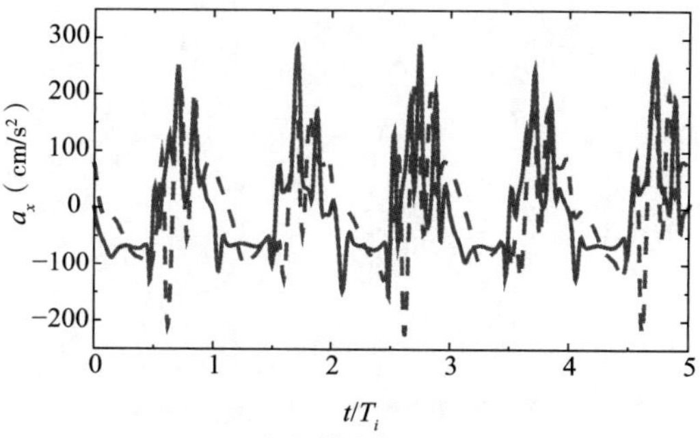

（b）横向加速度

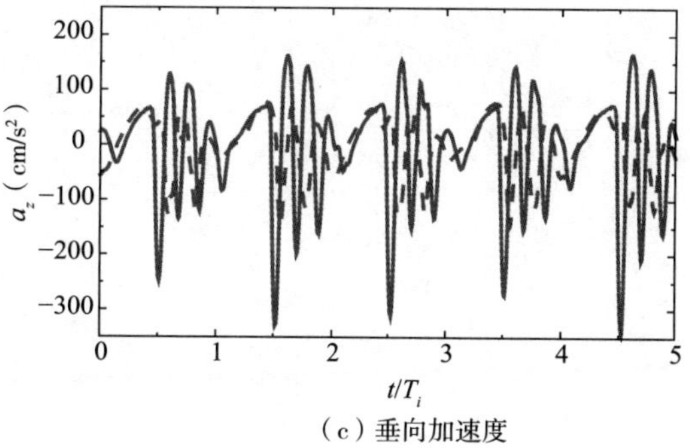

（c）垂向加速度

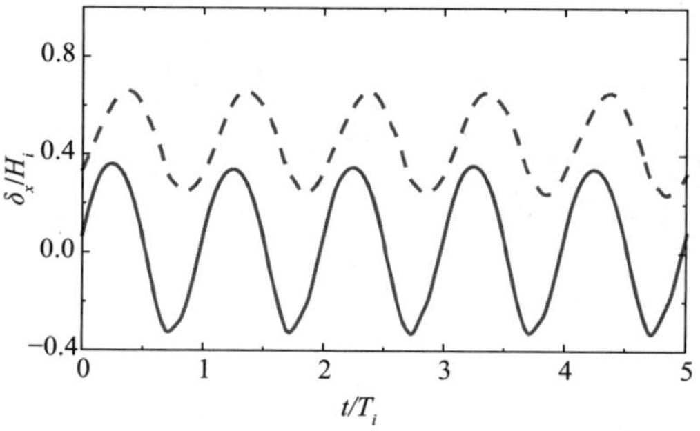

（d）横荡

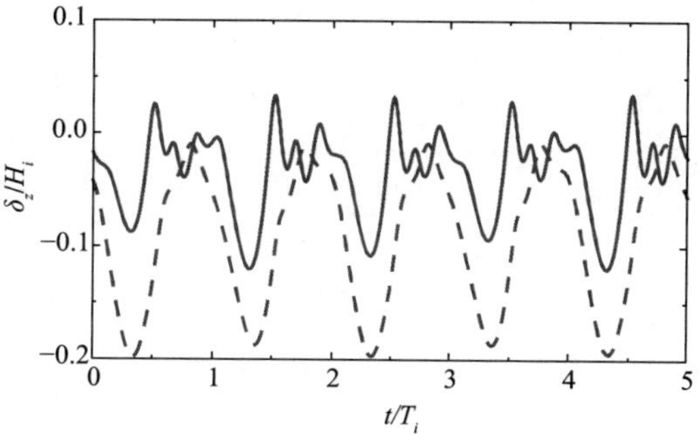

（e）垂荡

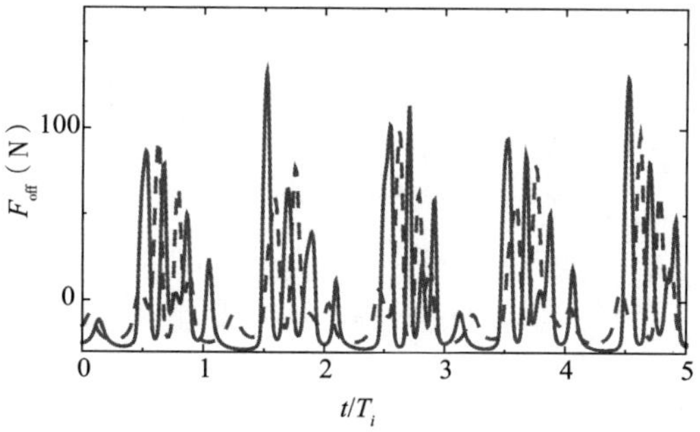

（f）离岸张力

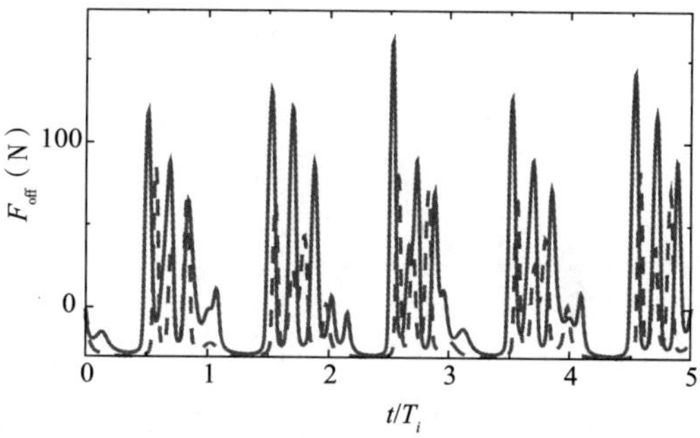

（g）向岸张力

图 14-11　波流同向和反向时 SFT 动力响应的对比（续）

Chapter 15

第十五章

海洋工程实际中非线性振动问题

15.1 海洋工程结构非线性振动特点

15.1.1 海洋工程结构的非线性因素

海洋工程中存在大量非线性振动问题，引起非线性振动的原因可分为结构非线性和环境非线性两种。

1. 结构本身非线性

（1）结构由弹性工作状态进入弹塑性状态，结构总体刚度降低，阻尼随之发生变化。在海洋工程和船舶结构设计过程中，允许船体结构进入小范围的弹塑性状态（海洋工程结构均为高次超静定系统），这种考虑结构弹塑性效应和小范围损伤的动力分析均属于非线性的。此外，浮体在水中运动与水摩擦会产生能量损失，浮体运动向外辐射能量。对于船舶而言，横摇阻尼来自摩擦、漩涡阻尼、附体阻尼等，这些阻尼与船舶运动速度的关系是非线性的。

（2）结构的构造形式和工作特点导致其在海洋中的振动具有非线性，如海洋浮体结构的恢复力来自水下部分的排水体积和浮心位置的改变，重力和浮力形成恢复力矩，浮体结构水下部分的形状为曲面，导致恢复刚度会发生非线性变化。此外，海洋工程中大量使用的系泊系统，无论是单点系泊还是多点系泊，其缆索中的张力均为非线性的。对于在深海开发工程中的张力腿平台，张力腿在波流作用下的动态响应及其稳定性都属于非线性问题。

2. 环境非线性

海洋结构除与和结构形状有关的自身非线性因素外，还与结构所受的水动力载荷有关。风暴、潮流、波浪及海冰对海洋工程结构物的作用都具有非线性的特点，由此引起的结构振动也是非线性的。细长杆件所受水动力按照莫里森方程计算，其拖曳力部分包括结构振动速度的平方项，因此载荷是非线性的。对于大尺度结构，所受波浪载荷包括一阶波浪力和二阶波浪力，甚至更高阶的载荷，按照斯托克斯（Stokes）公式计算波浪载荷也是非线性的。

15.1.2 海洋工程中的非线性振动问题

1. 船舶横摇——结构非线性

船舶在规则横浪中发生横摇运动，横摇运动方程为

$$I_{\phi}\ddot{\phi}+R(\dot{\phi},t)+K(\phi,t)=M(\Omega,t) \tag{15-1}$$

当横摇角 $\phi>10°$ 时，船舶开始发生大角度横摇。此时，船舶阻尼力是横摇角速度的非线性函数，恢复力矩也是横摇角的非线性函数。

非线性阻尼力矩可表示为

$$R(\dot{\phi},t)=B_1\dot{\phi}+B_3\dot{\phi}^3 \tag{15-2}$$

恢复力矩可根据静稳性曲线拟合得到，其表达式为

$$K(\phi,t)=k_1\phi+k_3\phi^3+k_5\phi^5+\cdots \tag{15-3}$$

考虑规则波，波浪干扰力矩可以写为简谐形式：

$$M(\varOmega,t)=M_0\cos\varOmega t \tag{15-4}$$

式中：M_0 为波浪干扰力矩的幅值；$\varOmega$ 为波浪力矩的圆频率（rad/s）。

得到船舶横摇非线性运动方程为

$$I_{\phi}\ddot{\phi}+B_1\dot{\phi}+B_3\dot{\phi}^3+k_1\phi+k_3\phi^3+k_5\phi^5=M_0\cos\varOmega t \tag{15-5}$$

船舶在纵浪中航行时，排水量和稳心的位置是实时变化的，横摇恢复力矩是横摇、波面升高及时间的函数，即

$$K(\phi,t)=\varDelta\cdot\overline{GZ}(\phi,\eta,t) \tag{15-6}$$

式中：η 为波面升高；$\varDelta$ 为排水量；$\overline{GZ}(\phi,\eta,t)$ 为船舶横摇恢复力臂，且

$$\overline{GZ}=\left[\overline{GM}+gm(t)\right]\phi+K_3\phi^3+K_5\phi^5 \tag{15-7}$$

式中：$gm(t)$为波浪对初稳性高的影响，其是时变的初稳性高的波动项，为微分方程的时变系数，即参数激励项；$\overline{GM}$ 为静水中船体的初稳性高；K_3 和 K_5 分别为三次和五次非线性恢复力矩系数，可由静稳性曲线拟合得到。

得到横摇运动方程为

$$I_{\phi}\ddot{\phi}+B_1\dot{\phi}+B_3\dot{\phi}^3+\varDelta\left\{\left[\overline{GM}+gm(t)\right]\phi+K_3\phi^3+K_5\phi^5\right\}=0 \tag{15-8}$$

令

$$\begin{cases} 2\hat{\mu}=\dfrac{B_1}{I_{\phi\phi}+\delta I_{\phi\phi}},\hat{\mu}_3=\dfrac{B_3}{I_{\phi\phi}+\delta I_{\phi\phi}},\omega_{\phi}=\sqrt{\dfrac{\varDelta\cdot\overline{GM}}{I_{\phi\phi}+\delta I_{\phi\phi}}} \\ k_3=\dfrac{\varDelta\cdot K_3}{\left(I_{\phi\phi}+\delta I_{\phi\phi}\right)\omega_{\phi}^2},k_5=\dfrac{\varDelta\cdot K_5}{\left(I_{\phi\phi}+\delta I_{\phi\phi}\right)\omega_{\phi}^2},h(t)=\dfrac{\varDelta\cdot gm(t)}{\left(I_{\phi\phi}+\delta I_{\phi\phi}\right)\omega_{\phi}^2} \end{cases} \tag{15-9}$$

式中：ω_{ϕ} 为船舶横摇固有频率。

可得到

$$\ddot{\phi}+2\hat{\mu}\dot{\phi}+\hat{\mu}_3\dot{\phi}^3+\omega_{\phi}^2[\phi+k_3\phi^3+k_5\phi^5+h(t)\phi]=0 \tag{15-10}$$

在规则纵浪中，参数激励项按简谐规律变化，即

$$h(t)=h_0\cos\varOmega t \tag{15-11}$$

式中：h_0 为无因次参数激励幅值；$\varOmega$ 为参数激励频率。

得到规则纵浪中的船舶参数激励**非线性**横摇方程为

$$\ddot{\phi}+2\hat{\mu}\dot{\phi}+\hat{\mu}_3\dot{\phi}^3+\omega_{\phi}^2[\phi+k_3\phi^3+k_5\phi^5+h_0\cos(\varOmega t)\phi]=0 \tag{15-12}$$

2. 多点系泊系统——结构非线性

为有效限制浮体在海水中的自由运动，通常采用多点系泊的方式将浮体与海底连接，形成多点系泊系统。在迎浪或顺浪状态下，浮体主要表现为纵荡运动，其分析模型如图 15-1 所示。

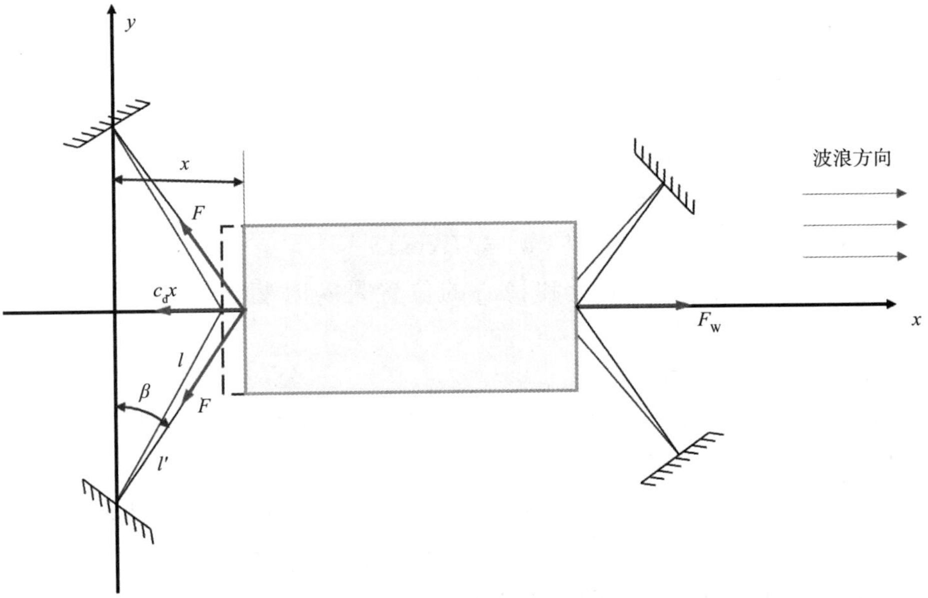

图 15-1　多点系泊分析模型

假定波浪方向与结构长度方向一致，则浮体纵荡力的平衡方程为

$$m\ddot{x}+c_d\dot{x}+2F_H(x,t)=F_W(t) \tag{15-13}$$

式中：x 及其导数 $\dot{x}$，$\ddot{x}$ 分别为结构纵向运动的位移、速度和加速度；m 为包括附连水质量在内的浮体质量；c_d 为流体阻尼系数；$F_H(x,t)$ 为单根系泊缆索张力在水平方向的分力；$F_W(t)$ 为波浪力沿纵向的分量。

若缆索截面面积为 A，材料的弹性模量为 E，初张力为 R_0，则有

$$F_H=F\sin\beta=\frac{x}{l'}\left(R_0+AE\frac{l'-l}{l}\right) \tag{15-14}$$

式中：β 为系泊缆索与横荡方向 y 轴的夹角；l 和 l' 分为系泊缆索的原始和伸长后的长度，有

$$l'=l\sqrt{1+(x/l)^2} \tag{15-15}$$

可得到

$$F_H=R_0\left(\frac{x}{l}\right)+\frac{AE}{2l^3}x^3 \tag{15-16}$$

考虑两根缆索同时起作用，将式(15-16)代入式(15-13)，则可得到多点系泊系统的纵向运动方程为

$$m\ddot{x}+c_{\mathrm{d}}\dot{x}+\frac{2R_0}{l}x+\frac{AE}{l^3}x^3=F_{\mathrm{w}}(t) \tag{15-17}$$

式(15-17)中包含 x^3，所以其是非线性的，其为系泊结构非线性纵荡运动方程。具有三次非线性的方程称为达芬(Duffing)方程，一般形式为

$$m\ddot{x}+c\dot{x}+k_1x+k_3x^3=F_{\mathrm{W}}(t) \tag{15-18}$$

式中：k_1 为线性恢复力刚度项系数；k_3 为**非线性**恢复力刚度项系数。

15.2　系泊系统的非线性振动

张紧式系泊是系泊系统的一种，下面以张力腿结构为例，介绍系泊系统的非线性振动特性。张力腿平台采用张力腿连接浮体结构与海底基础，浮体提供的浮力大于结构重量，剩余浮力由张力腿承受。张力腿具有很大的垂向刚度，在平台浮体垂荡运动过程中，张力腿顶部受到拉压作用，该拉压载荷即参数激励。参数激励和外激励共同作用的振动系统，称为参-强激励振动系统。

15.2.1　张力腿非线性动力学模型构建

考虑平台运动对张力腿流向非线性振动的影响，运用哈密顿原理和基尔霍夫假设，推导得出了张力腿非线性振动的控制方程，采用量纲分析方法对控制方程进行化简，同时将非线性梁的张力腿模型线性化为线性的欧拉-伯努利梁模型，分析二维情况下张力腿流向的非线性动力响应。为保证数值计算的正确性，应用两种完全不同的数值求解方法——伽辽金(Galerkin)法和有限差分法。用这两种方法研究在不同的张力腿长度和平台激励条件下，非线性梁模型与线性欧拉-伯努利梁模型在预测张力腿动力响应时的差异，得到了两个张力腿模型各自的适用范围。

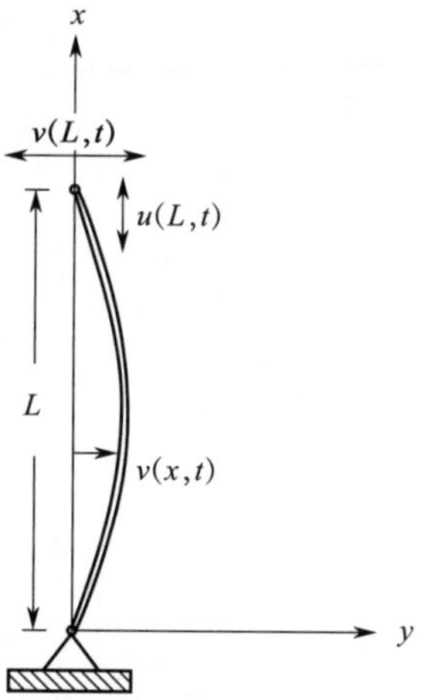

图 15-2　张力腿模型的简化形式

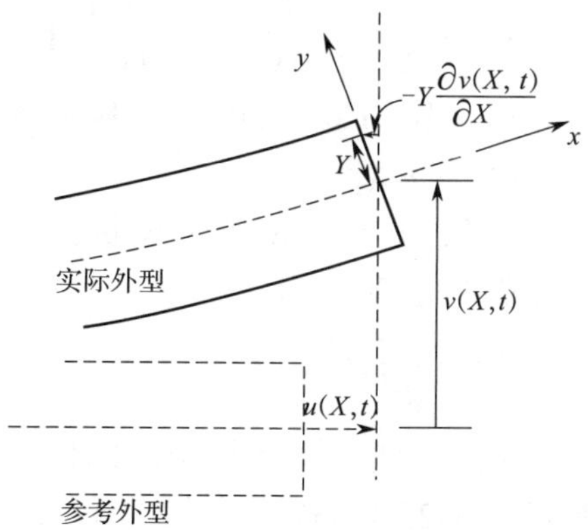

图 15-3　张力腿的位移场示意图

1. 基本假定

如图 15-2 所示,假定运动发生在 oxy 平面内,为了分析流向受迫振动方便,仅考虑张力腿流向的二维振动,忽略横向的涡激振动,建立结构的拉格朗日坐标系,张力腿在运动过程中满足基尔霍夫假设,如图 15-3 所示,相比于转动而言,变形是小量。由此得到的张力腿位移场分布为

$$\begin{cases} u_1(X,Y,t)=u(X,t)-Y\dfrac{\partial v(X,t)}{\partial X} \\ u_2(X,t)=v(X,t) \\ u_3(X,t)=0 \end{cases} \tag{15-19}$$

式中:X, Y 为拉格朗日坐标;u_1, u_2, u_3 为 x, y, z 方向的位移;u, v 为张力腿轴线上点的位移。

由于张力腿被简化为一根轴对称梁,轴线上点的位移 u, v 只和坐标 X 及时间 t 有关,Y 也表示张力腿任意截面上一点和轴线之间的垂直距离。

根据基尔霍夫假设,有

$$\frac{\partial u_3}{\partial X}\approx\left(\frac{\partial u_1}{\partial Z}\right)^2<<1 \tag{15-20}$$

也可以用张力腿轴线上点的位移表示,即

$$\frac{\partial u}{\partial X}\approx\left(\frac{\partial v}{\partial X}\right)^2<<1 \tag{15-21}$$

2. 张力腿的势能

根据上面的假设,Green 应变可以写成

$$\begin{cases} \varepsilon_{xx}=\dfrac{\partial u_1}{\partial X}+\dfrac{1}{2}\left(\dfrac{\partial u_2}{\partial X}\right)^2, \varepsilon_{yy}=\dfrac{\partial u_1}{\partial Y}, \varepsilon_{xy}=\dfrac{1}{2}\left(\dfrac{\partial u_2}{\partial X}+\dfrac{\partial u_1}{\partial Y}\right) \\ \varepsilon_{yz}=0, \varepsilon_{xz}=0, \varepsilon_{zz}=0 \end{cases} \tag{15-22}$$

根据式(15-19),化简 Green 应变:

$$\varepsilon_{xx}=\frac{\partial u}{\partial X}-Y\frac{\partial^2 v}{\partial X^2}+\frac{1}{2}\left(\frac{\partial v}{\partial X}\right)^2, \varepsilon_{yy}=0, \varepsilon_{xy}=0 \tag{15-23}$$

忽略泊松比的影响,第二类基尔霍夫应力可写成

$$\sigma_{xx}=E\varepsilon_{xx} \tag{15-24}$$

式中:E 为张力腿材料的弹性模量。

张力腿的应变能为

$$PE=\frac{1}{2}\int_{V_0}\sigma_{ij}\varepsilon_{ij}\mathrm{d}V_0 \tag{15-25}$$

式中:V_0 为张力腿在初始构型时的体积。

将式(15-23)和式(15-24)代入式(15-25),可得

$$PE = \frac{E}{2}\iint_{X A_0}\left(u' - Yv'' + \frac{1}{2}v'^2\right)^2 \mathrm{d}A_0\mathrm{d}X \tag{15-26}$$

式中:变量右上角的撇号代表对坐标 X 求导。

将式(15-26)展开,可得

$$PE = \frac{E}{2}\int_0^L\int_{A_0}\left(u'^2 - 2u'v''Y + v'^2u' + Y^2v''^2 - v'^2Yv'' + \frac{1}{4}v'^4\right)\mathrm{d}A_0\mathrm{d}X \tag{15-27}$$

由于张力腿截面具有轴对称性质,被积函数中关于 Y 的奇次项对 A_0 积分后都等于 0,只剩下 Y 的偶次项,而 Y^2 对截面 A_0 的积分等于截面的惯性矩 I_0。因此,张力腿的势能最终可以写成

$$PE = \frac{1}{2}\int_0^L\left[EA_0\left(u' + \frac{1}{2}v'^2\right)^2 + EI_0v''^2\right]\mathrm{d}X \tag{15-28}$$

3. 张力腿的动能

张力腿的动能为

$$KE = \frac{1}{2}\int_0^L\int_{A_0}\left[\rho\left(\dot{u}_1 + \dot{u}_2\right)\right]\mathrm{d}A_0\mathrm{d}X \tag{15-29}$$

式中:变量上面的点代表对时间 t 求导。

把张力腿的位移场表达式(15-19)代入式(15-29),得到

$$\begin{aligned}KE &= \frac{\rho}{2}\int_0^L\int_{A_0}\left[\left(\dot{u} - Y\dot{v}'\right)^2 + \dot{v}^2\right]\mathrm{d}A_0\mathrm{d}X\\ &= \frac{\rho}{2}\int_0^L\int_{A_0}\left(\dot{u}^2 - 2Y\dot{u}\dot{v}' + Y^2\dot{v}'^2 + \dot{v}^2\right)\mathrm{d}A_0\mathrm{d}X\\ &= \frac{1}{2}\int_0^L\left[\rho A_0\left(\dot{u}^2 + \dot{v}^2\right) + \rho I_0\dot{v}'^2\right]\mathrm{d}X\end{aligned} \tag{15-30}$$

4. 哈密顿原理

对于完整系统的 Hamilton 原理可以表示为

$$\delta\int_{t_1}^{t_2}T\mathrm{d}t = -\delta\int_{t_1}^{t_2}W\mathrm{d}t \tag{15-31}$$

式中:T 为系统的动能;t_1,t_2 分别为初始时刻和终端时刻的时间。

δW 是外力做的虚功,如果外力包含有势力,虚功也可以表示为

$$\delta W = -\delta V + \delta W_{\mathrm{nc}} \tag{15-32}$$

式中:V 为系统的势能;δW_{nc} 是外力中非保守力部分所做的虚功。

因此,哈密顿原理也可以写成

$$\delta\int_{t_1}^{t_2}(T - V)\mathrm{d}t = -\delta\int_{t_1}^{t_2}W_{\mathrm{nc}}\mathrm{d}t \tag{15-33}$$

哈密顿原理的这一形式通常用拉格朗日函数 Γ 表示,即

$$\Gamma = T - V \tag{15-34}$$

于是,完整系统的哈密顿原理为

$$\delta\int_{t_1}^{t_2}\Gamma \mathrm{d}t=-\delta\int_{t_1}^{t_2}W_{\mathrm{nc}}\mathrm{d}t \tag{15-35}$$

5. 控制方程和边界条件

张力腿系统的拉格朗日函数 Γ 可以写成

$$\begin{aligned}\Gamma&=T-V=KE-PE\\&=\frac{1}{2}\int_0^L\left[\rho A_0\left(\dot{u}^2+\dot{v}^2\right)+\rho I_0\dot{v}'^2\right]\mathrm{d}X-\frac{1}{2}\int_0^L\left[EA_0\left(u'+\frac{1}{2}v'^2\right)^2+EI_0v''^2\right]\mathrm{d}X\end{aligned} \tag{15-36}$$

外力所做的虚功为

$$\delta W_{\mathrm{nc}}=\int_0^L\left[f_y\left(X,t\right)\delta v+f_x\left(X,t\right)\delta u\right]\mathrm{d}X \tag{15-37}$$

式中：L 为张力腿的长度；f_x，f_y 分别为轴向与流向单位长度的分布力，后面将给出详细的计算公式。

把式（15-36）和式（15-37）代入式（15-35），可以得到

$$\begin{aligned}\delta\int_{t_1}^{t_2}\Gamma \mathrm{d}t&=\int_{t_1}^{t_2}\left\{\int_0^L\left[\rho A_0\left(\dot{u}\delta\dot{u}+\dot{v}\delta\dot{v}\right)+\rho I_0\dot{v}'\delta\dot{v}'-EA_0\left(u'+\frac{1}{2}v'^2\right)\left(\delta u'+v'\delta v'\right)-EI_0v''\delta v''\right]\mathrm{d}X\right\}\mathrm{d}t\\&=\int_{t_1}^{t_2}\delta W_{\mathrm{nc}}\mathrm{d}t=\int_{t_1}^{t_2}\left\{\int_0^L\left[f_y\left(X,t\right)\delta v+f_x\left(X,t\right)\delta u\right]\mathrm{d}X\right\}\mathrm{d}t\end{aligned} \tag{15-38}$$

对（15-38）分部积分，继续化简，可得

$$\begin{aligned}&\delta\int_{t_1}^{t_2}[\int_0^L\left\{-\rho A_0\ddot{u}+\left[EA_0\left(u'+\frac{1}{2}v'^2\right)\right]'\right\}\delta u+\\&\left\{-\rho A_0\ddot{v}+\left(EA_0\left(u'+\frac{1}{2}v'^2\right)v'\right)'+\rho I_0\ddot{v}''-\left(EI_0v''\right)''\right\}\delta v\mathrm{d}X]\mathrm{d}t+\\&\int_{t_1}^{t_2}\left\{\left[\left(EI_0v''\right)'-\rho I_0\ddot{v}'-EA_0\left(u'+\frac{1}{2}v'^2\right)v'\right]\delta v\right\}\Bigg|_0^L\mathrm{d}t+\\&\int_{t_1}^{t_2}\left\{-EA_0\left(u'+\frac{1}{2}v'^2\right)\delta u-EI_0v''\delta v'\right\}\Bigg|_0^L\mathrm{d}t\\&=\int_{t_1}^{t_2}\left\{\int_0^L\left[f_y\left(X,t\right)\delta v+f_x\left(X,t\right)\delta u\right]\mathrm{d}X\right\}\mathrm{d}t\end{aligned} \tag{15-39}$$

于是得到描述张力腿流向受迫振动的非线性控制方程：

$$\rho A_0\ddot{u}-\left(EA_0\left(u'+\frac{1}{2}v'^2\right)\right)'=f_x \tag{15-40}$$

$$\rho A\ddot{v}-\left(EA_0\left(u'+\frac{1}{2}v'^2\right)v'\right)'+\rho I_0\left(\ddot{v}'\right)'+\left(EI_0v''\right)''=f_y \tag{15-41}$$

假设张力腿是两端简支的结构，平台对张力腿的作用通过顶端的位移边界条件施加：

$$u\left(0,t\right)=0 \tag{15-42}$$

$$u(L,t)=U_a(t)+U_{L0} \tag{15-43}$$

$$v(0,t)=0 \tag{15-44}$$

$$v(L,t)=V_a(t) \tag{15-45}$$

$$EI_0 v''(0,t)=0 \tag{15-46}$$

$$EI_0 v''(L,t)=0 \tag{15-47}$$

式中：$U_{L0}=N_0L/EA_0$ 为在初始预张力作用下，张力腿顶端产生的初始位移，其中 N_0 为顶端初始预张力；$U_a(t)$，$V_a(t)$分别为平台垂荡和纵荡的运动形式。

仅考虑单频规则波作用时，平台垂荡和纵荡可写成如下的简谐运动形式：

$$U_a(t)=U_{L1}\cos\omega t \tag{15-48}$$

$$V_a(t)=V_{L0}\sin\omega t \tag{15-49}$$

式中：U_{L1}，V_{L0} 分别为平台垂荡和纵荡的幅值；ω 为张力腿参数振动与受迫振动的圆频率。

6. 振动方程的无量纲化

分别选取张力腿长度 L、振动的圆频率 ω 为空间与时间的特征量，引入无量纲变量：

$$\bar{u}=\frac{u}{L},\bar{v}=\frac{v}{L},\bar{X}=\frac{X}{L},\bar{t}=\omega t \tag{15-50}$$

对式（15-40）和式（15-41）进行无量纲化：

$$\bar{m}\frac{\partial^2\bar{u}}{\partial\bar{t}^2}-\frac{\partial}{\partial x}\left(s^2\left(\frac{\partial\bar{u}}{\partial\bar{X}}+\frac{1}{2}\left(\frac{\partial\bar{v}}{\partial\bar{X}}\right)^2\right)\right)=\bar{f}_x \tag{15-51}$$

$$\bar{m}\frac{\partial^2\bar{v}}{\partial\bar{t}^2}-\frac{\partial}{\partial\bar{X}}\left(s^2\left(\frac{\partial\bar{u}}{\partial\bar{X}}+\frac{1}{2}\left(\frac{\partial\bar{v}}{\partial\bar{X}}\right)^2\right)\frac{\partial\bar{v}}{\partial\bar{X}}\right)-\frac{\partial}{\partial\bar{X}}\left(\bar{J}\frac{\partial\bar{v}^3}{\partial\bar{t}^2\partial\bar{X}}\right)+\frac{\partial^4\bar{v}}{\partial\bar{X}^4}=\bar{f}_y \tag{15-52}$$

其中

$$\bar{m}=\rho A_0\frac{\omega^2L^4}{EI_0},\ s^2=\frac{L^2A_0}{I_0},\ \bar{J}=\rho I\frac{L^2\omega^2}{E},\ \bar{f}_x=f_x\frac{L^3}{EI_0},\ \bar{f}_y=f_y\frac{L^3}{EI_0} \tag{15-53}$$

从无量纲方程可以看出，方程中耦合项的系数都是 s^2，根据 s 的表达式可知，s 是张力腿长度与其回转半径的比值，即张力腿的长径比，当长径比较大时，流向与轴向振动的耦合因素不可忽略，弯曲刚度的影响可以忽略，当张力腿材料的弹性模量 E 很大时，转动惯量的影响可忽略，根据不同的情况式（15-40）和式（15-41）得到了简化。

7. 张力腿的水动力计算

f_x 可以表示成单位长度的浮力与重力的差值：

$$f_x=\rho_f A_f g-\rho A_0 g \tag{15-54}$$

式中：ρ_f 为海水密度；A_f 为圆柱所占用的水体横截面面积；g 为重力加速度。

f_y 根据莫里森方程进行计算，下面简要介绍莫里森方程。

在海洋工程中，波浪力是结构物所受的主要外部载荷之一，因此波浪力的计算是一项重要工作。直到目前为止，与波长相比尺度较小的细长柱体的波浪力计算，在工程设计中广泛采用莫里森方程，它是以绕流理论为基础的半理论半经验公式。

作用在柱体上的波浪力主要来自两个方面：一是由于流体流过桩柱时（桩柱不动）流体产生的加速度或减速度的力，称为惯性力；二是由于流体流过桩柱时与柱体壁面产生摩擦并在柱后产生尾流的力，称为黏性阻力。

于是，作用在单位长度张力腿上的流体力可以写成

$$f_y(X,t)=-C_A\rho_f A_f\ddot{R}^n+C_M\rho_f A_f\dot{U}^n+C_D\rho_f r_{outer}V_{rel}^n\left|V_{rel}^n\right| \tag{15-55}$$

式中：上标 n 代表变量对应于张力腿法向的分量；$\ddot{R}$ 为张力腿的加速度；$\dot{U}$ 为流体质点的加速度；V_{rel} 为流体和张力腿之间的相对速度；C_A，C_D，C_M 分别为附加质量系数、黏性力系数和惯性力系数；r_{outer} 为圆柱外半径。

张力腿的速度和加速度矢量为

$$\begin{cases}\dot{\boldsymbol{R}}=\dot{u}\boldsymbol{i}+\dot{v}\boldsymbol{j}\\ \ddot{\boldsymbol{R}}=\ddot{u}\boldsymbol{i}+\ddot{v}\boldsymbol{j}\end{cases} \tag{15-56}$$

流体和张力腿之间的相对速度为

$$\boldsymbol{V}_{rel}=\left(w_x-\dot{u}\right)\boldsymbol{i}+\left(w_y+U_c-\dot{v}\right)\boldsymbol{j} \tag{15-57}$$

式中：w_x，w_y 为波浪引起的流体质点速度；U_c 为 y 方向的来流速度。

向量在张力腿法线方向的分量可以用向量与张力腿切向量的两次叉乘得到，即

$$\ddot{R}^n=\left|\boldsymbol{l}\times\ddot{\boldsymbol{R}}\times\boldsymbol{l}\right|,V_{rel}^n=\left|\boldsymbol{l}\times\boldsymbol{V}_{rel}\times\boldsymbol{l}\right| \tag{15-58}$$

在张力腿变形过程中，假定张力腿的小倾角假设始终满足，即 $v'\ll 1$ 一直成立，则切向量可以表示为

$$\boldsymbol{l}=\boldsymbol{i}+v'\boldsymbol{j} \tag{15-59}$$

将式（15-56）、式（15-57）、式（15-59）代入式（15-58），得到

$$\begin{cases}\ddot{R}^n=-\ddot{u}v'+\ddot{v}\\ V_{rel}^n=\left(-w_x+\dot{u}\right)v'+\left(w_y+U_c-\dot{v}\right)=w_y-w_xv'+\dot{u}v'-\dot{v}+U_c\end{cases} \tag{15-60}$$

将式（15-60）代入式（15-55），得到

$$\begin{aligned}f_y(X,t)=&-C_A\rho_f A_f\left(-\ddot{u}v'+\ddot{v}\right)+C_M\rho_f A_f\left(\dot{w}_y-\dot{w}_xv'\right)+\\&C_D\rho_f r_{outer}\left(w_y-w_xv'+\dot{u}v'-\dot{v}+U_c\right)\left|w_y-w_xv'+\dot{u}v'-\dot{v}+U_c\right|\end{aligned} \tag{15-61}$$

在此阐述的重点是平台运动对张力腿流向受迫振动的影响，忽略海流，仅考虑波浪作用，波浪对张力腿的作用间接通过平台运动施加，由于张力腿一般处于海平面以下几十米深处，可以近似忽略波浪对张力腿的直接作用力，于是得到计算 f_y 的简化公式为

$$f_y=-C_A\rho_f A_f\ddot{v}-C_D\rho_f r_{outer}v\left|\dot{v}\right| \tag{15-62}$$

8. 非线性方程的线性化

采用韩（Han）和贝纳罗亚（Benaroya）的线性化方法，即仅考虑流向振动，忽略轴向振动，即假定 $u(X,t)=0$，轴向的振动方程（15-40）可化简为

$$\left(\frac{1}{2}EA_0v'^2\right)'=\rho_\mathrm{f}A_\mathrm{f}g-\rho A_0g \tag{15-63}$$

对 X 进行积分，可得

$$\frac{1}{2}EA_0v'^2=(\rho_\mathrm{f}A_\mathrm{f}g-\rho A_0g)X+N_0-(\rho_\mathrm{f}A_\mathrm{f}g-\rho A_0g)L \tag{15-64}$$

将式（15-64）代入式（15-41），可得

$$\rho A_0\ddot{v}-\left\{\left[\left(\rho_\mathrm{f}A_\mathrm{f}-\rho A_0\right)g\left(x-L\right)+N_0\right]v'\right\}'-\rho I_0\left(\ddot{v}'\right)'+\left(EIv''\right)''=f_y\left(X,t\right) \tag{15-65}$$

一般情况下，张力腿材料的弹性模量 E 很大，转动惯量的影响可忽略，则方程（15-65）可以继续化简：

$$\rho A_0\ddot{v}-\left\{\left[\left(\rho_\mathrm{f}A_\mathrm{f}-\rho A_0\right)g\left(x-L\right)+N_0\right]v'\right\}'+\left(EIv''\right)''=f_y\left(X,t\right) \tag{15-66}$$

于是，得到了线性的欧拉-伯努利梁模型。

9. 有限差分法求解振动方程

应用中心差分格式，对方程（15-40）和（15-41）和相应的边界条件式（15-42）至式（15-47）进行空间离散，张力腿长度被平均分成 N 份，得到 N 个计算单元和 $N+1$ 个节点，单元长度为 $\Delta L=L/N$，第一个节点编号为 0，第二个节点编号为 1，直到最后一个节点编号为 N，根据边界条件式（15-42）至式（15-45），底端节点 0 与顶端节点 N 的运动形式是已知的，于是得到关于时间 t 的 $2(N-1)$ 个二阶常微分方程组。数值计算验证发现，N 的取值越大，并不能明显增加计算精度，所以在此仅取 $N=20$，应用四阶龙格-库塔法数值求解。

由于计算过程中需要虚拟节点-1 和 $N+1$ 的数值，所以需要对边界条件进行处理：

$$v''_N=\frac{v_{N+1}-2v_N+v_{N-1}}{(\Delta L)^2}=0\ \Rightarrow\ v_{N+1}=2v_N-v_{N-1} \tag{15-67}$$

$$v''_0=\frac{v_1-2v_0+v_{-1}}{(\Delta L)^2}=0\ \Rightarrow\ v_{-1}=v_1 \tag{15-68}$$

初始条件如下：

$$v(x,0)=0 \tag{15-69}$$

$$\frac{\mathrm{d}v(x,0)}{\mathrm{d}t}=0 \tag{15-70}$$

$$u(x,0)=\frac{(U_{L0}+U_{L1})x}{L} \tag{15-71}$$

$$\frac{\mathrm{d}u(x,0)}{\mathrm{d}t}=0 \tag{15-72}$$

10. 伽辽金法求解振动方程

根据边界条件式(15-42)至式(15-47),应用伽辽金法,令

$$u(x,t)=U_{\mathrm{a}}(t)\frac{x}{L}+\frac{xN_0}{EA}+\sum u_n(t)\sin\frac{n\pi x}{L} \tag{15-73}$$

$$v(x,t)=V_{\mathrm{a}}(t)\frac{x}{L}+\sum v_n(t)\sin\frac{n\pi x}{L} \tag{15-74}$$

将式(15-73)和式(15-74)代入式(15-40)和式(15-41)中,根据振型的正交性,方程两边同时乘以 $\sin(n\pi x/L)$,并在 $[0,L]$ 上积分,得到

$$\begin{aligned}&\ddot{u}_n(t)+\frac{EA}{\rho A}\left(\frac{n\pi}{L}\right)^2 u_n(t)+\frac{EA}{\rho A}\left(\frac{n\pi}{L}\right)^2\frac{V_{\mathrm{a}}(t)}{L}v_v(t)+(-1)^{n+1}\frac{2}{n\pi}\ddot{U}_{\mathrm{a}}(t)\\&=\left[1-(-1)^n\right]\frac{2}{\rho An\pi}f_x\end{aligned} \tag{15-75}$$

$$\begin{aligned}&\ddot{v}_n(t)+\frac{EI\left(\frac{n\pi}{L}\right)^4+EA\left(\frac{U_{\mathrm{a}}(t)}{L}+\frac{N_0}{EA}\right)\left(\frac{n\pi}{L}\right)^2+\frac{3}{2}EA\left(\frac{n\pi}{L}\right)^2\left(\frac{V_{\mathrm{a}}(t)}{L}\right)^2}{\rho A+C_{\mathrm{A}}\rho_{\mathrm{f}}A_{\mathrm{f}}}v_n(t)+\\&\frac{EA\left(\frac{n\pi}{L}\right)^2\frac{V_{\mathrm{a}}(t)}{L}}{\rho A+C_{\mathrm{A}}\rho_{\mathrm{f}}A_{\mathrm{f}}}u_n(t)+(-1)^{n+1}\frac{2}{n\pi}\ddot{V}_{\mathrm{a}}(t)=\frac{2}{L(\rho A+C_{\mathrm{A}}\rho_{\mathrm{f}}A_{\mathrm{f}})}\int_0^L f_y\sin\frac{n\pi x}{L}\mathrm{d}x\end{aligned} \tag{15-76}$$

只计算前三阶模态,即取 $n=3$,这足以保证计算结果的准确性与合理性,得到 6 个关于时间 t 的二阶常微分方程,应用四阶龙格-库塔法数值求解方程组(15-75)与(15-76),采用龙贝格(Romberg)数值积分法对式(15-76)中积分项进行处理。

15.2.2 张力腿非线性振动方程的求解

关于张力腿轴向参数振动问题的研究,前人的工作主要集中在两个方面:一方面是将张力腿简化为线性欧拉-伯努利梁模型,同时考虑平台纵荡和垂荡作用;另一方面是把张力腿看成非线性梁结构,为了简单仅考虑平台的垂荡作用。上述的两种简化方法,最终得到的张力腿参数振动控制方程均为马修方程。关于采用非线性梁模型,同时考虑平台垂荡和纵荡共同作用下,张力腿的非线性动力响应的研究还很少见。综合考虑轴向和流向的非线性因素及耦合效应时,张力腿参数振动的控制方程不再是马修方程,而变为更一般的希尔(Hill)方程。

1. 控制方程和边界条件

假设运动只发生在参考平面内,如图 15-2 所示,采用 Han 和 Benaroya 提出的非线性梁模型,不考虑转动惯量和扭转效应的影响,控制方程为

$$\rho A\ddot{u}-\left(EA\left(u'+\frac{1}{2}v'^2\right)\right)'=f_x \tag{15-77}$$

$$\rho A\ddot{v}-\left(EA\left(u'+\frac{1}{2}v'^2\right)v'\right)'+\left(EIv''\right)''=f_y \tag{15-78}$$

式中：“$\cdot$”代表对时间微分；“$'$”代表对空间微分；ρ 为材料的密度；A 为横截面面积；E 为材料弹性模量；I 为张力腿横截面的惯性矩；u，v 分别为轴向与流向的位移；f_x，f_y 分别为轴向与流向单位长度的分布力，f_x 可以表示成单位长度的浮力与重力的差值，即

$$f_x=\rho_f A_f g-\rho A g \tag{15-79}$$

f_y 根据莫里森方程进行计算，即

$$f_y=-C_A\rho_f A_f\ddot{v}-\frac{1}{2}C_D\rho_f D_0\dot{v}|\dot{v}| \tag{15-80}$$

式中：ρ_f 为海水密度；A_f 为圆柱所占用的水体横截面面积；g 为重力加速度；C_A，C_D 分别为附加质量系数和黏性力系数；D_0 为圆柱外径。

把张力腿看成两端简支的梁结构，假设顶端的运动是关于时间的函数，相应的边界条件如下：

$$u(0,t)=0 \tag{15-81}$$

$$u(L,t)=u_a(t)+u_0 \tag{15-82}$$

$$v(0,t)=0 \tag{15-83}$$

$$v(L,t)=v_a(t) \tag{15-84}$$

$$EIv''(0,t)=0 \tag{15-85}$$

$$EIv''(L,t)=0 \tag{15-86}$$

式中：u_0 为预张力引起的张力腿的预伸长，假设应力与应变之间满足线性的本构关系，则

$$u_0=\frac{N_0 L}{EA} \tag{15-87}$$

式中：N_0 为顶端初始预张力；L 为张力腿的长度。

$u_a(t)$，$v_a(t)$分别为张力腿顶端轴向与流向的运动形式。张力腿顶端的初始位置在平台纵荡的平均位置和垂荡的最低点，顶端平台在波浪的激励作用下运动，不考虑波浪的直接作用，而是通过平台的运动间接施加给张力腿，$u_a(t)$，$v_a(t)$ 可表示为

$$u_a(t)=U_a\cos\omega t \tag{15-88}$$

$$v_a(t)=V_a\sin\omega t \tag{15-89}$$

式中：U_a，V_a 分别为平台垂荡和纵荡的幅值；ω 为张力腿垂荡和纵荡的圆频率。

根据相应的边界条件，应用伽辽金法和模态展开原则，$u(x,t)$，$v(x,t)$可写为

$$u(x,t)=u_a(t)\frac{x}{L}+\frac{xN_0}{EA}+\sum u_n(t)\sin\frac{n\pi x}{L} \tag{15-90}$$

$$v(x,t)=v_a(t)\frac{x}{L}+\sum v_n(t)\sin\frac{n\pi x}{L} \tag{15-91}$$

将式(15-90)和式(15-91)代入式(15-77)和式(15-78)，根据振型的正交性，方程两边同时乘以 $\sin(n\pi x/L)$，然后在$[0,L]$上积分并化简，最后得到

$$\ddot{u}_n(t)+\frac{EA}{\rho A}\left(\frac{n\pi}{L}\right)^2 u_n(t)+\frac{EA}{\rho A}\left(\frac{n\pi}{L}\right)^2\frac{v_a(t)}{L}v_n(t)+(-1)^{n+1}\frac{2}{n\pi}\ddot{v}_a(t)$$
$$=\left(1-(-1)^n\right)\frac{2}{\rho A n\pi}\left(\rho_f A_f g-\rho A g\right) \quad (15\text{-}92)$$

$$\ddot{v}_n(t)+\frac{EI\left(\frac{n\pi}{L}\right)^4+EA\left(\frac{u_a(t)}{L}+\frac{N_0}{EA}\right)\left(\frac{n\pi}{L}\right)^2+\frac{3}{2}EA\left(\frac{n\pi}{L}\right)^2\left(\frac{v_a(t)}{L}\right)^2}{\rho A+C_A\rho_f A_f}v_n(t)+$$
$$\frac{EA\left(\frac{n\pi}{L}\right)^2\frac{v_a(t)}{L}}{\rho A+C_A\rho_f A_f}u_n(t)+(-1)^{n+1}\frac{2}{n\pi}\ddot{v}_a(t)=-\frac{C_D\rho_f D_0}{L\left(\rho A+C_A\rho_f A_f\right)}\int_0^L Q|Q|\sin\frac{n\pi x}{L}\mathrm{d}x$$
$$(15\text{-}93)$$

其中

$$Q=\dot{v}_a(t)\frac{x}{L}+\sum\dot{v}_n(t)\sin\frac{n\pi x}{L} \quad (15\text{-}94)$$

由于张力腿轴向的固有频率远高于波浪载荷的激励频率，一般情况下，轴向的非线性共振响应不会被激发，所以忽略方程（15-92），仅研究流向的非线性动力响应是合理的，引进无量纲的时间参数 τ，令

$$2\tau=\omega t$$

所以

$$\frac{\mathrm{d}^2 v_n}{\mathrm{d}t^2}=\frac{\omega^2}{4}\frac{\mathrm{d}^2 v_n}{\mathrm{d}\tau^2} \quad (15\text{-}95)$$

将式（15-95）代入式（15-93）得到

$$\frac{\mathrm{d}^2 v_n}{\mathrm{d}\tau^2}+\left[\delta+\varepsilon r(\tau)\right]v_n+c\int_0^L Q|Q|\sin\frac{n\pi x}{L}\mathrm{d}x=(-1)^n\frac{\omega}{n\pi}\frac{\mathrm{d}^2 v_a(\tau)}{\mathrm{d}\tau^2} \quad (15\text{-}96)$$

其中

$$\delta=\frac{4}{\omega^2}\frac{EI\left(\frac{n\pi}{L}\right)^4+N_0\left(\frac{n\pi}{L}\right)^2+\frac{3}{4}EA\left(\frac{n\pi}{L}\right)^2\left(\frac{V_a}{L}\right)^2}{\rho A+C_A\rho_f A_f} \quad (15\text{-}97)$$

$$c=\frac{C_D\rho_f D_0}{L\left(\rho A+C_A\rho_f A_f\right)} \quad (15\text{-}98)$$

$$r(\tau)=\cos 2\tau-M\cos 4\tau \quad (15\text{-}99)$$

$$M=\frac{3}{4}\frac{V_a^{\ 2}}{LU_a} \quad (15\text{-}100)$$

定义 $N^*=EA\dfrac{U_a}{L}$，且 N^* 为轴向张力的幅值，则

$$\varepsilon=\frac{4EA\left(\frac{n\pi}{L}\right)^2 U_a}{\omega^2 L\left(\rho A+C_A\rho_f A_f\right)}=\frac{4\left(\frac{n\pi}{L}\right)^2 N^*}{\omega^2\left(\rho A+C_A\rho_f A_f\right)} \quad (15\text{-}101)$$

式（15-96）就是用来描述参数激励系统的非线性希尔方程，当采用线性的欧拉-

伯努利梁模型，不考虑轴向与流向的非线性耦合效应时，$M=0$，则非线性的希尔方程变为马修方程；当采用非线性梁模型，仅考虑平台垂荡引起的参数激励时，非线性的希尔方程同样会变为马修方程，即

$$\frac{\mathrm{d}^2 v_n}{\mathrm{d}\tau^2}+\left(\delta^*+\varepsilon\cos 2\tau\right)v_n+c\int_0^L Q|Q|\sin\frac{n\pi x}{L}\mathrm{d}x=(-1)^n\frac{\omega}{n\pi}\frac{\mathrm{d}^2 v_{\mathrm{a}}(\tau)}{\mathrm{d}\tau^2} \tag{15-102}$$

其中

$$\delta^*=\frac{4}{\omega^2}\frac{EI\left(\frac{n\pi}{L}\right)^4+N_0\left(\frac{n\pi}{L}\right)^2}{\rho A+C_{\mathrm{A}}\rho_{\mathrm{f}}A_{\mathrm{f}}} \tag{15-103}$$

2. 无阻尼希尔方程的不稳定区域确定方法

希尔方程有很多特有的性质，如它的解会根据不同的 δ, ε 和 M 组合而变得稳定或者不稳定。然而，由于非线性阻尼的存在，不稳定解也会得到限定，不会在不稳定区无休止地增长。通过前人的研究发现，在不稳定区内，张力腿动力响应幅值明显大于稳定区域内的结果，所以确定希尔方程不稳定区域是十分必要的。关于不稳定区的分析有很多种方法，其中摄动方法和傅里叶分析是比较常用的，下面介绍希尔方程不稳定区域确定的方法。

不包含阻尼项的希尔方程可以写为

$$\frac{\mathrm{d}^2 v_n}{\mathrm{d}\tau^2}+\left(\delta+\varepsilon r(\tau)\right)v_n=0 \tag{15-104}$$

为了后面公式推导方便，将 v_n 的脚标 n 去掉，一律用 v 表示，则式（15-104）可以化简为

$$\ddot{v}+\left[\delta+\varepsilon r(t)\right]v=0 \tag{15-105}$$

式（15-105）中 v 的含义与式（15-77）（15-78）中是不同的。

3. 变形参数法

下面给出变形参数法确定希尔方程不稳定区，它适用于 $\varepsilon\ll 1$ 的情况。

令

$$\begin{cases}v(t,\varepsilon)=v_0+\varepsilon v_1+\varepsilon^2 v_2+\cdots\\ \delta=\delta_0+\varepsilon\delta_1+\varepsilon^2\delta_2+\cdots\end{cases} \tag{15-106}$$

将式（15-106）代入式（15-105），得到

$$\left(\ddot{v}_0+\varepsilon\ddot{v}_1+\varepsilon^2\ddot{v}_2+\cdots\right)+\left(\delta_0+\varepsilon\delta_1+\varepsilon^2\delta_2+\cdots+\varepsilon r(t)\right)\left(v_0+\varepsilon v_1+\varepsilon^2 v_2+\cdots\right)=0 \tag{15-107}$$

根据 ε 的阶次整理式（15-107），得到

$$\ddot{v}_0+\delta_0 v_0=0 \tag{15-108}$$

$$\ddot{v}_1+\delta_0 v_1=-\delta_1 v_0-v_0 r(t) \tag{15-109}$$

$$\ddot{v}_2+\delta_0 v_2=-\delta_1 v_1-\delta_2 v_0-v_1 r(t) \tag{15-110}$$

$$\ddot{v}_3+\delta_0 v_3=-\delta_1 v_2-\delta_2 v_1-\delta_3 v_0-v_2 r(t) \tag{15-111}$$

式(15-108)的解必须为周期为 π 或 2π 的周期函数，且可以表示为

$$v_0 = a\cos nt + b\sin nt \quad (n = 0,1,2,\cdots) \tag{15-112}$$

因此

$$\delta_0 = n^2 \tag{15-113}$$

由于变形参数法确定希尔方程不稳定区时，随着 n 数值的增加，计算量会变得相当可观。下面仅分别讨论 $n=0,1,2,3$ 的情况。

1）$n=0$ 时

当 $n=0$ 时，$\delta_0=0$，有 $v_0=a$，于是

$$\ddot{v}_1 = -\delta_1 a - ar(t) \tag{15-114}$$

由于 v_1 必须是周期的，因此 $\delta_1=0$，式(15-114)可化简为

$$\ddot{v}_1 = -a(\cos 2t - M\cos 4t) \tag{15-115}$$

求解式(15-115)，得到

$$v_1 = \frac{a}{4}\left(\cos 2t - \frac{M}{4}\cos 4t\right) \tag{15-116}$$

把式(15-116)代入式(15-110)，得到

$$\ddot{v}_2 = -\delta_2 a - \frac{a}{4}\left(\cos 2t - \frac{M}{4}\cos 4t\right)(\cos 2t - M\cos 4t) \tag{15-117}$$

化简式(15-117)，得到

$$\ddot{v}_2 = -\delta_2 a - \frac{a}{4}\cos^2 2t - \frac{a}{4}\frac{M^2}{4}\cos^2 4t + NST \tag{15-118}$$

其中，NST 为长期项，继续化简式(15-118)，可得

$$\ddot{v}_2 = -a\left(\delta_2 + \frac{1}{8} + \frac{M^2}{32}\right) + NST \tag{15-119}$$

消去长期项，得到

$$\delta_2 = -\frac{1}{8} - \frac{M^2}{32} \tag{15-120}$$

所以，边界曲线为

$$\delta = \left(-\frac{1}{8} - \frac{M^2}{32}\right)\varepsilon^2 + O(\varepsilon^3) \tag{15-121}$$

2）$n=1$ 时

当 $n \neq 0$ 时，式(15-108)的通解为

$$v_0 = a\cos nt + b\sin nt \tag{15-122}$$

把式(15-122)代入式(15-109)，得到

$$\ddot{v}_2 + n^2 v_1 = -\delta_1(a\cos nt + b\sin nt) - (a\cos nt + b\sin nt)(\cos 2t - M\cos 4t)$$

$$= \delta_1 a\cos nt - \delta_1 b\sin nt - \frac{a}{2}\cos(n+2)t - \frac{a}{2}\cos(n-2)t + \frac{Ma}{2}\cos(n+4)t +$$

$$\frac{Ma}{2}\cos(n-4)t - \frac{b}{2}\sin(n+2)t - \frac{b}{2}\sin(n-2)t + \frac{bM}{2}\sin(n+4)t +$$

$$\frac{bM}{2}\sin(n-4)t \tag{15-123}$$

当 $n=1$ 时，式（15-123）可表示为

$$\ddot{v}_1+v_1=a\left(-\delta_1-\frac{1}{2}\right)\cos t+b\left(-\delta_1+\frac{1}{2}\right)\sin t+\frac{M-1}{2}a\cos 3t-\frac{M+1}{2}b\sin 3t+\frac{M}{2}b\sin 5t+\frac{M}{2}a\cos 5t \tag{15-124}$$

化简式（15-124），消去长期项，得到

$$a\left(-\delta_1-\frac{1}{2}\right)=0 \tag{15-125}$$

$$b\left(-\delta_1+\frac{1}{2}\right)=0 \tag{15-126}$$

下面进行进一步的讨论。

Ⅰ. $a=0$，$\delta_1=\frac{1}{2}$ 时

当 $a=0$，$\delta_1=\frac{1}{2}$ 时，有

$$\ddot{v}_1+v_1=-\frac{M+1}{2}b\sin 3t+\frac{M}{2}b\sin 5t \tag{15-127}$$

求解式（15-127），得到

$$v_1=\frac{M+1}{16}b\sin 3t-\frac{M}{48}b\sin 5t \tag{15-128}$$

将式（15-128）代入式（15-110），得到

$$\ddot{v}_2+v_2=b\left[-\delta_2-\frac{M+1}{32}-\frac{M(M+1)}{32}-\frac{M^2}{96}\right]\sin t+NST \tag{15-129}$$

消去式（15-129）中的长期项，得到

$$\delta_2=-\frac{M+1}{32}-\frac{M(M+1)}{32}-\frac{M^2}{96}=-\frac{1}{32}-\frac{M}{16}-\frac{M^2}{24} \tag{15-130}$$

此时的边界曲线为

$$\delta=1+\frac{1}{2}\varepsilon-\left(\frac{1}{32}+\frac{M}{16}+\frac{M^2}{24}\right)\varepsilon^2+O\left(\varepsilon^3\right) \tag{15-131}$$

Ⅱ. $b=0$，$\delta_1=-\frac{1}{2}$ 时

当 $b=0$，$\delta_1=-\frac{1}{2}$ 时，有

$$\ddot{v}_1+v_1=\frac{M-1}{2}a\cos 3t+\frac{M}{2}a\cos 5t \tag{15-132}$$

求解式（15-132），得到

$$v_1=-\frac{M-1}{16}a\cos 3t-\frac{M}{48}a\cos 5t \tag{15-133}$$

将式（15-133）代入式（15-110），得到

$$\ddot{v}_2+v_2=b\left[-\delta_2+\frac{M-1}{32}-\frac{M(M-1)}{32}-\frac{M^2}{96}\right]\cos t+NST \tag{15-134}$$

消去式（15-134）中的长期项，得到

$$\delta_2=\frac{M-1}{32}-\frac{M(M-1)}{32}-\frac{M^2}{96}=-\frac{1}{32}+\frac{M}{16}-\frac{M^2}{24} \tag{15-135}$$

此时的边界曲线为

$$\delta=1-\frac{1}{2}\varepsilon-\left(\frac{1}{32}-\frac{M}{16}+\frac{M^2}{24}\right)\varepsilon^2+O\left(\varepsilon^3\right) \tag{15-136}$$

3）$n=2$ 时

当 $n=2$ 时，式（15-123）可表示为

$$\ddot{v}_1+4v_1=a\left(-\delta_1+\frac{M}{2}\right)\cos 2t+b\left(-\delta_1-\frac{M}{2}\right)\sin 2t-\frac{a}{2}\cos 4t-\frac{a}{2}+\frac{M}{2}a\cos 6t-\frac{1}{2}b\sin 4t+\frac{M}{2}b\sin 6t \tag{15-137}$$

化简式（15-137），消去长期项，得到

$$a\left(-\delta_1+\frac{M}{2}\right)=0 \tag{15-138}$$

$$b\left(-\delta_1-\frac{M}{2}\right)=0 \tag{15-139}$$

Ⅰ. $a=0$，$\delta_1=-\frac{M}{2}$ 时

当 $a=0$，$\delta_1=-\frac{M}{2}$ 时，有

$$\ddot{v}_1+4v_1=-\frac{1}{2}b\sin 4t+\frac{M}{2}b\sin 6t \tag{15-140}$$

求解式（15-140），并将 v_1 的表达式代入式（15-110），得到

$$\ddot{v}_2+4v_2=b\left[-\delta_2-\frac{1}{48}-\frac{M^2}{128}\right]\sin 2t+NST \tag{15-141}$$

消去式（15-141）中的长期项，得到

$$\delta_2=-\frac{1}{48}-\frac{M^2}{128} \tag{15-142}$$

所以，边界曲线为

$$\delta=4-\frac{M}{2}\varepsilon-\left(\frac{1}{48}+\frac{M^2}{128}\right)\varepsilon^2+O\left(\varepsilon^3\right) \tag{15-143}$$

Ⅱ. $b=0$，$\delta_1=\frac{M}{2}$ 时

当 $b=0$，$\delta_1=\frac{M}{2}$ 时，有

$$\ddot{v}_1+4v_1=-\frac{a}{2}\cos 4t-\frac{a}{2}+\frac{M}{2}a\cos 6t \tag{15-144}$$

求解式（15-144），并将 v_1 的表达式代入式（15-110），得到

$$\ddot{v}_2+4v_2=a\left[-\delta_2+\frac{5}{48}-\frac{M^2}{128}\right]\cos 2t+NST \tag{15-145}$$

消去式(15-145)中的长期项，得到

$$\delta_2=\frac{5}{48}-\frac{M^2}{128} \tag{15-146}$$

所以，边界曲线为

$$\delta=4+\frac{M}{2}\varepsilon+\left(\frac{5}{48}-\frac{M^2}{128}\right)\varepsilon^2+O\left(\varepsilon^3\right) \tag{15-147}$$

4）$n=3$ 时

当 $n=3$ 时，式(15-123)可表示为

$$\begin{aligned}\ddot{v}_1+9v_1=&-\delta_1 a\cos 3t-\delta_1 b\sin 3t-\frac{a}{2}\cos 5t-\frac{a}{2}\cos t+\frac{M}{2}a\cos 7t+\frac{M}{2}a\cos t-\\&\frac{b}{2}\sin 5t-\frac{b}{2}\sin t+\frac{M}{2}b\sin 7t-\frac{M}{2}b\sin t\end{aligned} \tag{15-148}$$

化简式(15-148)，消去长期项，得到

$$\begin{aligned}\ddot{v}_1+9v_1=&-\frac{a}{2}\cos 5t-\frac{a}{2}\cos t+\frac{M}{2}a\cos 7t+\frac{M}{2}a\cos t-\frac{b}{2}\sin 5t-\frac{b}{2}\sin t+\\&\frac{M}{2}b\sin 7t-\frac{M}{2}b\sin t\end{aligned} \tag{15-149}$$

将式(15-149)代入式(15-110)，得到

$$\begin{aligned}\ddot{v}_2+9v_2=&a\left[-\delta_2-\frac{M-1}{32}-\frac{1}{64}+\frac{M(M-1)}{32}-\frac{M^2}{160}\right]\cos 3t+\\&b\left[-\delta_2+\frac{M+1}{32}-\frac{1}{64}+\frac{M(M+1)}{32}+\frac{M^2}{160}\right]\sin 3t-\\&\frac{M+1}{32}b\sin t-\frac{M-1}{32}a\cos t+\left(\frac{M}{160}b-\frac{M(M+1)}{32}b\right)\sin 5t+\\&\left(\frac{M}{160}a+\frac{M(M-1)}{32}a\right)\cos 5t-\frac{b}{64}\sin 7t-\frac{a}{64}\cos 7t+\\&\left(\frac{M}{160}b+\frac{M}{64}b\right)\sin 9t+\left(\frac{M}{160}a+\frac{M}{64}a\right)\cos 9t-\frac{M^2}{160}a\cos 11t-\frac{M^2}{160}b\sin 11t\end{aligned} \tag{15-150}$$

消去式(15-150)中的长期项，得到

$$a\left[-\delta_2-\frac{M-1}{32}-\frac{1}{64}+\frac{M(M-1)}{32}-\frac{M^2}{160}\right]=0 \tag{15-151}$$

$$b\left[-\delta_2+\frac{M+1}{32}-\frac{1}{64}+\frac{M(M+1)}{32}+\frac{M^2}{160}\right]=0 \tag{15-152}$$

Ⅰ．$a=0$，$\delta_2=\frac{1}{64}+\frac{M}{16}+\frac{1}{40}M^2$ 时

当 $a=0$，$\delta_2=\frac{1}{64}+\frac{M}{16}+\frac{1}{40}M^2$ 时，有

$$\ddot{v}_2+9v_2=-\frac{M+1}{32}b\sin t+\left(\frac{M}{160}b-\frac{M(M+1)}{32}b\right)\sin 5t-\frac{b}{64}\sin 7t+\left(\frac{M}{160}b+\frac{M}{64}b\right)\sin 9t-\frac{M^2}{160}b\sin 11t \quad (15\text{-}153)$$

化简求解式(15-153),消去长期项,得到

$$v_2=-\frac{M+1}{32\times 8}b\sin t-\frac{\frac{bM}{160}-\frac{M(M+1)b}{32}}{16}\sin 5t+\frac{b}{64\times 40}\sin 7t-\frac{\frac{bM}{160}+\frac{bM}{64}}{72}\sin 9t+\frac{bM^2}{108\times 160}\sin 11t \quad (15\text{-}154)$$

把 v_1 和 v_2 的表达式代式(15-111)并化简,得到

$$\ddot{v}_3+9v_3=b\left[-\delta_3+\frac{M+1}{64\times 8}+\frac{\frac{M}{160}-\frac{M(M+1)}{32}}{32}+\frac{M}{64\times 80}+\frac{M(M+1)}{64\times 8}\right]\sin 3t+NST \quad (15\text{-}155)$$

消去式(15-155)中的长期项,得到

$$\delta_3=\frac{M+1}{64\times 8}+\frac{\frac{M}{160}-\frac{M(M+1)}{32}}{32}+\frac{M}{64\times 80}+\frac{M(M+1)}{64\times 8} \quad (15\text{-}156)$$

所以,边界曲线为

$$\delta=9+\left(\frac{1}{64}+\frac{M}{16}+\frac{1}{40}M^2\right)\varepsilon^2+\left[\frac{M+1}{512}-\frac{M(M+1)}{1\,024}+\frac{M}{2\,560}\right]\varepsilon^3+O(\varepsilon^4) \quad (15\text{-}157)$$

Ⅱ. $b=0$, $\delta_2=\frac{1}{64}-\frac{M}{16}+\frac{1}{40}M^2$ 时

当 $b=0$, $\delta_2=\frac{1}{64}-\frac{M}{16}+\frac{1}{40}M^2$ 时,有

$$\ddot{v}_2+9v_2=-\frac{M-1}{32}a\cos t+\left(\frac{M}{160}a+\frac{M(M-1)}{32}a\right)\cos 5t-\frac{a}{64}\cos 7t+\left(\frac{M}{160}a+\frac{M}{64}a\right)\cos 9t-\frac{M^2}{160}a\cos 11t \quad (15\text{-}158)$$

化简求解式(15-158),消去长期项,得到

$$v_2=-\frac{M-1}{32\times 8}a\cos t-\frac{\frac{aM}{160}+\frac{M(M-1)a}{32}}{16}\cos 5t+\frac{a}{64\times 40}\cos 7t-\frac{\frac{aM}{160}+\frac{aM}{64}}{72}\cos 9t-\frac{aM^2}{108\times 160}\cos 11t \quad (15\text{-}159)$$

把 v_1 和 v_2 的表达式代入式(15-111)并化简,得到

$$\ddot{v}_3+9v_3=a\left[-\delta_3+\frac{M-1}{64\times 8}+\frac{\frac{M}{160}+\frac{M(M-1)}{32}}{32}+\frac{M}{64\times 80}-\frac{M(M-1)}{64\times 8}\right]\cos 3t+NST \tag{15-160}$$

化简求解式(15-160),消去长期项,得到

$$\delta_3=\frac{M-1}{64\times 8}+\frac{\frac{M}{160}+\frac{M(M-1)}{32}}{32}+\frac{M}{64\times 80}-\frac{M(M-1)}{64\times 8} \tag{15-161}$$

所以,边界曲线为

$$\delta=9+\left(\frac{1}{64}-\frac{M}{16}+\frac{1}{40}M^2\right)\varepsilon^2+\left[\frac{M-1}{512}-\frac{M(M-1)}{1\,024}+\frac{M}{2\,560}\right]\varepsilon^3+O(\varepsilon^4) \tag{15-162}$$

4. 改进的变形参数法

应用变形参数法进行稳定区域的理论分析时,首先必须满足 $\varepsilon\ll 1$,由于很多情况下 $\varepsilon\ll 1$ 的假设并不满足,所以传统的变形参数法已经不再适用。很多学者对该方法进行了改进,改进的变形参数法可以用来确定参数激励的幅值不是很小的希尔方程不稳定区。

设 δ 是 ε 的多项式函数,即

$$\delta=\delta_0+(\omega_1-2)\varepsilon+\omega_2'\varepsilon^2+\omega_3'\varepsilon^3+\cdots \tag{15-163}$$

式中:δ_0, ω_1, ω_2', ω_3',…均为任意常数。

由于 ε 可以不是小量,现引入一个新的小参数:

$$\alpha=\frac{\omega_1\varepsilon}{1+\omega_1\varepsilon} \tag{15-164}$$

且 $|\omega_1\varepsilon|<|1+\omega_1\varepsilon|$,可以得到 ε 的表达式为

$$\varepsilon=\frac{\alpha+\alpha^2+\alpha^3+\cdots}{\omega_1} \tag{15-165}$$

于是式(15-163)可写为

$$\delta=\delta_0+\frac{(\omega_1-2)}{\omega_1}\alpha+\omega_2\alpha^2+\omega_3\alpha^3+\cdots \tag{15-166}$$

式中:δ_0, ω_1, ω_2, ω_3,…均为任意常数。

令

$$v=v_0+\alpha v_1+\alpha^2 v_2+\alpha^3 v_3+\cdots \tag{15-167}$$

把式(15-165)至(15-167)代入式(15-105)中,比较 α 的同次幂项系数,可得

$$\ddot{v}_0+\delta_0 v_0=0 \tag{15-168}$$

$$\ddot{v}_1+\delta_0 v_1=-\frac{(\omega_1-2)}{\omega_1}v_0-\frac{2}{\omega_1}v_0 r(t) \tag{15-169}$$

$$\ddot{v}_2+\delta_0 v_2=-\frac{(\omega_1-2)}{\omega_1}v_1-\omega_2 v_0-\frac{2}{\omega_1}(v_0+v_1)r(t) \tag{15-170}$$

$$\ddot{v}_3+\delta_0 v_3=-\frac{(\omega_1-2)}{\omega_1}v_2-\omega_2 v_1-\omega_3 v_0-\frac{2}{\omega_1}(v_0+v_1+v_2)r(t) \tag{15-171}$$

式（15-168）的解必须为周期为 π 或 2π 的周期函数，且可以表示为

$$v_0=A\cos nt+B\sin nt \quad (n=0,1,2,\cdots) \tag{15-172}$$

因此

$$\delta_0=n^2$$

下面分别讨论 $n=0,1,2,3$ 的情况。

1）$n=0$ 时

当 $\delta_0=0$，有 $v_0=A$，于是式（15-169）可以写为

$$\ddot{v}_1=-\frac{(\omega_1-2)}{\omega_1}A-\frac{2}{\omega_1}A(\cos 2t-M\cos 4t) \tag{15-173}$$

消去式（15-173）中的长期项，得到

$$-\frac{(\omega_1-2)}{\omega_1}A=0 \tag{15-174}$$

可得 $\omega_1=2$，代入式（15-173），得到

$$\ddot{v}_1=-A(\cos 2t-M\cos 4t) \tag{15-175}$$

求解式（15-175），得到

$$v_1=\frac{A}{4}\cos 2t-\frac{AM}{16}\cos 4t \tag{15-176}$$

将式（15-176）代入式（15-170），得到

$$\ddot{v}_2=-\omega_2 A-\left(A+\frac{A}{4}\cos 2t-\frac{AM}{16}\cos 4t\right)(\cos 2t-M\cos 4t) \tag{15-177}$$

消去式（15-177）中的长期项，得到

$$\omega_2=-\frac{1}{8}-\frac{M}{32} \tag{15-178}$$

此时，边界曲线为

$$\delta=\left(-\frac{1}{8}-\frac{M}{32}\right)\alpha^2+O(\alpha^3) \tag{15-179}$$

其中，$\alpha=\dfrac{2\varepsilon}{1+2\varepsilon}$，于是边界曲线可以重新写为

$$\delta=\left(-\frac{1}{8}-\frac{M}{32}\right)\left(\frac{2\varepsilon}{1+2\varepsilon}\right)^2+O(\varepsilon^3) \tag{15-180}$$

2）$n=1$ 时

当 $\delta=n^2\neq 0$ 时，将式（15-168）的通解 $v_0=A\cos nt+B\sin nt$ 代入式（15-169），得到

$$\ddot{v}_1+n^2v_1=-\frac{(\omega_1-2)}{\omega_1}(A\cos nt+B\sin nt)-\frac{2}{\omega_1}(A\cos nt+B\sin nt)(\cos 2t-M\cos 4t)$$
$$=-\frac{(\omega_1-2)}{\omega_1}A\cos nt-\frac{(\omega_1-2)}{\omega_1}B\sin nt-\frac{A}{\omega_1}\cos(n+2)t-\frac{A}{\omega_1}\cos(n-2)t+$$
$$\frac{AM}{\omega_1}\cos(n+4)t+\frac{AM}{\omega_1}\cos(n-4)t-\frac{B}{\omega_1}\sin(n+2)t-$$
$$\frac{B}{\omega_1}\sin(n-2)t+\frac{BM}{\omega_1}\sin(n+4)t+\frac{BM}{\omega_1}\sin(n-4)t \qquad (15\text{-}181)$$

当 $n=1$ 时，有

$$\ddot{v}_1+v_1=-\frac{(\omega_1-2)}{\omega_1}A\cos t-\frac{(\omega_1-2)}{\omega_1}B\sin t-\frac{A}{\omega_1}\cos 3t-\frac{A}{\omega_1}\cos t+\frac{AM}{\omega_1}\cos 5t+$$
$$\frac{AM}{\omega_1}\cos 3t-\frac{B}{\omega_1}\sin 3t+\frac{B}{\omega_1}\sin t+\frac{BM}{\omega_1}\sin 5t-\frac{BM}{\omega_1}\sin 3t$$
$$=\left(-\frac{(\omega_1-2)}{\omega_1}-\frac{1}{\omega_1}\right)A\cos t+\left(-\frac{(\omega_1-2)}{\omega_1}+\frac{1}{\omega_1}\right)B\sin t-\frac{A}{\omega_1}\cos 3t+$$
$$\frac{AM}{\omega_1}\cos 3t+\frac{AM}{\omega_1}\cos 5t-\frac{B}{\omega_1}\sin 3t-\frac{BM}{\omega_1}\sin 3t+\frac{BM}{\omega_1}\sin 5t \qquad (15\text{-}182)$$

消去式（15-182）中的长期项，得到

$$\left(-\frac{(\omega_1-2)}{\omega_1}-\frac{1}{\omega_1}\right)A=0 \qquad (15\text{-}183)$$

$$\left(-\frac{(\omega_1-2)}{\omega_1}+\frac{1}{\omega_1}\right)B=0 \qquad (15\text{-}184)$$

Ⅰ. $A=0$，$-\frac{(\omega_1-2)}{\omega_1}+\frac{1}{\omega_1}=0$ 时

因为 $\omega_1=3$，所以

$$\ddot{v}_1+v_1=-\frac{B(M+1)}{3}\sin 3t+\frac{BM}{3}\sin 5t \qquad (15\text{-}185)$$

求解式（15-185），得到

$$v_1=\frac{B}{24}\sin 3t+\frac{BM}{24}\sin 3t-\frac{BM}{72}\sin 5t \qquad (15\text{-}186)$$

把 v_0，v_1 的表达式代入式（15-170），得到

$$\ddot{v}_2+v_2=-\omega_2 B\sin t+\frac{B}{3}\sin t-\frac{B(M+1)}{72}\sin t-\frac{B(M+1)M}{72}\sin t-\frac{BM^2}{216}\sin t+NST \qquad (15\text{-}187)$$

消去式（15-187）中的长期项，得到

$$\omega_2=\frac{1}{3}-\frac{(M+1)^2}{72}-\frac{M^2}{216} \qquad (15\text{-}188)$$

此时，边界曲线为

$$\delta=1+\frac{1}{3}\alpha+\left(\frac{1}{3}-\frac{(M+1)^2}{72}-\frac{M^2}{216}\right)\alpha^2+O(\alpha^3) \tag{15-189}$$

其中，$\alpha=\dfrac{3\varepsilon}{1+3\varepsilon}$。

Ⅱ. $B=0$，$-\dfrac{(\omega_1-2)}{\omega_1}-\dfrac{1}{\omega_1}=0$ 时

因为 $\omega_1=1$，所以

$$\ddot{v}_1+v_1=-\frac{A}{\omega_1}\cos 3t+\frac{AM}{\omega_1}\cos 3t+\frac{AM}{\omega_1}\cos 5t \tag{15-190}$$

求解式(15-190)，得到

$$v_1=-\frac{A(M-1)}{8}\cos 3t-\frac{AM}{24}\cos 5t \tag{15-191}$$

把 v_0，v_1 的表达式代入式(15-170)，得到

$$\ddot{v}_2+v_2=-\omega_2 A\cos t-A\cos t+\frac{A(M-1)}{8}\cos t-\frac{A(M-1)M}{8}\cos t-\frac{AM^2}{24}\cos t+NST \tag{15-192}$$

消去式(15-192)中的长期项，得到

$$\omega_2=-1-\frac{(M-1)^2}{8}-\frac{M^2}{24} \tag{15-193}$$

此时，边界曲线为

$$\delta=1-\alpha-\left(1+\frac{(M-1)^2}{8}+\frac{M^2}{24}\right)\alpha^2+O(a^3) \tag{15-194}$$

其中，$\alpha=\dfrac{\varepsilon}{1+\varepsilon}$。

3）$n=2$ 时

当 $n=2$ 时，式(15-181)可以表示为

$$\ddot{v}_1+4v_1=\left(-\frac{(\omega_1-2)}{\omega_1}+\frac{M}{\omega_1}\right)A\cos 2t-\left(\frac{(\omega_1-2)}{\omega_1}+\frac{M}{\omega_1}\right)B\sin 2t-\frac{A}{\omega_1}\cos 4t-\frac{A}{\omega_1}+\frac{AM}{\omega_1}\cos 6t-\frac{B}{\omega_1}\sin 4t+\frac{BM}{\omega_1}\sin 6t \tag{15-195}$$

消去式(15-195)中的长期项，得到

$$\left(-\frac{(\omega_1-2)}{\omega_1}+\frac{M}{\omega_1}\right)A=0 \tag{15-196}$$

$$\left(\frac{(\omega_1-2)}{\omega_1}+\frac{M}{\omega_1}\right)B=0 \tag{15-197}$$

Ⅰ. $A=0$，$\dfrac{(\omega_1-2)}{\omega_1}+\dfrac{M}{\omega_1}=0$ 时

可以得到 $\omega_1=2-M$，于是式(15-195)可以化简为

$$\ddot{v}_1+4v_1=-\frac{B}{\omega_1}\sin 4t+\frac{BM}{\omega_1}\sin 6t$$

求解得到

$$v_1=\frac{B}{12\omega_1}\sin 4t-\frac{BM}{32\omega_1}\sin 6t \tag{15-198}$$

把 v_0，v_1 的表达式代入式（15-170），得到

$$\ddot{v}_2+4v_2=-\omega_2 B\sin 2t-\frac{MB}{\omega_1}\sin 2t-\frac{B}{12\omega_1^{\ 2}}\sin 2t-\frac{BM^2}{32\omega_1^{\ 2}}\sin 2t+NST \tag{15-199}$$

消去式（15-199）中的长期项，得到

$$\omega_2=-\frac{M}{2-M}-\frac{1}{12(2-M)^2}-\frac{M^2}{32(2-M)^2} \tag{15-200}$$

此时，边界曲线为

$$\delta=4-\frac{M}{2-M}\alpha-\left(\frac{M}{2-M}+\frac{1}{12(2-M)^2}+\frac{M^2}{32(2-M)^2}\right)\alpha^2+O\left(\alpha^3\right) \tag{15-201}$$

其中，$\alpha=\dfrac{(2-M)\varepsilon}{1+(2-M)\varepsilon}$。

Ⅱ. $B=0$，$-\dfrac{(\omega_1-2)}{\omega_1}+\dfrac{M}{\omega_1}=0$ 时

可以得到 $\omega_1=2+M$，于是式（15-195）可以化简为

$$\ddot{v}_1+4v_1=-\frac{A}{\omega_1}\cos 4t-\frac{A}{\omega_1}+\frac{AM}{\omega_1}\cos 6t \tag{15-202}$$

求解式（15-202），得到

$$v_1=\frac{A}{12\omega_1}\cos 4t-\frac{A}{4\omega_1}-\frac{AM}{32\omega_1}\cos 6t \tag{15-203}$$

把 v_0，v_1 的表达式代入式（15-170），得到

$$\ddot{v}_2+4v_2=-\omega_2 A\cos 2t+\frac{MA}{\omega_1}\cos 2t+\frac{A}{2\omega_1^{\ 2}}\cos 2t-\frac{A}{12\omega_1^{\ 2}}\cos 2t-\frac{AM^2}{32\omega_1^{\ 2}}\cos 2t+NST \tag{15-204}$$

消去式（15-204）中的长期项，得到

$$\omega_2=\frac{M}{2+M}+\frac{5}{12(2+M)^2}-\frac{M^2}{32(2+M)^2} \tag{15-205}$$

此时，边界曲线为

$$\delta=4+\frac{M}{2+M}\alpha-\left(\frac{M}{2+M}+\frac{5}{12(2+M)^2}-\frac{M^2}{32(2-M)^2}\right)\alpha^2+O\left(\alpha^3\right) \tag{15-206}$$

其中，$\alpha=\dfrac{(2+M)\varepsilon}{1+(2+M)\varepsilon}$。

4）$n=3$ 时

当 $n=3$ 时，式（15-181）可以表示为

$$\ddot{v}_1+9v_1=-\frac{(\omega_1-2)}{\omega_1}A\cos 3t-\frac{(\omega_1-2)}{\omega_1}B\sin 3t-\frac{A}{\omega_1}\cos 5t-\frac{A}{\omega_1}\cos t+\frac{AM}{\omega_1}\cos 7t+\frac{AM}{\omega_1}\cos t-\frac{B}{\omega_1}\sin 5t-\frac{B}{\omega_1}\sin t+\frac{BM}{\omega_1}\sin 7t-\frac{BM}{\omega_1}\sin t \tag{15-207}$$

消去式（15-207）中的长期项，得到

$$-\frac{(\omega_1-2)}{\omega_1}=0 \tag{15-208}$$

于是得到 $\omega_1=2$，则式（15-207）可以改写为

$$\ddot{v}_1+9v_1=\frac{A}{2}(M-1)\cos t-\frac{B}{2}(M+1)\sin t-\frac{A}{2}\cos 5t-\frac{B}{2}\sin 5t+\frac{AM}{2}\cos 7t+\frac{BM}{2}\sin 7t \tag{15-209}$$

求解式（15-209），得到

$$v_1=\frac{A}{16}(M-1)\cos t-\frac{B}{16}(M+1)\sin t+\frac{A}{32}\cos 5t+\frac{B}{32}\sin 5t-\frac{AM}{80}\cos 7t-\frac{BM}{80}\sin 7t \tag{15-210}$$

把 v_0，v_1 的表达式代入式（15-170），得到

$$\begin{aligned}\ddot{v}_2+9v_2=&-\omega_2A\cos 3t-\omega_2B\sin 3t-\\&\left[A\cos 3t+B\sin 3t+\frac{A}{16}(M-1)\cos t-\frac{B}{16}(M+1)\sin t+\right.\\&\left.\frac{A}{32}\cos 5t+\frac{B}{32}\sin 5t-\frac{AM}{80}\cos 7t-\frac{BM}{80}\sin 7t\right](\cos 2t-M\cos 4t)\\=&A\left(-\omega_2-\frac{(M-1)}{32}-\frac{1}{64}+\frac{M(M-1)}{32}-\frac{M^2}{160}\right)\cos 3t+\\&B\left(-\omega_2+\frac{(M+1)}{32}-\frac{1}{64}+\frac{M(M+1)}{32}-\frac{M^2}{160}\right)\sin 3t+\left(-\frac{(M+1)}{32}-\right.\\&\left.\frac{(M+1)}{2}+\frac{M}{64}\right)B\sin t+\left(-\frac{(M-1)}{32}+\frac{(M-1)}{2}+\frac{M}{64}\right)A\cos t+\\&\left(\frac{M}{160}-\frac{M(M+1)}{32}-\frac{1}{2}\right)B\sin 5t+\\&\left(\frac{M}{160}+\frac{M(M-1)}{32}-\frac{1}{2}\right)A\cos 5t+\left(\frac{M}{2}-\frac{1}{64}\right)A\cos 7t+\\&\left(\frac{M}{2}-\frac{1}{64}\right)B\sin 7t+\left(\frac{M}{160}+\frac{M}{64}\right)A\cos 9t+\\&\left(\frac{M}{160}+\frac{M}{64}\right)B\sin 9t-\frac{M^2A}{160}\cos 11t-\frac{M^2B}{160}\sin 11t\end{aligned} \tag{15-211}$$

消去式(15-211)中的长期项,得到

$$A\left(-\omega_2-\frac{(M-1)}{32}-\frac{1}{64}+\frac{M(M-1)}{32}-\frac{M^2}{160}\right)=0 \tag{15-212}$$

$$B\left(-\omega_2+\frac{(M+1)}{32}-\frac{1}{64}+\frac{M(M+1)}{32}-\frac{M^2}{160}\right)=0 \tag{15-213}$$

Ⅰ. $A=0$，$\omega_2=\frac{(M+1)}{32}-\frac{1}{64}+\frac{M(M+1)}{32}-\frac{M^2}{160}=\frac{1}{64}+\frac{M}{16}+\frac{M^2}{40}$时式(15-211)可以化简为

$$\ddot{v}_2+9v_2=\left(-\frac{(M+1)}{32}-\frac{(M+1)}{2}+\frac{M}{64}\right)B\sin t+\left(\frac{M}{160}-\frac{M(M+1)}{32}-\frac{1}{2}\right)B\sin 5t+\left(\frac{M}{2}-\frac{1}{64}\right)B\sin 7t+\left(\frac{M}{160}+\frac{M}{64}\right)B\sin 9t-\frac{M^2B}{160}\sin 11t \tag{15-214}$$

求解式(15-214),得到

$$v_2=\frac{-\frac{(M+1)}{32}-\frac{(M+1)}{2}+\frac{M}{64}}{8}B\sin t-\frac{\left(\frac{M}{160}-\frac{M(M+1)}{32}-\frac{1}{2}\right)}{16}B\sin 5t-\frac{\left(\frac{M}{2}-\frac{1}{64}\right)}{40}B\sin 7t-\frac{\left(\frac{M}{160}+\frac{M}{64}\right)}{72}B\sin 9t+\frac{M^2B}{160\times 108}\sin 11t \tag{15-215}$$

把 v_0，v_1，v_2 的表达式代入式(15-171)中,消去长期项,得到

$$\omega_3=\frac{33(M+1)^2}{16\times 32}+\frac{M}{64\times 40}-\frac{1}{32}-\frac{M^2}{80} \tag{15-216}$$

此时,边界曲线为

$$\delta=9+\left(\frac{1}{64}+\frac{M}{16}+\frac{M^2}{40}\right)\alpha^2+\left(\frac{33(M+1)^2}{16\times 32}+\frac{M}{64\times 40}-\frac{1}{32}-\frac{M^2}{80}\right)\alpha^3+O\left(\alpha^4\right) \tag{15-217}$$

其中，$\alpha=\frac{2\varepsilon}{1+2\varepsilon}$。

Ⅱ. $B=0$，$\omega_2=-\frac{(M-1)}{32}-\frac{1}{64}+\frac{M(M-1)}{32}-\frac{M^2}{160}=\frac{1}{64}-\frac{M}{16}+\frac{M^2}{40}$ 时

式(15-211)可以化简为

$$\ddot{v}_2+9v_2=\left(-\frac{(M-1)}{32}+\frac{(M-1)}{2}+\frac{M}{64}\right)A\cos t+\left(\frac{M}{160}+\frac{M(M-1)}{32}-\frac{1}{2}\right)A\cos 5t+\left(\frac{M}{2}-\frac{1}{64}\right)A\cos 7t+\left(\frac{M}{160}+\frac{M}{64}\right)A\cos 9t-\frac{M^2A}{160}\cos 11t \tag{15-218}$$

求解式(15-218)，得到

$$v_2=\frac{\left(-\frac{(M-1)}{32}+\frac{(M-1)}{2}+\frac{M}{64}\right)}{8}A\cos t-\frac{\left(\frac{M}{160}+\frac{M(M-1)}{32}-\frac{1}{2}\right)}{16}A\cos 5t-\frac{\left(\frac{M}{2}-\frac{1}{64}\right)}{40}A\cos 7t-\frac{\left(\frac{M}{160}+\frac{M}{64}\right)}{72}A\cos 9t+\frac{M^2A}{160\times 108}\cos 11t \tag{15-219}$$

把 v_0，v_1，v_2 的表达式代入式(15-171)中，消去长期项，得到

$$\omega_3=\frac{31(M-1)^2}{16\times 32}+\frac{M}{64\times 40}+\frac{1}{32}-\frac{M^2}{80} \tag{15-220}$$

此时，边界曲线为

$$\delta=9+\left(\frac{1}{64}-\frac{M}{16}+\frac{M^2}{40}\right)\alpha^2+\left(\frac{31(M-1)^2}{16\times 32}+\frac{M}{64\times 40}+\frac{1}{32}-\frac{M^2}{80}\right)\alpha^3+O(\alpha^4) \tag{15-221}$$

其中，$\alpha=\frac{2\varepsilon}{1+2\varepsilon}$。

5. 傅里叶分析法

当 δ 和 ε 是小参数时，希尔方程的不稳定区域根据摄动方法可以获得，但是在实际的海洋环境条件下，δ 和 ε 不再是小参数，变形参数法不再适用，而改进的变形参数法仅能分析 ε~1 的情况，大参数情况下同样不适用。下面采用傅里叶分析法来确定希尔方程不稳定区域。

当 δ 是式(15-104)的可列特征值时，下面的周期解满足式(15-104)：

$$v_n(\tau)=\sum_{n=0}^{\infty}a_{2n}\cos 2n\tau \quad（周期为 \pi 的偶数解） \tag{15-222}$$

$$v_n(\tau)=\sum_{n=0}^{\infty}a_{2n+1}\cos(2n+1)\tau \quad（周期为 2\pi 的偶数解） \tag{15-223}$$

$$v_n(\tau)=\sum_{n=0}^{\infty} b_{2n}\sin 2n\tau \quad （周期为\ \pi\ 的奇数解） \tag{15-224}$$

$$v_n(\tau)=\sum_{n=0}^{\infty} b_{2n+1}\sin(2n+1)\tau \quad （周期为\ 2\pi\ 的奇数解） \tag{15-225}$$

把式(15-222)至式(15-225)代入式(15-104)，相应的 $\cos 2n\tau$，$\cos(2n+1)\tau$，$\sin 2n\tau$ 和 $\sin(2n+1)\tau$ 各项前面的系数等于 0，经过整理，得到无穷项的行列式关系如下：

$$\begin{vmatrix}
\delta & \frac{\varepsilon}{2} & -\frac{\varepsilon M}{2} & 0 & 0 & \cdots & 0 \\
\varepsilon & \delta-4 & \frac{\varepsilon}{2} & -\frac{\varepsilon M}{2} & 0 & \cdots & 0 \\
-\frac{\varepsilon M}{2} & \frac{\varepsilon}{2} & \delta-16 & \frac{\varepsilon}{2} & -\frac{\varepsilon M}{2} & \cdots & \cdots \\
\cdots & \cdots & \cdots & \cdots & \cdots & \cdots & \cdots \\
\cdots & \cdots & -\frac{\varepsilon M}{2} & \frac{\varepsilon}{2} & \delta-4(n-2)^2 & \frac{\varepsilon}{2} & -\frac{\varepsilon M}{2} \\
0 & \cdots & \cdots & -\frac{\varepsilon M}{2} & \frac{\varepsilon}{2} & \delta-4(n-1)^2 & \frac{\varepsilon}{2} \\
0 & 0 & 0 & \cdots & -\frac{\varepsilon M}{2} & \frac{\varepsilon}{2} & \delta-4n^2
\end{vmatrix}=0 \tag{15-226}$$

$$\begin{vmatrix}
\delta-4+\frac{\varepsilon M}{2} & \frac{\varepsilon}{2} & -\frac{\varepsilon M}{2} & 0 & 0 & \cdots & 0 \\
\frac{\varepsilon}{2} & \delta-16 & \frac{\varepsilon}{2} & -\frac{\varepsilon M}{2} & 0 & \cdots & 0 \\
-\frac{\varepsilon M}{2} & \frac{\varepsilon}{2} & \delta-36 & \frac{\varepsilon}{2} & -\frac{\varepsilon M}{2} & \cdots & \cdots \\
\cdots & \cdots & \cdots & \cdots & \cdots & \cdots & \cdots \\
\cdots & \cdots & -\frac{\varepsilon M}{2} & \frac{\varepsilon}{2} & \delta-4(n-2)^2 & \frac{\varepsilon}{2} & -\frac{\varepsilon M}{2} \\
0 & \cdots & \cdots & -\frac{\varepsilon M}{2} & \frac{\varepsilon}{2} & \delta-4(n-1)^2 & \frac{\varepsilon}{2} \\
0 & 0 & 0 & \cdots & -\frac{\varepsilon M}{2} & \frac{\varepsilon}{2} & \delta-4n^2
\end{vmatrix}=0 \tag{15-227}$$

$$\begin{vmatrix} \delta-1+\frac{\varepsilon}{2} & \frac{\varepsilon}{2}-\frac{\varepsilon M}{2} & -\frac{\varepsilon M}{2} & 0 & 0 & \cdots & 0 \\ \frac{\varepsilon}{2}-\frac{\varepsilon M}{2} & \delta-9 & \frac{\varepsilon}{2} & -\frac{\varepsilon M}{2} & 0 & \cdots & 0 \\ -\frac{\varepsilon M}{2} & \frac{\varepsilon}{2} & \delta-25 & \frac{\varepsilon}{2} & -\frac{\varepsilon M}{2} & \cdots & \cdots \\ \cdots & \cdots & \cdots & \cdots & \cdots & \cdots & \cdots \\ \cdots & \cdots & -\frac{\varepsilon M}{2} & \frac{\varepsilon}{2} & \delta-(2n-5)^2 & \frac{\varepsilon}{2} & -\frac{\varepsilon M}{2} \\ 0 & \cdots & \cdots & -\frac{\varepsilon M}{2} & \frac{\varepsilon}{2} & \delta-(2n-3)^2 & \frac{\varepsilon}{2} \\ 0 & 0 & 0 & \cdots & -\frac{\varepsilon M}{2} & \frac{\varepsilon}{2} & \delta-(2n-1)^2 \end{vmatrix}=0 \tag{15-228}$$

$$\begin{vmatrix} \delta-1-\frac{\varepsilon}{2} & \frac{\varepsilon}{2}+\frac{\varepsilon M}{2} & -\frac{\varepsilon M}{2} & 0 & 0 & \cdots & 0 \\ \frac{\varepsilon}{2}+\frac{\varepsilon M}{2} & \delta-9 & \frac{\varepsilon}{2} & -\frac{\varepsilon M}{2} & 0 & \cdots & 0 \\ -\frac{\varepsilon M}{2} & \frac{\varepsilon}{2} & \delta-25 & \frac{\varepsilon}{2} & -\frac{\varepsilon M}{2} & \cdots & \cdots \\ \cdots & \cdots & \cdots & \cdots & \cdots & \cdots & \cdots \\ \cdots & \cdots & -\frac{\varepsilon M}{2} & \frac{\varepsilon}{2} & \delta-(2n-5)^2 & \frac{\varepsilon}{2} & -\frac{\varepsilon M}{2} \\ 0 & \cdots & \cdots & -\frac{\varepsilon M}{2} & \frac{\varepsilon}{2} & \delta-(2n-3)^2 & \frac{\varepsilon}{2} \\ 0 & 0 & 0 & \cdots & -\frac{\varepsilon M}{2} & \frac{\varepsilon}{2} & \delta-(2n-1)^2 \end{vmatrix}=0 \tag{15-229}$$

可以根据实际工程设计需要，截取有限项 n，应用简单的数值方法可以得到希尔方程的不稳定区图像。

6. 希尔方程的不稳定区图像

分别取 $M=0$，$M=0.25$，$M=0.5$，图 15-4 和图 15-5 所示分别为用上述两种摄动方法得到的希尔方程的前 3 阶不稳定区。然后，给出傅里叶分析法获得的不稳定区，为了简化计算过程，同时保证最终结果的正确性和足够的精度，截取式（15-222）至式（15-225）中的有限项 $n=10$，分别取 $M=0$，$M=0.108\,5$，$M=0.301\,4$，在此 M 的取值与上面不同的原因是在后面算例分析部分要用到这里的希尔方程不稳定区。δ 和 ε 的取值范围限定在 0~20，图 15-6 所示为希尔方程（15-104）的大参数情况下前 5 阶不稳定区。

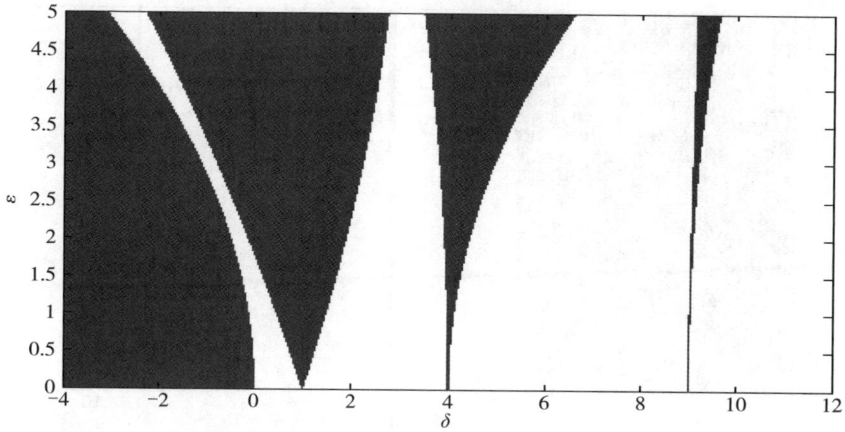

（a）M=0

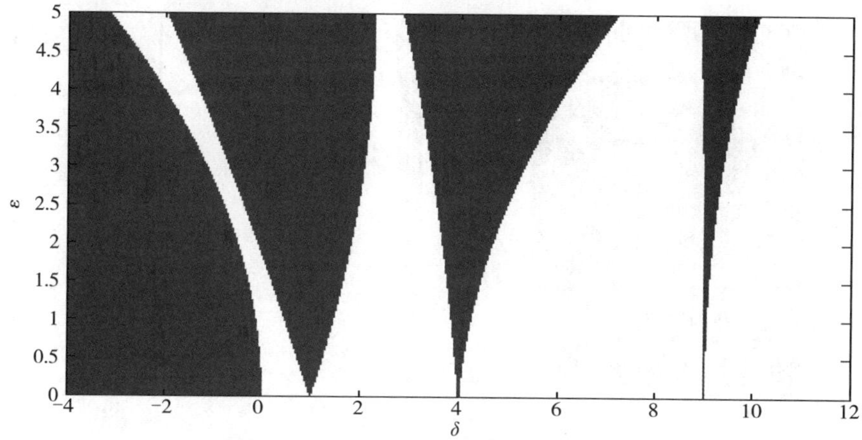

（b）M=0.25

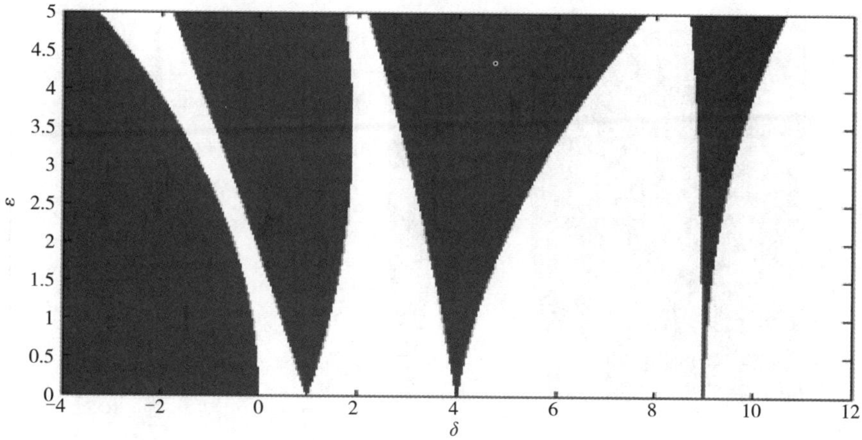

（c）M=0.5

图 15-4　变形参数法得到的希尔不稳定性图表（阴影区域为不稳定区）

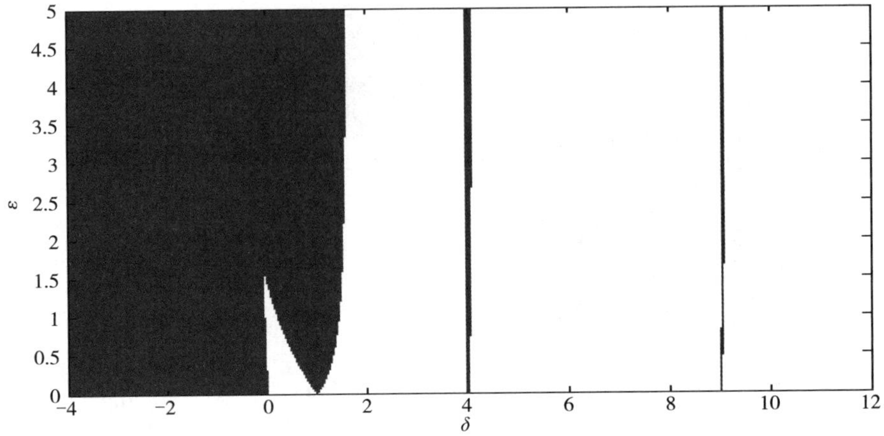

（a）M=0

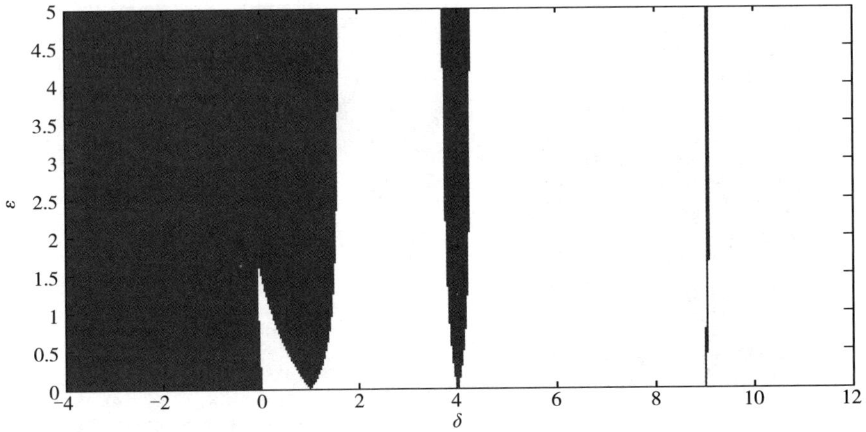

（b）M=0.25

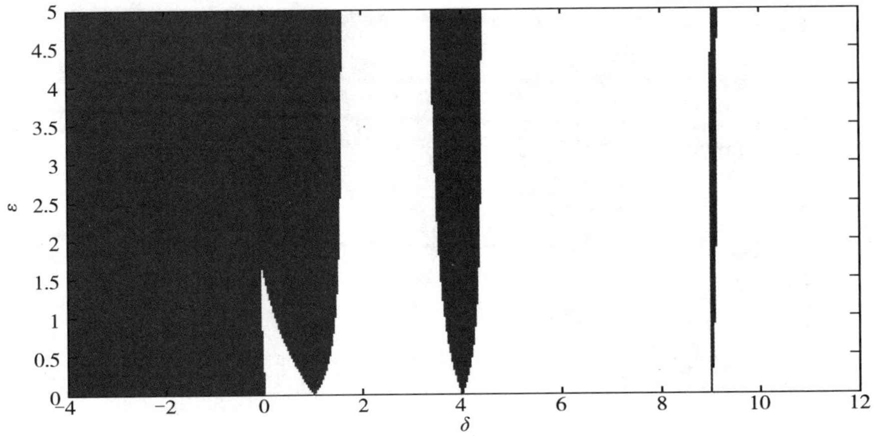

（c）M=0.5

图 15-5　改进变形参数法得到的希尔不稳定性图表（阴影区域为不稳定区）

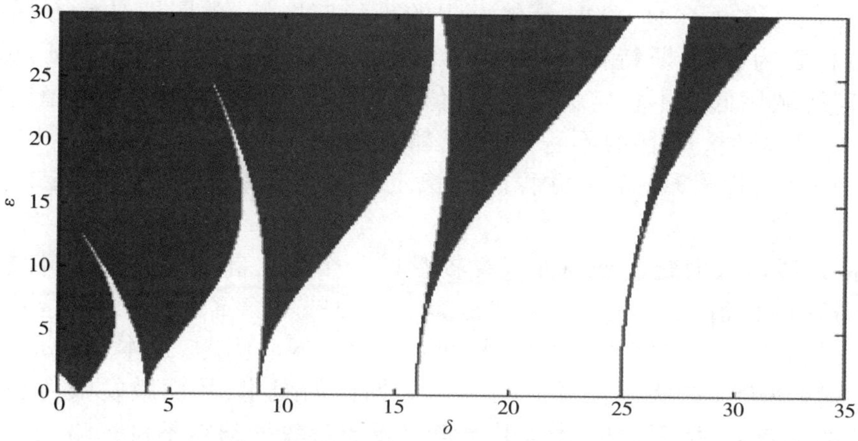

（a）M=0

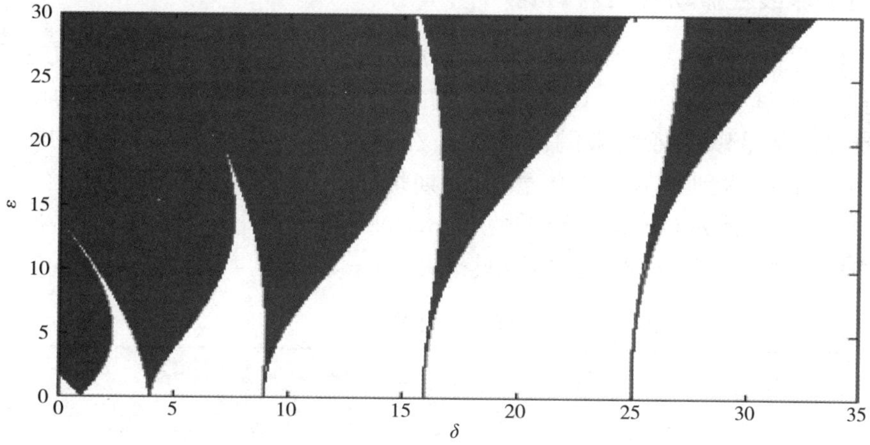

（b）M=0.108 5

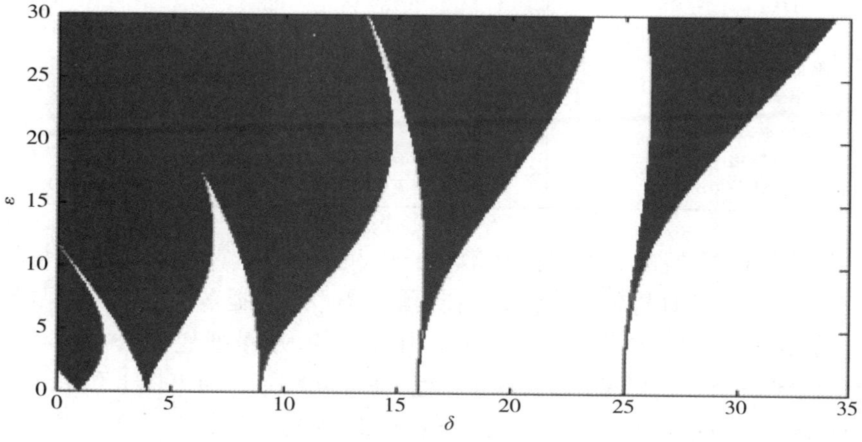

（c）M=0.301 4

图 15-6　傅里叶分析法得到的大参数情况下的希尔不稳定性图表(阴影区域为不稳定区)

图 15-6(a)给出了 $M=0$ 时希尔方程的不稳定区域，此图即马修方程的不稳定区域，也可称之为因斯-斯特拉特(Ince)-Strutt)图。从图 15-6(a 至 c)可以看出，高阶不稳定区域比低阶不稳定区域对 M 值更敏感，当 M 值增大时，不稳定区域一般情况下会变宽；同时，所有的不稳定区域都会随着 M 值增大而左移。比较图 15-4(a)与(b)(c)可以发现，希尔方程的不稳定区域与马修方程的不稳定区域具有明显的不同。

M 是区别线性张力腿模型与非线性模型的一个重要参数，采用非线性模型时，平台纵荡与垂荡的幅值及张力腿的长度是影响张力腿不稳定性的三个主要因素；而采用线性模型时，平台的纵荡不会引起张力腿的参数振动问题，这本身就是不合理的，因为平台纵荡也会使张力腿的预张力发生周期性的变化，从而激发张力腿的参数振动，当纵荡幅值较大时，平台的纵荡引起张力腿的参数振动是不可忽略的。

7. 张力腿非线性振动分析与讨论

采用四阶龙格-库塔法计算方程(15-96)，应用龙贝格数值积分法对方程(15-96)中积分项进行处理。为了简化计算过程，计算张力腿流向的非线性动力响应时仅考虑前 4 阶模态，这足以保证结果的准确性。在极限海况下，随时间变化的轴向力幅值与预张力的比值可达到 $N^*/N_0=1.0$，波浪周期取 15 s，平台的纵荡幅值取 3.0 m，为了方便计算结果与帕特尔(Patel)和帕克(Park)的结果比较，所有的计算参数及条件与 Patel 的取法相同，相应的材料参数见表 15-1。

表 15-1　计算参数

参数	情形一	情形二
长度(m)	760	300
质量(kg/m³)	726.3	726.3
弯曲刚度(N·m²)	14.57×10^8	14.57×10^8
内径(m)	0.762	0.762
外径(m)	0.812	0.812
附加质量系数	1.0	1.0
阻力系数	0.8	0.8
顶端预张力(N)	13.0×10^6	13.0×10^6
平台垂荡幅值(m)	0.525 5	0.207 4
平台纵荡幅值(m)	3.0	3.0

首先，为了验证模型的正确性，计算 Patel 和 Park 的算例，选择两个模型长度，即 760 m 和 300 m，其他材料参数，如轴向预张力、张力腿的外径等都保持不变。把非线性耦合的控制方程线性化，式(15-96)中的希尔方程则变为式(15-102)中的马修方程，此即 Patel 和 Park 采用的控制方程，图 15-7 所示为 Patel 和 Park 的计算结果与本书计算结果的对比情况，可以看出结果完全吻合，充分验证了本模型的正确性。

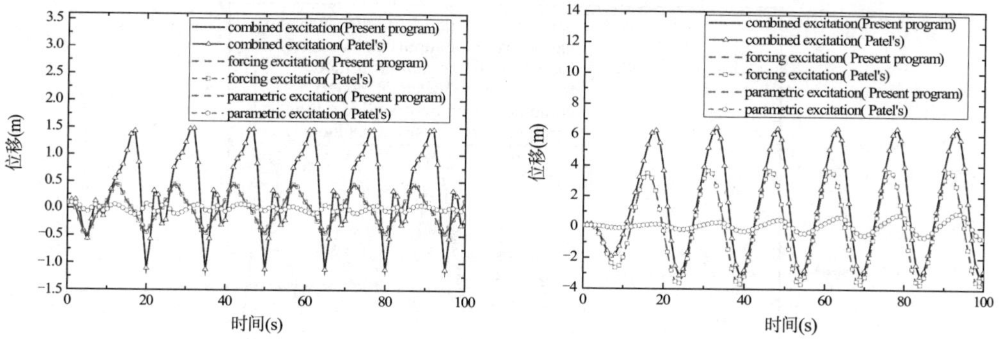

（a）L=300 m　　（b）L=760 m

图 15-7　Patel 的程序与本书的程序在计算张力腿横向位移时所得预测结果的比较

（ $\varepsilon/\delta^{*}=1.0$ ，Ua=3.0 m）

图 15-8 所示为给出了张力腿长度为 300 m 时，流向的非线性动力响应图像，根据相应的计算条件，可以得到 M =0.108 5。可以看出，受迫振动与参数振动分别单独作用时，线性模型与非线性模型预测结果的差异很小；参数振动和受迫振动共同作用时，非线性模型预测结果比线性模型小约 40% 。

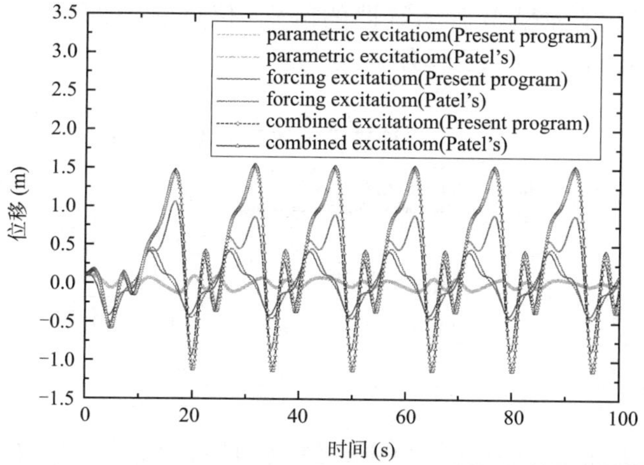

图 15-8　线性模型(Patel 的模型)与非线性模型关于张力腿流向响应的预测结果的比较

（ $\varepsilon/\delta^{*}=1.0$ ，U_a=3.0 m，L=300 m）

图 15-9 所示为给出了张力腿长度为 760 m 时，流向的非线性动力响应图像，根据相应的计算条件，可以得到 $M\approx0.02$。此时，采用希尔方程所得到的不稳定区与采用马修方程得到的不稳定区域没有太明显的差异，而且采用线性模型与非线性模型的预测结果差异并不是很明显。但是，图 15-9 并不能说明非线性因素并不重要，只是因为在这种特定的条件下，M 值较小。当 M 值较大时，非线性因素是不可忽略的，图 15-8 所示的预测比较结果很好地证明了这个观点。

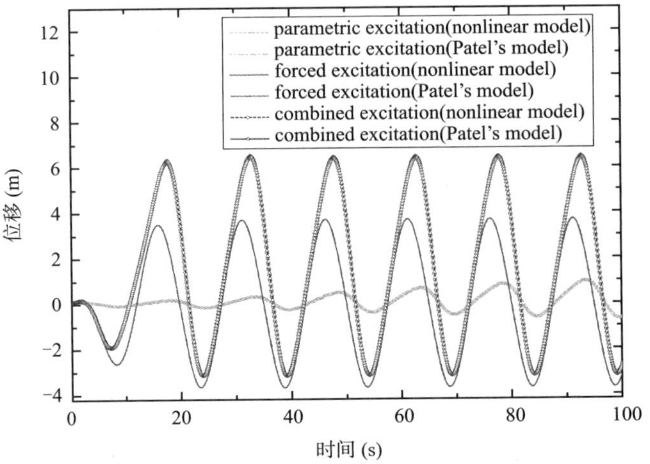

图 15-9　线性模型（Patel 的模型）与非线性模型关于张力腿流向响应的预测结果的比较
（$\varepsilon/\delta^*=1.0$，$U_a=3.0$ m，L=760 m）

下面分析张力腿长度为 300 m 时，在不同的不稳定区内其振动特性，此时不稳定区与波浪周期的关系见表 15-2。首先，不考虑水动力阻尼效应，比较不同的不稳定区内线性模型与非线性模型振动特性的区别，仅计算前四阶模态；然后，研究阻尼在张力腿参数振动过程中的重要作用。

表 15-2　不稳定区与波浪周期的关系

波浪激励周期（s）	欧拉-伯努利梁模型		非线性梁模型	
	δ^*	不稳定区	δ	不稳定区
8.5	8.3	Third stability	9.2	Mid third
11.4	15	Fourth stability	16.6	Mid fourth
15.3	27	Fifth stability	29.9	Mid fifth

图 15-10 所示为张力腿中点的响应幅值，此时阻力系数 $C_D=0$。假设波浪周期主要集中在 6~30 s，所以并没有计算在第一、第二不稳定区内的振动特性。比较线性模型与非线性模型结果可以看出，在相应的不稳定区内非线性梁模型预测结果是不稳定的，而线性梁模型的结果却是稳定的。产生这种奇特现象的原因就是，假如考虑了轴向与流向的振动耦合，希尔方程（15-102）与马修方程（15-96）是不同的，这可以从表 15-2 和图 15-6 中清楚地反映出来。

确定希尔方程不稳定区和马修方程不稳定区时忽略了水动力阻尼效应，在工程实际中，水动力阻尼在限定张力腿振动幅值方面起到了很重要的作用，即使振动处在不稳定区内，由于阻尼的存在，结构仍然不会失稳，从图 15-11 可以看出。但是，我们研究参数振动的真正目的在于，当振动处在不稳定区时，振动的幅值会比稳定区大很多，很容易加剧结构的疲劳破坏，这是工程界所关心的，也是需要尽量避免的。

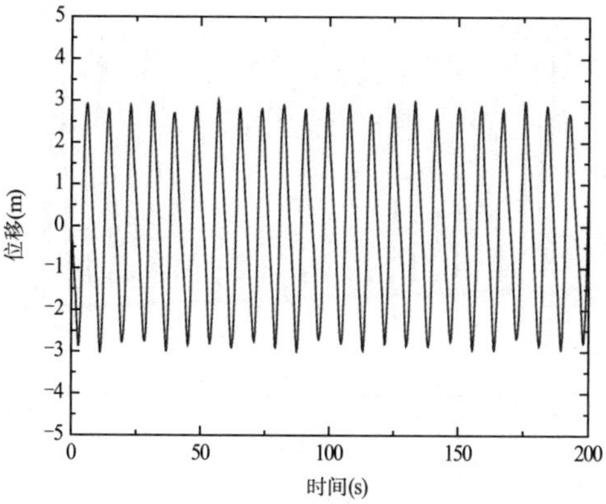

（a）M=0，δ^*=8.3

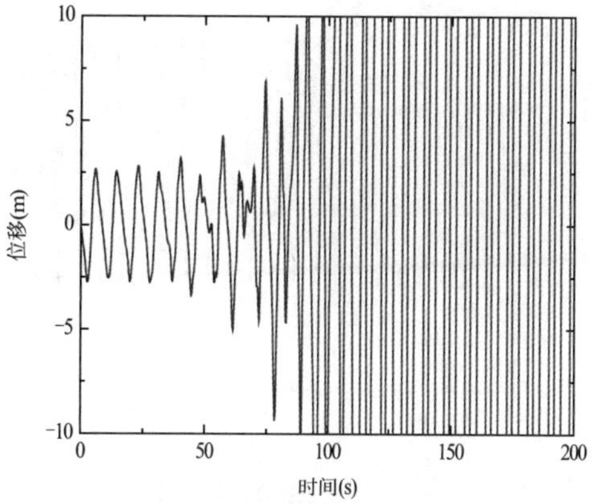

（b）M=0.108 5，δ=9.2

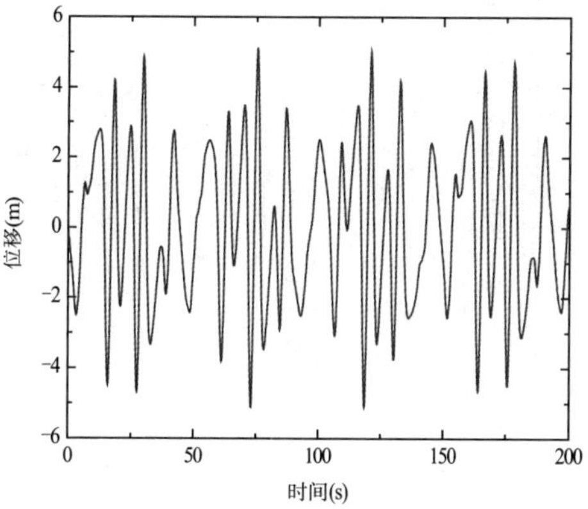

（c）M=0，δ^*=15

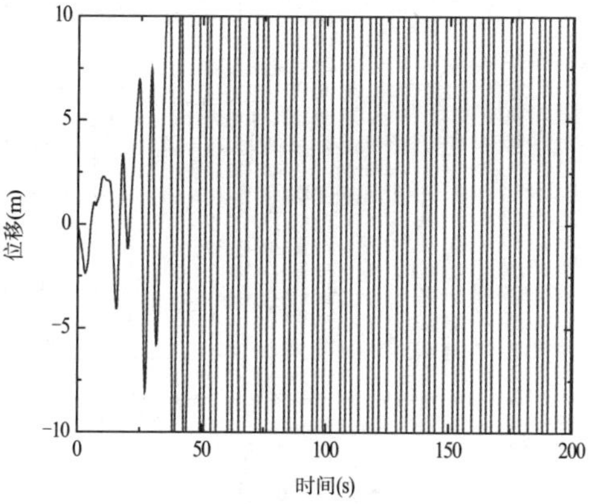

（d）M=0.108 5，δ=16.6

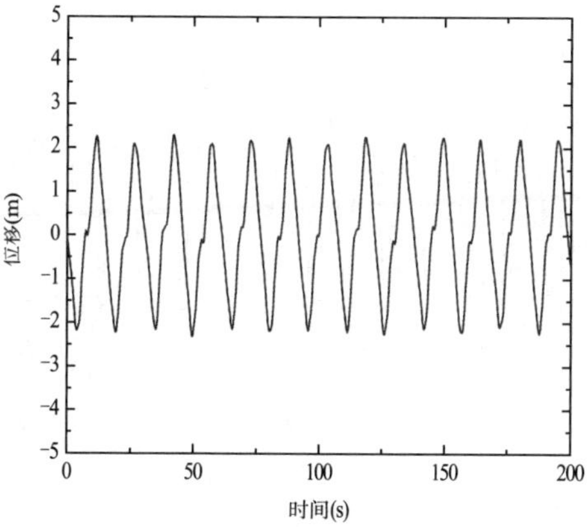

（e）M=0，δ^*=27

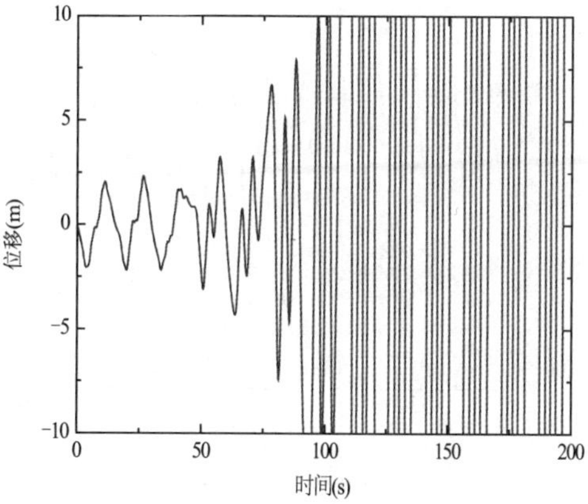

（f）M=0.108 5，δ=29.9

图 15-10　无阻尼状态下，不同不稳定区内，张力腿中点处的动力响应

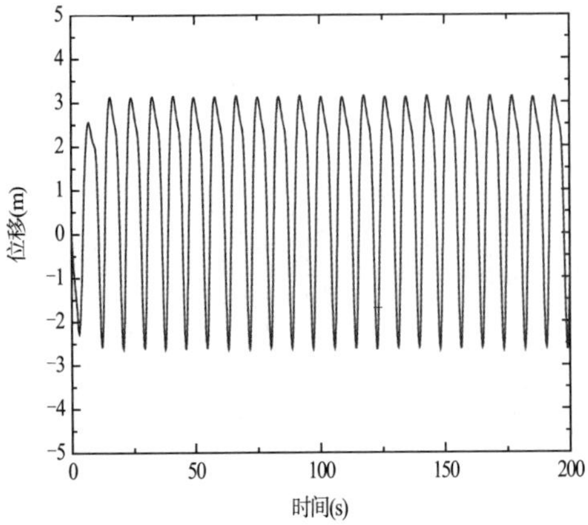

(a) M=0，δ^*=8.3

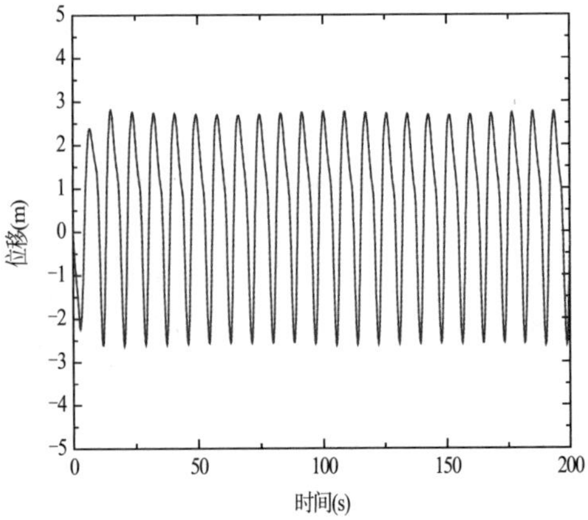

(b) M=0.108 5，δ=9.2

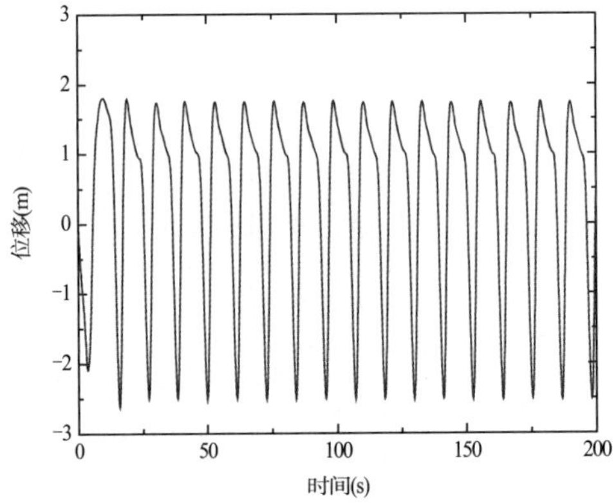

(c) M=0，δ^*=15

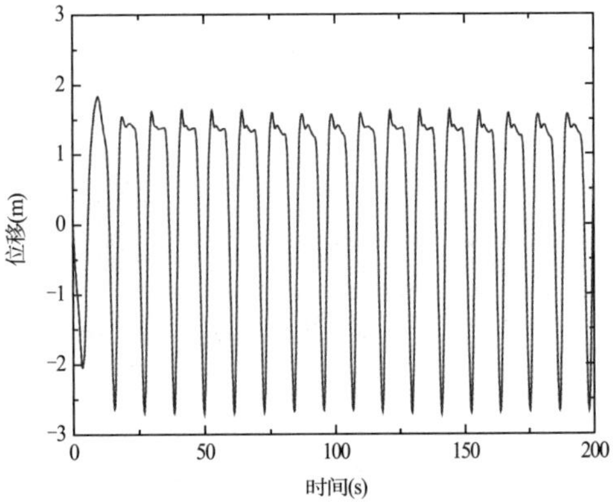

(d) M=0.108 5，δ=16.6

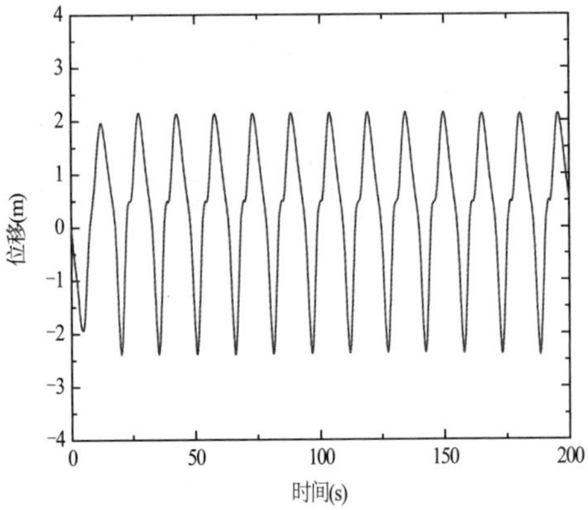

(e) M=0，δ^*=27

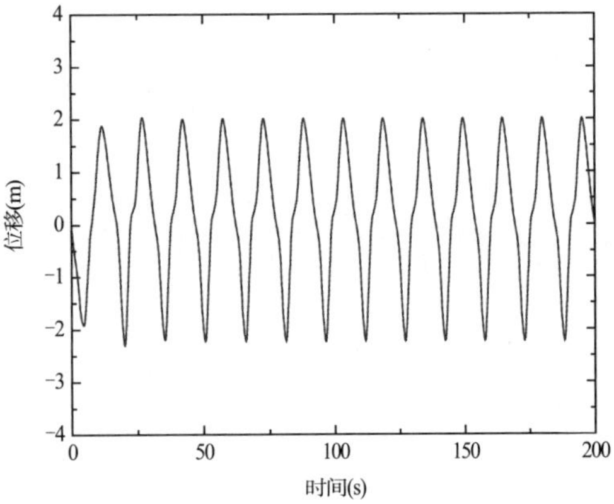

(f) M=0.108 5，δ=29.9

图 15-11　有阻尼状态下，不同不稳定区内，张力腿中点处的动力响应

15.3 张力腿平台的参数激励响应

张力腿平台的本体与张力腿的运动是耦合在一起的，其耦合作用非常复杂，对平台的运动响应的影响不可忽略，如图 15-12 所示。因此，在研究张力腿平台振动响应时，考虑平台本体与张力腿的非线性耦合十分必要。

将张力腿平台简化为单个立柱与一个沉箱的组合体，如图 15-13 所示。其中，将张力腿看作非线性梁，考虑张力腿轴向与流向之间的非线性耦合效应，根据哈密顿原理和牛顿定律，推导出平面情况下整个系统的耦合运动方程及边界条件，并进一步分析不同的流场条件下，两种不同的张力腿模型（非线性梁和无质量弹簧模型）对平台动力响应预测结果的影响。

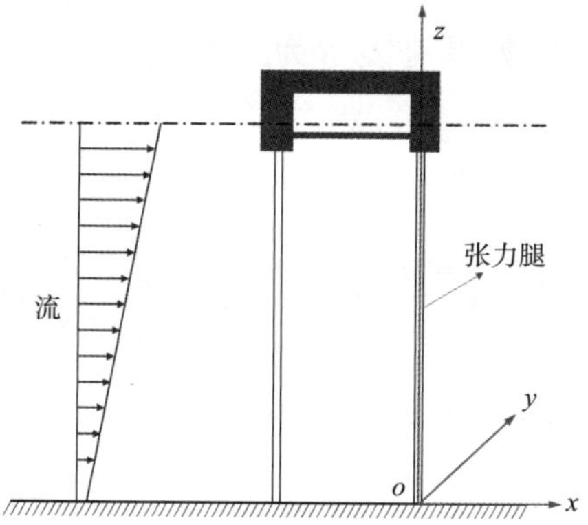

图 15-12　张力腿平台

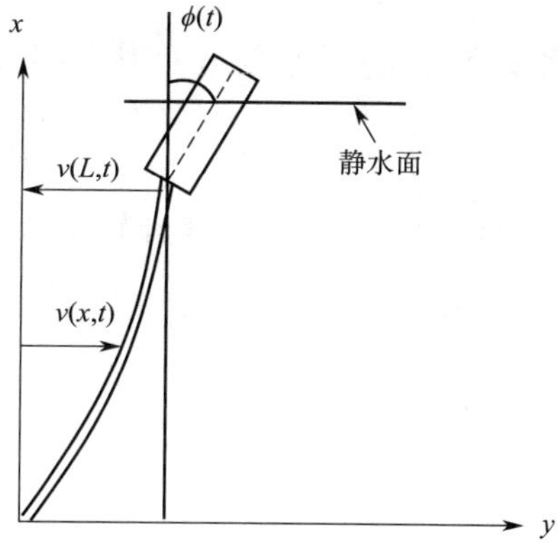

图 15-13　单柱张力腿平台简化模型

15.3.1 张力腿平台非线性运动方程的建立

1. 平台运动方程

张力腿平台可被看作具有三个自由度的刚体，以单个立柱外加一个沉箱来简化平台结构，其具体受力情况如图 15-14 所示。

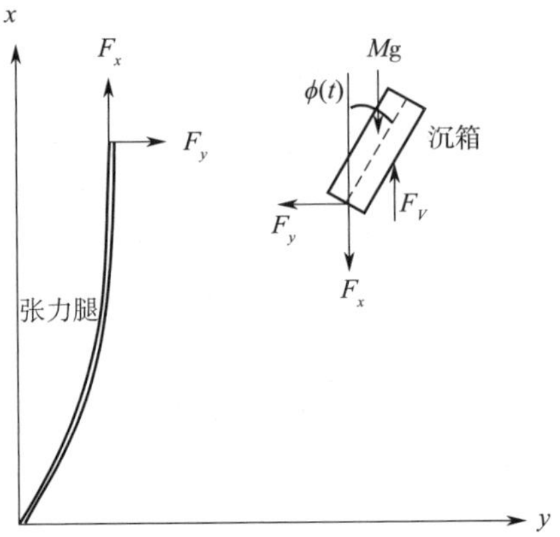

图 15-14　受力分解

假设平台的质心与几何中心重合，则质心位置矢量可表示为

$$\boldsymbol{r}(t)=\left(L+u(L,t)+\frac{L_H}{2}\cos\varphi\right)\boldsymbol{i}+\left(v(L,t)+\frac{L_H}{2}\sin\varphi\right)\boldsymbol{j} \tag{15-230}$$

质心的速度与加速度矢量分别为

$$\dot{\boldsymbol{r}}(t)=v_{0x}\boldsymbol{i}+v_{0y}\boldsymbol{j}=\left(\dot{u}(L,t)-\frac{L_{\mathrm{H}}}{2}\sin\varphi\dot{\varphi}\right)\boldsymbol{i}+\left(\dot{v}(L,t)+\frac{L_H}{2}\cos\varphi\dot{\varphi}\right)\boldsymbol{j} \tag{15-231}$$

$$\begin{aligned}\ddot{\boldsymbol{r}}(t)=a_x+a_y\boldsymbol{j}=&\left(\ddot{u}(L,t)-\frac{L_{\mathrm{H}}}{2}\sin\varphi\ddot{\varphi}-\frac{L_{\mathrm{H}}}{2}\cos\varphi\dot{\varphi}^2\right)\boldsymbol{i}+\\&\left(\ddot{v}(L,t)+\frac{L_{\mathrm{H}}}{2}\ddot{\varphi}\cos\varphi-\frac{L_{\mathrm{H}}}{2}\sin\varphi\dot{\varphi}^2\right)\boldsymbol{j}\end{aligned} \tag{15-232}$$

式中：v_{0x},v_{0y},a_x,a_y 分别为平台质心 x, y 方向的速度和加速度；$u(L,t)$，$v(L,t)$分别为张力腿顶端也即平台的底端在 x, y 方向的位移；L_{H} 为立柱的长度；φ 为立柱的转角。

应用刚体运动学理论，推导平台运动方程：

$$F_{\mathrm{fx}}+F_{\mathrm{V}}-Mg-F_x=M_{\mathrm{total}}a_x \tag{15-233}$$

$$F_{\mathrm{fy}}-F_y=M_{\mathrm{total}}a_y \tag{15-234}$$

$$J_o\ddot{\varphi}=\sum M_o(F) \tag{15-235}$$

式中：M_{total} 为平台质量与水力学附加质量之和，$M_{\mathrm{total}}=M+M_{\mathrm{add}}$；$J_o$ 为立柱绕质心 o 的转动惯量；F_x，F_y 分别为张力腿系统在 x，y 方向给平台本体的作用力；F_{fx}，F_{fy} 分别为平台 x，y 方向所受的水动力。

平台相对于质心 o 受到的力矩为

$$\sum M_o(F)=M(F_{\mathrm{fy}})+M(F_{\mathrm{fx}})+M(F_x)+M(F_y)+M(F_{\mathrm{V}}) \tag{15-236}$$

式中：$M(F_{\mathrm{fx}})$，$M(F_{\mathrm{fy}})$分别为 x，y 方向的水动力对平台质心 o 的力矩；$M(F_{\mathrm{V}})$ 为浮力对平台质心 o 的力矩；$M(F_x)$，$M(F_y)$分别为张力腿在 x，y 方向给平台的作用力对质心 o 的力矩。

2. 非线性梁张力腿简化模型

随着深海油气开采水深的增加，张力腿轴向与流向之间的非线性耦合效应会变得越来越显著。所以，把张力腿简化为非线性梁，并考虑轴向与流向的非线性耦合效应。应用哈密顿原理及基尔霍夫假设，推导张力腿的非线性振动方程及相应的边界条件，计算简图如图 15-14 所示，张力腿的势能为

$$PE=\frac{1}{2}\int_0^L\left[EA\left(u'+\frac{1}{2}v'^2\right)^2+EIv''^2\right]\mathrm{d}x \tag{15-237}$$

张力腿的动能为

$$KE=\int_0^L\left[\rho A\left(\dot{u}^2+\dot{v}^2\right)+\rho I\dot{v}'^2\right]\mathrm{d}x \tag{15-238}$$

令 $\Gamma=KE-PE$，则哈密顿原理的形式为

$$\delta\int_{t_1}^{t_2}\Gamma\mathrm{d}t+\delta\int_{t_1}^{t_2}W\mathrm{d}t=0 \tag{15-239}$$

式中：t_1，t_2 分别为初始时刻和终端时刻的时间；δW 为合外力所做的虚功，可以表示为

$$\delta W=\int_0^L\left[f(x,t)\delta v+P(x,t)\delta u\right]\mathrm{d}x+F_x\delta u(L,t)+F_y\delta v(L,t) \tag{15-240}$$

最终化简得到张力腿非线性振动控制方程为

$$\rho A\ddot{u}-\left(EA\left(u'+\frac{1}{2}v'^2\right)\right)'=p(x,t) \tag{15-241}$$

$$\rho A\ddot{v}-\left(EA\left(u'+\frac{1}{2}v'^2\right)v'\right)'+\left(EIv''\right)''-\rho I\ddot{v}''=f(x,t) \tag{15-242}$$

相应的边界条件为

$$u(0,t)=0 \tag{15-243}$$

$$v(0,t)=0 \tag{15-244}$$

$$EIv''(0,t)=0 \tag{15-245}$$

$$EIv''(L,t)=0 \tag{15-246}$$

$$EA\left(u'+\frac{1}{2}v'^2\right)\bigg|_{L,t}=F_x \tag{15-247}$$

$$\left[EIv'''-EA\left(u'+\frac{1}{2}v'^2\right)v'\right]\bigg|_{L,t}+F_y=0 \tag{15-248}$$

式中：“˙”代表对时间微分；“′”代表对空间微分；ρ 为材料的密度；A 为横截面面积；E 为材料弹性模量；I 为横截面的惯性矩；L 为张力腿长度；u，v 分别为张力腿轴向与流向的位移；$p(x,t)$，$f(x,t)$ 分别为轴向与流向单位长度的分布力，其中 $p(x,t)$ 可以表示成单位长度的浮力与重力的差值，即

$$p(x,t)=\rho_\mathrm{f}A_\mathrm{f}g-\rho Ag \tag{15-249}$$

张力腿流向单位长度的分布力 $f(x,t)$ 根据莫里森方程进行计算，即

$$f\left(x,t\right)=-C_{\mathrm{A}}\rho_{\mathrm{f}}A_{\mathrm{f}}\left(-\ddot{u}v'+\ddot{v}\right)+C_{\mathrm{M}}\rho_{\mathrm{f}}A_{\mathrm{f}}\left(\dot{w}_{y}-w_{x}v'\right)+ C_{\mathrm{D}}\rho_{\mathrm{f}}r_{\mathrm{outer}}\left(\dot{w}_{y}-w_{x}v'+\dot{u}v'-v'+U_{\mathrm{c}}\right)\left|\dot{w}_{y}-w_{x}v'+\dot{u}v'-\dot{v}+U_{\mathrm{c}}\right| \tag{15-250}$$

式中：C_{A}，C_{M}，C_{D} 分别为附加质量系数、惯性力系数和拖曳力系数；ρ_{f} 为海水密度；A_{f} 为圆柱所占用的水体横截面面积；g 为重力加速度；r_{outer} 为圆柱外半径；U_{c} 为海流流速；w_x，w_y 分别为 x，y 方向的波浪水质点速度。

根据有限水深的 Airy 线性波理论，有

$$w_x=\frac{\pi W_{\mathrm{H}}}{W_{\mathrm{T}}}\frac{\sinh\left(kx\right)}{\sinh\left(kd\right)}\sin\left(ky-\omega t\right) \tag{15-251}$$

$$w_y=\frac{\pi W_{\mathrm{H}}}{W_{\mathrm{T}}}\frac{\cosh\left(kx\right)}{\sinh\left(kd\right)}\cos\left(ky-\omega t\right) \tag{15-252}$$

式中：W_{H}，W_{T}，k，ω 分别为波高、波浪周期、波数和波浪圆频率。

式(15-241)和式(15-242)与 Han 和 Benaroya 得出的形式完全相同，由于 Han 和 Benaroya 在研究张力腿的动力响应时，没有考虑平台与张力腿的相互作用，同时忽略了平台本体所受的水动力，仅把平台简化为点质量，所以本书得到的边界条件式(15-243)至(15-248)与 Han 和 Benaroya 得到的具有很大的不同。

3. 平台的水动力计算

平台所受的浮力方向始终铅直向上，并且随时间和空间位置是变化的，同时假设平台纵摇转角足够小，不引起额外的浮力，则

$$F_{\mathrm{V}}=\rho_{\mathrm{f}}gV_{\mathrm{HS}}=\rho_{\mathrm{f}}g\left(\frac{\pi D_{\mathrm{H}}^{2}}{4}L_{\mathrm{HS}}+L_{\mathrm{chen}}W_{\mathrm{chen}}H_{\mathrm{chen}}\right) \tag{15-253}$$

式中：V_{HS} 为浮体的浸没体积；D_{H} 为立柱的外径；L_{chen}，W_{chen}，H_{chen} 分别为沉箱的长、宽、高；L_{HS} 为立柱未露出水面的长度，有

$$L_{\mathrm{HS}}=\frac{d+\eta-L-u\left(L,t\right)}{\cos\varphi} \tag{15-254}$$

式中：d 为水深；η 为表面波形，表达式为

$$\eta=\frac{W_{\mathrm{H}}}{2}\cos\left(ky-\omega t\right) \tag{15-255}$$

浮力相对质心 o 产生的力矩为

$$M\left(F_{\mathrm{V}}\right)=-\rho_{\mathrm{f}}g\frac{\pi D_{\mathrm{H}}^{2}}{4}\frac{d+\eta-L-u\left(L,t\right)}{\cos\varphi}\left(l_{\mathrm{b}}-\frac{L_{\mathrm{H}}}{2}\sin\varphi\right) \tag{15-256}$$

式中：l_{b} 为浮力对平台与张力腿的连接处的力臂，有

$$l_{\mathrm{b}}=\frac{D_{\mathrm{H}}^{2}}{32L_{\mathrm{HS}}}\left(2+\tan^{2}\varphi+\frac{L_{\mathrm{HS}}}{2}\right)\sin\varphi \tag{15-257}$$

考虑瞬时位置和瞬时表面等非线性因素影响，平台 x，y 方向的水动力 $F_{\mathrm{f}x}$，$F_{\mathrm{f}y}$ 可表示为

$$F_{\mathrm{f}x}=\int_{L(t)}^{d+\eta}f_{\mathrm{f}x}\mathrm{d}x \tag{15-258}$$

$$F_{\mathrm{fy}}=\int_{L(t)}^{d+\eta} f_{\mathrm{fy}} \mathrm{d} x \tag{15-259}$$

x，y 方向的水动力对平台质心 o 的力矩 $M(F_{\mathrm{fx}})$，$M(F_{\mathrm{fy}})$ 可写为

$$M\left(F_{\mathrm{fx}}\right)=-\int_{L(t)}^{d+\eta} f_{\mathrm{fx}}\left(x-L(t)-\frac{L_{\mathrm{H}}}{2} \cos \varphi\right) \tan ^{2} \varphi \mathrm{d} x \tag{15-260}$$

$$M\left(F_{\mathrm{fy}}\right)=\int_{L(t)}^{d+\eta} f_{\mathrm{fy}}\left(x-L(t)-\frac{L_{\mathrm{H}}}{2} \cos \varphi\right) \mathrm{d} x \tag{15-261}$$

式中：f_{fx}，f_{fy} 分别为平台单位长度 x，y 方向的水动力。

假设立柱和沉箱的尺度满足莫里森方程应用条件，下面采用莫里森方程计算平台本体所受的水动力，在水动力计算过程中，不考虑沉箱的惯性力与拖曳力，沉箱仅受附加质量力作用，莫里森方程的计算公式如下：

$$\boldsymbol{f}_{f}=f_{\mathrm{fx}} \boldsymbol{i}+f_{\mathrm{fy}} \boldsymbol{j}=C_{\mathrm{D}} \rho_{\mathrm{f}} \frac{D_{\mathrm{H}}}{2}\left|\boldsymbol{n} \times \boldsymbol{V}_{\mathrm{rel}} \times \boldsymbol{n}\right|\left(\boldsymbol{n} \times \boldsymbol{V}_{\mathrm{rel}} \times \boldsymbol{n}\right)+C_{\mathrm{M}} \rho_{\mathrm{f}} \frac{\pi D_{\mathrm{H}}{}^{2}}{4}\left(\boldsymbol{n} \times \dot{\boldsymbol{V}}_{\mathrm{f}} \times \boldsymbol{n}\right) \tag{15-262}$$

式中：$\boldsymbol{n}$ 为立柱的方向矢量，有

$$\boldsymbol{n}=\boldsymbol{i} \cos \varphi+\boldsymbol{j} \sin \varphi \tag{15-263}$$

$\boldsymbol{V}_{\mathrm{rel}}$ 为相对速度矢量，有

$$\boldsymbol{V}_{\mathrm{rel}}=\left(w_{x}-V_{\text{立柱}}^{x}\right) \boldsymbol{i}+\left(U_{\mathrm{c}}+w_{y}-V_{\text{立柱}}^{y}\right) \boldsymbol{j} \tag{15-264}$$

V_{f} 为水质点速度矢量，有

$$\boldsymbol{V}_{f}=w_{x} \boldsymbol{i}+\left(U_{\mathrm{c}}+w_{y}\right) \boldsymbol{j} \tag{15-265}$$

其中，w_x，w_y 的表达式如式（15-251）和式（15-252）所示。下面确定立柱在 x，y 方向任意点的速度，采用基点法，以平台与张力腿的连接处为基点：

$$V_{\text{立柱}}^{x}=\dot{u}(L, t)-\dot{\varphi}(x-L-u(L, t)) \tan \varphi \tag{15-266}$$

$$V_{\text{立柱}}^{y}=\dot{v}(L, t)+\dot{\varphi}(x-L-u(L, t)) \tag{15-267}$$

把式（15-263）至式（15-267）代入式（15-262）中，可以得到 f_{fx}，f_{fy} 的具体表达式，再将 f_{fx}，f_{fy} 代入式（15-258）至式（15-261），得到 F_{fx}，F_{fy}，$M(F_x)$，$M(F_y)$，在式（15-262）中计算平台水动力时，没有计算附加质量力，原因在于式（15-233）和式（15-234）中右端的质量项已经包含附加质量。

4. 非线性梁张力腿模型与平台的耦合作用

张力腿与平台之间的相互作用是通过作用力 F_x，F_y 来完成的，把式（15-247）、式（15-253）和式（15-258）代入式（15-233），把式（15-248）和式（15-249）代入式（15-234），把式（15-256）、式（15-260）和式（15-261）代入式（15-235），化简整理，最终可以得到张力腿与平台之间的耦合运动方程：

$$M_{\text{total}} \ddot{u}(L, t)=F_{\mathrm{V}}+F_{\mathrm{fx}}-M g+M_{\text{total}}\left(\frac{L_{\mathrm{H}}}{2} \sin \varphi \ddot{\varphi}+\frac{L_{\mathrm{H}}}{2} \cos \varphi \dot{\varphi}^{2}\right)-\left.E A\left(u'+\frac{1}{2} v'^{2}\right)\right|_{L, t} \tag{15-268}$$

$$M_{\text{total}}\ddot{v}(L,t)=F_{\text{fy}}-M_{\text{total}}\left(\frac{L_{\text{H}}}{2}\ddot{\varphi}\cos\varphi-\frac{L_{\text{H}}}{2}\sin\varphi\dot{\varphi}^2\right)-\left[EIv'''-EA\left(u'+\frac{1}{2}v'^2\right)v'\right]\Bigg|_{L,t}\tag{15-269}$$

$$\left(J_o+M_{\text{total}}\frac{L_{\text{H}}^{\ 2}}{4}\right)\ddot{\varphi}=MM\left(F_{\text{fx}}\right)+MM\left(F_{\text{fy}}\right)+Mg\frac{L_{\text{H}}}{2}\sin\varphi+M_{\text{total}}\left(\ddot{u}(L,t)\sin\varphi-\ddot{v}(L,t)\cos\varphi\frac{L_{\text{H}}}{2}\right)-\frac{\pi D_{\text{H}}^{\ 2}}{4}\rho_{\text{f}}gL_{\text{HS}}l_{\text{b}}\tag{15-270}$$

式中：$MM(F_x)$，$MM(F_y)$ 分别为 x，y 方向的水动力对平台与张力腿连接处的力矩。

式(15-268)、式(15-269)和式(15-270)即非线性梁张力腿模型时平台的运动方程，数值计算时，必须计算张力腿顶端的剪力和转角，所以需要把式(15-241)、式(15-242)、式(15-268)、式(15-269)和式(15-270)耦合求解。式(15-241)、式(15-242)、式(15-268)、式(15-269)和式(15-270)也就是平台与张力腿的耦合作用的控制方程，相应的边界条件在式(15-243)至式(15-246)中给出。

5. 采用无质量弹簧张力腿模型时平台的运动方程

在第二个张力腿简化模型中，不考虑波浪海流对张力腿的作用，忽略张力腿的弯曲和质量，把张力腿简化为无质量的弹簧，假设其所受的张力与其伸长量满足胡克定律：

$$F=EA\frac{e}{L}\tag{15-271}$$

e 为张力腿的伸长量，有

$$e=\sqrt{\left(L+\Delta L+u(L,t)\right)^2+v(L,t)^2}-L\tag{15-272}$$

ΔL 为初始预张力作用下的张力腿伸长量，有

$$\Delta L=\frac{L\left(F_V-Mg\right)}{EA}\Bigg|_{t=0}\tag{15-273}$$

式中：M 为平台质量；F_{V} 为平台的浮力。

张力腿在 x，y 方向给平台的作用力分别为

$$F_x=F\cos\alpha\tag{15-274}$$

$$F_y=F\sin\alpha\tag{15-275}$$

式中：α 为张力腿展向与 x 轴的夹角，且有

$$\cos\alpha=\frac{L+\Delta L-u(L,t)}{\sqrt{\left(L+\Delta L+u(L,t)\right)^2+v(L,t)^2}}\tag{15-276}$$

$$\sin\alpha=\frac{v(L,t)}{\sqrt{\left(L+\Delta L+u(L,t)\right)^2+v(L,t)^2}}\tag{15-277}$$

把式(15-274)至式(15-277)代入式(15-233)至式(15-235)中，于是得到无质量弹簧张力腿模型时，平台的运动控制方程：

$$M_{\text{total}}\ddot{u}(L,t)=F_{\text{V}}+F_{\text{fx}}-Mg+M_{\text{total}}\left(\frac{L_{\text{H}}}{2}\sin\varphi\ddot{\varphi}+\frac{L_{\text{H}}}{2}\cos\varphi\dot{\varphi}^{2}\right)-F\cos\alpha \tag{15-278}$$

$$M_{\text{total}}\ddot{v}(L,t)=F_{\text{fy}}-M_{\text{total}}\left(\frac{L_{\text{H}}}{2}\ddot{\varphi}\cos\varphi-\frac{L_{\text{H}}}{2}\sin\varphi\dot{\varphi}^{2}\right)-F\sin\alpha \tag{15-279}$$

$$\left(J_{o}+M_{\text{total}}\frac{L_{\text{H}}^{2}}{4}\right)\ddot{\varphi}=MM(F_{\text{fx}})+MM(F_{\text{fy}})+Mg\frac{L_{\text{H}}}{2}\sin\varphi+M_{\text{total}}\big(\ddot{u}(L,t)\sin\varphi-\ddot{v}(L,t)\cos\varphi\big)\frac{L_{\text{H}}}{2}-\frac{\pi D_{\text{H}}^{2}}{4}\rho_{\text{f}}gL_{\text{HS}}l_{\text{b}} \tag{15-280}$$

从式(15-278)至式(15-280)可以看出，直接进行数值求解，就可以得到平台的垂荡、纵荡及纵摇响应，不需要去求解张力腿的运动方程(15-241)和(15-242)，这是与非线性梁张力腿模型最大的不同。

15.3.2 张力腿平台非线性振动分析

张力腿平台与张力腿耦合振动方程是非线性的，没有解析解，所以需要数值求解。采用非线性梁模化张力腿时，运用有限差分法对式(15-241)、式(15-242)、式(15-268)、式(15-269)和式(15-270)进行空间离散，把张力腿沿展向平均分成 N 等份，相应的节点编号依次为 $0,1,2,\cdots N$，令

$$\ddot{\varphi}=Q \tag{15-281}$$

$$\ddot{u}_i=S_i \tag{15-282}$$

$$\ddot{v}_i=G_i \quad (i=1,2,\cdots N) \tag{15-283}$$

当 $i=1,2,\cdots,N-1$ 时，S_i, G_i 根据式(15-241)和式(15-242)求得；当 $i=N$ 时，根据式(15-268)和式(15-269)确定，Q 直接由式(15-270)得出。在本章的算例分析过程中 N 取 100，应用四阶龙格-库塔法对耦合方程(15-281)至(15-283)进行数值求解。

把张力腿简化成无质量弹簧时，处理方法同上相似，不需要耦合求解关于张力腿的自身运动方程(15-241)和(15-242)，只需用四阶龙格-库塔法对方程(15-278)至(15-280)进行数值求解。

下面给出一个典型平台(ISSC TLP)的算例，相关结构参数见表15-3，流场的参数见表15-4。在此，算例分析限定在平面情况下单个立柱的简化平台模型的动力响应，真实的平台由多个立柱与沉箱构成，运动具有六个自由度形式。但是，这里的研究却具有很强的指导意义。首先研究单独波浪作用，其次考虑波浪海流共同作用，分析不同的流场条件下，两种不同的张力腿简化模型对平台动力响应预测结果的影响。

表 15-3　ISSC 平台参数

张力腿长度	415 m	张力腿外径	0.80 m
张力腿内径	0.346 4 m	张力腿材料密度	7 800 kg/m^3
立柱长度	67.5 m	立柱外径	16.88 m
立柱内径	16.2 m	立柱质量	10.1×10^6 kg
沉箱高度	10.5 m	张力腿材料弹性模量	204×10^9 N/m^2
沉箱宽度	7.5 m	沉箱长度	69.37 m

表 15-4　流场的相关参数

波长	175 m	波高	10.0 m
水深	450 m	波浪周期	15.0 s
惯性力系数	2.0	海水密度	1 025 kg/m^3
附加质量系数	1.0	拖曳力系数	1.0
海流流速	1.0 m/s		

图 15-15 所示为在规则波作用下,采用两种不同的张力腿简化模型(非线性梁模型和无质量弹簧模型)得到的平台响应图像。从图 15-15(a)可以看出,两种不同的张力腿简化模型得到的平台纵摇响应图像几乎相同;从图 15-15(b)可以得到,无质量弹簧张力腿模型得到的平台垂荡响应幅值远大于非线性梁模型的结果,差值大约在 300%以上;图 15-15(c)可以发现,两种不同的张力腿简化模型得到的平台纵荡响应图像具有相同的振动形式,响应幅值几乎相同,但是平台的水平漂移量却有明显差异,无质量弹簧张力腿模型得到的水平漂移量相比于非线性梁模型小约为 25%。

图 15-16 所示为在波浪和海流共同作用下,采用两种不同的张力腿简化模型(非线性梁模型和无质量弹簧模型)得到的平台响应图像。从图 15-16(a)可以发现,两种不同的张力腿简化模型得到的平台纵摇响应图像几乎相同;从图 15-16(b)观察得到,在波流共同作用时,无质量弹簧张力腿模型得到的平台垂荡响应幅值远小于非线性梁模型得到的平台垂荡响应幅值,差值在 400%以上,同时对于平台垂荡的平均位置,无质量弹簧张力腿模型得到的结果比非线性梁模型大 500%以上;从图 15-16(c)可以发现,两种不同的张力腿简化模型所得到平台纵荡的响应图像具有相同的振动形式,响应幅值几乎相同,但是平台的水平漂移量差异却在进一步加大,无质量弹簧张力腿模型得到的水平漂移量比非线性梁模型小约为 150%。

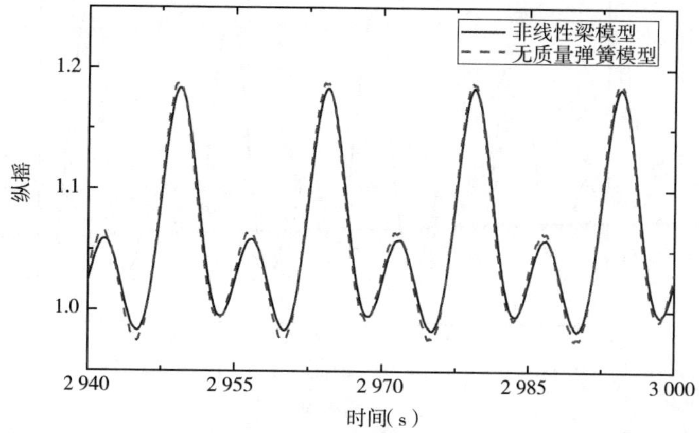

(a)纵摇

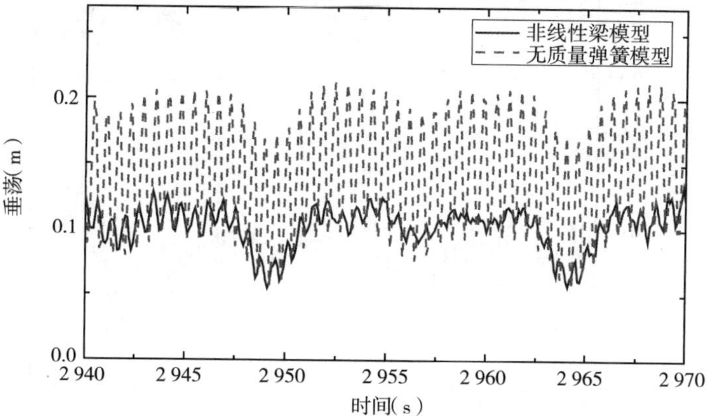

(b)垂荡

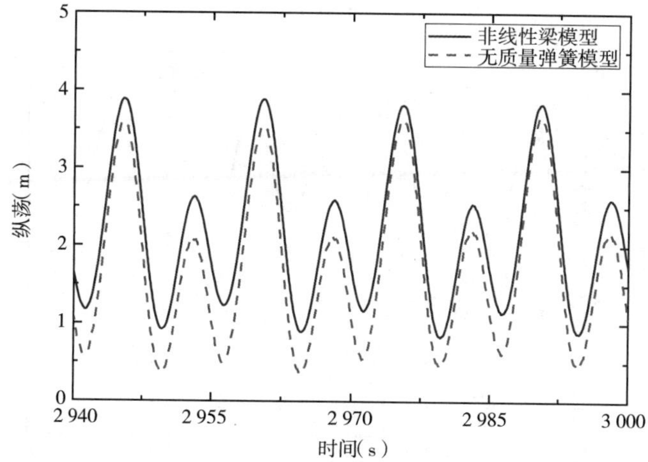

(c)纵荡

图 15-15　规则波作用下，分别采用两种张力腿简化模型得到的平台响应

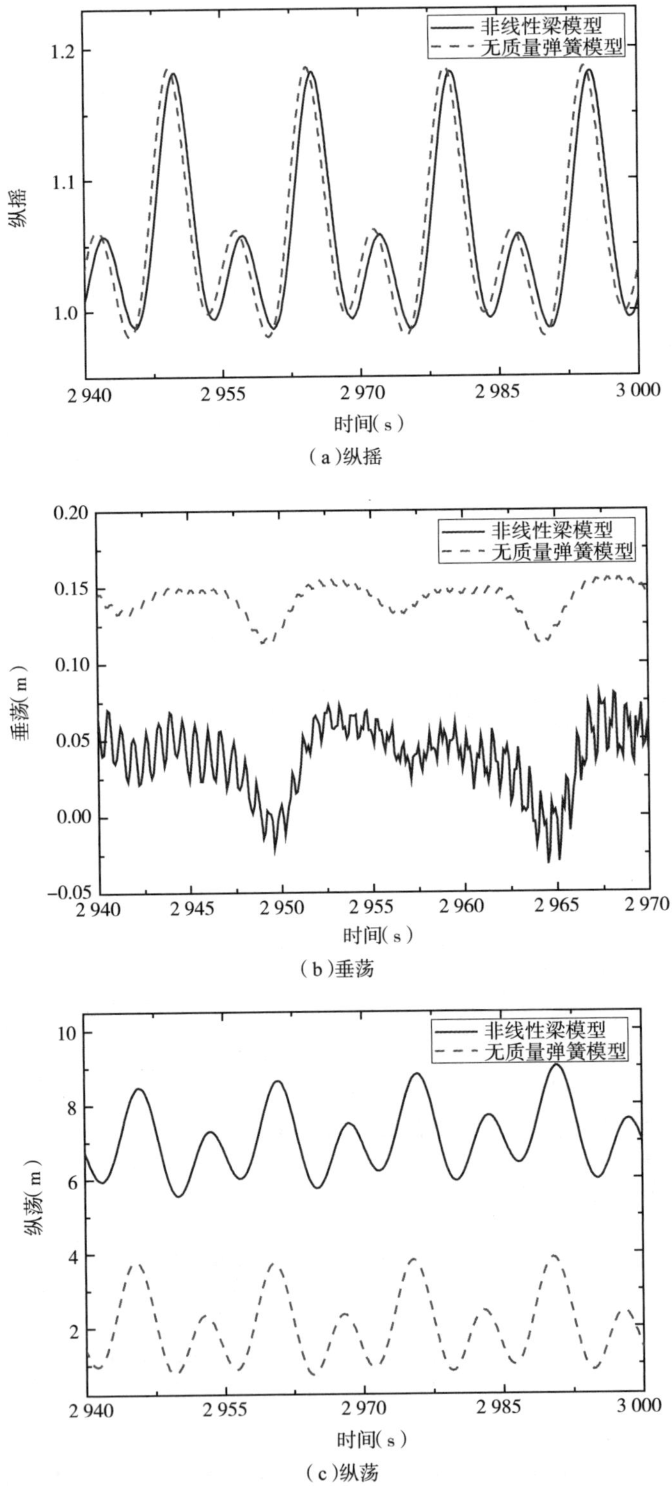

图 15-16　波浪和海流共同作用下，分别采用两种张力腿简化模型得到的平台响应

15.4　海洋立管的参激–涡激耦合振动

海洋立管顶部的浮式平台在波浪作用下产生升沉运动，引起立管轴向力产生周期性变化，使立管产生横向振动，称为“参激振动”。通常立管的参激振动伴随有涡激振动发生，参激振动与涡激振动相互耦合，在特定条件下，立管振动幅值增大，频谱特性发生显著变化，严重威胁立管的安全运行。海洋立管的参激-涡激耦合振动是一种典型的非线性振动现象。

15.4.1　理论模型

受轴向张力作用的立管模型可采用欧拉-伯努利梁模拟，振动控制方程为

$$EI\frac{\partial^4 y(z,t)}{\partial z^4}-\frac{\partial}{\partial z}\left[T(t)\frac{\partial y(z,t)}{\partial z}\right]+m\frac{\partial^2 y(z,t)}{\partial t^2}+\left[C_{\mathrm{w}}+C_{\mathrm{s}}\right]\frac{\partial y(z,t)}{\partial t}=\frac{1}{2}C_{\mathrm{L}}\rho DU^2 \tag{15-284}$$

式中：E 为杨氏模量；I 为转动惯量；D 为管道外径；C_{s} 为结构阻尼系数；ρ 为外流密度；C_{L} 为升力系数；m 为单位长度的质量，包括结构质量 m_{s} 和附加质量 $m_{\mathrm{a}}=0.25\rho\pi D^2$；$T(t)$为轴向力，表达式为

$$T(t)=T_{\mathrm{c}}+T_{\mathrm{v}}\cos(2\pi f_{\mathrm{v}}t) \tag{15-285}$$

式中：T_{c} 为初始轴向力；T_{v} 为轴向力的变化幅值；f_{v} 为轴向力的变化频率。

C_{w} 为水动力阻尼，表达式为

$$C_{\mathrm{w}}=\frac{1}{2}\rho DC_{\mathrm{D0\_S}}\sqrt{U^2+\left[\frac{\partial y(z,t)}{\partial t}\right]^2} \tag{15-286}$$

式中：$C_{\mathrm{D0\_S}}$ 为固定圆柱的平均阻力系数，可取 1.2。

外界流场对立管的作用采用尾流振子方程来模拟。

$$C_{\mathrm{L}}=\frac{1}{2}C_{\mathrm{L0}}\eta(z,t) \tag{15-287}$$

$$\frac{\partial^2\eta(z,t)}{\partial t^2}+\varepsilon\frac{2\pi SrU}{D}\left[(\eta(z,t)^2-1)\frac{\partial\eta(z,t)}{\partial t}\right]+\left(\frac{2\pi StU}{D}\right)^2\eta(z,t)=\frac{A}{D}\frac{\partial^2 y(z,t)}{\partial t^2} \tag{15-288}$$

式中：Sr 为斯特罗劳哈尔数；C_{L0} 为固定圆柱的升力系数，当雷诺数在 $300\sim3\times10^5$ 时可取 0.3；A 和 ε 为经验参数，取 $A=12$、$\varepsilon=0.3$。

将式（15-287）代入式（15-284），并联立式（15-288），可得到立管涡激振动的理论计算模型：

$$\begin{cases} EI\dfrac{\partial^4 y(z,t)}{\partial z^4}-\dfrac{\partial}{\partial z}\left[T(z)\dfrac{\partial y(z,t)}{\partial z}\right]+m\dfrac{\partial^2 y(z,t)}{\partial t^2}+\left[C_{\mathrm{w}}+C_{\mathrm{s}}\right]\dfrac{\partial y(z,t)}{\partial t}=\dfrac{1}{4}\rho DU^2 C_{\mathrm{L0}}\eta(z,t) \\ \dfrac{\partial^2\eta(z,t)}{\partial t^2}+\varepsilon\dfrac{2\pi SrU}{D}\left[(\eta(z,t)^2-1)\dfrac{\partial\eta(z,t)}{\partial t}\right]+\left(\dfrac{2\pi SrU}{D}\right)^2\eta(z,t)=\dfrac{A}{D}\dfrac{\partial^2 y(z,t)}{\partial t^2} \end{cases} \tag{15-289}$$

通过有限差分法将立管振动控制方程转化为常微分方程后，采用具有四阶精度的龙格-库塔法进行迭代求解。

15.4.2 立管非线性动力响应分析

1. 参激振动响应特性

下面以英国 BP 石油公司的深水 Spar 平台中的立管为例，分析无涡激振动作用下的立管参数激励响应。假设立管长度为 1 500 m，外径为 0.304 8 m，壁厚为 0.013 6 m，弹性模量为 2.1×10^{11} Pa，结构阻尼比为 0.003，初始预张力为 1 662.7 kN，立管材料密度为 7 850 kg/m^3，海水密度为 1 025 kg/m^3，内流密度为 800 kg/m^3。

图 15-17 所示为频率比对立管振动位移的影响规律。可以看出，幅值比较小时，仅在频率比为 2 时，由于主共振，立管产生幅值较大的振动；其他频率比下，立管未发生显著振动；幅值比较大时，频率比为 2 时，主共振发生；频率比为 1 时，发生一阶模态频率的二阶共振；频率比为 3 时，发生三阶模态频率的二阶共振。

图 15-18 所示为主共振发生时立管的位移变化规律。当主共振发生时，响应位移最大值随幅值比增大而增大。当参数激励二阶共振时，随着幅值比增大，激发二阶共振；模态越高，开始激发二阶共振对应的幅值比越小。

图 15-19 和图 15-20 所示分别为主共振工况和非主共振工况下立管中点处的位移功率谱。可以发现，立管参激振动在主共振工况下，控制频率为对应阶次的模态频率，并出现模态频率的奇数倍频率成分。参激振动在非主共振攻克下，控制频率仍为对应阶次的模态频率，并出现模态频率和轴向力变化频率的和频和差频成分。

2. 参激-涡激耦合振动特性

仍以英国 BP 石油公司的深水 Spar 平台中的立管为例，分析参激-涡激耦合振动响应。图 15-21 所示为不同轴向力变化频率比作用下立管的位移均方根、中点位移时间历程及频谱图。立管发生纯涡激振动时，立管上部振动呈行波特性，底部振动呈驻波特性，振动频率为窄频特征；参激频率比为 1/80~1/20 时，行波特性更为显著，底部驻波特性消失，参激对涡激振动的干扰使频率变宽；参激频率比为 1/10~1 时，底部重新呈现驻波特性，频谱图中出现多个窄频成分，参激振动产生高、低谐波成分；频率比为 2~4 时，立管振动表现为驻波特性，特别是频率比为 2 时，参激-涡激存在强烈耦合，主控频率接近涡激振动的振动频率；参激频率比为 3、4 时，主控频率高于涡激振动的振动频率，参激振动起主导作用。

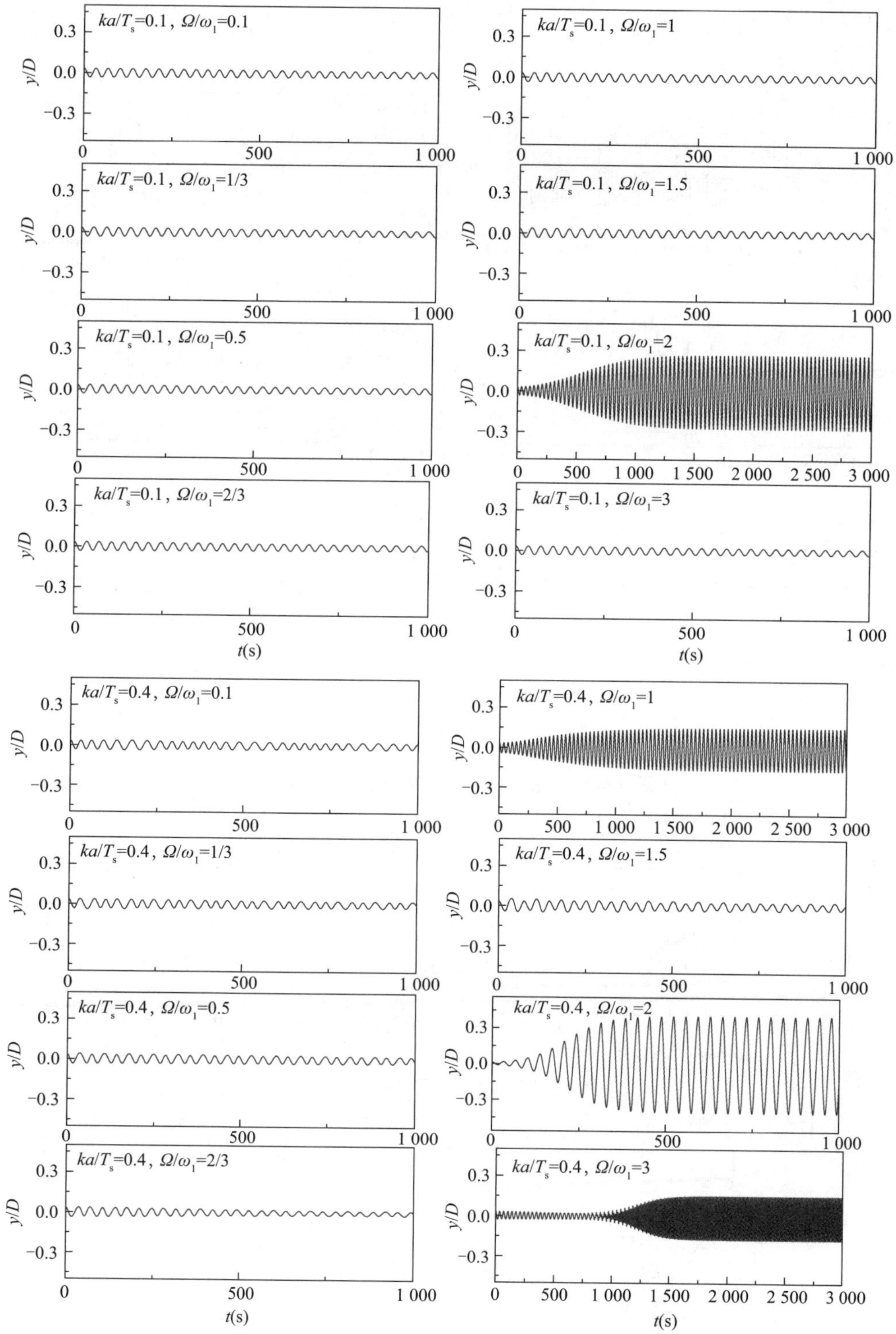

图 15-17　频率比对中点处位移历程影响

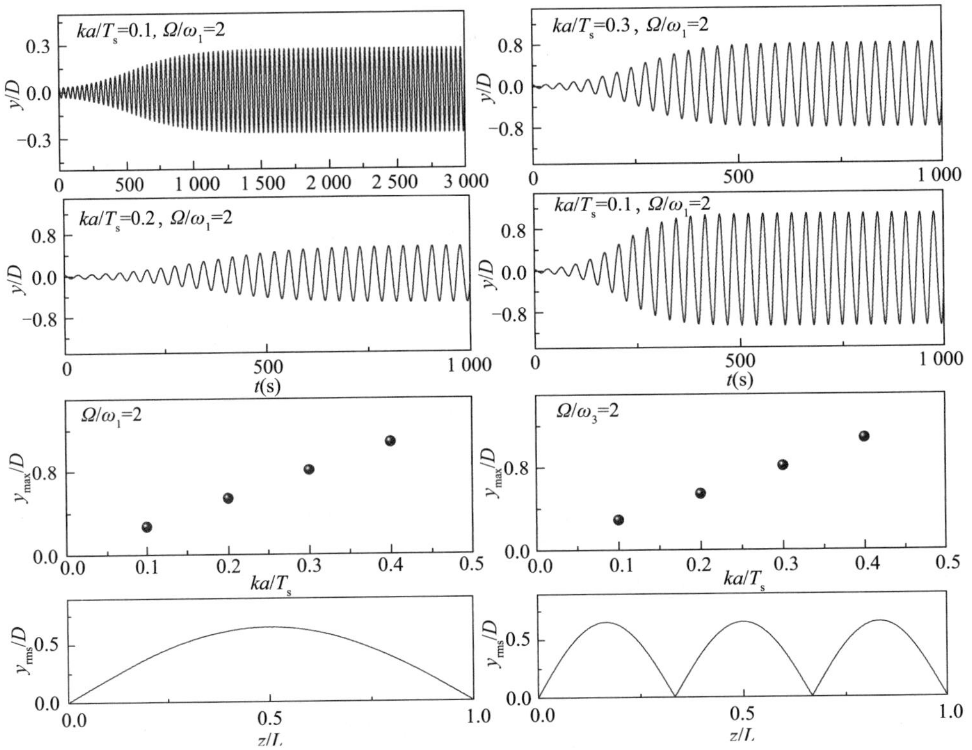

图 15-18　主共振时的立管振动位移

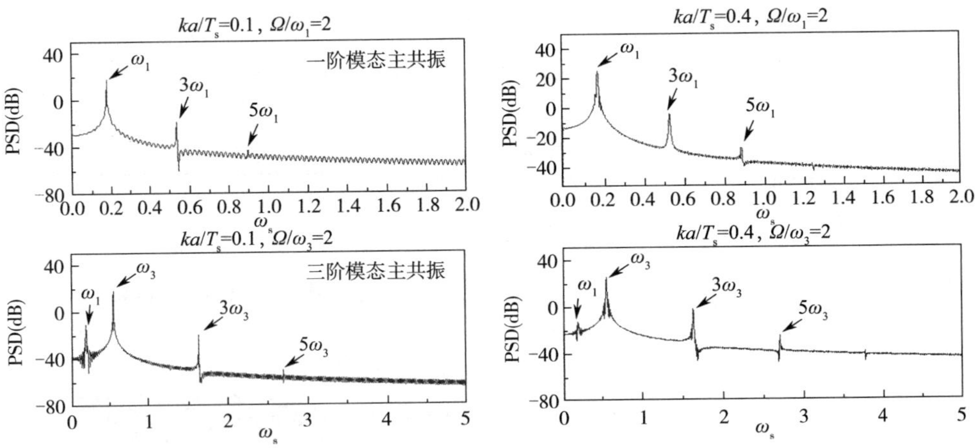

图 15-19　主共振时中点处位移功率谱

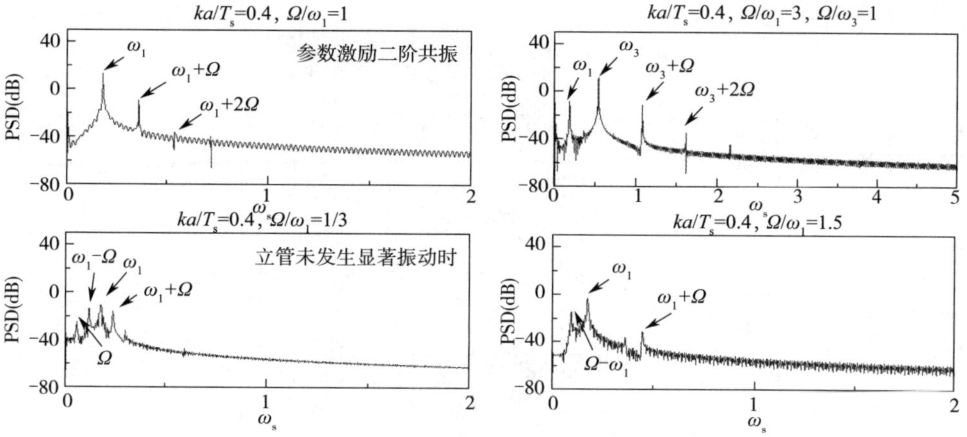

图 15-20　非主共振时中点处位移功率谱

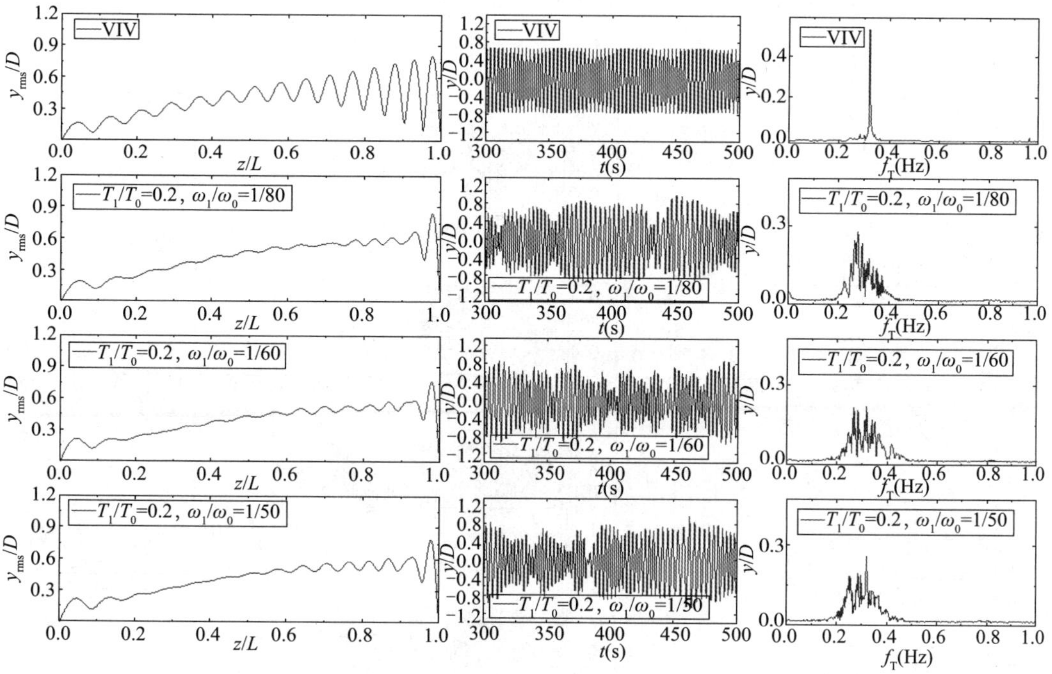

图 15-21　流速为 0.5 m/s 时，不同频率比下的立管振动响应

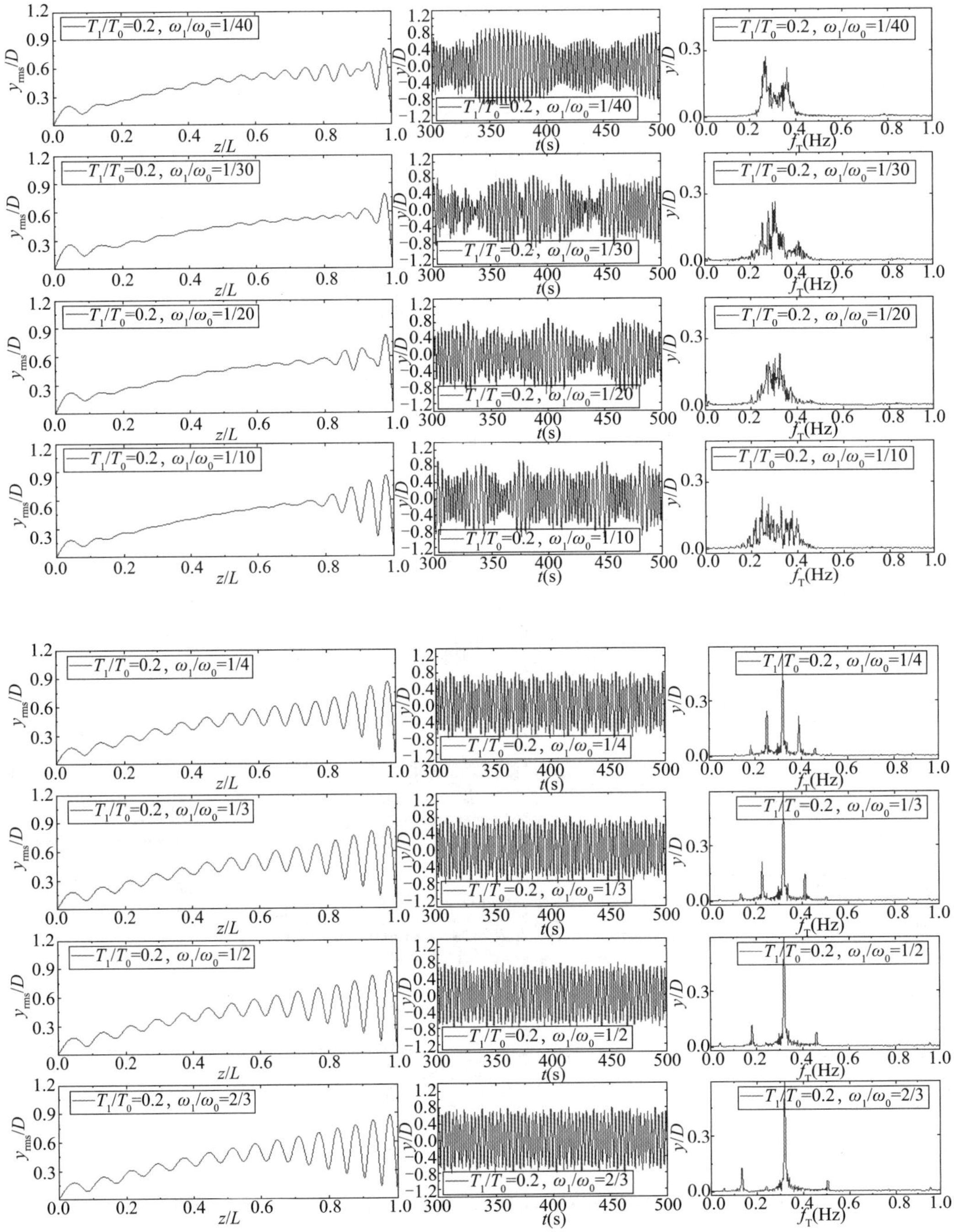

图 15-21　流速为 0.5 m/s 时,不同频率比下的立管振动响应(续)

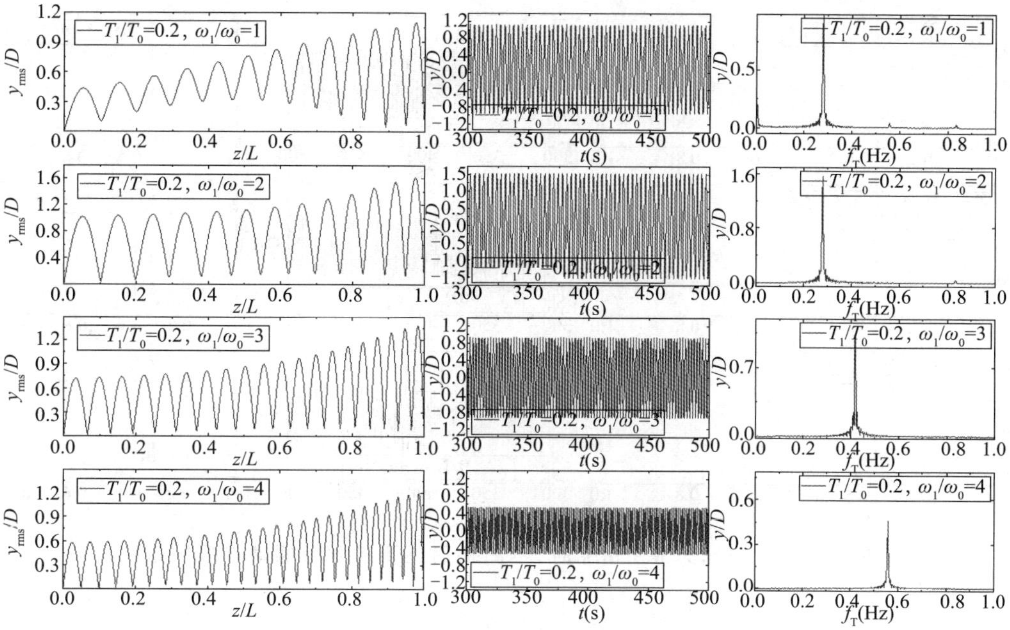

图 15-21　流速为 0.5 m/s 时，不同频率比下的立管振动响应(续)

图 15-22 所示为不同轴向力变化幅值比作用下立管的位移均方根、中点位移时间历程及频谱图。可以发现，随着幅值比的增大，立管振动幅值增大，立管底部位移显著增大。当幅值比由 0.1 增大至 0.2 时，高、低谐波成分的比重增大；当幅值比为 0.3 时，立管底部位移显著增大；继续增大幅值比，立管底部易出现局部破坏。

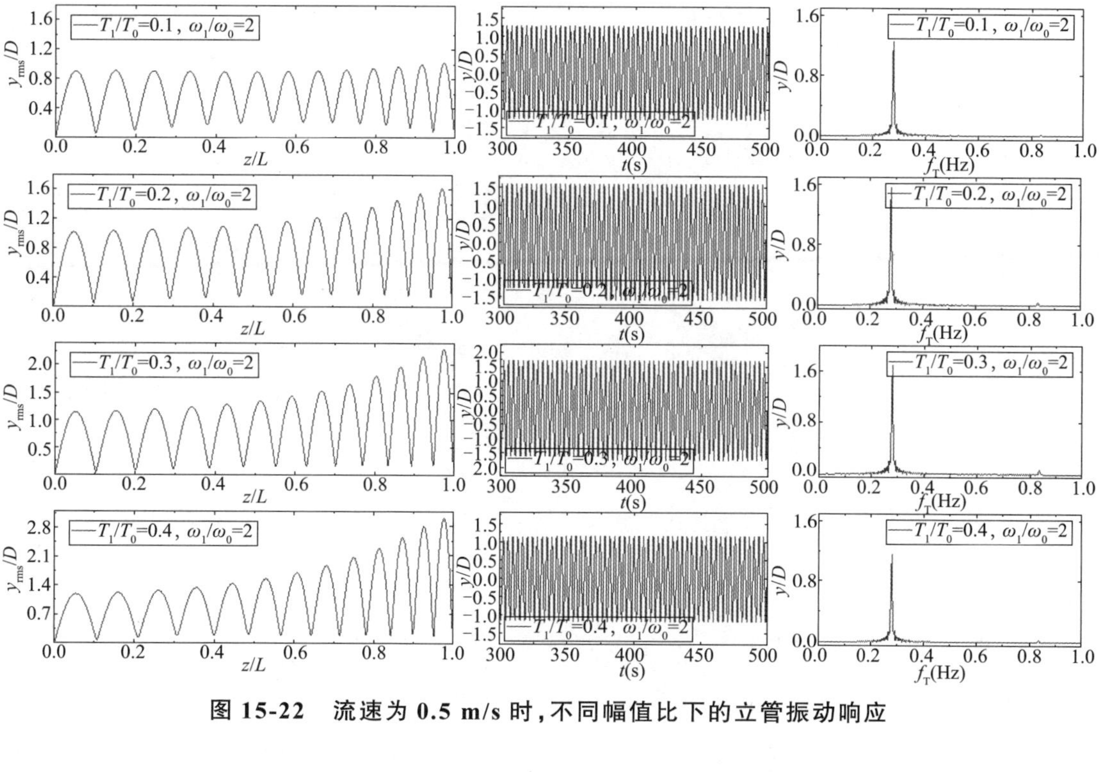

图 15-22　流速为 0.5 m/s 时，不同幅值比下的立管振动响应

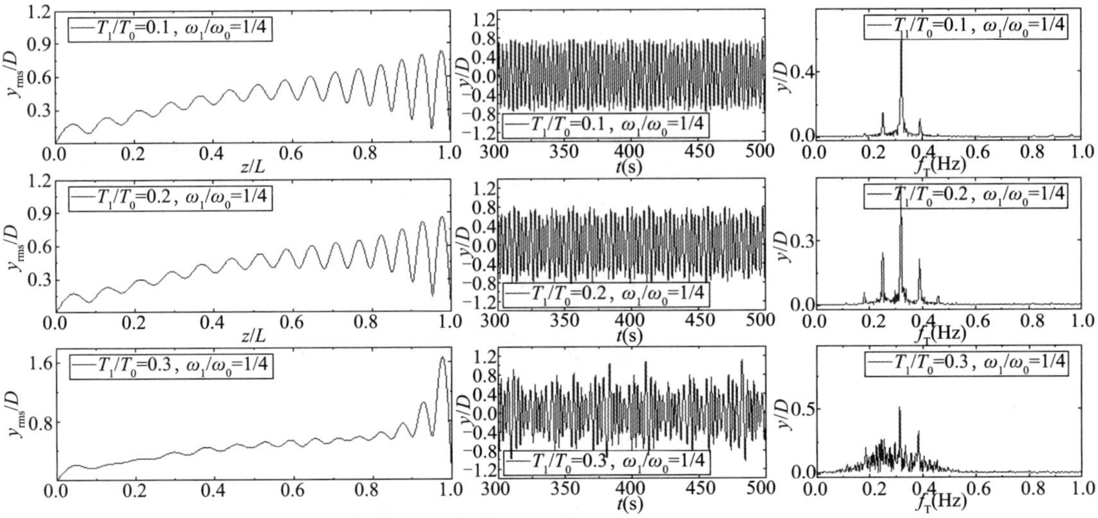

图 15-22 流速为 0.5 m/s 时,不同幅值比下的立管振动响应(续)

参考文献

[1] ANDREW C E. Floating tunnel for long water crossings[J]. Transactions of the American society of civil engineers, 1951, 116(1): 708-720.

[2] 任贵永. 海洋活动式平台[M]. 天津:天津大学出版社,1989.

[3] 竺艳蓉. 海洋工程波浪力学[M]. 天津:天津大学出版社,1991.

[4] PATEL M H, PARK H I. Combined axial and lateral responses of tensioned buoyant platform tethers[J]. Engineering structures, 1995, 17(10): 687-695.

[5] TVEIT P. Design of a submerged floating tube with a free span of 1750 m[C]//Handout for the International Conference on Submerged Floating Tunnels, Sandnes, Norway, 1996: 29-30.

[6] MOE G. Design philosophy of floating bridges with emphasis on ways to ensure long life[J]. Journal of marine science and technology, 1997, 2: 182-189.

[7] HAN S M, BENAROYA H. Non-linear coupled transverse and axial vibration of a compliant structure, part 1: formulation and free vibration[J]. Journal of sound and vibration, 2000, 237(5): 837-873.

[8] TVEIT P. Ideas on downward arched and other underwater concrete tunnels[J]. Tunnelling and underground space technology, 2000, 15(1): 69-78.

[9] HAUGERUD S A, OLSEN T O, MUTTONI A. The Lake Lugano Crossing technical solutions[C]//Krokeborg ed. Strait Crossings 2001. Lisse, Netherlands: Swets & Zeitlinger B.V.,2001: 563-597.

[10] MUTTONI A, HAUGERUD S A, OLSEN T O. A crossing proposal for the lake Lugano for the new AlpTransit Railway across the Alps[C]// Strait crossing 2001, 2001: 575-579.

[11] 刘延柱,陈立群. 非线性振动[M]. 北京:高等教育出版社,2001.

[12] 唐友刚. 高等结构动力学[M]. 天津:天津大学出版社,2002.

[13] 杜度,张纬康. 系泊系统动力学特性的研究进展[J]. 海军工程大学学报,2002(3): 80.

[14] HAN S M, BENAROYA H. Comparison of linear and nonlinear responses of a compliant tower to random wave forces[J]. Chaos,solitons & fractals, 2002, 14(2): 269-291.

[15] CHATJIGEORGIOU I K, MAVRAKOS S A. Bounded and unbounded coupled transverse response of parametrically excited vertical marine risers and tensioned cable legs for marine applications[J]. Applied ocean research, 2002, 24(6): 341-354.

[16] 干湧. 水下悬浮隧道的空间分析与节段模型试验研究[D]. 杭州:浙江大学, 2003.

[17] 王福军. 计算流体动力学分析: CFD 软件原理与应用[M]. 北京:清华大学出版社,

2004.
[18] R. 克拉夫，J. 彭津. 结构动力学（修订版）[M].2 版. 王光远，等译校. 北京：高等教育出版社，2006.
[19] 王艳妮. 海洋工程锚泊系统的分析研究[D]. 哈尔滨：哈尔滨工程大学，2006.
[20] 姚兴佳，王士荣，董丽萍. 风力发电技术讲座（一）风力发电机组（1）[J]. 可再生能源，2006（3）：102-104.
[21] 唐友刚. 海洋工程结构动力学[M]. 天津：天津大学出版社，2008.
[22] XU W H，ZENG X H，WU Y X. High aspect ratio（*L*/*D*）riser VIV prediction using wake oscillator model[J]. Ocean engineering，2008，35（17-18）：1769-1774.
[23] 徐万海，曾晓辉，吴应湘，等. 深水张力腿平台与系泊系统的耦合动力响应[J]. 振动与冲击，2009，28（2）：145-150，207.
[24] 徐万海. 海洋工程张紧式细长柔性结构的动力响应分析[D]. 北京：中国科学院力学所研究所，2009.
[25] 李成魁，廖文俊，王宇鑫. 世界海洋波浪能发电技术研究进展[J]. 装备机械，2010（2）：68-73.
[26] XU W H，WU Y X，ZENG X H，et al. A new wake oscillator model for predicting vortex induced vibration of a circular cylinder[J]. Journal of hydrodynamics，Ser. B，2010，22（3）：381-386.
[27] ØSTLID H. When is SFT competitive？[J]. Procedia engineering，2010，4：3-11.
[28] INGERSLEV C. Immersed and floating tunnels[J]. Procedia engineering，2010，4：51-59.
[29] MARINI M，GAZZANO R，SATTA A. Semi-empirical methods for the analysis of vertical axis wind turbines with helical blades[J]. Proceedings of the ASME Turbo Expo，2010，5：883-890.
[30] KIM J，O'SULLIVAN J，READ A. Ringing analysis of a vertical cylinder by Euler overlay method[C]//International Conference on Offshore Mechanics and Arctic Engineering. New York：American Society of Mechanical Engineers，2012：855-866.
[31] 袁海燕. 提升管道系统固液两相流工程应用研究[D]. 长沙：湖南大学，2012.
[32] 邱飞. 水平轴潮流能发电装置海洋环境载荷与可靠性分析[D]. 青岛：中国海洋大学，2012.
[33] 嵇春艳. 海洋平台随机动力响应分析方法及智能控制技术[M]. 上海：上海交通大学出版社，2013.
[34] 周晖. 海洋工程结构设计[M]. 上海：上海交通大学出版社，2013.
[35] 王树青，梁丙臣. 海洋工程波浪力学[M]. 青岛：中国海洋大学出版社，2013.
[36] 王兴刚. 深海浮式结构物与其系泊缆索的耦合动力分析[M]. 上海：上海交通大学出版社，2014
[37] 徐万海，谢武德，高喜峰，等. 非对称管-土边界的海底悬跨管道涡激振动特性[J]. 地震工程学报，2014，36（4）：773-777，789.

[38] 李长东. 深水半潜式钻井平台水动力性能分析及响应控制[D]. 青岛：中国海洋大学，2014.

[39] 于开平，邹经湘. 结构动力学[M].3 版. 哈尔滨：哈尔滨工业大学出版社，2015.

[40] 罗勇. 浮式结构定位系统设计与分析[M]. 哈尔滨：哈尔滨工程大学出版社，2015.

[41] 王延刚，仝兴华，朱林森，等. 浮体绳轮波浪发电系统研究[J]. 应用基础与工程科学学报，2015，23(1)：203-211.

[42] 卢云亮. 基于离散元-有限元方法的导管架海洋平台冰激振动分析[D]. 大连：大连理工大学，2015.

[43] 朱本瑞，陈国明. 极端波浪下深水导管架平台非线性动力响应[J]. 中国造船，2016，57(4)：55-64.

[44] 王磊. 锚泊辅助动力定位系统时域模拟及模型试验研究[D]. 上海：上海交通大学，2016.

[45] 高喜峰，谢武德，徐万海. 多跨海底管道横流向涡激振动预报模型[J]. 海洋工程，2016，34(2)：41-46.

[46] 徐万海，谢武德，彭碧瑶，等. 考虑管土作用悬跨管道纯顺流向涡激振动研究[J]. 哈尔滨工程大学学报，2016，37(9)：1184-1189.

[47] DAMIANI R，DYKES K，SCOTT G. A comparison study of offshore wind support structures with monopiles and jackets for US waters[J]. Journal of physics，2016，753(9)：092003.

[48] 徐万海，谢武德，高喜峰，等. 海底多段悬跨管道涡激振动特性分析[J]. 船舶力学，2017，21(8)：1025-1034.

[49] 李华军，刘福顺，王树青. 海洋平台结构模态分析与损伤检测[M]. 北京：科学出版社，2017.

[50] 李艳，廖科伏，卢飞，等. 考虑流固耦合的 1000 m 深海扬矿硬管动力学分析[J]. 水资源与水工程学报，2017，28(1)：163-168.

[51] 左华楠. 恶劣风浪下深水导管架平台结构强度分析研究[D]. 镇江：江苏科技大学，2017.

[52] 李焱，唐友刚，王宾，等. 畸形波作用下二阶波浪载荷对张力腿平台动力响应的影响[J]. 振动与冲击，2018，37(3)：167-173.

[53] 李焱，唐友刚，朱强，等. 考虑系缆拉伸-弯曲-扭转变形的浮式风力机动力响应研究[J]. 工程力学，2018，35(12)：229-239.

[54] 高伟. 随机波浪作用下的平台动力响应分析[J]. 石油和化工设备，2018，21(9)：34-38.

[55] 肖辉，关湃，朱本瑞，等. 韧性水平地震作用下导管架平台非线性时程分析[J]. 中国海洋平台，2018，33(4)：66-72，77.

[56] 刘浩晨. 锚泊线与底床静动力接触作用研究[D]. 杭州：浙江大学，2018.

[57] 潘桂凰. 应用于航标的波浪能发电装置研究[D]. 舟山：浙江海洋大学，2018

[58] 袁瑞. 基于 Kane 方法的浮式垂直轴风力机系统刚柔耦合动力学仿真[D]. 天津：天津大学，2018.

[59] 徐万海，谢武德，高喜峰，等. 考虑跨肩管土作用的悬跨管道涡激振动特性研究[J]. 船舶力学，2018，22(4)：446-453.
[60] 俞萍花. 深海扬矿软管作业过程动力学行为的几何相关性研究[D]. 湘潭：湘潭大学，2019.
[61] 张之阳. 点吸式波能转换装置动力学特性半解析方法研究[D]. 哈尔滨：哈尔滨工程大学，2019.
[62] 丁浩，程亮，李科. 悬浮隧道结构动力响应研究进展与展望[J]. 隧道建设，2019，39(6)：901-912.
[63] 陈健云，孙胜男，李静. 一种崭新的水下交通：悬浮隧道[M]. 北京：科学出版社，2019.
[64] 中交悬浮隧道结构与设计方法研究攻关组. 悬浮隧道工程技术研究导论[M]. 北京：科学出版社，2020.
[65] 葛永威. 导管架平台力学分析及优化[D]. 青岛：中国石油大学(华东)，2019.
[66] 张兆德，梁旭，李磊. 海洋工程结构[M]. 北京：海洋出版社，2019.
[67] GAO X F，XIE W D，XU W H. Vortex-induced vibrations of a free-spanning pipe based on a nonlinear hysteretic soil model at the shoulders[J]. China ocean engineering，2020，34(3)：328-340.
[68] BANGGA G，DESSOKY A，WU Z，et al. Accuracy and consistency of CFD and engineering models for simulating vertical axis wind turbine loads[J]. Energy，2020，206：118087.
[69] 柳辉. 浮式海洋结构物浅水系泊设计及水动力分析方法研究[D]. 镇江：江苏科技大学，2020.
[70] 张浩. 深海风电机组-浮式基础结构-系泊系统全耦合动力响应研究[D]. 重庆：重庆大学，2020.
[71] 王丹，于超，余捷，等. 多点系泊系统选型初探[J]. 资源节约与环保，2020(2)：110-112.
[72] 杨建民，刘磊，吕海宁，等. 我国深海矿产资源开发装备研发现状与展望[J]. 中国工程科学，2020，22：1-9.
[73] 丛东升. 基于垂荡运动的波浪能发电装置水面浮体水动力学与能效特性研究[D]. 长沙：国防科技大学，2020.
[74] 任年鑫，朱莹，马哲，等. 新型浮式风能-波浪能集成结构系统耦合动力分析[J]. 太阳能学报，2020，41(5)：159-165.
[75] 何胜威. 南海 300 m 水深导管架平台动力特性及易损性分析研究[D]. 青岛：中国石油大学(华东)，2020.
[76] 刘金实，胡昊灏. 海洋工程结构动力学基础[M]. 北京：科学出版社，2020.
[77] 陈子文. 漂浮式海上风电机组非定常气动特性研究[D]. 北京：华北电力大学(北京)，2021.
[78] 张阳，柴壮，王文华. 深海系泊缆的动刚度特性[J]. 船舶工程，2021，43(2)：14-19，35.
[79] 唐友刚，何鑫，李焱，等. 基于 FPSO-水下软刚臂-锚缆多体的 FPSO 限位作业分析[J]. 船舶工程，2021，43(3)：130-135.

[80] 赵瑞,贾昆,闫术明,等. 考虑不同管土作用模型的海底多跨管道动力特性[J]. 船舶工程,2021,43(3):136-141.

[81] 刘延俊,武爽,王登帅, 等. 海洋波浪能发电装置研究进展[J]. 山东大学学报(工学版),2021,51(5):63-75.

[82] 任俊卿. 基于立柱载体的环形阵列波浪能装置水动力特性研究[D]. 哈尔滨:哈尔滨工程大学,2021.

[83] 尹迪. 固定式海上风电基础结构动力分析[D]. 天津:天津大学,2021.

[84] 林慰. 波浪荷载作用下导管架平台随机振动时域显式方法研究[D]. 广州:华南理工大学,2021.

[85] XU W H, JIA K, MA Y X, et al. Multispan classification methods and interaction mechanism of submarine pipelines undergoing vortex-induced vibration[J]. Applied ocean research, 2022, 120: 103027.

[86] 吴志浩. 海洋导管架平台冰激振动分析及控制方法研究[D]. 大连:大连海事大学,2022.

[87] 黄怀州,胡永明,袁玉杰,等. 深水导管架时程动力响应分析技术[J]. 石油和化工设备,2022,25(7):25-28,33.

[88] 刘章军,陈建兵,彭勇波. 结构动力学[M]. 北京:中国建筑工业出版社,2022.

[89] 刘晶波,杜修力. 结构动力学[M].2 版. 北京:机械工业出版社,2022.

[90] 胡永敢,蒋占四,杨庆勇,等. 多场耦合下水流形状模型影响系泊系统的特性分析[J]. 太阳能学报,2022,43(8): 452-457

[91] 李家彪, 王叶剑, 刘磊, 等. 深海矿产资源开发技术发展现状与展望[J]. 前瞻科技,2022, 1: 92-102.

[92] 沈义俊, 陈敏芳, 杜燕连, 等. 深海矿物资源开发系统关键力学问题及技术挑战[J]. 力学与实践, 2022, 44:1005-1020.

[93] 伊扬. 点吸式锥底波浪能装置的水动力性能实验研究[D]. 哈尔滨:哈尔滨工程大学,2022.

[94] 路晴,史宏达. 中国波浪能技术进展与未来趋势[J]. 海岸工程,2022,41(1): 1-12.

[95] 郭颖. 浮式螺旋型风力机气动特性及系统耦合动力性能研究[D]. 天津:天津大学,2022.

[96] XU W H, MA Y X, LIU G J, et al.A review of research on tether-type submerged floating tunnels[J].Applied ocean research, 2023,134:103525.

[97] XU W H, SONG Z Y, LIU G J, et al. Numerical analysis of the impact parameters on the dynamic response of a submerged floating tunnel under coupling waves and flows[J]. Sustainability, 2023, 15: 15241.

[98] XU W H, JIA K, MA Y X, et al, Vortex-induced vibration response features of a submarine multi-span pipeline via towing tank experimental tests[J]. China ocean engineering, 2023, 37(2): 175-189.

[99] YAN S M, JIA K, XU W H, et al. An experimental study on vortex-induced vibration

suppression for submarine multispan pipelines[J]. Ocean engineering, 2023, 271: 113678.

[100] 罗文珑. 波浪环境下悬浮隧道动力特性与理论研究[D]. 重庆:重庆交通大学, 2023.

[101] 崔希君,朱本瑞. 导管架平台冰致疲劳分析[J]. 船舶与海洋工程,2023,39(1): 13-17, 38.

[102] 程兵,付强,李清平, 等. 我国海洋油气装备发展战略研究[J]. 中国工程科学, 2023, 25(3):13-21.

[103] 余杨,张晓铭,李振眠, 等. 考虑桩基错动的深水张力腿平台动力响应研究 [J]. 振动与冲击, 2023, 42(5): 39-46,82.

[104] 于静梅,刘耀鸿,吴世朝,等. 新型漂浮式风力机 Spar 平台动态响应及系泊研究[J]. 振动与冲击, 2023, 42(22): 256-263.

[105] 王国荣, 黄泽奇, 周守为, 等. 深海矿产资源开发装备现状及发展方向[J]. 中国工程科学, 2023, 25: 1-12.

[106] 邹丽, 孙佳昭, 孙哲, 等. 我国深海矿产资源开发核心技术研究现状与展望[J]. 哈尔滨工程大学学报, 2023, 44: 708-716.

[107] 赵智坤,王项南,张浦阳,等. 点吸收式波浪能发电装置姿态特性分析[J]. 海洋技术学报,2023,42(2):87-93.

[108] 李昊然,李焱,李耀隆,等. 畸形波对 SPAR 型浮式风力机基础的影响[J]. 华中科技大学学报(自然科学版),2024,52(4):22-29.

[109] 高洁,杨雨薇,孟巧,等. 半潜式海洋平台疲劳影响因素分析[J]. 舰船科学技术, 2024, 46(2): 96-100.

[110] 左伊人,周琦,杨风艳,等. 基于 CFD 方法的 FPSO 的波浪荷载和运动响应研究 [J]. 中国海洋大学学报(自然科学版), 2024, 54(4): 141-150.

[111] 徐万海,沙沐,王莹莹,等. 深海采矿柔性管力学性能及加工工艺研究综述[J]. 力学与实践,2024,46(3):1-18.